Jetzt helfe ich mir selbst

Start-Schwierigkeiten

Dieser Wegweiser soll Ihnen helfen, bei streikendem Motor den Fehler einzukreisen. In Frage kommen fast immer nur zwei Störungsquellen: Zünd- oder Kraftstoffanlage. Der aussichtsreichste Weg: Von beiden Gruppen die Anfangsfrage beantworten und, falls diese bejaht werden

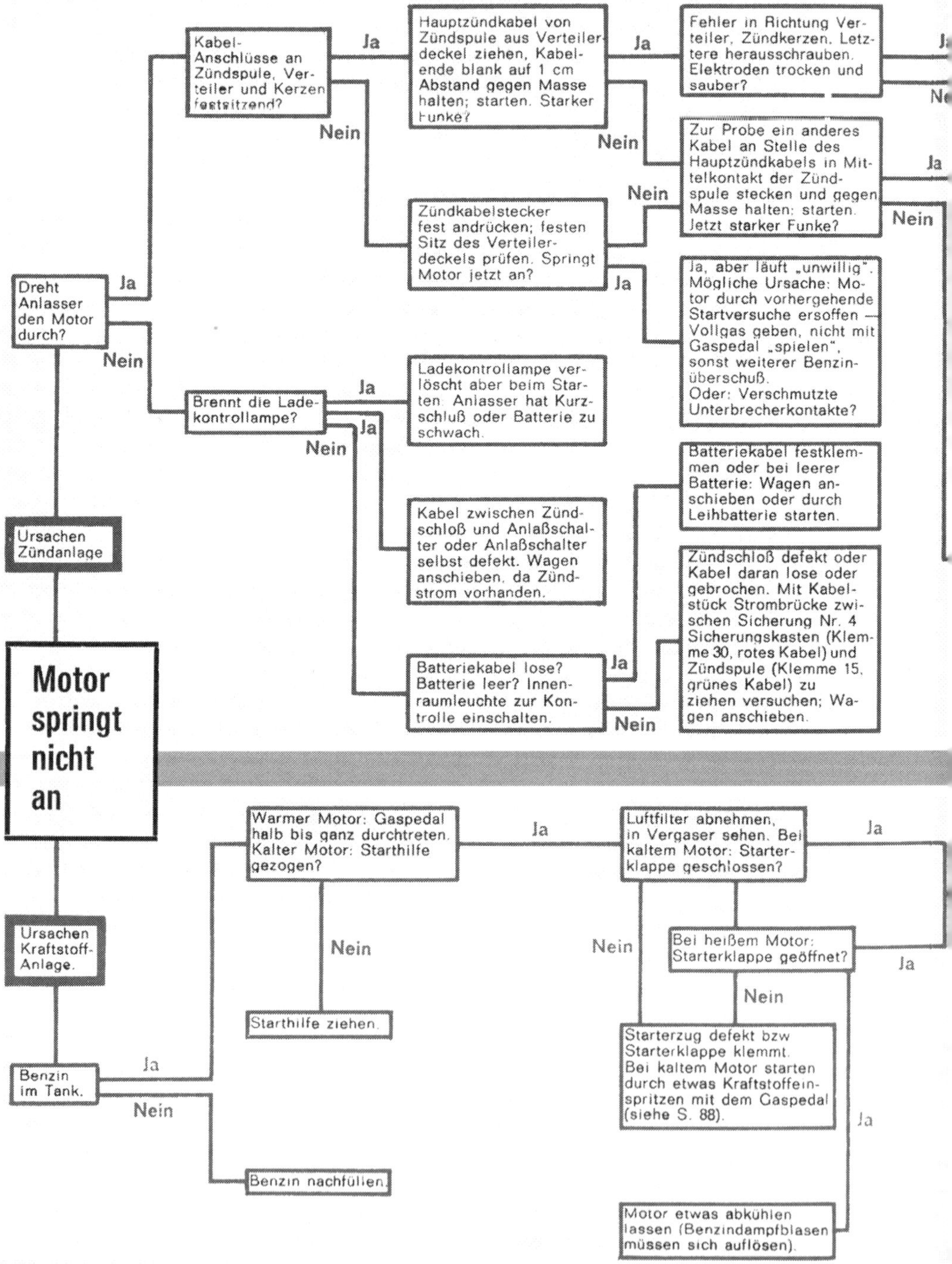

können, mit dem Wegweiser für die Zündanlage beginnen. Entsprechend unserer Tabelle läßt sich der Motor auch bei Störungen während der Fahrt durchprüfen. Weitere Hinweise zur allgemeinen Pannenhilfe: Siehe Kasten unten rechts und die einzelnen Sachkapitel dieses Buches.

Kerzenstecker auf herausgeschraubte Zündkerze stecken und diese auf Motorblock legen; mit Anlasser starten. Starker Funke an Elektrode?

Ja

Nein

Obgleich Zündanlage wahrscheinlich in Ordnung, möglichst neue Zündkerzen einsetzen (alte Kerzen können unter Druck versagen). Springt Motor nun an?

Ja

Nein

Falls jedoch öfters Anlaßschwierigkeiten, Motoreinstellung (Zündzeitpunkt, Vergasereinstellung) überprüfen lassen.

Fehler in der Kraftstoffanlage suchen.

Statt Zündkerze Schraubenzieher oder Nagel in Zündkabelstecker drücken und gegen Masse halten; Anlasser betätigen. Funken zwischen Schraubenzieherklinge und Masse?

Ja

Nein

Zündkerzen defekt; austauschen.

Verteilerkappe innen naß (nach Motorwäsche) oder gebrochen (Kriechstrom zur Masse) oder Verteilerfinger bzw. Kontaktkohle in Verteilerkappe defekt.

Motor ersoffen durch zu starkes Betätigen der Beschleunigungspumpe; Starten mit konstant durchgetretenem Gaspedal. Kerzen trocknen, besser gegen trockene austauschen. Motor bei offenen Zündkerzenlöchern ohne Gasgeben mit Anlasser innen trocknen.

Hauptzündkabel austauschen.

Fehler in Richtung Unterbrecher (Verteilerunterteil), Kondensator, Zündspule? Verteilerdeckel abnehmen, Wagen bei eingelegtem höchstem Gang schieben, bis Unterbrecherkontakte geschlossen; Zündung einschalten, Unterbrecherhebel abheben (mit Schraubenzieher, Kugelschreiber). Funke zu sehen und zu hören?

Ja

Zu starker Funke: Kontakte blau angelaufen? Wahrscheinlich Kondensator defekt.

Ja

Guter Funke: Motor jetzt mit Anlasser durchdrehen. Funken beim Abheben der Kontakte?

Ja

Nein

Unterbrecher in Ordnung, Fehler in der Zündspule (Sekundärwicklung).

Unterbrecherhebel hebt nicht ab oder hat lahme Feder oder Halteschraube sitzt nicht fest.

Unterbrecherkontakte verschmort? Wenn ja, dann austauschen.

Nein

Nein

Zündspule (Primärwicklung) in Ordnung? Zu schwarzem dünnem Kabel an Klemme 1 der Zündspule Prüflampe anklemmen und an Masse halten; Zündung einschalten: Leuchtet Prüflampe dauernd auf?

Ja

Nein

Kondensator oder schwarzes Kabel von Klemme 1 der Spule zum Unterbrecher ist defekt.

Zündspule (Primärwicklung) nicht in Ordnung oder Kabel zwischen Zündschloß und Spule defekt.

rd Vergaser mit Kraftoff versorgt? ıvergasermotor: Siehe d S. 97. Genauere üfung: Die von der aftstoffpumpe zum Verser führende Zuleitung Vergaser abziehen. rz Anlasser betätigen. uft Benzin heraus?

Ja

Nein

Vergaser wird mit Kraftstoff versorgt. Störungen im Vergaser: 1. Möglichkeit: Schwimmer oder Schwimmernadelventi klemmt. Gegen Vergaser klopfen oder Vergaseroberteil abschrauben und Ventil gängig machen oder auswechseln. 2. Möglichkeit: Leerlaufdüse verstopft. Herausschrauben und reinigen.

Zulauf zum Vergaser gestört. Leitung vom Tank an Kraftstoffpumpe abnehmen. Läuft Benzin heraus?

Nein

Ja

lauf vom Tank unterbroen. Zum Beispiel Tankenttung verklemmt oder rstopft. Tankauslauf rschmutzt oder Leitung quetscht.

Zulauf vom Tank bis vor Pumpe in Ordnung. Pumpe fördert nicht. Evtl. Sieb verschmutzt, sonst siehe Kapitel Kraftstoffpumpe

Eingehende Störungstabellen finden Sic auf den Seiten

15 Zu hoher Verbrauch

78 Benzinpumpe

95 Vergaser

111 Batterie und Lichtmaschine

113 Drehstromlichtmaschine

123 Sicherungen

168 Kupplung

195 Bremsen

Dieter Korp

BMW 1500/1600
BMW 1600-2/2002
BMW 1800/2000
TI/tilux

bis Ende '70

Jetzt helfe ich mir selbst

Unter Mitarbeit von
Albrecht G. Thaer
und
Rudolf Hüppen
Peter Lange
Rudolf Mundlos
Hans-Hartmut Münch

Umschlagentwurf und Buchgestaltung: Peter Werner/Siegfried Horn
Titelbild: Albrecht G. Thaer

ISBN 3-87943-056-X

Auflage Nr. 110 778

Idee und Gestaltung des Störungsfahrplanes in der vorderen Buchklappe: Verfasser.
Fotos: Thaer 115, Schmarbeck 1, Hüppen 15; Zeichnungen: Horn 1.
Werk-Fotos und -Zeichnungen: BMW 29, Solex 8, Semperit, Hella je 1.
Den Schaltplan in der hinteren Buchklappe zeichnete Siegfried Blandow nach Werksunterlagen.
Buchherstellung: SV-DRUCK, 7302 Ostfildern 1.
Buchbinderische Verarbeitung: Verlagsbuchbinderei Wilhelm Nething, Weilheim/Teck.
Printed in Germany.

Sie finden in diesem Buch

Antrieb und Fahrwerk

Pflege der Karosserie

Dies und jenes

Vorher gesagt

Angenommen, Sie fahren auf der Autobahn zügig Ihrem Reiseziel entgegen. Plötzlich läuft der Motor rauh und unregelmäßig. Was tun? Soll man weiterfahren und einen größeren Motorschaden riskieren? Soll man einen teuren Abschleppdienst benachrichtigen? *

Man sollte sich angesichts der allgemeinen Zeitnot, aber auch, weil man sparen kann, so viel wie möglich selbst helfen können. Viele Werkstätten sind überlastet. Dessen ungeachtet droht weiteres Ansteigen von Arbeits- und Teilepreisen.

Dieses Handbuch will aber keinen BMW von seiner Werkstatt fernhalten. Denn es gibt nicht nur vermeidbare, sondern auch unvermeidbare Werkstattbesuche. Erwähnen sollte man dabei, daß gerade BMW in den letzten Jahren viel Vorbildliches für den Kundendienst getan hat. An dieser Stelle sei auch festgehalten, daß die BMW-Betriebsanleitungen zu den ausführlichsten und am besten gestalteten zählen, die es bei uns gibt – man setzt also seitens des Werkes voraus, daß BMW-Fahrer technisch stärker interessiert sind als die Fahrer mancher anderer Marken.

Bei diesem Handbuch hier handelt es sich nicht um einen Reparaturleitfaden, sondern um eine in Richtung Eigenhilfe, Störungsbehebung und Werterhaltung ganz erheblich erweiterte Betriebsanleitung. Das Buch kann aber auch jenem Autofahrer, der sich nicht praktisch betätigen kann oder möchte, das notwendige Wissen geben, um sich z. B. über Benzin, Öl, Reifen, Fahr- und Betriebsweise zu orientieren oder um Werkstätten gegenüber sachkundiger auftreten zu können. Auch durch Lesen kann man Zeit und Geld sparen.

Das vorliegende Handbuch ist allen BMW-Modellen der 1961 ins Leben gerufenen »Neuen Klasse« gewidmet. Die verschiedenen Baujahre und Modelle sind bezüglich Motor, Fahrwerk und Karosserie im Prinzip identisch. Durch eine weitgehende Überarbeitung des Buches wurden alle wesentlichen Detailänderungen der Modelle bis zum Auslauf des Baujahres 1970 erfaßt. Den Zweitürer-Modellen ab Frühjahr 1971 ist der Band 52 vorbehalten, für die bis 1972 weitergebauten Viertürer gelten prinzipiell viele der hier gegebenen Tips und Hinweise.

Der Dank an viele freundliche und hilfsbereite Leute, die bei der Abfassung dieses aktuellen Handbuches geholfen haben, sei bei dieser Gelegenheit abgestattet.

Dipl.-Ing. Dieter Korp

---

* Ein Zündkabel kann sich im Verteilerkopf gelockert haben, so daß der Motor nur auf drei Zylindern zündet. Diese Störung, die sich im Laufe längeren Betriebes einstellen kann, ist von außen nicht unbedingt erkennbar. Abhilfe: Alle Zündkabel fest in den Verteilerkopf hineindrücken (desgleichen an den Kerzen und an der Zündspule). Längere Fahrtstrecken mit nur drei arbeitsfähigen Zylindern sollten unterbleiben, da das unverbrannte Benzin des defekten Zylinders dessen Schmierfilm abspült und Kolbenfresser heraufbeschwört. Auch ungleichmäßige Lagerbelastung ist die Folge.

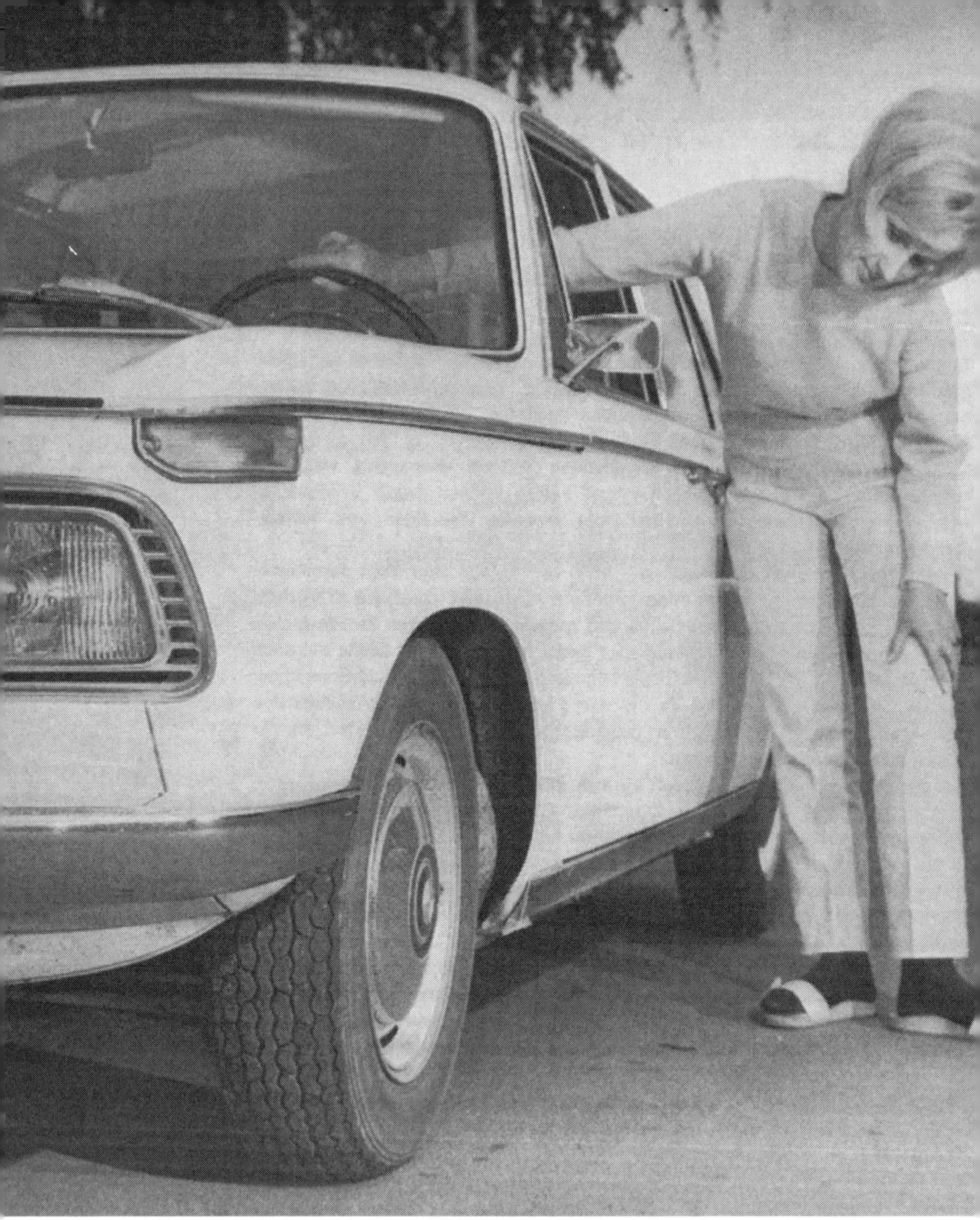

»Leicht lenkbar muß man sein, damit fährt man immer gut und schafft jede Kurve!« sagte sich die flotte Blonde und nahm die Sache selber in die Hand. Daß sie kein unnötiges Spiel in der Mittellage aufweisen soll und daß sie jede Bewegung ohne Verzögerung übertragen muß, das steht unter anderem auch über die Lenkung der BMW-Modelle in diesem Buch zu lesen. Freilich darf man, um dies genau zu prüfen, nicht im Auto sitzen bleiben. Auch das ist, wie man sieht, der um ihren vierrädrigen Freund besorgten Dame am Steuer bekannt: Die Frau von heute macht in jeder Art von Technik Fortschritte.

Noch mehr Freude am Auto

Haben Sie schon die Seiten dieses Buches durchgeblättert? Nein? Dann tun Sie's spätestens, wenn Sie dieses Kapitel zu Ende gelesen haben. Denn dieses Buch will nicht von Seite 1 bis Seite 254 der Reihe nach durchgelesen werden wie ein Roman – Sie wüßten auf Seite 220, wenn Sie dort über Lackpflege lesen, sicher nicht mehr, wie das auf Seite 103 mit der Batterie war. In diesem Buch sollen Sie »naschen« (obgleich man es zur Kategorie der »Sachbücher« rechnen muß), wenn Ihnen dies oder jenes wissenswert erscheint, wenn Sie sich überlegen: »Wie ist das eigentlich an meinem Auto?«

Erste Pannenhilfe

Dazu ein gewichtiger Tip: Im Bücherschrank nimmt sich dieses Handbuch zweifellos recht schmuck aus. Was nützt es jedoch dort, wenn man sich unterwegs neben dem nicht-mehr-weiter-wollenden BMW die Haare rauft und sich nicht zu helfen weiß? Darum ist des Buches bester Platz im Handschuhkasten, immer griffbereit. Jeden Wagen trifft nämlich einmal unterwegs eine Panne, auch bei sorgfältigster Pflege. Deshalb nehmen in diesem Handbuch die Hinweise zur planmäßigen Störungssuche bei überraschenden Pannen (besonders wichtig: »Entstörungs-Fahrplan« in der vorderen Buchklappe) einen breiten Raum ein. Denn Hilflosigkeit unterwegs kommt meist teuer zu stehen. Ganz abgesehen von den Abschleppkosten, die schnell 50 bis 90 DM oder noch mehr betragen und die sich mit einem »Gewußt wie« so oft vermeiden lassen. Denn mit einiger Sachkenntnis läßt sich fast immer ein Weg finden, bis zur nächsten Werkstatt mit eigener Kraft zu rollen – wenn nicht gerade ein Unfall die weitere Fortbewegung hemmt.

Ein Hobby pflegen

Vielen Autofahrern, und vor allem jenen, die auf die weiß-blaue Marke schwören, ist ihr »fahrbarer Untersatz« mehr als nur eine Maschine zur Fortbewegung. Sie freuen sich am Anblick ihres Autos, fahren es mit Genuß und möchten es mit viel Sorgfalt pflegen und hegen, kurzum, sie sehen in ihm sozusagen ein vollwertiges Familienmitglied. Aber nicht selten geschieht es, daß ein so liebevoll umhegtes Auto in Wirklichkeit zu Tode gepflegt wird, denn das ist leicht möglich, wenn es an der rechten Sachkenntnis und der richtigen Wahl der Hilfsmittel mangelt. So hält sich dieses Buch auch für den Fall bereit, beim Auto-Pflege-Hobby ein getreulicher Berater zu sein.
Diese Selbstpflege braucht sich keinesfalls auf das wochenendliche Autowaschen und die gelegentliche Lackpflege zu beschränken – vor allem hier ist allzuviel schnell ungesund –, denn bald werden Sie feststellen, daß sich viele der regelmäßigen technischen Wartungsarbeiten ohne große Mühe und ohne

Unser Buch verschweigt nicht, daß Arbeiten an Bremsanlage und Lenkung weitgehend Sache der Werkstatt sind. Aber die Funktion dieser Teile sollte man gelegentlich bewußt prüfen, z. B. auf einer verkehrsarmen, nicht gewölbten Straße. Bei unserem Wagen blockierte einmal bei starkem Pedaldruck aus einer Geschwindigkeit von 80 km/h das rechte vordere Rad. Der Wagen zog dadurch nach links. Womit bewiesen wird, daß ein blockierendes Rad weniger bremst als ein gerade noch drehendes Rad.

viel Aufwand selber machen lassen, darüber hinaus der Zuverlässigkeit des Wagens sehr zugute kommen und jene Umständlichkeiten ersparen, die mit dem Weg zur Werkstatt verbunden sind.

Erleichterungen sind möglich

Bei zunehmender Erfahrung stellt mancher Autobesitzer gelegentlich fest, daß er seinen Wagen der Werkstatt zur Wartung nur deshalb weggab, weil sich im Kundendienst-Scheckheft ein Blatt für den gerade erreichten Kilometerstand vorfand, dem Wagen in Wirklichkeit aber eigentlich gar nichts fehlte. Kann man daraus dem Fahrzeughersteller den Vorwurf machen, er locke die Autobesitzer unnötig in die Werkstatt (was ja schließlich Geld und Zeit kostet)? Keineswegs, denn die regelmäßig vorgeschriebenen Wartungs- und Pflegearbeiten müssen notgedrungen ein Kompromiß aus der Vielzahl unterschiedlichster Beanspruchungen sein, denen die Wagen in der Fahrpraxis unterworfen sind. Der eine fährt seinen BMW nur bei gutem Wetter oder am Wochenende, der andere muß immer und auf allen Sorten von Straßen fahren. Stadtfahrten oder Schleichfahrten bei Autobahnstauungen beanspruchen den Wagen grundsätzlich anders als schnelle Fahrten auf »Landstraßen letzter Ordnung«. Das erfordert bei der Aufstellung der Wartungspläne im Kundendienst-Scheckheft einen »Sicherheitsfaktor«.

Man kann daher bei ausreichender Erfahrung und sorgfältiger Überlegung die Wartung des Wagens in gewisser Weise seinen eigenen Fahrverhältnissen anpassen, ohne an der Verkehrssicherheit etwas zu versäumen. Man braucht sich nicht ängstlich an die Kilometerabstände im Kundendienstheft zu halten.

Gezielte Inspektionsarbeiten

Es gibt nicht wenige gewissenhafte Autobesitzer, die sich zwar während der Garantiezeit genau an die Werksempfehlungen halten (um etwaiger Garantieansprüche nicht verlustig zu gehen), danach aber alles, was sie sich an Wartungsarbeiten zutrauen, in unterhaltsamen Hobbystunden regelmäßig selbst erledigen und nur noch aus zwei Gründen die Werkstatt aufsuchen: Wenn tatsächlich Störungen oder Schäden die Hilfe des Fachmannes erfordern oder wichtige Wartungsarbeiten notwendig erscheinen, die entsprechendes Wissen und spezielle Werkstatthilfsmittel erfordern. Sie sind in unserem Pflegeplan auf Seite 26 besonders mit einem »W« (= Werkstatt) gekennzeichnet. Das sind jene Wartungsarbeiten, die nicht versäumt werden dürfen, aber preiswerter als ein kompletter Wartungsdienst von der Werkstatt erledigt werden.

Verstärkte Eigenkontrolle

Wenn Sie als kostenbewußter Autofahrer an Selbstbedienungs-Tankstellen tanken, ist ohnehin ein erhöhtes Maß an Eigenkontrolle vonnöten. Dazu sind vor allem jene Kontrollen zu zählen, die auch in kürzeren Abständen als im Wartungsplan auf Seite 25/26 angegeben fällig werden.

- Batteriesäurestand
- Bremsflüssigkeitsstand
- Kühlflüssigkeitsstand
- Reifenluftdruck und -zustand
- Zündanlage auf Sauberkeit
- Motorölstand

Diese Prüfungen lassen sich selbst ausführen und werden in den betreffenden Kapiteln genau beschrieben.

Der Spezialist macht's möglich

Bei Störungen und Schäden an seinem Fahrzeug fühlt man sich als BMW-Besitzer natürlich zu den BMW-Werkstätten hingezogen und ist damit im Prinzip auch gar nicht schlecht dran. Aber die nächste BMW-Vertretung mag gelegentlich stark überlastet sein. Was tun? In vielen Fällen kann dann der Weg zum Spezialisten nützlich sein. Einer Karosserie- oder Reifenwerkstatt, Autolackiererei oder Autopolsterei ist es einerlei, welches Markenzeichen der Wagen trägt. Auf ihrem Gebiet ist sie mit jedem Wagen vertraut.
Gewissermaßen beim Spezialisten ist man auch bei den Vertragswerkstätten jener Firmen, die BMW mit ihren Erzeugnissen beliefern. Das sind:

- Die Bosch-Vertretungen für alle Fragen der Autoelektrik. Man beschränkt sich dort keineswegs auf Zündkerzen und Scheinwerferlampen, sondern unterhält teil- und vollelektronische Motortestgeräte, die u. a. auch zur Prüfung der Unterdruckverstellung des Zündverteilers, für die richtige Zündeinstellung, Vergasereinstellung und weitere Messungen geeignet sind. Von der Kundendienstabteilung der Robert Bosch GmbH, 7016 Gerlingen-Schillerhöhe, Robert-Bosch-Platz 1, erhält man auf Anforderung ein Verzeichnis aller Bosch-Dienste. Unterwegs zeigt aber auch das Telefonbuch, wo der nächste Bosch-Dienst zu finden ist.
- Die Solex-Vertretungen sind für alle Probleme des Vergasers und der Kraftstoffpumpe zuständig. Die Adressen der Solex-Dienste sind in erster Linie von der Deutschen Vergaser-Gesellschaft mbH, 404 Neuß am Rhein, Leuschstraße 1, zu haben.

Auch Tankstellen können helfen

Suchen Sie sich eine gut geführte Stamm-Tankstelle. An vielen Tankstellen gibt es ungenutzte Pflegekapazität und Zeit für den Kunden. Den geringeren Zuspruch der Autofahrer suchen diese Tankstellenhalter durch besonders höfliche, schnelle und gute Bedienung auszugleichen. An solch einer Tankstelle ist man gut aufgehoben, denn dort finden sich durchweg alle Geräte zum Abschmieren, zum Ölwechsel, zur Reifenpflege und oft auch zur Batteriepflege. An ausgewählten Aral-Tankstellen finden sich sogar Motor-Prüfgeräte, mit denen sich Leerlauf und Zündung einstellen lassen. Freilich darf man von einer Tankstelle in fahrzeugtechnischer Hinsicht auch nicht zu viel erwarten. Regelrechte Reparaturen wird ein vernünftiger Tankstellenhalter schon von sich aus ablehnen (er ist auch nicht entsprechend haftpflichtversichert!), die reparaturtechnischen Feinheiten kennt nur die BMW-Werkstatt.

„Hohe Schule" der Selbsthilfe

Der erfahrene Autopraktiker – es gibt viele auch in anderen Berufen außerhalb des Kraftfahrzeughandwerks – kann sich noch mehr selbst helfen. Allerdings muß dazu sein Werkzeugschrank schon recht gut ausgestattet sein. Unser Buch ist auch auf diese »Hohe Schule« der Eigenhilfe abgestimmt, wobei jedoch nicht verschwiegen wird, was Sache der Werkstatt bleiben muß.
Wer nun Freude daran findet, sich aufmerksam mit seinem Wagen zu befassen, oder auch nur wissen will, was der Mann in der Werkstatt mit seinem Fahrzeug macht, wird in zahlreichen Kapiteln dieses Handbuches die theoretischen und praktischen Kenntnisse der BMW-Intimitäten erfahren können. Auch wenn zu Anfang der Meister etwas gequält das Gesicht verzieht, falls Sie Ihr neues Wissen anzubringen versuchen, mit der Zeit werden Sie schon bei der Reparaturannahme Ihre Sorgen und Wünsche präziser vorbringen können.
Wer als Autofahrer gerne selbst Hand anlegen möchte, aber nicht über genügend Platz, Werkzeug und Erfahrung verfügt, kann in einigen Großstädten spezielle Auto-Hobby-Werkstätten aufsuchen. Dort stehen auch vielfach erfahrene Eigenpfleger oder fachkundiges Personal mit Tips und Ratschlägen zur Seite.

Sparen helfen

»Erst unter dem Strich wird zusammengezählt«, sagt man. So auch in diesem Kapitel. Und darum steht an letzter Stelle desselben, jedoch keineswegs an letzter Stelle in der Bedeutung, das Bestreben dieses Handbuches, Ihnen sparen zu helfen. Denn mit dem Autokauf ist das Geldausgeben ja keineswegs beendet. Das gute Stück will auch betrieben werden. Dies kostet nicht nur Benzin, Öl, Steuer, Versicherung und eventuell Garage. Das kostet auch Wartung, Reparaturen und Reifenabnutzung.
Kann man daran etwas sparen? Keinesfalls an der Steuer. Auch nicht an der Versicherung; eher legt man noch einige Mark hinzu, um höher haftpflichtversichert, kaskoversichert oder auch noch Insassen-versichert zu sein.
An Kraftstoff und Öl können Sie aber bereits sparen. Darüber geben verschiedene Kapitel des Buches Auskunft. Und auf die vielen Möglichkeiten, durch richtige Wartung und Pflege zur Werterhaltung des Wagens beizutragen, sowie die Wartungskosten durch Selbsthilfe zu senken, haben wir bereits ausführlich hingewiesen. Da ist es unser ganzer Stolz, daß Sie schon bei einer halben ersparten Werkstattstunde – durch Selbsthilfe mit diesem Handbuch – bereits den Kaufpreis dieses Buches »herausgewirtschaftet« haben.
Sollten Sie aber nun noch dies und jenes in unserem Handbuch vermissen, was Ihnen als Heimwerker wissenswert erscheint, dann seien Sie bitte nicht gleich ungehalten. Das kann beispielsweise der Fall sein, wenn Sie die in diesem Buch als Muster angegebene Sicherungs-Nummer mit derjenigen Ihres BMW-Modells vergleichen. Aber nach 10 Jahren Modell-Entwicklung lagen im September 1971 bereits acht verschiedene Schaltpläne für die in diesem Buch behandelten BMW-Modelle vor. Wollte man das alles berücksichtigen, was an einem Auto zu tun ist, müßte dieses Buch viermal so umfangreich werden. Sie wollen aber auch noch andere Dinge im Handschuhkasten Ihres Wagens unterbringen und ihn nicht von einem dicken Werkstattwälzer blockieren lassen. Sollte Ihr Interesse ganz speziell in Richtung Lackpflege, Lackierung, Rostbekämpfung und dergleichen gehen, empfehlen wir Ihnen unseren Band 45, in dem alle diesbezüglichen »Wenn und Aber« so ausführlich und genau dargestellt sind, daß nichts schiefgehen kann. Und wenn Sie später einmal ein anderes Auto fahren, ist Ihnen der Band zur Autokarosserie immer noch ein nützlicher Helfer.

Man muß kein Fachmann sein

Es ist wie überall im Leben. Man gewöhnt sich an alles. Auch an Fehler. Und so ist es auch mit seinem Wagen. Aber weil es hier um Sicherheit und um gespartes Geld geht, sollte man öfters die Gewohnheit durchbrechen und das tun, wozu Werkstätten nicht immer die Zeit haben: Eine Probefahrt einlegen.

Kontrolle auf Verkehrssicherheit

Pflegearbeit Nr. 30

Die Probefahrt zur Prüfung auf Verkehrssicherheit gehört zum turnusmäßigen Inspektionsdienst – vorausgesetzt, daß trotz Verkehrsdichte und Zeitmangel Gelegenheit dazu bleibt. Am besten, man sucht sich eine wenig belebte Straße aus. Folgende Reihenfolge empfiehlt sich für die einzelnen Kontrollen: Bremsen – Lenkung – Motor – Kupplung – Getriebe – Außenlichter.

- Bremsen: Siehe »Bremsen prüfen« im Kapitel »Die Bremsen« (Seite 189).
- Lenkung: Wagen mit und ohne Gas fahren und rollen lassen, Hände vom Lenkrad. Der Wagen darf nicht einseitig wegziehen (die Straße darf nicht gewölbt sein, gilt auch für den Bremsversuch). Lenkung kurz anreißen und loslassen: Kommt der Wagen von selbst in Geradeausrichtung zurück? Stellt sich die Lenkung nach der Kurve ohne Nachhilfe zurück? Läßt sich das Lenkrad leicht drehen? Kein zu großes Spiel (höchstens 20 mm im Stand) in der Lenkung?
- Rollt der Wagen leicht (Motor im Leerlauf, Schalthebel neutral) weiter? (Sonst zu schwergängige Räder).
- Läuft der Motor im Leerlauf gleichmäßig? Auch nach längerer Fahrt kein wesentlich erhöhter Leerlauf? Sauberer Übergang und ruckfreies Beschleunigen beim Gasgeben? Gaswegnehmen bei höherem Tempo: Unübliche Geräusche von Motor, Getriebe, Auspuff? Patschen des Vergasers? Weitere Prüfungen: Trennt die Kupplung beim Schalten (kein Kratzen im Getriebe)? Rutscht sie beim scharfen Gasgeben gleich nach dem Schalten und entlastetem Kupplungspedal durch (Motor dreht hoch, ohne daß Wagen schneller wird)?
- Prüfen im Stand: Alle Lichter in Ordnung? Bremslicht beobachten lassen (oder selbst abends im Rückspiegel kontrollieren, z. B. durch roten Schein an einem dichtaufgefahrenen Hintermann in haltender Kolonne).
- Reifen in Ordnung (Reifendruck, Profilzustand, Reifenflanken, Ventilkappen)? Reservereifen nicht vergessen.

Das Auf-den-Boden-Legen können Sie sich sparen, wenn Sie einen Tankwart bitten – z. B. anläßlich des Ölwechsels – einen Blick von unten auf den Wagen tun zu dürfen, also von der Schmiergrube aus oder unter dem Heber.

- Rostansatz am Unterboden, insbesondere an den Bremsleitungen?
- Hintere Stoßdämpfer ölfeucht? Motor, Getriebe, Achsantrieb unten ölfeucht?
- Schwergängige Räder? Geräusch in den Radlagern beim Drehen?
- Auspuff oder seine Halterung beschädigt?

Hier werden an der Wagenunterseite die beiden Bremsleitungen zu den Hinterradbremsen kontrolliert. Steinschlagschäden erkennbar? Rostansatz zu finden? Bremsleitungen locker in ihren Halterungen? Auf dem Bild ist außerdem hinter der Hand das Führungsrohr des Handbremsseiles zur linken Hinterradbremse und rechts der Vor-Schalldämpfer der Auspuffanlage erkennbar.

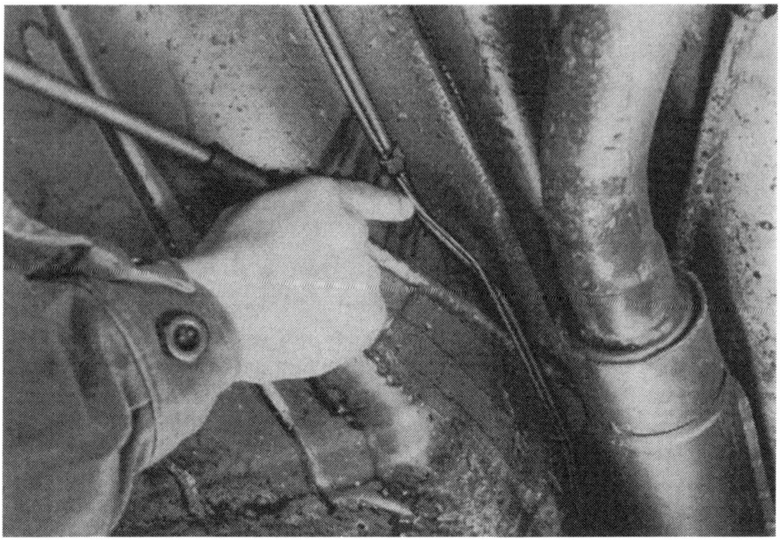

Benzinverbrauch messen

Heiß und innig wird oft über den Benzinverbrauch des eigenen Wagens oder anderer Modelle diskutiert. Auch die Werkstatt muß sich vielfach Klagen über zu hohen Verbrauch anhören. Man muß sich aber fragen, wo die meisten Autofahrer überhaupt ihre Verbrauchswerte hernehmen. Erfahrungsgemäß kommt es nur selten vor, daß ein Autofahrer den Verbrauch genau berechnet, sondern es wird etwas über den Daumen Gepeiltes behauptet. Ohne genaue Notizen über mindestens 1000 km Fahrtstrecke und anschließende Bruchrechnung geht es nicht. Eine Berechnung bei einmaligem Nachtanken hat keinen Aussagewert, denn da kann der Wagen mal so oder so schief stehen und das macht gleich ein paar Liter aus, auch spielen bei zu kurzer Meßstrecke die Besonderheiten des Weges, der Witterung usw. eine zu große einseitige Rolle.
Die wirklich aussagekräftige Meßmethode geht bei sorgfältiger »Buchführung« so: Zu Anfang den Wagen sorgfältig volltanken lassen (bis knapp unter den Rand des Einfüllstutzens) und den genauen Kilometerstand notieren. Alle Nachtankmengen werden über etwa 1000 km sorgfältig notiert. Dabei braucht der Tank nicht immer randvoll gefüllt zu werden, denn überschüssiges Benzin fließt durch die Tankentlüftung ab und verfälscht die Messung. Erst nach rund 1000 km wird der Tank wieder randvoll gefüllt, der Kilometerstand notiert und jetzt geht das Rechnen los:
Alle nachgetankten Mengen und die letzte Tankung (aber nicht die erste! Denn sie diente nur zum Erreichen der Meßmarke »Tank voll«) addieren, (Beispiel 152 Liter), diese Menge mit 100 multiplizieren (ergibt 15 200) und durch die gefahrenen Kilometer (Beispiel 1246 km) teilen. Dann erhält man den Verbrauch pro 100 km (also hier 15 200 : 1246 = 12,2 Ltr/100 km).

Fingerzeig: *Bei größeren Tankungen, also nach längeren Überlandstrekken, stets auch nach dem Kühlwasserstand sehen. Ist das Wasser auffallend stark abgesunken, besteht Verdacht auf undichte Schlauchanschlüsse oder durchgebrannte Zylinderkopfdichtung (z. B. durch Überhitzung oder nach unsachgemäßer Montage des Zylinderkopfes). Eine undichte Zylinderkopfdichtung ist bei aufgefülltem Kühler vor allem an aufsteigenden Gasblasen im Kühlerstutzen bei laufendem Motor erkennbar.*

Der heutige, dichte Verkehr läßt es – zumal im Stadtgebiet – meist nicht mehr zu, ausgesprochen sparsam zu fahren. Lassen Sie sich nicht durch den angeblich sagenhaft niedrigen Verbrauch anderer Fahrer beeinflussen. Diese Angaben beruhen nur selten auf gemessenen Tatsachen. Man sollte aber nicht kleinlich sein. Besser einen halben Liter Mehrverbrauch als ein rollendes Verkehrshindernis! Außerdem: Motoren, die ständig niedrigtourig und lahm gefahren werden, erreichen auf kurzen Strecken kaum die günstige Betriebstemperatur und unterliegen deshalb – trotz scheinbar schonender Fahrweise – einem höheren Verschleiß. Folgende Werte grenzen etwa den Verbrauch ein:

Zu hoher Verbrauch

BMW 1500	9 –13 Liter/100 km	BMW 1800	10 –15 Liter/100 km
BMW 1600	9,5–13 Liter/100 km	BMW 1800 TI	11,5–16 Liter/100 km
BMW 1600-2	9 –14 Liter/100 km	BMW 2000	11,5–15,5 Liter/100 km
BMW 2000 TI	11–16 Liter/100 km	BMW 2002	10 –14 Liter/100 km

Diese Zahlen schließen ausgeglichene bis zügige Überlandfahrt (geringster Verbrauch) und Autobahn-Dauervollgas oder Stadtverkehr im Winter (höchster Verbrauch) ein. Auf das Jahr gesehen, wird man bei einigermaßen normaler Fahrweise immer wieder entdecken, daß die alte Faustformel noch nicht ausgestorben ist, wonach der Verbrauch rund 1 Prozent des Wagengewichts in Litern beträgt. Das Wagengewicht mit vollem Tank ist z. B. für den BMW 2000 rund 1170 kg, das Fahrergewicht sei mit 75 kg angenommen, das wären zusammen 1245 kg. Ein Prozent davon wären also rund 12,5 Liter/100 km. In der Praxis brauchten wir bei unserem 1600-2 durchschnittlich 10,7 Ltr./100 km. Die Getriebeautomatik erhöht die Verbräuche um 10 bis 20 Prozent, wobei es freilich auf die persönliche Fahrweise ankommt. (Viel »kickdown« treibt den Verbrauch in die Höhe).

Der in den Prospekten angegebene »Normverbrauch« ist kein Praxiswert, sondern nur ein genormter Vergleichsfaktor zu anderen Autos. Der Normverbrauch wird nach DIN 70 030 unter besonders günstigen Bedingungen ermittelt. Mit halber Nutzlast und gleichbleibend $^3/_4$ der Höchstgeschwindigkeit auf ebener Straße mit vorgeschriebenem Reifendruck, dazu kommt ein Zuschlag von 10 Prozent. Den Normverbrauch wird man zwar bei sparsamer Fahrt erreichen können, aber der durchschnittliche Verbrauch liegt immer höher.

Zu hoher Verbrauch deutet auf Abweichungen vom Normalzustand hin, wenn Fahrweise, Belastung, Verkehrsdichte und Witterung ungefähr gleichgeblieben sind. Deshalb lohnt es sich, gelegentlich oder regelmäßig den Verbrauch zu messen. Ein genau geführtes Fahrtenbuch erleichtert die Feststellung eines wöchentlichen oder monatlichen Durchschnittswertes.

Fahrerursachen

Nachstehend einige Ursachen-Gruppen beim Verdacht auf zu hohen Verbrauch:

■ Gänge werden beim Beschleunigen zu scharf ausgefahren. Der günstige Verbrauch liegt im Bereich der höchsten Durchzugkraft (= größtes Drehmoment bei bester Zylinderfüllung), also z. B. für den BMW 1800 bei rund 3000 U/min. Das entsprechende Verhältnis entspricht bei den verschiedenen Modellen folgenden Geschwindigkeiten:

Typ	1. Gang	2. Gang	3. Gang	4. Gang
1500/1600/1600-2	15–20 km/h	35–40 km/h	55–60 km/h	75–80 km/h
1800/2000/2002	20–25 km/h	35–40 km/h	60–65 km/h	80– 85 km/h
1600 TI/1800 TI	25–30 km/h	50–55 km/h	80–85 km/h	100–110 km/h
2000 TI	25–30 km/h	50–55 km/h	75–80 km/h	100–105 km/h

Natürlich wird man sich normalerweise nicht an diese Geschwindigkeitsbereiche in den einzelnen Gängen halten und den zum zügigen Fahren ja sehr verleitenden BMW flotter bewegen. Das Schema soll nur verdeutlichen, wo

gegebenenfalls das Benzin bleibt. Aus den Gang-Geschwindigkeiten läßt sich auch ersehen, mit welchem Gang man am besten fährt, um die Stadtgeschwindigkeit von 50 km/h wirtschaftlich einzuhalten. (Beim BMW 1600 TI liegen die sparsamsten Gang-Geschwindigkeiten etwas über jenen des 1800 TI.)
■ Nervöser Gasfuß (bei jedem Druck auf das Gaspedal wird relativ viel Benzin in den Vergaser eingespritzt).

Ungünstige Fahrbedingungen

■ Hauptsächlich Stadtverkehr: Der Motor dreht zuviel im Leerlauf, wird nicht richtig warm, Benzin vergast schlecht. Besonders ungünstig, aber oft nicht zu vermeiden: Vieles Beschleunigen treibt den Verbrauch in die Höhe.
■ Niedrige Außentemperaturen kühlen den Motor stark ab, er wird dann erst nach längerer Fahrt mit zügigem Tempo richtig warm, oftmals im Winter gar nicht, das Getriebeöl bleibt länger steif (höherer Widerstand).
■ Viele Kurven und Gebirgsstrecken führen zu Mehrverbrauch.
■ Schnee, Matsch und M+S-Reifen erhöhen den Rollwiderstand.

Wagenursachen

■ Hohe Belastung kostet mehr Verbrauch. Man kann sagen: 100 kg Zuladung erfordert etwa 0,5–1,0 Liter auf 100 km mehr.
■ Zu niedriger Reifendruck erhöht den Rollwiderstand.
■ Schwergängige Räder: Zu knappes Radlagerspiel, schleifende Bremsbacken.
■ Radeinstellung (Vorspur) stimmt nicht.
■ Viel Schmutz oder Eis am Wagen erhöhen unnötig das Wagengewicht.
■ Wenn der Wagen in praller Sonne geparkt oder nur wenig gefahren wird: Benzin-Verdampfungsverluste (über Vergaser- und Tank-Entlüftung).

Motorursachen

■ Manche Motoren brauchen unter ungünstigen Bedingungen (Stadtverkehr) bis zu 5000 km, bis der Wagen richtig »frei« ist und die günstigen Leistungs- und Verbrauchswerte erreicht werden.
■ Großserienmotoren streuen in der Leistung und im Verbrauch um 5 Prozent nach oben und unten.
■ Verschmutztes Luftfilter: Es behindert das Ansaugen der Luft.
■ Klappe für vorgewärmte Ansaugluft im Sommer nicht festgestellt (Einvergasermotor).
■ Deckel der Benzinpumpe locker.
■ Zündung: Verbrauchte oder locker sitzende Kerzen, verbrannte Unterbrecherkontakte, verstellter Zündzeitpunkt. Näheres im Kapitel »Zündanlage«.
■ Falsch eingestellte oder defekte Kraftstoffpumpe, siehe betreffendes Kapitel.
■ Starker Motorverschleiß: Z. B. nicht mehr völlig dicht schließende Ventile, ausgeschlagene Ventilführungen, mangelnde Kompression, klebende oder abgenutzte Kolbenringe, verschlissene Kolben und Zylinder, Ablagerungen.

Die Höchstgeschwindigkeit

Obwohl sie in der Praxis nur selten erreicht wird, spielt die Höchstgeschwindigkeit bei Autofahrergesprächen eine wichtige Rolle. Doch sollte man hier Angaben, die lediglich auf dem Tachometer beruhen, mit Vorsicht genießen. Das optimistische Tachometer schwindelt immer einige Prozente dazu. Der Gesetzgeber erlaubt dies sogar: In den oberen beiden Dritteln des Anzeigebereiches darf das Tachometer bis zu + 7 Prozent zu viel anzeigen. 130 km/h auf dem Tacho sind also in der Regel nur 120 km/h.
Sie können die Voreilung auf einer ebenen, mäßig befahrenen Autobahnstrecke nachprüfen. Voraussetzungen: Beifahrer(in) mit Stoppuhr, notfalls Armbanduhr

mit Sekundenzeiger. Bei Vollgas die Zeit für einen Kilometer messen lassen. Die Tachonadel darf dabei während der Messung nicht mehr ansteigen.
Die Geschwindigkeit in Kilometer pro Stunde (3600 Sekunden) ergibt sich, wenn Sie 3600 durch die gestoppte Zeit (in Sekunden) dividieren.

Eichen des Tachometers

Genauso kann man auf einem ebenen Autobahnstück ermitteln, wie hoch die Tachometer-»Voreilung« bei mittleren Geschwindigkeiten ist. Besonders wichtig sind dabei die 50 und 60 km/h, die in Deutschland bzw. der Schweiz als Innerorts-Geschwindigkeiten vorgeschrieben sind. Außerdem sollten Sie die Voreilung bei 70, 80 und 100 km/h (für Strecken mit Geschwindigkeits-Begrenzungen und Landstraßen) wissen.
Fahren Sie einen Kilometer mit gleichem Tempo nach konstanter Tachometer-Anzeige, etwa 80 km/h. Dazu brauchen Sie 45 Sekunden, wenn das Tacho stimmt. Ihr Beifahrer achtet auf die km-Tafeln und drückt im jeweils gleichen Blickwinkel auf das Stoppuhrknöpfchen, während Sie den Gasfuß eisern ruhig halten. Meßwert bei unserem Beispiel: 48 Sekunden. Das entspricht 3600 : 48 = 75 km/h. Die Voreilung macht hier 5 km/h oder 6,5% aus. Mehrere Stoppungen erhöhen die Genauigkeit. Hier einige Beispiele:

- 50 km/h = 72 sek
- 60 km/h = 60 sek
- 70 km/h = 51,5 sek
- 80 km/h = 45 sek
- 90 km/h = 40 sek
- 100 km/h = 36 sek

Sind die von Ihnen ermittelten Zeiten größer, dann eilt das Tachometer vor. Lassen Sie sich auf geschwindigkeits-begrenzten Straßen von unbeherrschten (vogelzeigenden!) Autofahrern nicht verwirren. Diese kennen ihre eigenen Tachometer nicht. Das Nacheichen können Sie sich sparen, wenn auf das Deckglas des Tachometers Markierungen aus farbigem Klebeband dort angebracht werden, wo etwa echte 50 oder 100 km/h gefahren werden.
Übrigens zeigen auch die Kilometerzähler im allgemeinen zu viel an. Auch das sollte man einmal gelegentlich einer Autobahnfahrt messen: Zu Beginn und vor Abfahrt km-Markierung der Autobahn und Stand des km-Zählers notieren und vergleichen. Eine Mehranzeige des eigenen km-Zählers täuscht natürlich einen günstigeren Benzinverbrauch vor. Außerdem werden die Intervalle zwischen den Inspektionen kleiner. Schließlich spielen auch noch die Reifen bei der Tachoanzeige eine Rolle. Wenn das Profil auf den Reifen immer dünner wird, wird auch der pro Radumdrehung zurückgelegte Weg des Reifens ein wenig kürzer. Da der Tachometer, genau besehen, eigentlich nur die Radumdrehungen zählen kann, wird der Wagen bei abgefahrenen Reifen laut Tacho scheinbar etwas schneller, aber nur scheinbar. Ähnlich ist es, wenn man sein Auto auf Gürtelreifen mit kleinerem Abrollumfang umrüstet.

Handgreiflich werden

Alte Leute wissen's noch: Wegen ihres reichlich sortierten und ausgezeichneten Bord-Werkzeugs waren vor Jahrzehnten BMW-Wagen berühmt (aber nicht nur deswegen!). Wenn dazumal ein BMW-Fahrer unterwegs von einer Panne betroffen wurde, dann öffnete er die Motorhaube und fand in einem Kasten, der am hinteren Ende des Motorraums vor der Spritzwand montiert war, praktisch alles, was er unterwegs an Werkzeug (und wichtigen Klein-Ersatzteilen!) notwendig haben konnte. Jedes Teil steckte klapperfrei in einem besonderen Fach – schon der Anblick dieses Bordwerkzeugs war eine Freude. Jene Zeiten sind auch bei BMW längst vorbei. Pannen sind selten geworden, und weil die heutigen Autofahrer zumeist sowieso bezüglich Werkzeug zwei linke Daumen haben, wie viele Kraftfahrzeug-Hersteller glauben, wurde das seinerzeit so stattliche Bordwerkzeug immer unansehnlicher und kümmerlicher, ja es gibt sogar schon Fahrzeuge – nicht von BMW! –, die lediglich einen einzigen armseligen Schraubenzieher – welch ein Aufwand! – mit auf ihren Lebensweg bekommen. Da ist das BMW-Bordwerkzeug immerhin noch ausgesprochen reichlich und recht vernünftig zusammengestellt. Wenn Sie sich jedoch selbst um Ihren BMW kümmern wollen, werden Sie sich alsbald doch recht verlassen vorkommen, wenn Sie sich bei Ihren Selbstpflege-Bemühungen und Pannenhilfen allein auf das dem Wagen mitgegebene Bordwerkzeug verlassen wollen.

Empfehlenswerte Grundausrüstung

Beim Werkzeugkauf sollten Sie vor allem auf eine gute Qualität achten, denn nur mit wirklich gutem Werkzeug läßt sich leicht und zuverlässig arbeiten. Ein Werkmeister kann auch zur Not mit schlechtem Werkzeug hantieren – er weiß sich zu helfen. Aber ein Heimwerker, der den Umgang damit nur

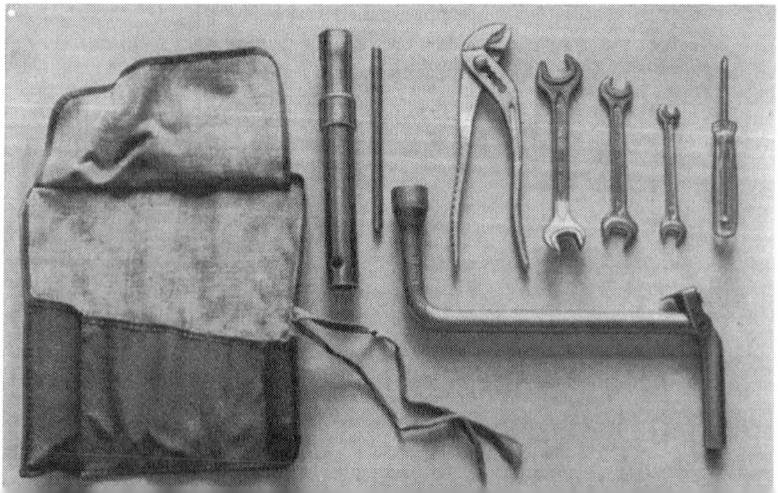

Im Vergleich zu vielen anderen Wagen ist das Bordwerkzeug des BMW immerhin ganz ordentlich. Besonders der langschäftige Zündkerzenschlüssel mit seiner Klemmvorrichtung für die Zündkerzen ist zu loben. Wer aber seinem BMW etwas mehr zu Leibe rücken möchte, muß sich doch nach weiterem Werkzeug, wie auf dem Bild rechts oben gezeigt, umsehen.

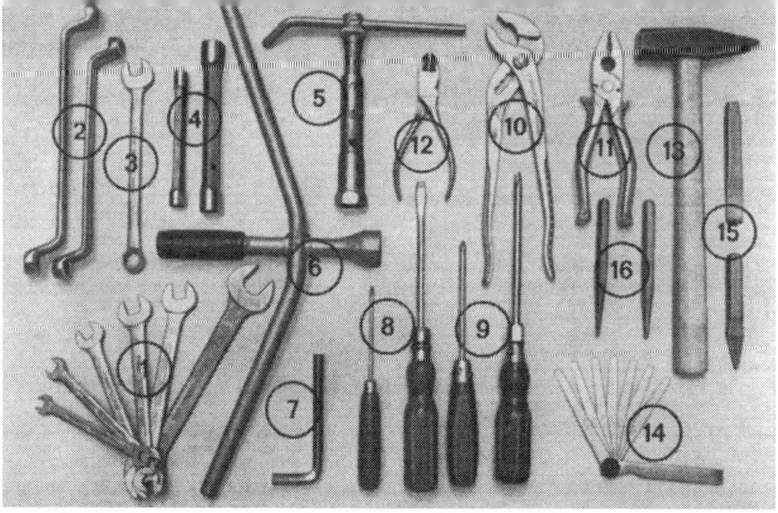

Werkzeuge, die wir dem Heimwerker speziell für die BMW der »Neuen Klasse« vorschlagen: 1 - Doppel-Gabel-Schraubenschlüssel; 2 - Ringschlüssel gekröpft; 3 - Gabel-Ring-Schlüssel 13 mm; 4 - Rohrsteckschlüssel; 5 - Zündkerzenschlüssel, in der Länge verstellbar (falls Bordwerkzeug-Zündkerzenschlüssel nicht mehr vorhanden); 6 - Radmutternschlüssel (besonders handliche Form); 7 - Inbus-Steckschlüssel; 8, 9 - Schraubenzieher für Querschlitz- und Kreuzschlitzschrauben; 10 - Rohrzange; 11 - isolierte Kombizange; 12 - Seitenschneider; 13 - Schlosserhammer; 14 - Fühlerblattlehre; 15 - Flach- und Kreuzmeißel; 16 Durchschläger und Körner.

nebenbei und ungelernt betreibt, ist mit schlechten Schraubenschlüsseln und Schraubenziehern schnell am Ende seiner Kunst. Gutes Werkzeug ist aber nicht billig. Um so wichtiger ist es, daß man sein gutes Geld zweckmäßig anlegt und nicht einfach aufs Geratewohl ganze Werkzeugsätze kauft, denn manches Teil des so in Bausch und Bogen gekauften Werkzeuges wird dann gar nicht benötigt. Dagegen können Sie für Ihren BMW verschiedene Spezial-Werkzeuge recht gut gebrauchen, sie sind aber in allgemeinen Werkzeugsätzen nicht enthalten. Aus diesem Grunde erscheinen uns auch fertige Werkzeugsätze »für den Herrenfahrer« gar nicht empfehlenswert, denn ihre Zusammensetzung ist viel zu allgemein gehalten.

Aus der nachfolgenden Liste ist erkennbar, was als schon recht vielseitig verwendbare Grundausrüstung für den heimischen Werkzeugschrank empfehlenswert erscheint. Die beigefügten Preise haben wir dem Katalog der Firma Hazet entnommen, die zu den renommierten Werkzeug-Herstellern zählt und in allen guten Werkzeuggeschäften bekannt ist. Leider muß das für einen BMW vorgesehene Werkzeugsortiment reichhaltiger sein, als es bei den meisten anderen gängigen Wagen heutzutage notwendig ist. Während nämlich beispielsweise Fiat, Ford und Opel die an ihren Fahrzeugen vorkommenden Schrauben und Muttern auf einige wenige Normgrößen zusammengefaßt haben, findet man an seinem BMW dagegen noch eine Unzahl unterschiedlichster Schraubengrößen. Das erfordert auch eine größere Anzahl von Schraubenschlüsseln. Trotzdem muß man sich nicht gleich alles anschaffen, was in der nachstehenden Liste aufgeführt ist; bei den Arbeitsbeschreibungen in diesem Buch ist in der Regel erwähnt, welches Werkzeug dazu benötigt wird, und nur wenn man diese oder jene Arbeit selbst ausführen will, braucht man auch das dazu notwendige Werkzeug.

	Preis-Hinweise in DM
1 Satz Doppel-Gabelschlüssel 7×8, 9×10, 12×13, 10×14, 14×17 zus.	15,15
1 Gabel-Ringschlüssel SW 13	5,60
2 Ringschlüssel, 10 × 13 und 17 × 19 . . . . zusammen	13,25
2 Rohrsteckschlüssel, 8×10 und 13×17 . . . . zusammen	16,10
1 Inbus-Steckschlüssel, 10 mm	2,10
1 Zündkerzenschlüssel SW 21, mit langem Schaft	15,00
1 Radmutternschlüssel SW 19	9,20
3 Schraubenzieher, Breite 3, 5, 7 mm für Querschlitzschrauben zusammen	11,10
3 Schraubenzieher für Kreuzschlitzschrauben, verschiedene Größen zus.	19,60
1 Rohrzange, 240 mm lang	9,60
1 Kombizange, isolierter Griff	12,90

1 Seitenschneider		15,50
1 Schlosserhammer, 300 Gramm		6,30
1 Fühlerblattlehre, 0,10 bis 0,70 mm		4,20
1 Spezialzange für Seegersicherungen		17,70
1 Flachmeißel und 1 Kreuzmeißel	je	4,30
1 Körner		3,20
1 Durchschläger, 3 mm		2,85
1 Satz Schlüsselfeilen, flach, dreikant, rund		12,10

Was die Größenangaben bedeuten

Bei der Aufzählung der Schraubenschlüssel ist beispielsweise von SW 13 oder 17×19 die Rede. Natürlich müssen Sie wissen, was das bedeutet; es ist schnell erklärt: Bei uns in Deutschland, wie in Frankreich und vielen anderen Ländern werden Maschinenteile und Werkzeuge in der Regel nach dem metrischen Maß-System gemessen. In manchen Fällen ist jedoch auch noch das amerikanische oder englische Maß-System üblich. Im metrischen System werden alle Größen natürlich in Zentimeter und Millimeter angegeben, im amerikanischen Maß-System in Zoll. Das Kennzeichen für Zoll ist ein oben an der betreffenden Zahl stehendes Gänsefüßchen (″). 1 Zoll (1″) entspricht 25,4 mm. Zumeist kann man schon an den Zahlen selbst erkennen, welchem Maß-System sie zuzuordnen sind, denn Zollangaben werden in der Regel mit Bruchstrichen gemacht, also ½″ (= 12,7 mm) oder etwa 2¼″ (= 37,5 mm), während metrische Angaben entweder ein Komma haben oder vollständig in Millimetern geschrieben werden. Bei Schraubenmuttern mißt man den Abstand der einander gegenüberliegenden Flanken in mm oder Zoll und schreibt auf den jeweils dafür passenden Schraubenschlüssel die entsprechende Schlüssel-Weite (Kurzbezeichnung SW). Ein Doppel-Gabelschlüssel (man nennt den Gabelschlüssel vielfach auch Maulschlüssel) mit der Bezeichnung 10×14 hat also auf der einen Seite eine Gabel oder ein Maul für eine 10 mm breite und auf der anderen Seite für eine 14 mm breite Schraube. Da an unserem BMW alle Schrauben in Millimeter gemessen werden, kommen Schraubenschlüssel mit Zoll-Angaben nicht in Frage. Auch geschenkte Schraubenschlüssel mit Zoll-Angaben soll man nicht benutzen. Sie passen nicht genau, so daß man sich nur die Flanken der Schrauben damit beschädigt.

Welches Werkzeug für welchen Zweck?

Die Schlüsselweiten der zu Anfang der Liste aufgeführten Gabel- und Ringschlüssel sind die gängigen am BMW. Besonders oft sind die Schlüsselweiten 8, 10, 13 und 17 vertreten. Man braucht sie deshalb mehrmals, auch in unterschiedlicher Ausführung als Gabel-, Ring- oder Steckschlüssel, vielfach auch zum Gegenhalten, wenn zwei Muttern gleicher Größe verschraubt sind.
Die Ringschlüssel kauft man am besten in der sogenannten »gekröpften« Form, wie sie unser Werkzeugbild zeigt. Die Ringe sind dabei seitlich zum Halteschaft versetzt, so daß man damit auch an Schrauben und Muttern kommt, die sich mit einem Gabelschlüssel nicht greifen lassen. Ringschlüssel sind auch allgemein besser und intensiver zu handhaben, denn ihre Zwölfkant-Form übt auf alle 6 Kanten der Schraube gleichzeitig Druck aus, während die Gabel- oder Maulschlüssel, wie man sie auch nennt, eine Schraube nur an zwei einander gegenüberliegenden Flanken angreifen können, somit bei festgerosteten Teilen leicht abgleiten.

Unser Werkzeug-Sortiment nennt je 3 Querschlitz- und Kreuzschlitz-Schraubenzieher. Sie sind bei den zahlreichen Schrauben mit Querschlitz- oder Kreuzschlitzkopf in unterschiedlichster Größe auch tatsächlich am BMW notwendig. Man kann sich aber stattdessen auch einen Einsteck-Werkzeugsatz mit entsprechend verschiedenen Einsteckklingen für Querschlitz- und Kreuzschlitz-Schrauben kaufen.

Wenn im Bordwerkzeug der vom Werk mitgelieferte Zündkerzenschlüssel fehlt, muß es als Ersatz unbedingt wieder einer in langschäftiger Ausführung sein, sonst kann man die tief im Zylinderkopf steckenden Zündkerzen nicht ohne weiteres erreichen.

Wer am Motor seines BMW herumbasteln will, benötigt dazu eine Spezialzange für die sogenannten Seeger-Sicherungen, mit denen vielfach Bolzen oder Wellen an ihren Enden gegen Herausrutschen aus ihrer Passung gesichert sind. Rohrzange, Kombizange und der Seitenschneider zum Abkneifen von Kabeln dienen als allgemeine Hilfswerkzeuge. Ebenso Hammer, Meißel, Körner und die feinen Feilen in verschiedenen Ausführungen. Die Fühlerblattlehre wird zum Ventil-Einstellen, Messen des Elektrodenabstandes der Zündkerzen und der Unterbrecherkontakte gebraucht.

Überlegen Sie sich also vor dem Werkzeugkauf, ob Sie diese oder jene Arbeit wirklich selbst machen wollen und das dafür notwendige Werkzeug demnach auch brauchen.

Hilfsmittel für die Wagenpflege

Zum eigentlichen Werkzeug der Grundausrüstung gehören noch einige Hilfsgeräte, die nicht vergessen werden sollen. Wir nennen davon

- Ölspritzkanne
- Reifendruckprüfer
- kleine Hand-Fettpresse
- Prüflampe
- Fensterleder, erste Qualität
- Benzinwaschpinsel ohne Metallfassung
- Autoschwamm oder Waschhandschuh
- Waschbürste mit Stiel

Wie diese Hilfsgeräte benützt werden, ist in den diesbezüglichen Kapiteln beschrieben. Vielleicht vermissen Sie in unserer Aufzählung die in jedem Herrenfahrer-Werkzeug vorhandene Zündkerzenbürste. Wir halten nichts davon; auch eine Kontaktfeile ist von gestern.

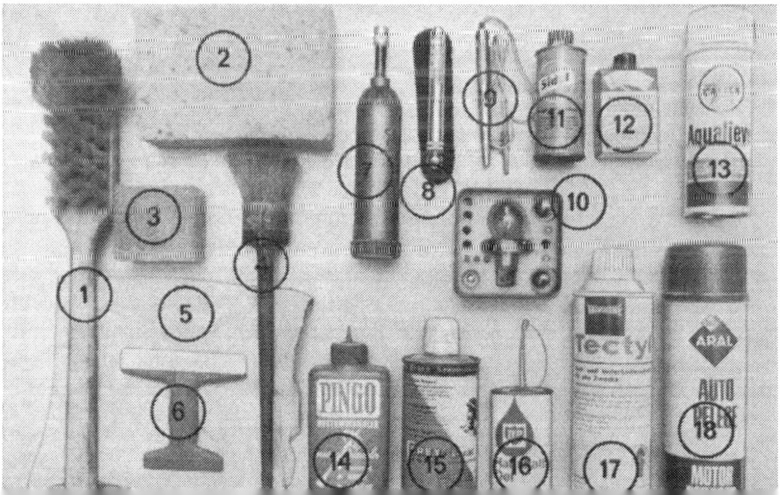

Nützliche Dinge für die Wagenpflege, die auch tatsächlich Gebrauchswert haben: 1 - kräftige Waschbürste; 2 - großporiger Badeschwamm; 3 - Fliegenschwamm aus Nylon; 4 - Waschpinsel (nicht mit Draht gebunden!); 5 - Waschleder (kein Leder-Ersatz!); 6 - Eis-Schaber und Scheibenreiniger; 7 - kleine Fettpresse; 8 - Luftdruckmesser; 9 - Prüflampe; 10 - Ersatzlampenkasten; 11 - Messingputzmittel Sidol zum Scheibenputzen; 12 - Scheibenreinigerflüssigkeit; 13 - Isolier-Sprühmittel gegen Elektrik-Kurzschlüsse; 14 - Rostumwandler; 15 - Rostlösemittel; 16 - Haushaltsöl, 17 - Unterbodenschutz-Sprühflasche zum Ausbessern; 18 - Spezialreiniger für Motor und fettverschmierte Teile.

Ergänzung nach Bedarf

Wer seine Werkzeugausrüstung für den BMW weiter ergänzen will, sollte sich in erster Linie weitere Ringschlüssel sowie Steckschlüssel mit 12kant-Einsätzen anschaffen. Mit ihnen läßt sich auch bei geringem Bewegungsraum für den zugehörigen Gelenkgriff eine Schraube gut anziehen. Die Einsätze haben auf der »Werkseite« (das ist die Seite zur Schraube) die jeweils angegebene Schlüsselweite, auf der Halteseite ein Vierkantloch von 1/2'' Kantenlänge zum Einstecken der Betätigungswerkzeuge. Man braucht also einen Gelenkgriff zu 17,00 DM und zwei Verlängerungsstücke, kurz und lang, zusammen 11,00 DM. Dazu muß man sich noch die Steckeinsätze in den Schlüsselweiten anschaffen, die wir in unserer Werkzeugliste genannt haben. Weitere Betätigungswerkzeuge wie Knarre, Kardangelenk usw. sind gut, aber nicht unbedingt notwendig.
Ein eifriger Heimwerker hat mit der Zeit Lieblingswerkzeug, mit dem er besonders gerne arbeitet.
Hierbei möchten wir die praktischen Vorsatzgeräte von Bosch erwähnen, die sich mit wenigen Handgriffen an eine dazu vorgesehene Bohrmaschine koppeln lassen. Mit solchen Geräten kann man schleifen, polieren, Karosserieblech sägen, aber auch — mit zusätzlicher Hilfe eines kleinen Kompressors — spritzlackieren und sogar die Reifen aufpumpen.
Nur vor einer Werkzeugsorte wollen wir warnen: Vor sogenanntem Universal-Werkzeug, mit dem man beispielsweise — wir übertreiben nur wenig — zugleich Schrauben anziehen, Draht abkneifen, die Gartenhecke scheren, Nägel einklopfen und vielleicht noch Butterbrot schmieren können soll. Solches Werkzeug nützt keinem seiner Zwecke wirklich richtig.

Umgang mit Werkzeug

Wenn Sie es zusammenrechnen, kostet ordentliches Werkzeug eine hübsche Stange Geld. Dieses Kapital sollten Sie zweckdienlich ausnutzen und sorgsam pflegen. Das bedeutet, daß grundsätzlich das Werkzeug nur zu jenem Zweck verwendet wird, für den es entwickelt ist. Einen Schraubenzieher etwa als Meißel benutzen, ist genauso schädlich, wie etwa das Lösen oder Anziehen einer Schraubenmutter mit der Zange (siehe Bild rechts oben).
An den Schraubenziehern soll die Klingenspitze immer sauber gerade geschliffen sein, aber sie darf keine scharfe Schneide bilden, sondern muß flach wie ein Messerrücken sein. Eine scharf geschliffene Klingenspitze dreht sich leicht aus dem Schraubenschlitz, da ihre Flanken schräg sind.
Zum Aufbewahren des Werkzeuges genügen zu Anfang Holzkiste oder Tischschubladen, die am besten durch einige eingebaute Brettchen aufgeteilt werden, damit der ganze Inhalt nicht durcheinanderfällt. Für unterwegs ist eine Werkzeugtasche (aus starkem Leinen oder Kunstleder selbst nähen) praktisch.

Flüssige Hilfen

Im Regal an der Garagenwand, in welchem das Selbsthilfewerkzeug untergebracht ist, nehmen sich einige der modernen Sprühdosen ganz gut aus. Mit dem Rechenstift beurteilt, ist ihr Inhalt durch die aufwendige Aufmachung zwar recht teuer, da man aber als Selbstpfleger sowieso nur geringe Mengen braucht und auch die Handhabung der Spraydosen manche Arbeit sehr erleichtert, sind sie doch ganz praktisch.
Als Lösemittel für starken Rost und festsitzende Schrauben haben sich beispielsweise »Caramba Super« und »Multigliss« von Molykote sehr bewährt. Damit die solcherart locker gemachten Schrauben nicht wieder anrosten, entweder vom Bleistift Graphit auf das Gewinde schaben (Graphit ist ein Festschmierstoff) oder mit einem Graphitöl (z. B. von BP oder Pingo) einsprühen.

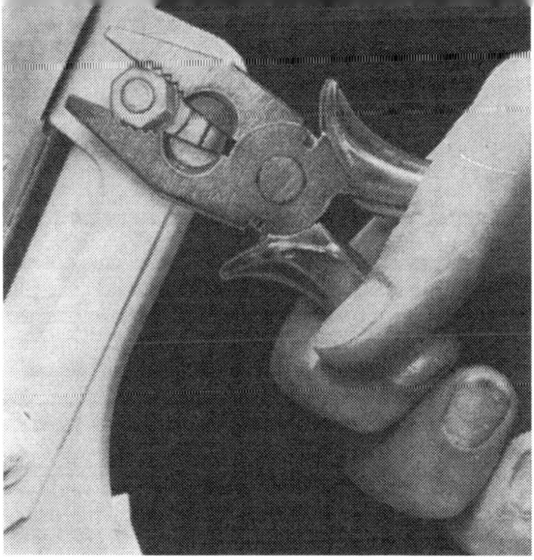

Nur mit Grausen wird ein echter Heimwerker dieses Bild betrachten. Das ist auch der Zweck für den Heimwerker-Nachwuchs: Jede Schraube fühlt sich zu Recht schwer mißhandelt, wenn sie mit einer Zange angefaßt wird. Ihre scharfen Zähne beschädigen die Ecken und Flanken einer Schraube rücksichtslos, so daß später jeder Schraubenschlüssel abgleitet. Eine Zange ist nur ein Haltewerkzeug. In gleichem Sinne ist auch ein Schraubenzieher nicht als Meißel und ein Schraubenschlüssel nicht als Hammer geeignet.

Als Schutz gegen Rost lassen sich Fahrzeugteile sehr wirkungsvoll mit »Tectyl« von Valvoline, »Terotex« von Teroson oder »Aral Unterbodenschutz« überziehen. Dabei eine Zwischenbemerkung zum Rostschutz: Sie können dazu auch frisches Motoröl oder reine Vaseline nehmen, aber auf keinen Fall Altöl! Denn Altöl enthält oft rostfördernde Säuren, bewirkt also das Gegenteil.
Für angerostete Fahrwerksteile, Fahrzeugböden usw. werden im Fachhandel eine Vielzahl von sogenannten Rostumwandlern angeboten. Wie Tests und eigene Erfahrungen zeigten, machen sie nicht alle ihrem Namen Ehre: bisweilen zeigt sich schon wenige Wochen nach der Behandlung erneuter Rostbefall. Die besten Ergebnisse erzielten wir mit Rostumwandlern auf Tanninsäurebasis, die den Rost (Eisenoxyd) in eine Tanninsäure-Eisenverbindung umwandeln und so weiteres Rosten verhindern. Schon nach etwa einer Stunde kann der blauschwarz gefärbte Untergrund mit Grundierung und Decklack oder Unterbodenschutz weiterbehandelt werden.
Vorläufig sind uns nur zwei derartige Erzeugnisse bekannt, und zwar das recht preiswerte »Pingo-Roststop« (Bezugsquellennachweis: Pingo-Erzeugnisse, 8042 Oberschleißheim, Freisinger Straße 26) und das »Rostsiegel«, bestehend aus dem eigentlichen Rostumwandler und einem Überzugslack (Vertrieb: Heim + Sport, 7065 Winterbach, Schorndorfer Straße 18).
Auch die Lackpflegemittel, Scheibenwaschwasserzusätze, Chromschutzmittel, Plastik-Reiniger usw. gehören eigentlich zu den »Flüssigen Hilfen«. Ihnen sind jedoch die Kapitel »Lackpflege« und »Winterschutz« besonders gewidmet.

Hilfe unterwegs

Es gibt Autofahrer, die so sorglos drauflosfahren, daß in ihrem Wagen weder ein Reservekanister noch ein Abschleppseil zu finden ist, und im Ersatzreifen ist auch keine Luft. Andere dagegen führen aus Furcht vor Pannen ein ganzes Arsenal von Werkzeugen und Ersatzteilen mit sich. Hier ist, wie zumeist, der Mittelweg goldene Richtigkeit. Wir wollen hier aufführen, was man mitführen sollte, auch wenn es nur dazu dient, andern hilflosen und zu sorglosen Autofahrern unterwegs damit auszuhelfen. Wir nennen davon besonders:

- Reservekanister
- Ersatzlampen
- Autoapotheke (Pflicht)
- Warndreieck (Pflicht), Warnlampe
- Abschleppseil
- Zündkerzen, Sicherungen
- Rolle Draht, Tesa-Film (Tesa-Pannenband)

Welche Teile kennen Sie im Motorraum?

Es ist keine Schande, wenn man noch nicht über alle Teile unter der Motorhaube Bescheid weiß. Man wird sich aber viel mehr über seinen Wagen freuen, wenn man weiß, welche Kostbarkeiten man insgesamt mitgekauft hat. Bescheid wissen in dieser Richtung gibt größere Sicherheit bei der Pflege und beim Störungs- oder Pannenfall. Vergleichen Sie einmal die Bedeutung folgender Teile mit der »Wirklichkeit« unter der Haube Ihres BMW. Das Bild zeigt einen Einvergasermotor (BMW 2000), doch sieht es unter der Haube der anderen Modelle, abgesehen vom Vergaser, praktisch genauso aus:

1 – Zündspule, 2 – Unterdruckschlauch vom Vergaser zum Zündverteiler (zwecks Zündzeitpunktverstellung während des Betriebes), 3 – Anlasser, 4 – Anlaß-Relais bei Automatik-Getriebe, 5 – Bremskraftverstärker, 6 – Schlauch für letzteren zum Saugrohr, um Unterdruck abzuzapfen, 7 – Hauptbremszylinder, links daneben der hier eingebaute Bremskraftbegrenzer für die Hinterradbremsen, 8 – Vergaser (Luftfilter abgenommen) bei den TI-Versionen hier zwei Doppelvergaser, 9 – Bremsflüssigkeitsbehälter, 10 – Fanfaren-Schaltrelais (Sonderausrüstung), 11 – Ölpeilstab, 12 – Ölfiltergehäuse, 13 – Reglerschalter der Lichtmaschine, 14 – Nebellampen-Relais (Sonderausrüstung), 15 – 12-Volt-Batterie, 16 – Drehstrom-Lichtmaschine, 17 – Überlaufschlauch für Kühler, 18 – Wassereinfüllstutzen, 19 – Abzweigflansch für heißes Kühlwasser, 20 – Ansaugluftschlauch zum (abgenommenen) Luftfilter, 21 – Gehäuse für Vorwärmklappe der Ansaugluft, 22 – Ventilkammerdeckel, 23 – Benzinpumpe (Schlauch vorn führt zum Vergaser), 24 – Öleinfüllstutzen, 25 – Scheibenwaschwasser-Behälter, 26 – Befestigung für Federbein, 27 – Zündverteiler, 28 – Scheibenwascherpumpe, 29 – Scheibenwischermotor.

Pflege am richtigen Fleck

Selbst wenn Sie zunächst nicht die Absicht haben sollten, sich pflegenderweise aktiv mit Ihrem rollenden Freund zu befassen, so sollten Sie doch einmal die nachfolgende Tabelle studieren. Aus dieser geht nämlich hervor, daß man auch als Herrenfahrer einiges selber machen kann – und auch sollte. Zum Beispiel im Urlaub unter heißer Sonne einmal nach der Batterie sehen, wäre kein Fehler und ist nicht kompliziert. Möglicherweise stehen deren Platten schon trocken, was man einer Batterie, die so, wie im BMW-Motorraum, der Motorwärme ausgesetzt ist, nicht verdenken kann.
Jedes Werk stellt zu diesem Zweck einen ausführlichen Fahrplan auf, was wann und wo gepflegt, gewartet oder kontrolliert werden soll. Diese Schmierdienst- und Inspektionsarbeiten finden Sie nachfolgend aufgeführt und dazu vermerkt, auf welcher Seite dieses Handbuches sie genauer beschrieben sind. Allerdings ist dies hier nicht die Reihenfolge des BMW-Programmtests und BMW-Pflegedienstes, sondern nach eigenen Sachgruppen geordnet und durch Modelländerung mag die eine oder andere Arbeit an Ihrem BMW nicht mehr notwendig sein (z. B. Schmiernippel).

Was muß wann und wo gemacht werden?

Pflegedienst alle 7500 km

			Nähere Hinweise Seite
Schmieren			
T	1.	Motorölwechsel	34
T	2.	Ölfilterwechsel	35
S/T	3.	Zündverteiler ölen (wenn noch Öler vorhanden)	46
S/T	3a.	Lichtmaschine ölen (wenn noch Öler vorhanden)	44, 109
S/T	4.	Kreuzgelenke und Gelenkwelle schmieren (wenn nicht wartungsfrei)	43
Unter der Motorhaube			
S/T	5.	Kühlwasser und Gefrierschutz prüfen	66, 227
S	6.	Batteriesäurestand prüfen	100
S	7.	Batterie reinigen, Pole einfetten	102
S/W	8.	Zündkerzen prüfen	139
S/W	9.	Unterbrecherkontaktabstand nachmessen	130
S/W	10.	Zündzeitpunkt kontrollieren	132
S	11.	Keilriemenspannung prüfen	114
S	12.	Sieb in der Kraftstoffpumpe reinigen	74
S	13.	Luftfilter säubern	94
S/T	14.	Bremsflüssigkeitsstand prüfen	183
S/T	14a.	Automatik-Getriebe – Flüssigkeitsstand prüfen	40
S/W	15.	Vergaser-Leerlaufeinstellung prüfen	89
Im Wagen			
S/W	16.	Kupplungsspiel nachprüfen	167
S/W	17.	Fußbremse prüfen	109
S	18.	Handbremse prüfen	190
S	19.	Beleuchtungsanlage prüfen	142
S/W	20.	Scheinwerfereinstellung prüfen	145
S	21.	Blinkanlagen-Kontrolle	151
S	22.	Bremslicht prüfen	152

S	23.	Signalhorn prüfen	153
S	24.	Lichthupe prüfen	155
S	25.	Instrumentenlicht-Kontrolle	148

Unter dem Wagen

S/W	26.	Bremsleitungen prüfen	184
S/W	27.	Stärke der Scheibenbremsbeläge prüfen	186
S	28.	Reifenzustand prüfen	201
S	29.	Reifendruck nachmessen	200
S	30.	Endkontrolle auf Verkehrssicherheit	13

Dazu alle 15 000 km

Schmieren

T	31.	Getriebeölstand prüfen	38
T	32.	Ölstand im Achsantrieb prüfen	41
T/W	33.	Ölstand und Dichtheit der Hinterachsschiebegelenke prüfen	
S/W		(wenn nicht wartungsfrei)	42
	34.	Ölstand und Dichtheit im Lenkgetriebe prüfen	45
S	35.	Vergasergestänge ölen	47
S	36.	Schmierfilz in Verteilerwelle ölen	46
S/W	37.	Gleitbahnen des Zündverteilers fetten	46
S	38.	Vorwärmdrosselklappe am Luftfilter ölen	47, 94
S	39.	Scharniere und Schlösser schmieren	47

Unter der Motorhaube

S/W	40.	Muttern und Schrauben am Motor nachziehen	58
S/W	41.	Ventilspiel prüfen	54
S/W	42.	Papiereinsatz des Luftfilters austauschen	94

Unter dem Wagen

W	43.	Muttern und Schrauben der Vorderachse nachziehen	180
W	44.	Muttern und Schrauben an Getriebe, Gelenkwelle und Hinterachse nachziehen	180
W	45.	Zustand der Scheibenbremsen prüfen	188
S/W	46.	Spurstangengelenke prüfen	181
W	47.	Hinterradbremstrommeln abnehmen und reinigen	188
S	48.	Auspuffbefestigung prüfen	57
W	49.	Kronenmuttern der Hinterradnaben nachziehen	180

Im und am Wagen

W	50.	Lenkungsspiel prüfen	182
W	51.	Vorderrad-Lagerspiel prüfen	177
S	52.	Abdichtgummis der Fenster und Türen pflegen	

Dazu alle 30 000 km

T/W	53.	Ölwechsel im Schaltgetriebe	39
W	53a.	Ölwechsel im Automatik-Getriebe	41
T/W	54.	Ölwechsel im Achsantrieb (bis 66)	41
T/W	55.	Ölwechsel – Schiebegelenke der Hinterachswellen (bis 68)	42

Dazu alle 60 000 km

W	56.	Radlager nachstellen	47, 177

Was kann man selbst machen?

Vor jeder einzelnen Wartungsarbeit unserer Liste finden Sie Kennbuchstaben, die Ihnen andeuten sollen, was Sie selbst machen können, was die Tankstelle erledigen kann und was der Werkstatt überlassen bleiben soll. Es bedeuten:

S = Selbstmachen. Das sind Arbeiten, die man ohne Fachkenntnisse und besonderes Werkzeug selbst ausführen kann, nachdem man den entsprechenden Abschnitt auf der betreffenden Seite dieses Buches gelesen hat.

ST = Selbstmachen oder Tankstelle. Auch hier sind keine besonderen Fachkenntnisse notwendig, aber vielleicht fehlt Ihnen das entsprechende Gerät und die Tankstelle besitzt es.

SW = Selbstmachen oder Werkstatt. In diesen Fällen sind neben einfachen Fachkenntnissen etwas Geschick, Einfühlungsvermögen und zusätzliches, aber kein aufwendiges Werkzeug Voraussetzung.

T = Tankstelle. Der sparsame Mann überläßt diese Arbeit am besten der Tankstelle, obgleich er sie auch selbst ausführen könnte. Er spart dabei Zeit und Mühe, denn der Warenpreis, der bei dieser Arbeit entsteht, ist gleich, einerlei, ob man die Ware – in der Regel das Öl – selbst verarbeitet oder von der Tankstelle verarbeiten läßt. Denn in diesen Fällen berechnet die Tankstelle keinen zusätzlichen Arbeitslohn. Selbsthelfer mit Ehrgeiz werden sich jedoch auch diese Arbeit nicht nehmen lassen. Billiger wird es allerdings nur, wenn man besonders günstig einkaufen kann.

W = Werkstatt. Diese Arbeit erfordert spezielle Fachkenntnisse, teure Meß- und Arbeitsgeräte, die man nur in einer Fachwerkstatt besitzt.

Natürlich könnte in jeder Zeile auch ein »W« stehen, denn in der Werkstatt ist man ja mit all diesen Arbeiten vertraut. Wir schlagen Ihnen aber die Reihenfolge Selbstmachen – Tankstelle – Werkstatt vor, denn an der Tankstelle kommen Sie zumeist leichter an als an der überlasteten Werkstatt.

Es gibt einige Arbeiten, die nur mit einem »W« gekennzeichnet sind. Sie bleiben, wenn Sie Inspektion und Pflege selbst machen oder an Ihrer Stammtankstelle machen lassen, »übrig«. Trotzdem dürfen sie nicht übergangen werden, und Sie brauchen keine Scheu zu haben, diese Arbeiten gesondert bei der BMW-Werkstatt in Auftrag zu geben.

Doch nun zu unserer Tabelle, die bei einem Vergleich mit Ihrer Betriebsanleitung mehr Einzelpunkte zu haben scheint. Doch das ist nicht so, denn wir haben nur den Betriebsanleitungs-Pflegedienstplan zwecks besserer Erläuterungsmöglichkeit in mehrere Punkte auseinandergezogen. Auch den in Ihrer Betriebsanleitung vielleicht noch alle 3000 km empfohlenen Motorölwechsel finden Sie in unserer Aufstellung nicht mehr, denn später hat man einen Ölwechsel alle 6000 km (von bestimmten Ausnahmen abgesehen, siehe Seite 34) für ausreichend gefunden und auch rückwirkend für ältere BMW-Wagen gestattet.

Seit Januar 1974 wurde der BMW-Wartungsplan gestrafft: Lediglich der Motoröl- und Ölfilterwechsel werden alle 7500 km durchgeführt. Gleichzeitig bietet die Werkstatt einen „Sicherheits-Sondertest" an, dabei handelt es sich praktisch um sämtliche in unserem Pflegeplan ebenfalls unter Kilometerstand 7500 aufgeführten Kontrollarbeiten, die man ohne weiteres selbst erledigen kann. Die Inspektionsintervalle wurden von 12 000 auf 15 000 km verlängert. Dieser neue Wartungsplan gilt rückwirkend für alle Modelle und Baujahre.

Zur Pflege des Fahrgestells und der Fahrzeugunterseite muß der Wagen stabil aufgebockt sein. Die Räder sollen sich frei drehen lassen. Vorne wird der BMW, wie unser Bild zeigt, an einer Längsverstärkung des Karosseriebodens unterbaut. Das geht zwar auch, wie auf dem umseitigen Bild zu sehen, mit einem Aufbau aus Hohlblocksteinen, aber bequemer und sicherer ist das Aufbocken auf solch einem stabilen und verstellbaren Abstützbock.

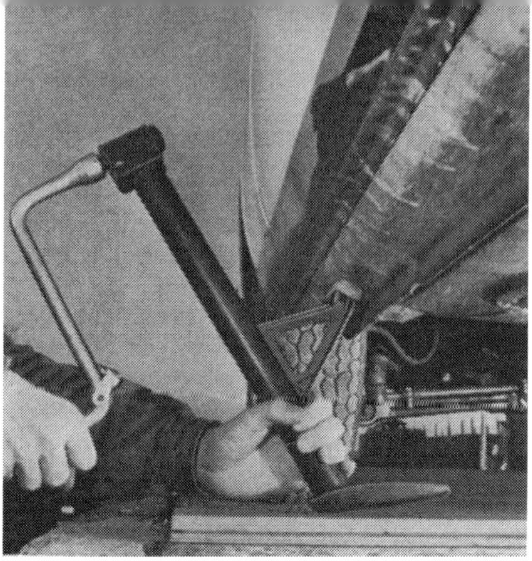

So wird der Wagenheber exakt angesetzt:
Schräg nach außen stehend, von der Seite gesehen jedoch haargenau senkrecht, den Tragezapfen in einer der Tragepfannen unter dem Karosserierand eingesetzt. Auf dem Boden sollte unter dem Wagenheberfuß ein Brettchen liegen, damit sich der Heber nicht in den Boden drückt (anstatt den Wagen hochzuheben). Die Räder der Gegenseite des Wagens sind dabei mit Steinen oder Holzkeilen gegen Wegrollen gesichert und die Handbremse ist fest angezogen. Bei den ersten Kurbelumdrehungen ist der Fuß des Hebers festzuhalten, damit er nicht wegrutscht.

Der Pflegeplatz

Sie wollen also Ihrem BMW zur Eigenpflege zu Leibe rücken. Wo soll die Veranstaltung stattfinden? In Ihrer Garage? Nur selten wird eine Garage so geräumig sein, daß man von allen Seiten ungehindert an das darin abgestellte Fahrzeug heran kann. Besser ist es also im Freien – schon wegen des besseren Lichtes, das Ihnen auch bei der kritischen Inspektion der Fahrzeugunterseite die elektrische Hand- oder Taschenlampe erspart.
Aber nicht jeder Platz im Freien ist für Pflege und Wartung eines Wagens geeignet. Auf einer Wiese oder einem Rasenplatz bleibt die versehentlich herabgefallene Schraube in der Regel unauffindbar. Ebenso »gefährlich« ist die Nähe eines Wasserablaufes. Er zieht herabfallende Schrauben oder Autoschlüssel geradezu magisch an. Gekiester Boden auf festem Untergrund ist schon besser, wenn vorher der Kies mit einem Drahtbesen geglättet wurde. Am besten ist natürlich ein ebener und glatter Zement- oder Asphaltboden. Zuvor wird er natürlich sorgfältig gekehrt, damit man sich nicht im Schmutz umherwälzt und ohne Gefahr für den Hosenboden auch einmal hinsetzen kann. Um sich unter das Auto zu legen, genügt schon ein Bogen Packpapier. Besser ist ein altes Kunststoff-Tischtuch, denn es hält Feuchtigkeit ab.
Wird der Wagen mit einem Rangierheber untergebockt, wie es z. B. in Reifenwerkstätten geschieht, muß der Stempel vorn unter den Vorderachsquerträger und hinten unter den Querträger vor dem Achsgehäuse (Differential). Letzteres nicht zum Aufbocken benutzen.
Bei laufendem Motor nicht unter den Wagen legen, Vergiftungsgefahr durch die herabsinkenden Abgase.

Der Wagenboden des BMW ist nach außen gewölbt, so daß sich hier außer den Wagenheber-Tragepfannen keine festeren Abstützpunkte finden. Deshalb muß der feste Unterbau, der für die Bodenfreiheit des BMW am besten aus einem Hohlblockstein und aufgelegtem Ziegelstein besteht, etwas nach der Wagenmitte zu unter einen Blechfalz des Karosseriebodens geschoben werden. Versuchen Sie nicht, einen solchen Unterbau nur aus Ziegelsteinen oder Brettern zu errichten: das wäre eine wackelige und daher gefährliche Angelegenheit. Sehen Sie sich den Hohlblockstein vor dem Aufbocken aber genau an: Er darf nicht feucht sein oder gar Risse zeigen, dann könnte er nämlich in sich zusammenbrechen. Der Stein muß auch selbst auf ebenem Boden gut aufliegen, z. B. auf Beton oder Asphalt, aber nicht auf weichem Boden oder Rasen.

Seid nett zueinander

Es kommt eines Tages, nahezu unvermeidbar, daß irgend etwas am BMW nicht mehr in Ordnung ist, zu dessen Instandsetzung die Spezialwerkzeuge und das fachliche Können der Werkstatt in Anspruch genommen werden müssen. Da stellen sich dann zwei Fragen, die das schöne Autofahren plötzlich ein wenig überschatten: Was wird das wohl kosten? Und: Wie kommt man mit der Werkstatt am besten zurecht?

Umgang mit der Werkstatt

Gute Auto-Werkstätten sind oft überlastet und selbst der hilfsbereiteste Werkstattchef kann einem Kunden nicht immer so schnell dienlich sein, wie dieser sich das wünscht. Zur Entschärfung dieser Probleme deshalb einige Ratschläge:

- Wartungsdienste und voraussehbare Reparaturen möglichst früh persönlich oder telefonisch anmelden und Termin vereinbaren.
- Möglichst morgens zwischen 7 und 8 Uhr vorfahren; da werden die Arbeiten für den Tag eingeteilt. Notfalls den Wagen am Vorabend hinbringen.
- Ganz klaren Reparaturauftrag geben (dieses Buch soll dazu helfen). Ölwechsel ja oder nein? Wollen Sie das teuerste Öl? Zündkerzen austauschen?
- Eigene Telefonnummer hinterlassen. Wichtig für Rückfragen wegen zusätzlicher Arbeiten, die der Werkstatt empfehlenswert erscheinen.
- Ausgebaute oder ersetzte Teile wandern auf den Schrotthaufen (Rückgabe-Austauschteile natürlich ausgenommen.) Lassen Sie auf dem Auftrag vermerken, daß man die defekten Teile in den Kofferraum legt oder zur Hand hält. Dadurch haben Sie eine gewisse Kontrolle der Werkstattarbeit und lernen Ihr Fahrzeug besser kennen.
- Lassen Sie keine wertvollen Gegenstände im Auto liegen, wenn es in die Werkstatt muß. Ein Autoatlas, ein Fotoapparat, ein Regenschirm oder dergleichen sind schnell verschwunden. Provozieren Sie keinen Fall, der später nur Anlaß zu Ärger geben könnte.
- Wenn Sie Ihren BMW zur Werkstatt bringen um z. B. am Motor etwas reparieren zu lassen, sollten Sie ihm vorher eine Motorwäsche gönnen.
- Wenn Sie anderer Meinung als die Leute von der Werkstatt sind, toben Sie nicht durch die Werkhalle – Sie erheitern dadurch nur die Lehrlinge –, sondern sprechen Sie sachlich und ruhig mit dem Chef. Lassen Sie sich seine Gründe so erklären, daß Sie sie als Laie verstehen können.
- Bei Uneinigkeiten mit der Werkstatt können Sie sich an die nächstgelegene Schiedsstelle wenden. Die Anschrift ist vom Zentralverband des Kraftfahrzeughandwerks, 53 Bonn 1, Kaiserplatz 18, von der Kfz.-Innung, von den Automobil-Clubs, vom TÜV oder von der DAT erhältlich.

Auch bei Reparaturen haben Sie Garantieansprüche, wenn die Arbeit unsachgemäß erledigt wurde oder sich ein Materialfehler herausstellt. Branchen-

üblich für die Werkstätten ist eine Reparatur-Garantie von 3 Monaten bzw. 3000 Kilometer, je nachdem was früher abgelaufen ist. Wußten Sie das? Bei der Nachreparatur haben Sie in diesem Falle allenfalls das zu bezahlen, was sich als zusätzlich erforderliche Instandsetzung herausstellt.
Bei grober Fahrlässigkeit der Werkstatt haben Sie sogar Anspruch auf Schadenersatz, falls Ihnen etwa kurz nach Verlassen der Werkstatt z. B. ein nachlässig montiertes Rad verlorengeht und dadurch ein Unfall passiert.
Unterwegs sollten Sie immer einen kleinen Block und Bleistift mit sich führen, damit Sie nicht vergessen, was Sie dem Werkstattmann mitteilen wollten.
Bei Abnahme des reparierten Wagens sollten Sie noch auf dem Werkstatthof möglichst viele Funktionen Ihres Wagens prüfen und auch versuchen, ein kleines Stück hin und her zu fahren. Solange Sie noch im Bereich der Werkstatt sind, lassen sich Beanstandungen aller Art besser und überzeugender anbringen – einschließlich des eventuell notwendigen Hinweises, daß ein nachlässiger Monteur Ihnen die Polster mit Fett verschmiert habe –, als an einem der folgenden Tage, wenn der Werkstattmann sich auf den Standpunkt stellen kann, das sei erst nach Verlassen der Werkstatt passiert.

Was wird das wohl kosten?

Die größte Scheu haben Autofahrer, wie wir immer wieder beobachteten, vor der Frage nach den Kosten. Man will seine Unkenntnis nicht zugeben (obwohl unmöglich ein Mensch erwarten kann, daß man etwa als Studienrat die Ersatzteilpreise für einen Kotflügel und die zugehörigen Montagekosten kennt), läßt sich etwas Unverständliches erzählen, erteilt dementsprechend verschwommene Reparaturaufträge und wartet dann mit banger Sorge auf die Höhe der Rechnung, wenn die Finanzreserven knapp sind.
Bei größeren Reparaturen sollte man grundsätzlich einen schriftlichen Kostenvoranschlag verlangen. Dabei genügt durchaus eine Durchschrift des Reparatur-Auftragszettels mit jeweils dahinter geschriebenen Preisen. Ein solcher Kostenvoranschlag darf nach Brauch der Branche nur um höchstens 15 Prozent überschritten werden (also statt 150,– DM Kostenvoranschlag dürfen auch etwa 170,– DM auf der Rechnung stehen), ohne daß man Sie deshalb um Erlaubnis fragen muß. Was aber darüber ist, darf nur nach Rückfrage bei Ihnen ausgeführt werden und auf der Rechnung erscheinen! Deshalb ist die Angabe der eigenen Telefon-Nummer oder Anschrift so wichtig. Allerdings können Sie solche zusätzliche Arbeiten nicht ablehnen, die sich während der Reparatur als notwendig für die Verkehrssicherheit des Wagens herausgestellt haben (fragen muß man Sie trotzdem).

Ersatz- oder Austauschteile

Für Fahrzeugteile, die erfahrungsgemäß nicht das ganze Autoleben aushalten, aber vom Werk wieder »generalüberholt« werden können, hat BMW ein besonderes Austauschteile-Programm. Dazu gehören natürlich nicht zerknitterte Türen oder Motorhauben und auch keine durchgerosteten Auspuffrohre, wohl aber mechanische Teile; z. B.:

- Motor komplett
- Achswellen
- Wasserpumpe
- Zündverteiler
- Scheibenwischermotor
- Getriebe
- Kurbelwelle
- Lichtmaschine
- Anlasser
- Kupplung
- Hinterachsgetriebe
- Gelenkwellen
- Vergaser
- Stoßdämpfer
- Federbeine

Fleißige Hände kosten Geld

Mit den Ersatzteilpreisen (die leider ständig steigen und die man bei Bedarf erfragen muß) allein ist es bei Reparaturen noch nicht getan. Der oftmals beträchtliche Arbeitslohn kommt hinzu. Aber auch hierzu ist durchaus ein Kostenvoranschlag möglich. Die Firma BMW hat für alle häufiger vorkommenden Werkstattarbeiten in einem Katalog sogenannte »Arbeitswerte« festgelegt. Ein solcher Arbeitswert entspricht bei BMW etwa 5 Minuten Arbeitszeit, d. h. eine Reparatur, für die 12 Arbeitswerte ermittelt wurden, soll von einer ordentlichen Werkstatt in 1 Stunde erledigt sein. Wenn sie länger braucht, ist es ihr Schaden und umgekehrt ihr Gewinn. Insofern ist die Reparaturberechnung — wenigstens BMW-offiziell — überall gleich.
Unterschiedlich ist jedoch der Verrechnungspreis für einen Arbeitswert (abgekürzt: AW). Den muß die Werkstatt nach ihren eigenen Unkosten — Löhne, Gehälter, Gebäude- und Geräteamortisation, allgemeine Betriebskosten usw. — festlegen. So kann der AW einer BMW-Werkstatt wesentlich höher liegen als bei einer anderen. Deshalb lohnt es sich bei größeren Reparaturen, unter Umständen irgendwo auf dem Lande zu einer BMW-Werkstatt zu gehen, wo die allgemeinen Unkosten nicht so hoch sind und der Meister keine so hohen Löhne zahlen muß. Fragen Sie nur ruhig einmal bei Ihrer BMW-Werkstatt nach dem Preis für einen Arbeitswert. Geheimtip: Mit einer nicht so dringenden Reparatur warten, bis man im Urlaub weit von der Großstadt auf dem Lande ist und auch Zeit hat, ein paar Tage auf den Wagen zu warten. Voraussetzung: Die Finanzen müssen für Urlaub und Reparatur gleichzeitig ausreichen. Es hat also keinen Zweck, bei BMW in München anzufragen, was diese oder jene Reparatur genau kosten muß.

BMW-Hilfsdienst

BMW hat einen Hilfsdienst organisiert, der vor allem in den Ferienmonaten in Panne geratenen BMW-Fahrern zur Seite steht. An jedem Wochenende bzw. Feiertag halten sich über 50 Werkstätten im gesamten Bundesgebiet in Bereitschaft. Deren Adressen erfahren Sie von den ADAC-Stellen und den Straßenwacht-Fahrern.

Prüfen vor der TÜV-Kontrolle?

Bekanntlich muß man nach § 29 der Straßen-Verkehrs- und Zulassungsordnung alle 2 Jahre bei irgendeinem Technischen Überwachungsverein (TÜV) vorfahren, um den Wagen auf Verkehrssicherheit untersuchen zu lassen. An Hand des in diesem Buch Gesagten wird man selbst schon vorher eine ganze Reihe von Funktionen durchprüfen können, damit es keine Beanstandungen gibt. Dennoch ist es nicht ausgeschlossen, daß der Prüfer etwas Negatives findet, z. B. unrichtige Scheinwerfer-Einstellung, unzureichende einseitige Bremsverzögerung oder zu großes Radlagerspiel. Um das zu vermeiden, ist es aber nicht unbedingt zu empfehlen, vorher eine Werkstatt aufzusuchen, um dort zu erklären: »Ich muß beim TÜV vorfahren, schaut doch bitte nach, ob alles in Ordnung ist!« Damit hat man nämlich der Werkstatt sozusagen einen Blanko-Auftrag gegeben. Man darf sich dann hinterher nicht wundern, wenn man eine große Rechnung präsentiert bekommt. Denn irgend etwas findet man bekanntlich immer.
Besser ist es, so meinen wir, wenn man es getrost darauf ankommen läßt, daß der TÜV-Prüfer etwas zu beanstanden hat. Das streicht er auf seinem

Prüfungsbefund an, und diese Fehler läßt man beheben. Dann fährt man eben zum zweitenmal zum TÜV und zahlt für die Nachprüfung einen Bruchteil der ersten Nachschaugebühr. In der Regel wird man dabei billiger wegkommen. Unter Umständen kann man dem Prüfer gleich von vornherein sagen, daß man auf Grund des oben Gesagten vorher nicht zur Werkstatt gegangen ist. Das wird kaum auf Unverständnis stoßen. Übrigens ist zu raten, dem Wagen vor der Durchsicht eine Oben- und Untenwäsche zu gönnen. Das macht einen besseren Eindruck.

Übrigens ist die TÜV-Kontrolle nicht an den Wohn- bzw. den Zulassungsort gebunden, sondern man kann sich die Prüfstelle aussuchen, bei der man Entgegenkommen erwarten kann. Bei einigen Prüfstellen kann auch ein Termin vereinbart werden. Man muß mit seinem Wagen nicht selbst erscheinen, sondern kann irgend jemanden beauftragen, vorzufahren.

Im Auge behalten

Seitdem es Karosserien in selbsttragender Bauweise gibt – gegenüber der Bauweise mit Fahrgestell und daraufgesetzter Karosserie –, ist die Rostplage wieder in den Vordergrund getreten. In geschlossenen, unzugänglichen Blechprofilen bildet sich Schwitzwasser, welches das Blech von innen nach außen durchrosten läßt. Auch an älteren BMW-Modellen der Baureihe 1500—2000 und 1600/2–2002 muß man mit dieser Erscheinung rechnen. Wirksamen Schutz dagegen bietet bei einem relativ neuen Fahrzeug eine Hohlraumkonservierung (siehe Seite 232).

Wie bei vielen anderen Wagen sind vor allem folgende Stellen rostgefährdet: Längsschweller im Bereich der Wagenheberkonsolen, vordere Kotflügel am Ansatz zur Tür und die Umgebung der Scheinwerfertöpfe. Bei viertürigen Modellen der früheren Baujahre ist die obere Federbeinlagerung im vorderen Radkasten besonders rostanfällig. Achten Sie darauf, daß sich Schmutz nicht zu lange in den Radkästen hält, denn er hält Feuchtigkeit wie ein Schwamm fest.

Je nach Ausmaß der Durchrostungen im vorderen Radkasten genügt das Einsetzen eines Bleches oben und ggf. unten, oder das komplette Radhaus wird nach Abnahme des Kotflügels und der Motorhaube abgetrennt und ersetzt. Die Kosten liegen zwischen 200 und 1000 DM. Durchgerostete Längsschweller können durch neue Bleche (als Ersatzteil lieferbar) ersetzt werden. Derartige Schweißarbeiten an tragenden Teilen muß eine Fachwerkstatt durchführen und die Schweißstellen dürfen anschließend nicht zugespachtelt oder mit Unterbodenschutz überdeckt werden, sonst werden sie beim TÜV nicht anerkannt. Rostschäden an den Kotflügeln können dagegen mit Glasfasermatten und flüssigem Kunststoff behoben werden.

Bei allen Modellen sollte man auf Rost an der Kofferraumzierleiste oben (speziell rechts) und im Türinnenraum achten. Beim BMW 1500–1800 kann an der Abschlußkante der Kofferraumhaube starker Rostbefall auftreten.

Etwas Fett ansetzen

Natürlich bezieht sich das »Fett ansetzen« nicht auf Sie, sondern auf Ihren Wagen. Dabei ist »Fett« nicht immer wörtlich zu nehmen, denn in den meisten Fällen ist Fett zu zäh und man muß zum dünnflüssigeren Öl greifen.
Beide Mittel – Öl wie Fett – haben die Aufgabe, sich als trennende Schicht zwischen gegeneinander bewegliche Teile zu legen. Wenn gegeneinander bewegliche Teile direkt aufeinander gleiten, so entsteht eine Reibung, die sowohl Widerstand wie Wärme erzeugt, wobei sich die Teile abnutzen.
Durch Schmierstoffe, wie Öl und Fett, voneinander getrennte Teile gleiten leichter aufeinander und haben weniger Abnutzung. Welche Schmierstoffe verwendet werden müssen, hängt z. B. von der Gleitgeschwindigkeit der Teile, von der Druckbelastung und der Temperatureinwirkung ab. Daneben müssen sie die Abdichtung gegen Gase, Wasser oder Schmutz übernehmen, sie können zusätzliche Kühlaufgaben haben oder müssen Verbrennungsrückstände binden.
Die unterschiedlichen Aufgaben und Belastungen an den verschiedenen Schmierstellen bedingen auch verschiedene Schmiermittelarten und -sorten. Das teuerste Motoröl ist den Ansprüchen im Getriebe und im Hinterachsantrieb nicht gewachsen, obwohl Getriebeöl wesentlich billiger ist. Andererseits kann man das verhältnismäßig billige rote Abschmierfett nicht zum Einfetten des Unterbrechernockens im Verteiler verwenden. Die Eignung eines Schmiermittels für eine bestimmte Schmieraufgabe wird weniger durch den Preis bestimmt, als vielmehr durch die Bezeichnungen HD-Öl, Hypoidöl usw.

Motorölstand prüfen

Der Ölmeßstab findet sich – in Fahrtrichtung gesehen – auf der linken Motorseite zwischen Lichtmaschine und Anlasser. Er ist an dem roten, runden Griffstück erkennbar. Herausziehen und mit sauberem Lappen – nicht mit Putzwolle

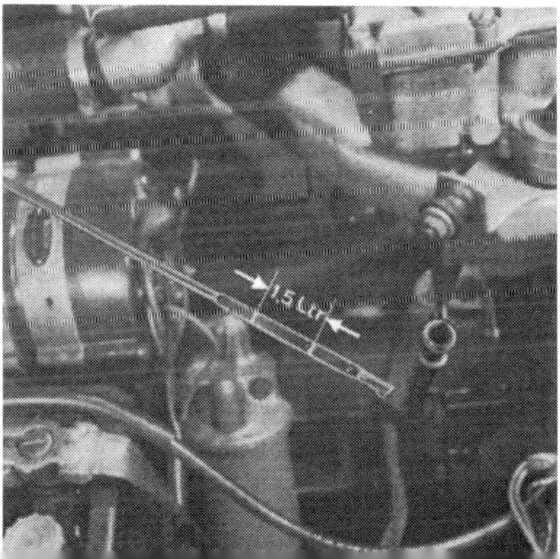

Die Mengendifferenz zwischen der unteren (min.) und oberen (max.) Marke am Ölmeßstab beträgt beim BMW etwa 1,5 Liter. Solange das Motoröl bei korrekter Messung noch oberhalb der Minimum-Marke steht, braucht kein Öl nachgefüllt zu werden. Erfahrungsgemäß ist der Ölverbrauch höher, wenn stets bis zur Maximum-Marke nachgefüllt wird. Ganz korrekt ist die Ölstandmessung nur nach längerem Stillstand des Motors, wenn alles Öl in die Ölwanne zurückgeflossen ist, also am besten morgens vor Antritt der ersten Fahrt.

oder Watte! – abwischen, noch einmal bis zum Anschlag hineinstecken, kurz warten und wieder herausziehen. Die Peilstabspitze muß mindestens bis zur Markierung »MIN« mit Öl benetzt sein. Wenn tiefer, dann Motoröl (siehe Seite 36) nachfüllen. Bis zur Markierung »MAX« können 1,5 Liter Motoröl nachgefüllt werden. Überfüllung ist schädlich für Motor und Geldbeutel! Wenn der Ölstand im Zwischenfeld, ist Nachfüllen nicht notwendig.

Der Ölstand ist nur genau zu ermitteln, wenn der Motor mindestens seit einigen Minuten stillsteht und der Wagen auf waagerechter Fläche abgestellt ist. Bei laufendem Motor ist zu viel Öl im Umlauf, so daß der Ölspiegel zu niedrig erscheint. Den Motorölstand prüft man mindestens nach jeder zweiten Tankfüllung. Kurz vor nächstem Wechsel nichts mehr nachfüllen, wenn Ölstand bis zur »MIN«-Marke gesunken ist, sondern Ölwechsel vorverlegen.

Motoröl wechseln

Schmierdienst Nr. 1

Nach BMW-Empfehlung soll der Wechsel des Motoröls im Sommer nach 7500 km und während der Übergangs- und Wintermonate nach etwa 3000 km erfolgen. Bei ausschließlichem Kurzstreckenverkehr soll der Ölwechsel einmal monatlich erfolgen.

Ganz so streng, so meinen wir, braucht man diese Empfehlung nicht zu nehmen, denn in den heutigen HD-Motorenölen stecken ordentliche Kraftreserven, die auch eine längere Lebensdauer ermöglichen. Dabei möchten wir aber voraussetzen, daß der Wagen, auch wenn er nur feiertags zum Familienausflug »angespannt« wird, flotte Bewegung erfährt, denn Fahrbummelei mit dadurch bedingtem »unterkühltem« Motorbetrieb beansprucht nicht nur den Motor überdurchschnittlich, sondern vermehrt ebenso die schädlichen Ablagerungen im Motoröl. Dann ist der Ölwechsel auch im Sommer schon nach 3000 km empfehlenswert.

Der kurzfristige Motorölwechsel – einmal monatlich – wird spruchreif, wenn das Fahrzeug unter sogenannten »erschwerten Bedingungen« gefahren wird. Das sind Kurzstreckenverkehr – beispielsweise ein Arztwagen für Krankenbesuche –, häufiger Kaltstart, winterlicher Stadtverkehr, staubige Feldwege und dergleichen. »Erschwerte Bedingung« ist dagegen niemals eine flotte Autobahnfahrt. Sie macht dem Motor, entgegen vielfach verbreiteter Meinung, nicht viel aus und auch das Motoröl wird bei flotten Autobahnfahrten innerlich nur wenig »verbraucht«. Länger als ein halbes Jahr würden wir aber auch unter günstigsten Bedingungen das Öl nicht im Motor lassen.

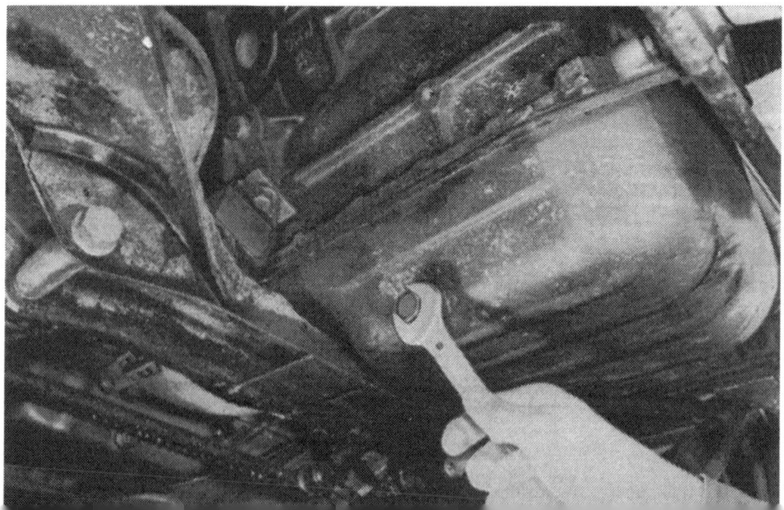

Die Öl-Ablaßschraube liegt in Fahrtrichtung gesehen rechts hinten an der Ölwanne. Heraus- und hereinschrauben mit einem Ring- oder Gabelschlüssel der Schlüsselweite 19. Beim Wiedereinsetzen der Ölablaßschraube darf diese nicht mit Gewalt festgedreht werden, denn ihr leicht konisches Gewinde (vorne schmaler als hinten) könnte dadurch die Gewindebohrung beschädigen.

Man kann den Motorölwechsel in der BMW-Werkstatt, an der Tankstelle oder zu Hause machen. Wir ziehen im allgemeinen die Tankstelle vor. Das hat eine Reihe von Gründen:

Ölwechselprobleme

1. Das Motoröl soll warm gewechselt werden, damit aller Schmutz gut ausläuft. An Werkstätten muß der Wagen oft lange warten, bis er drankommt. Inzwischen ist das Motoröl kalt geworden und schwemmt nicht allen Schmutz heraus. An Tankstellen hat man dagegen oft schon nach wenigen Minuten Zeit für diese Arbeit.
2. Wenn Sie Motoröl nicht durch gute Beziehungen billiger kaufen können und es von der Tankstelle beziehen, kostet es den gleichen Preis, ob der Ölwechsel an der Tankstelle oder zu Hause gemacht wird. Die eigentliche Arbeit des Ölwechsels wird an den Tankstellen nicht berechnet. Man kann sich also die Mühe zu Hause sparen.
3. Beim Ölwechsel fällt Altöl an. Wohin damit? In die Kanalisation schütten oder im Garten vergraben darf man es nicht. Das kostet wegen des Grundwasserschutzes Strafen. Nicht einmal zum Einpinseln der Wagenunterseite gegen Rost taugt das Altöl, da es rostfördernde Säuren enthält. Also bei der Tankstelle ist das Altöl besser aufgehoben.

Wenn man aber den Ehrgeiz hat, es selbst zu machen, dann werden benötigt:

- 4,25 Liter Motoröl
- 1 neuer Ölfiltereinsatz (verwendbare Typen siehe nächster Abschnitt)
- Schraubenschlüssel SW 19 zum Öffnen der Ölablaßschraube
- Schraubenschlüssel SW 17 für die Spannschraube des Ölfilters

Wagen aufbocken, Wanne oder sonstiges Gefäß zum Auffangen des Altöls unterschieben, Ablaßschraube öffnen und Öl auslaufen lassen. Da das Öl nur dann restlos auslaufen kann, wenn der Wagen gerade steht oder auf der linken Seite angehoben ist (gegenüber der Ölablaßschraube), muß man den Wagen eventuell vor dem Wiedereinschrauben der Ablaßschraube noch einmal abbocken. Wenn das Öl restlos ausgelaufen ist, wird die Ablaßschraube wieder eingesetzt, aber nicht mit Gewalt festgezogen, da ihr Gewinde aus Sicherungsgründen leicht konisch ist.

Ölfilterwechsel
Pflegedienst Nr. 2

Zum Ölwechsel gehört der Austausch des Ölfiltereinsatzes — nach BMW-Empfehlung also ebenfalls alle 7500 km. Man kann sich diese Arbeit nur mit schlechtem Gewissen sparen, denn bei unseren BMW-Modellen liegt das Öl-

Das Ölfiltergehäuse mit dem Ölfiltereinsatz sitzt, in Fahrtrichtung gesehen, links unten vorne am Motor. Mit einem Ringschlüssel SW 17 wird das Gehäuse vom Oberteil losgeschraubt. Hier ist dieses Losschrauben von oben gezeigt, etwas leichter geht es von der Wagenunterseite her. Wenn der Ölfilterwechsel schon sehr lange »vergessen« wurde und der Filtereinsatz verstopft ist (gefährlich für den Motor!), gibt eine Handprobe Aufschluß: Das Filtergehäuse des verstopften Filters ist wegen des geringeren Öldurchflusses nicht so heiß wie der Motor.

filter im Öl-Hauptstrom, das gesamte Motoröl fließt also ständig hindurch. Dabei darf seine Durchflußfähigkeit nicht gestört sein, sonst muß es mit Hilfe des speziell dafür eingebauten Kurzschlußventils umgangen werden, wodurch das Öl aber nur ungefiltert an die Schmierstellen gelangt. Wenn der Ölfilterwechsel schon lange »vergessen« wurde und deshalb verstopft ist, gibt eine Handprobe andeutungsweise Aufschluß: Das Filtergehäuse des verstopften Filters ist wegen des geringen Öldurchflusses nicht so heiß wie der Motor. Zum Wechsel des Filtereinsatzes wird, wie im Bild auf der Vorseite gezeigt, das Filtergehäuse vom Filter-Oberteil abgeschraubt (Ringschlüssel SW 17). Das Filtergehäuse ist etwa mit einem halben Liter Motoröl angefüllt. Es wird ausgeleert, der alte Filtereinsatz herausgezogen, das Filtergehäuse gründlich mit sauberem Benzin ausgewaschen und ein neuer Filtereinsatz eingeschoben. Dabei besonders darauf achten, daß die unter dem Filtereinsatz auf der Schraubenfeder sitzende Gummidichtung, die wiederverwendet werden muß, nicht vergessen oder falsch herum eingesetzt wird. Sitzt sie nämlich falsch oder fehlt sie ganz, fließt das Motoröl ungereinigt an die Schmierstellen. Das kann teuer werden! Zuletzt wird der obere Dichtring am Filtertopf leicht mit Fett (zum zusätzlichen Abdichten) eingestrichen und das Filtergehäuse angeschraubt.
Folgende Filtertypen sind zu verwenden:

- Fram CH-803 APL
- Mann H 601
- Knecht EH 268
- Purolator PM 200

Filter gleicher Marken aber mit anderen Kennziffern sind nicht verwendbar.

Verwendbare Ölsorten

Abschließend wird das frische Motoröl in den Einfüllstutzen oben auf dem Zylinderkopfdeckel eingefüllt. Das sind 4,25 Liter, wenn, wie vorgeschrieben, der Ölfiltereinsatz ebenfalls gewechselt wurde. Wenn wegen fehlender Filterpatrone kein Filterwechsel stattfand, sind es nur 4 Liter. Da man ohnehin 4,25 Liter nicht genau fertig in Öldosen abgefüllt erhält, genügen beim »Heim-Ölwechsel« auch 4 Liter vollkommen. Der Ölpegel zeigt dann nicht genau auf die »MAX«-Marke am Ölpeilstab, aber das schadet nichts, solange der Ölstand nicht bis zur »MIN«-Marke abgesunken ist.

Motorenölsorten

Bezeichnung	Viskosität bei Dauertemperaturen unter +10° C	Viskosität bei Temperaturen zwischen – 10 und +30° C	Viskosität bei Dauertemperaturen über +30° C
Einbereichs-HD-Öle	SAE 20 W/20	SAE 30	SAE 40
Mehrbereichs-HD-Öle	SAE 10 W – 30 SAE 10 W – 40 SAE 10 W – 50	SAE 20 W – 40 SAE 20 W – 50	SAE 20 W – 50

Die Kraftfahrzeughersteller schreiben durchweg sogenannte Marken-HD-Öle vor; gemeint sind damit »legierte« Öle. Darunter versteht man Mineralöle, denen chemische Wirkstoffe (Additive) zugesetzt sind, die z. B. das Öl alterungsbeständig halten, anfallende Säuren neutralisieren, anfallende Verbrennungsrückstände in der Schwebe halten oder die Motorenteile vor Korrosion schützen. Aber die Bezeichnung »HD-Öl« ist eine veraltete Qualitäts-Klassifikation, die international nicht mehr allgemein verwendet wird. Hierzulande gehört sie (leider) noch zum gängigen »Auto-Deutsch«, auch wenn »HD« in Wirklichkeit gut amerikanisch »Heavy Duty« (= schwere Beanspruchung) bedeutet. Es bietet heute keine echte Garantie mehr dafür, daß das betreffende Motoröl auch wirklich den Anforderungen des Motors und der Fahrweise seines Besitzers gerecht wird. Deshalb gibt es inzwischen neuere Leistungsnormen für Motorenöle, die international anerkannt werden und in vielen Ländern allgemein gebräuchlich sind. Das von Ihnen gekaufte Öl sollte also nicht nur mit »HD« gekennzeichnet sein, wie bei den großen Ölfirmen leider immer noch üblich, sondern eine der folgenden Bezeichnungen tragen. Sie wurden vom Amerikanischen Petroleum-Institut für bestimmte Qualitätsanforderungen festgelegt oder entsprechen den strengen US-Militär-, Ford- oder General-Motors-Spezifikationen:

- API-Service SE,
- MIL-L-46 152,
- Ford SSM-2C-9001-AA oder
- GM-6136 M.

Bei solcherart gekennzeichnetem Öl können Sie unbesorgt zugreifen, auch wenn es wesentlich billiger als ein gleichartiges bekanntes Markenöl ist. Dagegen sind Hinweise wie »Erfüllt alle Anforderungen der Motorenhersteller« oder »Von allen großen Autowerken anerkannt« für sich allein kein Qualitätsbeweis. Auch Öle mit den geringerwertigen Spezifikations-Normen »API-Service SA, SB, SC, SD« genügen nicht für den BMW-Motor.

Spezielle Motoröle für Dieselmotoren können vielfach auch in Vergaser-Motoren verwendet werden, aber nach Meinung des Werks nicht in BMW-Motoren. Solche Öle können durch zu starke Reinigungswirkung die Kolbenringnuten so sauber auswaschen, daß der Kompressionsdruck etwas nachläßt. Spezielle Diesel-Motoröle sind an folgenden Spezifikationen erkennbar: API-Service CC bzw. CD, MIL-L-2104 B bzw. C oder Serie-3-Öl.

Nicht unter diese Einschränkung fallen Motoröle, die Spezifikationen sowohl für Vergaser- als auch für Dieselmotoren tragen, z. B. »Entspricht API-Service SE und CC«.

Die drei Spalten geben die Viskosität, die Zähflüssigkeit des Öles an, d. h., hier wird durch Zahlenwerte angegeben, ob ein Motoröl schneller oder langsamer aus einem Röhrchen gleichen Durchmessers fließt, ob es also dickflüssiger oder dünnflüssiger ist. Diese Frage ist ebenfalls international von der amerikanischen »Society of Automotive Engineers« genormt, und ihr zu Ehren werden die Zähflüssigkeitsklassen mit SAE und einer Zahl dahinter bezeichnet. Je kleiner die Zahl ist, um so dünnflüssiger ist das Öl. Dünnflüssiges Öl ist für den Winter bestimmt, z. B. SAE 20W/20 — das »W« am Schluß bedeutet zusätzlich »Winter« –, etwas dickflüssigeres Öl ist für den Sommer, deshalb z. B. SAE 30.

Mehrbereichsöle

Bei den Motorölen SAE 20W/20 und SAE 30 handelt es sich um »Einbereichsöle« mit einem genau festgelegten Flüssigkeitsverhalten bei kaltem und heißem Öl. Eine größere »Bandbreite« im Viskositätsverhalten haben die »Mehrbereichsöle«. Das sind ebenfalls HD-Öle, aber man kann sie in einem größeren Temperaturbereich im Motor belassen. So hat beispielsweise das Mehrbereichsöl SAE 10W — 30 in kaltem Zustand die Zähflüssigkeit wie SAE 10W und es ist im heißen Motor nicht dünnflüssiger als SAE 30. Grundsätzlich kann man also Mehrbereichsöle immer dann verwenden, wenn ein Einbereichsöl der betreffenden Viskosität vorgeschrieben ist. Danach wären also alle in unserer Tabelle aufgeführten Mehrbereichsöle sommers und winters im BMW verwendbar. Aber BMW ist da ein bißchen vorsichtiger und man sollte sich an die Werksempfehlung halten. Mit dieser will BMW auch erreichen, daß das Motoröl selbst bei weniger als 7500 km pro halbes Jahr etwa alle 6 Monate gewechselt wird, was allgemein von den Autoherstellern empfohlen wird. Andrerseits besteht bei diesen Mehrbereichsölen noch kein Grund zur Aufregung, wenn man damit in die andere Jahreszeit gerät.

Unterwegs Öl nachfüllen

Wenn Sie durch Ölverbrauch Motoröl nachfüllen müssen — das ist erst wirklich notwendig, wenn der Ölstand bis zur Minimum-Marke des Peilstabes abgesunken ist –, dann nehmen Sie am besten die gleiche Sorte der gleichen Marke, die Sie zum Ölwechsel gewählt haben. Aber wenn das nicht zur Hand ist, ist ein anderes Öl besser als gar keines, denn es lassen sich alle Ölsorten und Ölmarken fröhlich durcheinander mischen. Diese Mischbarkeit ohne schädliche chemische oder sonstige Folgen ist eine Grundforderung der internationalen Öl-Normen. An Tankstellen erzählt man es gerne anders. Glauben Sie uns trotzdem. Es empfiehlt sich sogar, beim eventuell notwendigen Nachfüllen bei Frost das dünnere SAE 20 W/20 zu nehmen, auch wenn SAE 30 vom Herbst her noch im Motor ist. Mehrbereichsöl erhält man dadurch zwar nicht, aber die Ölfüllung ist doch besser den Start-Temperaturen angepaßt. Lassen Sie sich übrigens nicht ängstlich machen: Hochwertiges Öl wird schon nach kurzer Laufzeit dunkel. Das beweist nur, daß es richtig »arbeitet« und den anfallenden Schmutz in der Schwebe hält. Es ist jedoch kein Zeichen dafür, daß das Öl gewechselt werden müßte.
Geld läßt sich übrigens sparen, wenn beispielsweise nach 500 km der nächste Ölwechsel fällig wird und der Ölspiegel steht an der Minimum-Marke. Dann gar nicht nachfüllen und Ölwechsel vorverlegen. Die fehlenden 500 km können Sie beim nächsten Ölwechsel zulegen, denn im heutigen HD-Öl stecken noch durchweg gute Reserven für längere Haltbarkeit.

Im Winter pünktlicher Ölwechsel

Das Motoröl wird im Sommerhalbjahr und bei Langstreckenfahrten verhältnismäßig wenig beansprucht. Dagegen wird es stark beansprucht im Winter und bei Kurzstreckenfahrten. Es ist also genau umgekehrt, wie manche Leute meinen, die sich nach einer langen Autobahnfahrt im Sommer besorgt das Öl wechseln lassen. Der Winter und Kurzstreckenfahrten lassen den Motor nur selten betriebswarm werden, das Öl hat viele Verbrennungsrückstände, Kondenswasser und kondensierten Kraftstoff aufzunehmen. Dann muß das Motoröl pünktlich gewechselt werden.
Zwar bringt zwischendurch eine scharfe Autobahnfahrt das Motoröl auf so günstige Temperaturen, daß kondensierter Kraftstoff, der ja eine Ölverdünnung bewirkt, und Kondenswasser wieder aus dem Öl verdunsten. Ein Alarmzeichen ist es jedoch, wenn bei Winter- oder Kurzstreckenfahrten scheinbar gar kein Ölverbrauch festzustellen ist oder der Ölpeilstab einen immer höheren Ölstand anzeigt. Dann ist eine kräftige Ölverdünnung durch kondensierten Kraftstoff eingetreten, dieses verdünnte Motoröl hat nur noch ungenügende Schmierfähigkeit und muß möglichst schnell gewechselt werden.

Fingerzeig: *Von etlichen Firmen werden Zusatzmittel zum Motoröl angeboten. Bei diesen unterscheidet man zwei grundsätzlich verschiedene Sorten: Öllösliche Chemikalien und unlösliche „Festschmierstoffe". Vor den öllöslichen Zusatzmitteln kann man nur warnen! Denn in den HD-Ölen gibt es als Legierung bereits chemische Zusätze, die durch weitere Chemikalien zu »scharf« oder in ihrer nützlichen Wirkung behindert werden können.*
Gegen die ölunlöslichen Zusätze, die meist aus fein pulverisiertem Molybdän-

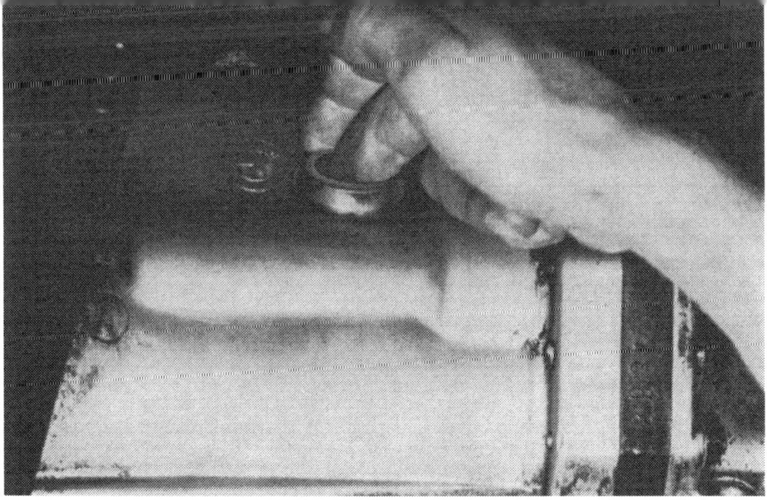

Die Kontrolle des Getriebeölstands erfolgt nach Lösen der Einfüllschraube (Schlüsselweite 14) mit dem Zeigefinger. Der Ölstand muß bis zur Unterkante der Einfüllöffnung reichen und dementsprechend zu fühlen sein. Falls Öl fehlt, Getriebeöl SAE 80 (keinesfalls Hypoid-Getriebeöl!) nachfüllen. Ist der Ölstand bei ölverschmiertem Getriebe abgesunken, so muß das Getriebe in der Werkstatt abgedichtet werden.

disulfid (Molykote und Liqui Moly) bestehen, ist nicht mehr viel einzuwenden. Ob aber die Kosten für solche Zusatzmittel entsprechende Ersparnisse im Fahrbetrieb (weniger Reparaturen, weniger Benzin- und Ölverbrauch) bringen, ist kaum zu beweisen.

Ölstandkontrolle im Schaltgetriebe

Kontrolldienst Nr. 31

An der linken Seite des Getriebegehäuses – in Fahrtrichtung gesehen – findet sich die Öleinfüllschraube. Zur Kontrolle des richtigen Ölstandes muß diese Schraube (SW 14) bei waagerecht aufgebocktem Fahrzeug geöffnet werden. Die Kontrolle zeigt das Bild oben.
Vor dem Wiedereinschrauben der Kontrollschraube daran hängenden Metallabrieb abwischen. Ölmangel ist an sich ungewöhnlich, er ist jedoch bei einem außen ölverschmierten Getriebegehäuse bereits zu vermuten. In diesem Falle hat Nachfüllen nicht viel Zweck, die Undichtigkeit kann sich verschlimmern und das Getriebe trocken laufen. Die Abdichtung ist Werkstattsache.

Getriebeöl wechseln

Schmierdienst Nr. 53

Für den alle 30 000 km fälligen Getriebeölwechsel gilt dasselbe wie für den Motorölwechsel und die Ölstandkontrolle im Getriebe: Am bequemsten geht es an der Tankstelle. Denn zum Einfüllen des Getriebeöls braucht man ein gekrümmtes Rohr, welches in das kleine Einfülloch paßt und noch Platz für die ausströmende Luft läßt. Oder man benutzt dazu eine Plastikflasche, mit der man das Öl in das Getriebe sozusagen »pumpt«. Das muß man sich aber alles erst zurechtbasteln, wenn man den Getriebeölwechsel selbst erledigen will. Dazu ist das Getriebeöl auch noch so zähflüssig, daß das Einfüllen eine schwere Geduldsprobe wird. Mit der Getriebeölpumpe oder Füllspritze der Tankstelle geht es jedenfalls wesentlich schneller und einfacher.
Wenn Sie es trotzdem selbst machen wollen: Gebraucht werden

- 1,25 Liter (beim »Langhalsgetriebe«, bis etwa Ende 1965, siehe Seite 169) oder 1,00 Liter (beim »Kurzhalsgetriebe mit geteilter Kardanwelle) Getriebeöl SAE 80 (keinesfalls »Hypoid-Getriebeöl!) nehmen.
- Ring- oder Gabelschlüssel SW 14 (evtl. auch SW 17) zum Öffnen der Ablaß- und der Einfüllschraube
- Gefäß zum Auffangen des Altöls
- Einfüllvorrichtung (z. B. Plastik-Spritzflasche mit dünnem Schlauch)
- Geduld beim Einfüllen.

Bei den mit Automatik-Getriebe ausgestatteten BMW-Modellen sitzt der Peilstab zur Flüssigkeitskontrolle in diesem Getriebe im Motorraum hinten in der Mitte hinter dem Motorblock. Im Gegensatz zur Motorölkontrolle muß hierbei der Motor, möglichst betriebswarm, im Leerlauf drehen.
Ist der Flüssigkeitsstand bis zur Minimum-Marke abgesunken, kann bis zu 0,6 Liter »Transmission Fluid« (Sondergetriebe-Flüssigkeit) einer der von BMW freigegebenen Sorten in das Peilstabrohr nachgefüllt werden. Auf keinen Fall Motor- oder Getriebeöl nachfüllen!

Wagen aufbocken, Gefäß für Altöl unterschieben, Einfüll- und Ablaßschraube herausdrehen. Warten, bis alles Altöl abgelaufen ist. Derweilen die beiden Verschlußschrauben reinigen und Metallabrieb an den Magneten entfernen. Ablaßschraube wieder eindrehen, aber nicht zu fest »anknallen«, da konisches Gewinde. Getriebeöl behutsam einfüllen. Damit es leichter fließt, kann man es vorher erhitzen. Es kommt nicht darauf an, daß die genau vorgeschriebene Ölmenge eingefüllt wird, sondern daß es aus der Einfüllöffnung gerade überzulaufen beginnt. Deshalb muß der Wagen genau waagrecht aufgebockt sein. Zuletzt Einfüllschraube eindrehen.

Flüssigkeitsstandkontrolle im Automatik-Getriebe

Kontrolldienst Nr. 14a

BMW empfiehlt bei jeder Motorölkontrolle, auch den Flüssigkeitsstand im Automatik-Getriebe, falls eingebaut, zu prüfen. Während jedoch zur Motorölkontrolle der Motor zumindest einige Minuten stehen muß, sonst ergibt sich wegen des umlaufenden Öles keine genaue Messung (am besten morgens vor dem Start kontrollieren), muß die Flüssigkeitsstandkontrolle des Automatik-Getriebes bei langsam laufendem (Leerlauf) und betriebswarmem Motor erfolgen, sonst ist hier die Messung ungenau. Gleich ist bei beiden Kontrollen lediglich, daß der Wagen waagerecht stehen muß.
Der Peilstab des Automatik-Getriebes (siehe Bild oben) darf nur mit einem sauberen und auf keinen Fall fasernden Lappen abgewischt werden. Auch geringste Verschmutzungen oder Stoff-Fasern können das hochentwickelte Automatik-Getriebe bereits empfindlich aus dem Gleichgewicht bringen.
Wenn der Flüssigkeitsstand bis zur unteren Peilstabmarke abgesunken ist, kann etwa ein halber Liter nachgefüllt werden.
Vielleicht fällt Ihnen auf, daß wir hier von »Flüssigkeitsstandkontrolle« und nicht von »Ölkontrolle« sprechen. Aber das, was das Automatik-Getriebe benötigt, ist kein Öl, sondern eine synthetische Flüssigkeit, die nicht mit Öl verwechselt werden darf! Sie ändert ihren Flüssigkeitszustand (Viskosität) nicht so wie das Öl bei Kälte oder Hitze, und das ist eine der Voraussetzungen ihrer Verwendbarkeit im Automatik-Getriebe. Daß es kein Öl ist, besagt schon die englische Bezeichnung »Transmisson Fluid«. Sie ist bei Kälte und Hitze nicht so dick- bzw. dünnflüssig wie Getriebe- oder Motoröl. Zum Nachfüllen darf also auf keinen Fall irgendwelches Motor- oder Getriebeöl verwendet werden, sondern nur eine der zugelassenen Sorten, die in der langen Liste der BMW-Betriebsanleitung zu finden ist.

Die Öleinfüll- und Kontrollschraube (rechter schwarzer Pfeil) am Hinterachsantrieb (Ausgleichgetriebe) hat die Schlüsselweite 19 oder Innensechskant 10 mm. Der linke Pfeil zeigt auf das Kreuzgelenk einer Hinterachswelle, in dem der Schmiernippel verborgen angeordnet ist. Links unten im Bild die Ölablaß-schraube, die zum Ausgleichgetriebeöl-wechsel ebenfalls mit einem Ringschlüssel SW 19 bzw. Inbus SW 10 zu öffnen ist.

Automatik-Getriebe Flüssigkeits-wechsel

Pflegearbeit Nr. 53a

Den »Ölwechsel« des Automatik-Getriebes schreibt BMW alle 30 000 Kilometer vor. Nach unserer Meinung ist der Flüssigkeitswechsel im Automatik-Getriebe eine Werkstatt-Angelegenheit. Kleine Mißgriffe von Laienhand können sich nämlich hier nachteiliger auswirken als bei anderen Fahrzeugteilen. Außerdem gibt es die vorgeschriebene Füllmenge nicht fertig abgepackt und »Dexron«-Reste in irgendwelchen (offenen) Büchsen oder Flaschen aufzubewahren, ist schon wegen der hier besonders gefährlichen Verschmutzungsgefahr nicht zu empfehlen.

Aber es sei gesagt, wie es die Werkstatt macht: Der Motor muß betriebswarm sein, das Fahrzeug waagrecht aufgebockt werden, der Wählhebel steht in Stellung P. Dann wird die Ölablaß-Schraube mit Schlüssel SW 17 herausgedreht, die verbrauchte Sondergetriebeflüssigkeit abgelassen, die Ablaß-Schraube wieder fest eingedreht und nun zuerst nur 1 Liter eingefüllt. Jetzt startet man den Motor, läßt ihn im Leerlauf drehen und füllt die weitere Flüssigkeits-Menge durch das Peilstabrohr, das zugleich Einfüllrohr ist, ein, bis die obere Peilstabmarke bei zwischendurch vorgenommenen Prüfungen erreicht ist. Füllmenge etwa 1,5 Liter, bei Neufüllung 4,75 bzw. 5,2 Liter.

Ölstandkontrolle im Hinterachs-antrieb

Kontrolldienst Nr. 32

Wenn das Hinterachsgehäuse außen ölverschmiert ist, liegt Verdacht auf Undichtigkeit nahe, und es ist dringend zu empfehlen, auch außerhalb des Pflegeintervalls von 15 000 km dort den Ölstand zu prüfen.

Die Ölstandkontrolle ist oben im Bild gezeigt.

Bei stärker abgesunkenem Ölstand sofort zur Werkstatt, damit kein größerer Schaden entsteht. Wenn nur ein kleiner »Fehlbetrag« festgestellt wird, so wird Hypoid-Getriebeöl SAE 90 nachgefüllt.

Ölwechsel im Hinterachs-antrieb

Schmierdienst Nr. 54

An den BMW-Modellen 1500/1600/1800 und 1800 TI bis etwa Baujahr 66 soll noch alle 30 000 im Hinterachsgehäuse das Öl gewechselt werden. Wenn Sie es selbst machen wollen, benötigen Sie:

- 0,9 Liter Hypoid-Getriebeöl SAE 90
- einen Schlüssel SW 19 zum Öffnen der Ablaß- und Einfüllschraube
- Gefäß zum Auffangen des Altöls
- Einfüllvorrichtung für das Öl.

Die Arbeiten entsprechen denen beim Wechsel des Getriebeöls.

Vorgeschriebene Getriebeölsorten beachten

Es gibt zwei grundsätzlich verschiedene Getriebeöl-Sorten: »Normales« Getriebeöl und Hypoid-Getriebeöl. Keines davon ist besser oder schlechter als das andere, auch wenn sie sich im Preis unterscheiden, sondern beide sind jeweils auf besondere Getriebearten spezialisiert. Wenn also Ihr Tankwart beim Nachfüllen oder Ölwechsel nach je 30 000 km in das Schaltgetriebe, in den Achsantrieb und die Schiebegelenke der Hinterachswellen aus der gleichen Getriebeölpumpe Öl einfüllen will, müssen Sie sofort scharf protestieren! BMW schreibt nämlich eindeutig vor:

- für das Schaltgetriebe Getriebeöl SAE 80
- für Achsantrieb und Schiebegelenke Hypoid-Getriebeöl SAE 90

Also nicht nur die Zähflüssigkeit ist unterschiedlich, sondern auch die chemische Zusammensetzung. Die Getriebe sind äußerst empfindlich dagegen, wenn die falsche Sorte eingefüllt wird – es kann zu Getriebeschäden oder zumindest zu Funktionsstörungen führen.

Hypoid-Getriebeöl trägt bei einigen Ölfirmen auch die Bezeichnung EP-Getriebeöl (EP = extreme pressure = außergewöhnlich hoher Druck). Da derzeit ein gewisses Durcheinander herrscht, welche Öle milder und welche schärfer legiert sind, sollten Sie das Nachfüllen oder den Ölwechsel einer BMW-Werkstatt überlassen oder bei Heimwerkerehrgeiz dort das Öl erwerben.

Ölstandkontrolle in den Schiebegelenken

Kontrolldienst Nr. 33

An den Außenseiten der Hinterradantriebswellen befinden sich (bis Baujahr 68) die sogenannten Schiebegelenke. Zum Kontrollieren des Ölstandes in denselben bockt man den Wagen hinten hoch und dreht die Räder so, daß die Bohrung mit der Einfüll- und Kontrollschraube (weißer Pfeil im Bild rechts oben) etwa 45° schräg nach oben steht. Die Einfüll-Ablaßschraube (SW 14) schraubt man heraus. Mit einem Streichholz fühlt man nach, ob das Öl bis an die Einfüllöffnung heranreicht. Man kann auch das Rad etwas drehen, so daß diejenige Breitseite des Schiebegelenks, die die Einfüll-Ablaßschraube trägt, sich leicht nach unten bewegt. Das Öl muß dann sofort auszufließen beginnen. Schraube dann gleich wieder einsetzen.

Ölwechsel im Schiebegelenk

Schmierdienst Nr. 55

Im Laufe der Baujahre 68 und 69 wurden die Schiebegelenke wartungsfrei. Nur an den älteren Fahrzeugen ist noch weiterhin ein Ölwechsel fällig. Selbstmachen lohnt sich auch hier nicht. Wenn Sie trotzdem den Ehrgeiz haben, benötigen Sie:

- etwa 180 ccm Hypoid-Getriebeöl SAE 90 für jedes Gelenk
- Ringschlüssel SW 14 bzw. 11 zum Öffnen der Einfüll-Ablaßschraube
- Gefäß zum Auffangen des Altöls
- Einfüllvorrichtung, z. B. Plastikflasche mit dünnem Schlauch.

Wagen aufbocken, Auffanggefäß unterschieben, Rad so drehen, daß Einfüll-Ablaßschraube nach unten zeigt. Schraube herausdrehen. Öl auslaufen lassen. Zum Öl-Einfüllen das Rad so drehen, daß die Öffnung auf der Breitseite wieder senkrecht liegt.

Beim BMW 1500/1600/1800/1800 TI ist der Faltenbalg des Schiebegelenks aus Gummi gefertigt, beim zweitürigen BMW 1600 aus transparentem Kunststoff. Durch letzteren wird die Überwachung des Inhalts erleichtert. Bei einer Reparatur an der Hinterachse kann man Gummi-Faltenbälge durch die transparenten Faltenbälge ersetzen lassen.

Einfüll- und Ablaßschraube an den Schiebegelenken der Abtriebswellen (Schlüsselweite 14 bzw. 11). Zur Kontrolle des Ölstandes müssen die Bohrungen etwa um 45° schräg nach oben stehen, da sonst das Öl ausläuft. Ölstandkontrolle mit Streichholz oder Draht. Neuere Fahrzeuge haben transparente Faltenbälge, die die Kontrolle erleichtern, ab Februar 69 sind die Gelenke wartungsfrei.

Kreuzgelenke schmieren

Schmierdienst Nr. 4

Bevor an den verschiedenen BMW-Modellen im Laufe des Baujahres 1968 die Hinterachswellen wartungsfrei wurden, hatten sie je 1 Schmiernippel im Kreuzgelenk neben dem Hinterachsgehäuse. In der Kardanwelle (Gelenkwelle) unserer BMW-Modelle finden sich ebenfalls 1 Schmiernippel (z. B. BMW 1600, Bauj. 65), 2 Schmiernippel (z. B. BMW 2000, Bauj. 67) oder gar kein Schmiernippel (alle Modelle 70). Man muß also mal selbst nachsehen, wie das am eigenen Wagen ausschaut (die mitgegebene Betriebsanleitung ist nicht immer ganz zuverlässig).

Das Durchschmieren dieser zwei bis vier Kreuzgelenke kann man dem Tankwart beim Ölwechsel mit in Auftrag geben. Sie können es mit einer kleinen Hand-Fettpresse (Preis etwa ab 6 DM) aber auch selbst machen. Vor dem Durchschmieren werden die Nippel mit einem Lappen sorgfältig gesäubert, damit keine anhaftenden Sandkörnchen in die Gelenke eingepreßt werden. Wenn ein Schmiernippel verstopft ist, also kein frisches Fett aufnehmen kann, muß er möglichst bald herausgeschraubt, die Ursache der Verstopfung ermittelt und eventuell ein neuer Nippel eingesetzt werden. Es ist ein Pfennig-Artikel, Nachlässigkeit ergäbe schnell eine teure Kreuzgelenk-Instandsetzung.

Marken-Mehrzweck-Abschmierfett

Genau wie bei den Motor- und bei den Getriebeölen gibt es auch bei den Abschmierfetten unterschiedliche Sorten, die auf bestimmte Aufgaben »dressiert« sind und selbst die beste Landbutter wäre in den Kreuzgelenken Ihres BMW nicht recht am Platze. Sie sollten sich also, wenn Sie diesen Schmierdienst selbst machen wollen, an die BMW-Vorschrift halten, die für diese Kreuzgelenke (wie übrigens auch für die Radlager) Mehrzweck-Abschmierfett fordert. Damit Sie das richtige Fett bekommen, ist ein wenig »Fettkunde« erforderlich:

Die Tankstellen führen in ihren großen Fettpressen zumeist rotes oder blaues, glasig durchschimmerndes Fett. Das ist kein Mehrzweckfett, sondern Hochdruckfett auf Kalkseifenbasis. Es ist wasserabstoßend, aber bei Hitze flüssig. Weil an den Kreuzgelenken keine Hitze auftritt, aber Spritzwasser einwirkt, ist es an diesen BMW-Schmierstellen verwendbar, wenn auch nicht empfehlenswert. Denn seine Schmierkraft reicht keine 7500 km, sondern nach etwa 2000 km muß wieder frisch abgeschmiert werden. Die Tankstellen und Werk-

Die Kreuzgelenke der Hinterachswellen aller BMW-Modelle bis Baujahr 68/69 haben je 1 Schmiernippel (hier die linke Hinterachswelle des BMW 2000). An den Gelenkwellen (Kardanwellen), die den Antrieb vom Schaltgetriebe auf den Hinterachsantrieb übertragen, haben je zwei Schmiernippel die BMW 2000, je 1 Schmiernippel die älteren BMW 1500, 1600 und 1800 und keinen Schmiernippel die neueren Modelle. Wer diese Pflegearbeit selbst machen will, braucht dazu nur eine einfache Handfettpresse, aber ein ausgewähltes Mehrzweckfett (siehe Tabelle unten).

stätten schätzen es besonders deshalb, weil es wesentlich billiger als Mehrzweckfett ist.

Gar nicht verwenden dürfen Sie an den Kreuzgelenken das zumeist honigbraune Wälzlagerfett, weil dieses Natronseifenfett zwar Hitze, aber kein Wasser vertragen kann. Es würde mit dem Spritzwasser eine nicht mehr schmierfähige Emulsion bilden. Allenfalls wäre es für die Radlager des BMW als Notbehelf verwendungsfähig.

Das Mehrzweckfett, das Sie für die Kreuzgelenke nehmen sollen, ist ein lithiumverseiftes Fett, entweder hellbraun-trübe oder schwarz-grau (bei Moly-Beimischung). Es kann sowohl Hitze wie auch hohen Druck und Spritzwasser aushalten und ist tatsächlich sehr universell verwendbar.

Von besonderer Qualität ist lithiumverseiftes Mehrzweckfett, welches eine bestimmte Beimischung von Molybdändisulfid hat. Dieses Molybdändisulfid, ein sogenannter Festschmierstoff, wird bekanntlich auch als Ölzusatzmittel angeboten. Davon halten wir, wie bereits erwähnt, nicht viel. Aber im Schmierfett hat es eine echte Aufgabe, denn selbst wenn der eigentliche Fettfilm ganz beiseite gedrängt wurde, verhindert das Molybdändisulfid noch immer die verschleißfördernde Reibung der Lagerteile gegeneinander. Mehrzweckfett mit Molybdändisulfid ist beispielsweise:

- Shell Retinax AM
- Molykote Fett BR 2
- BP Mehrzweckfett L 21 M
- Molykote Longterm 2
- Liqui-Moly LM Kfz 3
- Acheson Molydag 347

Lichtmaschinenlager ölen

Schmierdienst Nr. 3a

Am hinteren Ende des Lichtmaschinengehäuses sitzt an den Gleichstrom-Lichtmaschinen bei den älteren BMW 1500/1600/1800 bis etwa Baujahr 66 in Verlängerung der Ankerachse ein Abschmierlager. Nach Hochklappen der Kunststoffkappe werden dort bei stehendem Motor alle 7500 km einige Tropfen Öl eingefüllt und der »Öler« wieder verschlossen.

Bei den neueren BMW-Motoren und bei allen jenen, die mit einer Drehstrom-Lichtmaschine ausgestattet sind (Lichtmaschinenunterschiede siehe Kapitel »Lichtmaschine«) entfällt diese Arbeit.

Zum Schmieren etwas schwer zugänglicher Schmierstellen, etwa Vergasergestänge oder Fußhebelgelenke, eignen sich besonders gut die von verschiedenen Herstellern angebotenen Ölsprühdosen, die keinen breiten Ölnebel aussprühen, sondern einen nadelfeinen Ölstrahl, mit dem auch bis zu einem Meter weit haargenau gezielt werden kann. In dieser Art haben wir bis jetzt die Graphitölsprühdose von BP (hier gezeigt), die Multigliss-Spraydose von Molykote und Rex „Graphitöl 3-fach" entdeckt, wobei die beiden letzten Mittel sehr vielseitig - vom Rostlöser bis zum Isolierspray - anzuwenden sind.

Ölstand des Lenkgetriebes prüfen

Kontrolldienst Nr. 34

Das Lenkgetriebe hat eine Öl-Dauerfüllung, ein Ölwechsel ist also nicht erforderlich. Ölstand und Öldichtheit des Gehäuses sind lediglich alle 12 000 km zu kontrollieren. Das gleiche gilt auch für das rechte Lenkhebellager, das je nach Modell bis zum Baujahr 67 bzw. 68 gewartet werden muß. Muß Öl nachgefüllt werden, ist es das gleiche Öl wie für den Hinterachsantrieb, nämlich Hypoid-Getriebeöl SAE 90.

Fingerzeige: *Für das Ölen der Lichtmaschine, der Türscharniere, der verschiedenen Gelenke und des Schaltgestänges ist Motoröl vorgesehen. Die Mengen, die bei diesen Arbeiten gebraucht werden, sind zwar gering, aber man braucht sich hierzu kein teures Mehrbereichsöl zu kaufen. Die Ölzusätze, die das Mehrbereichsöl wertvoll machen, sind beim Ölen der Gelenke und Scharniere überflüssig. Es genügt also, wenn man sich gelegentlich an seiner Tankstelle ein viertel Liter des billigsten Einbereichsöles kauft und in eine Schraub-*

Das Lenkgetriebe hat eine Öl-Dauerfüllung, ein Ölwechsel ist also nicht erforderlich. Alle 15 000 km kontrolliert man nach Abheben der Kunststoffkappe mit einem Schraubenzieher, wie im Bild gezeigt, den Ölstand, der bis zur Unterkante der Einfüllöffnung reichen muß. Der mit dem durchkreuzten weißen Pfeil gekennzeichnete Gewindebolzen mit gesicherter Kontermutter, darf zur Ölstandprüfung auf keinen Fall herausgedreht werden. Er dient nur zur Einstellung des Zahnflankenspiels im Lenkgetriebe, siehe S. 181.

Nach dem Abnehmen des Verteilerdeckels und Abziehen des Verteilerfingers wird die hohlgebohrte Verteilerwelle sichtbar, in der sich ein kleiner Schmierfilz befindet, der etwa alle 15 000 km mit etwas Öl versehen werden muß (weißer Pfeil oben). Bei dieser Gelegenheit (aber nicht unbedingt in der gleichen Sekunde, wie in diesem Bild zusammenfasssend gezeigt) erhält auch die Nockenbahn (weißer Pfeil unten) der Verteilerwelle ein etwa stecknadelkopfgroßes Kügelchen Spezialfett (siehe Text), das darauf gut verteilt wird. Die gefettete Nockenbahn verhindert den Abrieb des Unterbrecherhammergleitstücks.

dose füllt, bis man es nach und nach zu Hause braucht. Aber nicht das Öl der Viskosität SAE 40 nehmen, sondern das dünnflüssigere Öl SAE 20; noch besser wäre SAE 10 W, aber das gibt es nur selten als »offenes« Öl. Oder man kauft sich ein kleines Spritzkännchen mit sogenanntem »Haushaltsöl«.

Zündverteiler ölen

Schmierdienst Nr. 3

Seitlich am Verteilergehäuse sitzt bis etwa Baujahr 66 eine mit verdrehbarer Schutzkappe verdeckte Ölbohrung. Sie erhält alle 7500 km einige wenige Tropfen Öl zur Schmierung der Verteilerantriebswelle. Dünnes Motoröl – vom Ölpeilstab abtropfen lassen – oder sogenanntes »Haushaltsöl« sind gleicherweise dafür verwendbar.

Zündverteiler schmieren

Schmierdienst Nr. 36 und 37

Auch bei den neueren Zündverteilern ohne seitlichen Ölnippel soll alle 15 000 km der Filz in der Verteilerwellenbohrung zwei oder drei Tropfen — aber nicht mehr! – Öl erhalten. Dazu siehe obigen Bildtext.

Ferner wird der Unterbrecher-Hammer von der Verteilerwelle abgehoben, die Nockenbahn der Verteilerwelle sorgfältig von altem Fett gereinigt und hauchdünn mit frischem Mehrzweckfett oder noch besser Bosch-Spezialfett Ft 1 v 4 (Tube zu 50 Gramm 0,75 DM) eingerieben. Das darf aber nur ganz leicht mit der Fingerspitze geschehen, da sonst Fett zwischen die Unterbrecherkontakte gerät und dort zu schwer erkennbaren Zündstörungen führt.

Auch die Laufbahn der Kugel für die Grundplattenführung im Verteiler erhält einen Hauch frisches Fett. Dazu empfiehlt BMW das Bosch-Fett Ft 1 v 22, aber es geht ebenso mit Ft 1 v 4, sonst wird diese Fett-Tube ja niemals alle, wenn man auch für die Kugellaufbahn wieder ein Spezialfett kauft.

Zu diesem Pflegedienst gehört auch die sorgfältige Reinigung der Verteilerkappe innen und außen, damit keine Strombrücken über Schmutz, Abrieb oder Feuchtigkeit entstehen. Auch auf den Verschleiß der einzelnen Teile ist dabei zu achten. Die Kontaktkohle in der Mitte der Verteilerkappe, die den Zündstrom an den Verteilerfinger weiterleitet, muß glatt und glänzend sein, sich leicht einfedern lassen und ohne zu klemmen wieder zurückfedern. Tut sie das nicht, Kontaktkohle herausziehen und die dahinter sitzende kleine Spiralfeder längen.

Entdeckt man in der Verteilerkappe bleistiftartige Striche, dann muß sie ausgetauscht werden, denn diese »Striche« sind die Brandspuren von Kriechströmen.

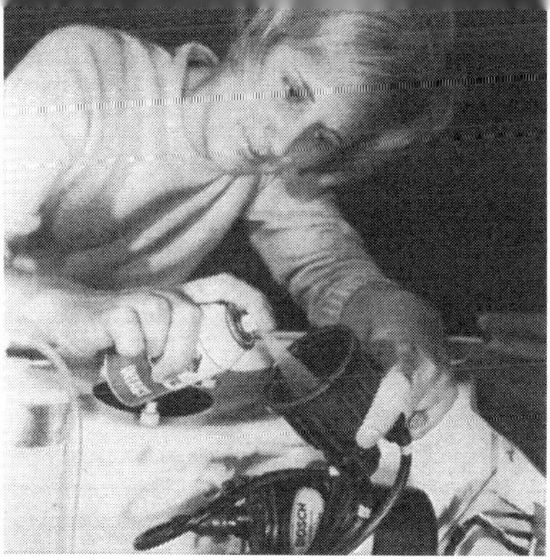

Obwohl dieses Bild im »Schmier-Kapitel« gezeigt ist, wird hier der Verteilerkopf keineswegs geschmiert, sondern gelegentlich der Zündverteilerwartung (auf der nebenstehenden Seite beschrieben) gereinigt, auf Verschmutzung und »Durchschläge« (wie bei Zündspule, Seite 127) geprüft und zum Schluß mit einem Isolierspray gegen Feuchtigkeit ausgesprüht. Dieses Mittel — z. B. Aral Intact, Molykote 4 x Silikon-Spray — unterwandert eingedrungene Feuchtigkeit, beispielsweise nach einer Motorwäsche, und verhindert Kurzschlüsse oder Kriechströme.

Vergasergestänge, Gelenke und Scharniere schmieren

Schmierdienst Nr. 35, 38 und 39

Die Kugelgelenke des Vergasergestänges, die Scharniere und Verschlüsse der Türen und Hauben, die Türarretierung und die Klappenlagerung der Ansaugluftvorwärmung sollen gelegentlich mit einigen Tropfen Graphit-Öl (in Spraydosen z. B. von BP, Pingo, Rex; siehe Bild auf Seite 45) geschmiert werden.
Aber es läßt sich auch das Öl verwenden, das man zum Schmieren von Lichtmaschine und Verteiler verwendet. Da hierbei allerdings der Dauerschmiereffekt des Graphits entfällt, schmiert man die Teile in diesem Fall öfter.

Türschloß pflegen

Ein Einfrieren des Türschlosses, des Gepäckraumschlosses und der Türdrükker kann man durch Glyzerin verhindern, von dem man einige Tropfen in die Schlüsselöffnungen und die Drückerspalte bringt.
Man kann auch ein Spezialmittel einspritzen, wie es z. B. das Aral-Türschloßbaby oder BP Türspray enthält.
Die Türschloßsterne und die Schließkeile fettet man leicht mit Talg ein (Rinderfett vom Metzger).

Radlager kontrollieren

Kontrolldienst Nr. 56

Die Fettfüllung der Radlager an Vorder- und Hinterachse braucht erst nach 60 000 km kontrolliert zu werden. Da hierbei nicht nur die Fettfüllung erneuert, sondern auch der Zustand der Lager überprüft wird und anschließend das vorgeschriebene Lagerspiel wieder genau eingestellt werden muß, überläßt man diese Arbeit besser der Werkstatt.
Will man die Arbeit selbst ausführen, so benötigt man als Schmiermittel das schon erwähnte Mehrzweck-Abschmierfett. (Siehe auch Kapitel »Vorderachse«.)

Lebendiges Herz

Wer sich mit seinem Wagen vertraut fühlen will, sollte sich unbedingt etwas mit dem Motor beschäftigen. Gerade der moderne, im Aufbau aber nicht ganz einfache BMW-Motor ist dafür dankbar. Man muß dazu nicht gleich einen Schraubenschlüssel in die Hand nehmen, es genügt schon, wenn man sich über die Funktion und die Eigenart einiger Teile etwas klarer wird.

Steckbrief des Motors

Als BMW daran ging, für 1961 ein völlig neues Modell in einer neuen Klasse vorzubereiten, wählte man für den Motor einen Entwurf, der sportliches Temperament bei hoher Leistungsausbeute versprach. Das führte zu zwei wichtigen Merkmalen: Obenliegende Nockenwelle und Gasdurchsatz nach dem Querstromprinzip. Um im Interesse eines niedrigen Wagenbugs an Bauhöhe zu sparen, wurde der Motor um 30° geneigt eingebaut.
Die obenliegende Nockenwelle erlaubt, da die hin- und hergehenden Massen von Stößel und Stößelstangen wegfallen, ein hohes Drehzahlniveau zu erreichen. Querstrom bedeutet: Das Frischgas strömt auf der einen Seite des Motors hinein und – wenn es verbrannt ist – auf der anderen Seite heraus. Saugrohr und Auspuff liegen also auf verschiedenen Seiten des Zylinderkopfes, so wie es bei echten Sport- und Rennmotoren üblich ist. Das Gas wird nicht im Verbrennungsraum umgeleitet – es fließt auf dem kürzesten Wege hindurch.
Weitere sportliche Konstruktionsmerkmale: Die Länge der Ansaugrohre ist beim Einvergasermotor so abgestimmt, daß sich ein Schwingungseffekt für das einströmende Gas ergibt, der eine aufladende Wirkung – sozusagen wie ein Kompressor – besitzt. Der Auspuff ist ein schnell die Zylinder »leerräumender« Zwillingsauspuff (siehe Abschnitt »Auspuffanlage« in diesem Kapitel.)
Bald nach der Produktionsaufnahme der »Neuen Klasse« – man begann 1962 mit 1,5 Liter und 80 PS – wünschte man mehr Hubraum und Leistung, nicht zuletzt deswegen, weil das ausgezeichnete und ebenfalls moderne Fahrwerk »schneller« war als der Motor. Über die einzelnen Entwicklungsabschnitte gibt unser Kapitel »Entwicklungsjahre« am Schluß des Buches Auskunft.
Schrittweise mit dieser Entwicklung ging auch die Änderung und Verstärkung vieler Teile. Das war allein schon deswegen nötig, weil der Wagen zum forschen Fahren stark herausforderte, was viele Teile stark beanspruchte. Da auch die Einrichtung der neuen Produktion im Münchener Werk nicht ganz einfach vonstatten ging, gab es in den ersten Jahren manchen Garantie- und Kulanzantrag zu bearbeiten. Enttäuschungen blieben angesichts mancher Defekte nicht aus, aber die Gewährleistung wurde in München so großzügig wie möglich gehandhabt. Aber man darf sagen, daß der BMW — beginnend etwa mit den Änderungen zum 2-Liter-Modell — ein ausgereiftes Auto geworden ist.

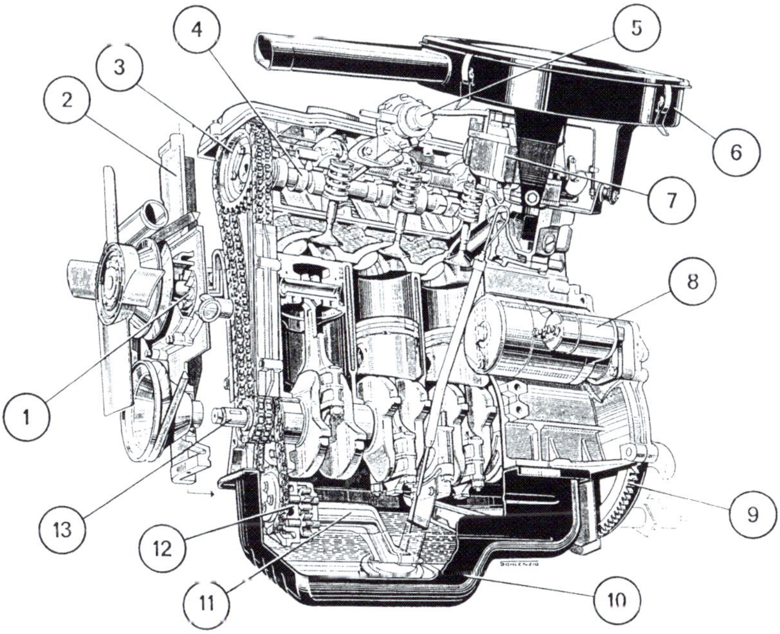

An Hand dieses Teilschnittbildes erkennt man wichtige Teile des BMW-Motors, hier in der 2-Liter-Einvergaser-Ausführung. Die Zahlen bedeuten: 1 - Wasserpumpe (auf der Ventilatorwelle), 2 - Deckel für Kettengehäuse, 3 - oberes Zahnrad für die Antriebskette der Nockenwelle, 4 - Nockenwelle (vor dieser ein Einlaßventil, unter diesem ein aufgeschnittener Kolben), 5 - Benzinpumpe, 6 - Luftfilter, 7 - Vergaser, 8 - Magnetschalter des Anlassers, 9 – Verzahnung am Schwungrad für den Anlasser, 10 – Ölwanne, 11 – Saugrohr für Ölpumpe (Ausführung ab 1965/66), 12 – Zahnradölpumpe, durch Kette angetrieben, 13 – vorderes Ende der Kurbelwelle (beim 2-Liter-Motor mit 8 Gegengewichten).

Übrigens ist der 2-Liter-Motor nicht einfach ein aufgebohrter 1,8-Liter-Motor, sondern er wurde auch in der Gestaltung des Zylinderblocks geändert (z. B. anderer Kühlwassermantel).

Für die Besitzer älterer Modelle hier gleich ein paar Ratschläge:

- Nach vorwiegendem Stadtverkehr nicht gleich auf einer Fernstrecke den Motor durch Vollgas stark belasten. Den Motor allmählich warmfahren. Der Motor, besonders Zylinder 1, erhält im andern Fall bei den Fahrzeugen bis Anfang 66 eine Kaltwasserdusche, die zum Zylinderverzug und Kolbenklemmer führen kann. Mit der Verlegung des Thermostaten an den Kühlerausgang (ab Anfang 1966, siehe auch Kapitel »Kühlung«) wurde das abgestellt. Dennoch beansprucht der kluge Mann den Motor auf der Autobahn nie sofort voll, gleich welches Markenzeichen er trägt.

- Mit den 1800-TI-Modellen bis etwa Baujahr Ende 1964 sollte man zu hartes Starten (»Kavalierstart«) vermeiden. Der Achsantrieb nimmt das übel. Er wurde später verstärkt.

Für alle Modelle, gleich welchen Baujahres, seien noch folgende Hinweise gegeben.

- Scharfes Beschleunigen, also sportliches Ausfahren der Gänge, vermeiden, solange das Öl noch kalt ist. Selbst wenn die Kühlwasseranzeige schon anspricht, ist das Öl noch nicht genügend warm. Man sollte also erst nach 8-10 Minuten den Wagen voll herannehmen. Zwar kommt es im andern Fall nicht gleich zu einem Defekt, aber das zähflüssige und noch nicht ganz pumpfähige Öl versorgt noch nicht alle Schmierstellen, was vorzeitigen Abrieb und Verschleiß ergibt, der sich durchaus vermeiden läßt.

- Das Einfahren eines Austauschmotors oder eines überholten Motors sollte auf den ersten 2000 km nach der Betriebsanleitung vorgenommen werden. Danach erst allmähliches Steigern auf die Nenndrehzahlen. Spitzendrehzahlen erst ab 2500–3000 km.

Der Kurbeltrieb

Die Kurbelwelle hat eine 5-fache Lagerung. Sie ist, wie es dem Rang des Motors zukommt, geschmiedet – nicht gegossen – und wird in verschiedenen Ausführungen gefertigt. Je nach Modell hat sie 71 oder 80 mm Hub bei vier Gegengewichten und für die 2000er Modelle 80 mm Hub mit acht Gegengewichten, was ihr einen besonders vibrationsfreien und auch bei wachsenden Drehzahlen leisen Lauf sichert. Diese Kurbelwelle läßt sich auch in 1800er Modellen einbauen, da diese serienmäßig den gleichen Motorblock haben. Deren serienmäßige Kurbelwelle hat bis Baujahr 69 bei gleicher Hubhöhe lediglich Kolben für 84 mm Zylinderbohrung und ab Baujahr 70 bei gleicher Zylinderbohrung (89 mm) einen auf 71 mm verkürzten Hub. Diese Entwicklung des 1800 zum extrem »unterquadratischen« Kurzhuber hat ihm den Ruf besonders befriedigender Lebensdauer eingebracht.
An der Kurbelwelle sitzen geschmiedete, sehr kräftige Pleuel. Vorn auf der Welle findet sich ein dreifaches Kettenrad: Zwei Ketten für die obenliegende Nockenwelle und eine Kette – nicht ganz alltäglich! – für die darunterliegende Ölpumpe. Die Kolben bestehen aus Leichtmetall und weisen zwei Kompressionsringe und einen Ölabstreifring auf. Die Kolben für den 2-Liter-TI-Motor sind nach oben etwas gewölbt, um die höhere Verdichtung für diesen Motor zu realisieren. Für Sportzwecke stehen von den Kolbenherstellern geschmiedete Kolben zur Verfügung.

Lagerschäden

Durch frühes Erkennen von Lagerschäden läßt sich viel Geld (für eine neue Kurbelwelle) sparen. Lagerschäden kündigen sich mit wärmer werdendem Motor (Öl wird flüssiger) durch Klopfen an, das allmählich immer lauter wird. Man sollte dann umgehend die Werkstatt aufsuchen. Oft kann man bei äußerst motorschonender Fahrweise noch bis zum rettenden Stützpunkt fahren. Welches Lager beschädigt ist, bzw. ob es überhaupt an einem Lager (meistens Pleuellager) liegt, läßt sich durch folgenden Test ermitteln: Bei Motor im Leerlauf nacheinander Kabel von den Zündkerzen abziehen und wieder aufstecken. Wenn das Klopfen an dem Zylinder aufhört, an dem gerade das Kabel entfernt ist, liegt hier der Lagerschaden vor.
Lagerschäden können entstehen (außer durch Ölmangel), wenn Wasser durch eine schadhafte Zylinderkopfdichtung in Verbindung mit Öl in das Lager eindringt. Schäden dieser Art gab es früher häufiger, sind jedoch als überwunden anzusehen. Wenn man Glück hat, muß nur ein Pleuellager ersetzt werden.

Fingerzeig: *Es schadet der Kurbelwelle, bzw. den Lagern, wenn man den Motor bei kleiner Drehzahl hoch beansprucht, also viel Gas gibt (schaltfaules Fahren). Je schneller die Kurbelwelle dreht, um so kräftiger ist das Schmierpolster in den Lagern (Schmierkeilwirkung).*

Die Ventile und ihr Antrieb

Die Ventile hängen schräg zueinander. In der Mitte des von ihnen gebildeten »V« liegt die Nockenwelle. Deren eiförmige Nocken drücken von unten gegen die auf je einer Welle gelagerten Leichtmetall-Kipphebel, die dort eine Hartmetallfläche besitzen, und diese nicken mit ihrem anderen Ende auf den Ventilschaft und öffnen so die Ventile. Zurückgeholt werden die Ventile (das Schließen) durch den Druck der die Ventile umhüllenden Ventilfeder. Die früheren doppelten Federn je Ventil wurden mit Anlaufen des 2-Liter-Motors durch Einzelfedern abgelöst. Damit wurde die Flattergrenze für die Ventilfedern weiter hinausgeschoben (kleinere Federmassen). Damit kein Öl am

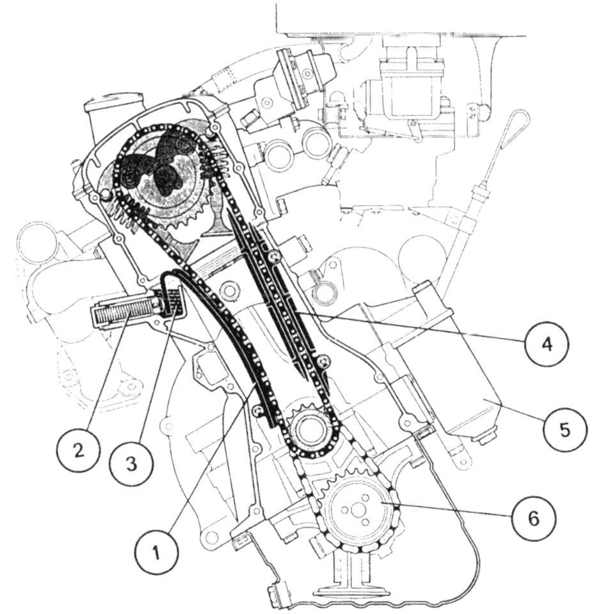

Damit die Kette für den Antrieb der obenliegenden Nockenwelle nicht peitscht und laut ist, muß sie straff gespannt werden. Mit dem Zweilitermotor (1965/66) wurde die Spannvorrichtung verbessert und geräuschärmer. Statt einer Spannrolle wurde eine plastikbeschichtete Spannschiene (1) verwendet. Gegen das obere Ende der Schiene drückt ein federbelasteter Kolben (2). Die Schiene ist oben in einem Öldämpfungsraum gelagert (3). Auf der anderen Seite wird die Kette beidseitig durch Führungsschienen erfaßt (4). 5 ist das Ölfilter und 6 das Kettenrad für die Ölpumpe.

Ventilschaft entlang in den Brennraum sickert, sind die Ventilschäfte durch Gummikappen an der Ventilführung abgedichtet.
Die direkt im Zylinderkopf 3-fach gelagerte Nockenwelle und damit die Ventilsteuerzeiten sind für alle Motoren mit jeweils 236° Gesamtsteuerperiode gleich (nur für einige Motoren-Serien wurde eine andere Nockenwelle mit jeweils 264° Steuerperiode verwendet. Außerdem gibt es noch für sportliche Zwecke eine TI/SA-Nockenwelle und eine Rennwelle. Letztere paßt aber nicht in den Serienzylinderkopf). Die Nockenwelle wird durch eine Doppelkette von einem Doppelzahnrad auf der Kurbelwelle angetrieben. Das hintere Ende der Nockenwelle treibt direkt den Zündverteiler an.
Die Ventile für die Motoren der 1600/1800er Modelle sind am Schaft poliert, die Auslaßventile gepanzert. Letzteres gilt natürlich auch für die Auslaßventile der 2000er Motoren. Hier sind die Schäfte aller Ventile hartverchromt.

Spannung der Steuerkette

Damit die Steuerkette zum Antrieb der obenliegenden Nockenwelle leise und ohne Schwingungen läuft, wird sie von einer Führungsschiene (Nr. 4 im Bild oben) geführt und von einer Spannvorrichtung (Nr. 2 und 3 im Bild) stramm gehalten. Diese Spannvorrichtung wurde mit Einführung der 2-Liter-Motoren verbessert und in alle Modelle eingebaut. Auftretende Kettengeräusche weisen erst nach etwa 50 000 km Laufzeit auf das notwendige Auswechseln einer gelängten Kette hin – sie ist entsprechend »vorgelängt«. In der Regel ist die Geräuschquelle in der ölgedämpften, unter Federdruck stehenden Spannvorrichtung zu suchen. Entweder hat der federbelastete Kolben (Nr. 2) gefressen, sitzt also verklemmt, die Feder ist erlahmt, ein Luftpolster im Kolbenkanal (mangelhaft entlüftet) behindert die Bewegungsdämpfung, das Kugelventil oder die Entlüftungsschlitze des Kolbens sind verstopft.
Eigene Nachprüfung bei entsprechender Vorsicht ist möglich: Mit Schlüssel SW 19 außen sitzende Verschlußschraube (sitzt unter hohem Federdruck!) lösen, Feder und Kolben herausziehen und Sichtprüfung vornehmen. Teile säubern, Kugelventil auf Gängigkeit und Entlüftungsschlitze im Kolben auf Öffnung prüfen. Teile wieder einbauen, wobei spitzes Ende der Schraubenfeder nach außen zur Verschlußschraube zeigen muß und diese vorerst nur

um einen Gewindegang lose eingedreht werden darf. Nun bei demontierter Zylinderkopfhaube die Öltasche (Nr. 3 im Bild) mit Motoröl gut füllen. Darauf mit kräftigem Schraubenzieher die Spannschiene, deren Ende in die Kolbenaussparung eingegriffen hat, solange hin und her bewegen, bis das Öl an der äußeren Verschlußschraube austritt. Zuletzt diese wieder fest eindrehen.

Drehzahlen

Zu jedem Motor gehört eine bestimmte »Nenndrehzahl«. Sie liegt je nach Motortyp zwischen 5250 U/min beim BMW 1800 vor und nach Baujahr 69 und 5800 U/min beim BMW 2000 tii und beim BMW 1600 TI betrug sie sogar 6000 U/min (siehe dazu »Technische Daten«).

Bei dieser Drehzahl erreicht der Motor jeweils seine sogenannte Nennleistung. Um aber die Höchstgeschwindigkeit zu erzielen, muß man bei den BMW-Modellen den Motor noch darüber hinausdrehen (sie sind im Interesse guter Beschleunigung reichlich übersetzt). So erreicht der Typ 2000 seine Spitze erst bei ca. 6300 U/min (Nenndrehzahl aber 5500 U/min). Wegen ihrer Drehfreudigkeit kann man aber bei BMW-Motoren erst ab 6500 Touren von Überdrehzahlen sprechen. Leistungsmäßig bringen diese nichts mehr. Sie sind allenfalls vertretbar, wenn man in kitzligen Überholsituationen keine wertvollen Sekundenbruchteile durch Schalten verlieren will.

Während der Motor im obersten Gang auf ebener Strecke nicht überdreht werden kann, ist dies in den unteren Gängen und im Gefälle möglich. Dafür gibt es – außer dem Drehzahlmesser – kein Warngerät wie etwa die Anzeige für zu hohe Kühlwassertemperatur oder für zu geringen Öldruck. Ein Drehzahlmesser ist aber serienmäßig nicht in allen Modellen eingebaut. Da der sehr drehfreudige BMW-Motor sehr leicht auf hohe Touren gebracht werden kann, empfiehlt es sich, sich die maximalen Ganggeschwindigkeiten laut Betriebsanleitung einzuprägen (ein Drehzahlmesser, falls noch nicht vorhanden, wäre eine noch bessere Kontrolle). Überdrehzahlen sind erkennbar am lauten Brummen des Motors. Was da brummt, sind die Motorlager und die Ventilsteuerung (Ventilfedern). Ab 6600–6800 Touren – je nach Motor und Motoralter – schwingen die Ventilfedern so stark, daß kein ordnungsgemäßes Öffnen und Schließen der flatternden Ventile möglich ist.

Bei Überdrehzahlen in der Gegend von 7500 U/min können Ventilfedern brechen, wobei das Ventil auf den Kolben fällt, was unschönen »Salat« gibt. Doch sind beim BMW Drehzahlgrenzen weniger durch den sehr standfesten Ventiltrieb gegeben, sondern durch die Öltemperatur (siehe Abschnitt »Das Schmiersystem« in diesem Kapitel) und durch die Gefahr von Kolbenklemmern und durchbrennende Zylinderkopfdichtung. Also die Wasser-Temperaturanzeige bei forciertem Fahren im Auge behalten! Kolbenklemmer fangen an mit Leistungsschwund, dann Klappern, schließlich Poltern – Auskuppeln!

Ventile einschleifen

Bei nicht ausreichend hohem Kompressionsdruck (nachlassende Leistung mit höherem km-Alter) bringt werkstattmäßiges Nachfräsen der Ventilsitze oder Ventil-Einschleifen wieder Besserung. Voraussetzung ist, daß die kegelige Ventilsitzfläche nicht zu große Verschleiß- oder Verbrennungsspuren aufweist. Beim Einschleifen wird der Ventilkegel mit Schleifpaste bestrichen und das Ventil in seine Führung im Zylinderkopf – dieser ist ausgebaut – gesteckt. Dann wird ein Spezial-Handgriff auf den Ventilschaft gesteckt und das Ventil unter leichtem Anziehen und wechselweisem Hin- und Herdrehen auf seiner Sitzfläche eingeschliffen.

Dürftiger Kompressionsdruck (siehe auch Abschnitt »Kompressionsdruck prü-

Zum Einstellen des Ventilspiels braucht man einen Gabelschlüssel SW 10, eine Fühlerblattlehre und einen Draht oder Dorn mit 2,5 mm Durchmesser. Wir haben uns hier das Ende einer normalen Fahrradspeiche passend zurechtgebogen. Die unten im Text beschriebene Ventilspiel-Einstellung erleichtert man sich, wenn man zuerst den Exzenter mit der Drahtspeiche, wie gezeigt, etwas lockert, das Fühlerblatt 0,20 mm dazwischen legt und nun den Exzenter anzieht, bis leichter Widerstand spürbar ist. Exzenter in dieser Stellung halten und Kipphebel-Klemmschraube (Gabelschlüssel ist darauf angesetzt) fest anziehen. Anschließend Nachprobe mit den Fühlerblättern 0,15, 0,20 und 0,25.

fen«) ist also noch lange kein Grund, gleich einen Austauschmotor einbauen zu lassen, den vielleicht eine Werkstatt eilfertig anbietet. Es kann auch an undichten Ventilen liegen.

Warum Ventilspiel?

Der Begriff »Ventilspiel« taucht bei allen technischen Daten und Anweisungen auf. Wie wichtig ist es eigentlich? Es ist von lebenswichtiger Bedeutung für die Lebensdauer der Ventile und damit für die gleichbleibende Motorleistung. Zwischen den Teilen der Ventilbetätigung – also Nocken, Kipphebel und Ventilschaft-Ende – muß etwas Luft oder »Spiel« vorhanden sein, damit die unterschiedlichen Wärmedehnungen dieser Teile sowie des Leichtmetall-Zylinderkopfes ausgeglichen werden. Zu den wichtigsten Maßnahmen gehört daher die Kontrolle auf richtiges Ventilspiel.

Man sollte sich dabei nicht auf sein Ohr verlassen, um etwa das Klappern bei zu großem Ventilspiel zu erkennen. Was man nicht hört und was wesentlich kritischer ist: zu kleines Ventilspiel. Es bedeuten:

Zu kleines Ventilspiel: Gefahr, daß Ventile und Ventilsitze verbrennen (Ventile liegen nicht satt auf Ventil-Sitzring auf, wodurch Kühlung ungenügend), Verziehen der Ventile, schlechte Leistung durch verringerte Kompression, veränderte Steuerzeiten.

Zu großes Ventilspiel: Schlechtere Zylinder-Füllung, also geringere Leistung, Veränderung der Steuerzeiten, ungleichmäßiger Lauf, höherer Verschleiß, größeres Geräusch.

Obwohl es im allgemeinen üblich ist, für die wärmemäßig höher beanspruchten Auslaßventile ein größeres Spiel vorzusehen als für die Einlaßventile, hat BMW aus Gründen der einfacheren Kontrolle für alle Motoren (außer den früheren 1500/1600er Motoren) das gleiche Maß vorgeschrieben, das allerdings so bemessen ist, daß es damit auch dem Auslaßventil gerecht wird.

Der BMW-Motor ist im Vergleich zu vielen anderen Motoren verhältnismäßig anspruchslos in bezug auf die Ventilspielkontrolle. Sind die Ventile einmal richtig eingestellt, bleibt das Ventilspiel verhältnismäßig lange Zeit richtig, deswegen auch der betreffende Wartungsabstand von 15 000 km.

Ventilspiel prüfen

Pflegearbeit Nr. 41

Vom Werk vorgeschriebenes Ventilspiel für alle Modelle: bei kaltem Motor (bis höchstens 35° C) 0,15–0,20 mm für Ein- und Auslaßventile; bei betriebswarmem Motor (etwa 80° C) 0,20–0,25 mm für Ein- und Auslaßventile. Ausnahme bis Motor-Nummer 908 500 bei kaltem Motor: Einlaß 0,10 mm, Auslaß 0,15 mm.

Gebraucht werden: Schraubenschlüssel 10 mm, Kerzenschlüssel, Fühlerlehre, Dorn, Draht oder Nagel 2,5 mm ⌀, wie im Bild (Seite 53) gezeigt.

Das Prüfen bzw. Nachstellen des Ventilspiels ist vom Werk alle 15 000 km vorgeschrieben und wird bei den üblichen Wartungsdiensten mit erledigt. Wer etwas praktisch veranlagt ist, kann diese Arbeit auch selbst machen.

Man zieht zunächst den Schlauch der Motorentlüftung vom Ventildeckel ab und löst danach die sechs Hutmuttern und eine Schraube mit dem 10er Ringschlüssel. Dabei beachte man, daß die Scheiben nicht verloren gehen. Die Mutter links hinten (gegen Fahrtrichtung gesehen) hält gleichzeitig auch das Halteblech für die Zündkabel. Nun kann man den Ventilkammerdeckel vorsichtig abnehmen (die meist festklebende Dichtung nicht beschädigen!). Notfalls kann man mit einem zwischen Ventildeckel und Motorblock gesteckten Schraubenzieher den Deckel vorsichtig abheben.

Nun schraubt man die 4 Zündkerzen heraus, weil sich dann der Motor wegen der fehlenden Kompression leichter durchdrehen läßt. Man kann dazu am einfachsten den Wagen mit eingelegtem 4. Gang hin- und herschieben. Die BMW-Werkstätten verwenden ein Spezialwerkzeug, die Ratsche BMW 6015, mit der sich der Motor bequemer an der Kurbelwellen-Keilriemenscheibe drehen läßt. Jetzt den Motor soweit durchdrehen, bis jeweils bei dem in der Zündfolge (1-3-4-2) übernächsten Zylinder die Ventile auf Überschneidung stehen (beide Ventile werden betätigt). Zylinder 1 ist der erste hinter dem Kühler, Zylinder 4 der vor der Spritzwand gelegene. Der in der Zündfolge nach Zylinder 1 übernächste ist also Zylinder 4. Bei ihm müssen die Ventile auf Überschneidung stehen, wenn man das Spiel am ersten Zylinder einstellen will. Mit der Fühlerblattlehre prüft man nun das Spiel zwischen Kipphebel und Ventil auf das vorgeschriebene Maß. Genauer ist die Messung, wenn man das Lehrenblatt hineinschiebt, also nicht zieht.

Stimmt das Spiel nicht mehr, so löst man mit dem 10er Ringschlüssel die Sechskantmutter am Kipphebel und verdreht mit einer leicht angewinkelten Fahrradspeiche (Bild auf der Vorderseite) oder mit einem entsprechenden Dorn den Exzenter, bis das vorgeschriebene Spiel erreicht ist. Dann hält man den Exzenter in der gefundenen Stellung fest, während man die Klemmschraube am Kipphebel vorsichtig wieder anzieht. Danach prüft man das Spiel nochmals. Als nächstes folgen zur Prüfung die Ventile des Zylinders 3. Hierzu werden die Ventile des Zylinders 2 auf Überschneidung gestellt. Dann Zylinder 4 (Überschneidung der Ventile von Zylinder 1) und als letzte Prüfung der Zylinder 2 (Überschneidung der Ventile von Zylinder 3). Welches die Ein- bzw. Auslaßventile sind, sieht man beim BMW sehr leicht aus der Anordnung von Vergaser (Einlaßseite, also in Fahrtrichtung gesehen, ist links) und Auspuffkrümmer (Auslaß, also in Fahrtrichtung gesehen, rechts).

Hat man das Ventilspiel bei allen Zylindern geprüft, so setzt man die Zylinderkopfhaube wieder auf und zieht vorsichtig die 6 Hutmuttern und 1 Schraube wieder an, wobei nicht zu vergessen ist, den Halter für die Zündkabel mit zu befestigen. Dann den Schlauch für die Kurbelgehäuse-Entlüftung aufstecken.

Der Zylinderkopf

Der Zylinderkopf der BMW-Motoren besteht aus Leichtmetall, das die Wärme schneller an das Kühlwasser abgibt, sich aber auch nach unsachgemäßer Repa-

ratur leichter verzieht. Die Ventilsitze sind darin eingeschrumpft. Die Zündkerzen werden direkt in das Leichtmetallgewinde eingeschraubt. Man muß also vorsichtig sein, wenn man Kerzen wechselt. Werden sie falsch ins Gewinde eingesetzt und dann mit Gewalt festgedreht, wird das Gewinde beschädigt, was zu kostspieligen Reparaturen führt.
Die Köpfe für die einzelnen Motoren sind verschieden. Bei den 2-Liter-Motoren sind Ein- und Auslaßkanäle oval, bei den kleineren Motoren nur die Einlässe. Verschieden sind auch die Zylinderkopfdichtungen (für die TI-Motoren verstärkt). Das Demontieren des Zylinderkopfes ist im Falle des BMW-Motors für den Privatmann nur dann zu empfehlen, wenn man erstklassige Erfahrung besitzt und gut sortiert im Werkzeug ist. Wir möchten raten, dies der BMW-Werkstatt zu überlassen. Die Schwierigkeit liegt darin, daß man die Zylinderkopfschrauben genau nach Vorschrift mit einem Drehmomentschlüssel anziehen muß und zwar in der richtigen Reihenfolge (aus der Mitte über Kreuz) und mit dem richtigen Drehmoment (6 mkg) möglichst langsam steigernd in verschiedenen Arbeitsgängen. Bei nicht sachgemäßer Montage besteht die Gefahr, daß sich der Zylinderkopf im späteren Betrieb verzieht, reißt oder daß die Kopfdichtung durchbrennt.

Kompressionsdruck prüfen

Mit dieser Kontrolle soll vorbeugend oder im Bedarfsfalle geprüft werden, ob Kolben und Ventile gut abdichten, ob also die Kompression in den Zylindern noch hoch genug ist. Voraussetzung: Ventilspiel richtig eingestellt.
Zur Prüfung wird von der Werkstatt ein Kompressions-Druckschreiber benutzt, in den Meßkärtchen eingelegt werden. Der Druckschreiber wird auf das Kerzenloch gesetzt. Der Motor sollte betriebswarm sein, doch sieht es in der Praxis oft so aus, daß er kalt ist, bis er zur Prüfung kommt. Ein Helfer drückt das Gaspedal ganz durch, damit die Zylinder ihre größte Füllung erhalten, und dreht den Motor mit dem Anlasser einige Male durch. Für jeden Zylinder zeichnet der Druckschreiber nach Weiterschalten eine flache Kurve auf das gewachste Papier, deren Endpunkt den höchsten Druck anzeigt. Wichtig für den gesunden Motor ist nicht die absolute Höhe des Druckes, sondern dessen Gleichmäßigkeit bei allen Zylindern. Druckunterschiede bis zu 0,5 kg/cm² sind unerheblich, sie sollen aber nicht mehr als 1 kg/cm² betragen.
Zu niedriger Druck kann bedeuten: Schäden an den Ventilen, z. B. durch verbranntes Auslaß-Ventil (durch zu knappes Ventilspiel) oder klebendes (»hängendes«) Ventil durch zu viel Rückstandsbildung am Ventilschaft und in dessen

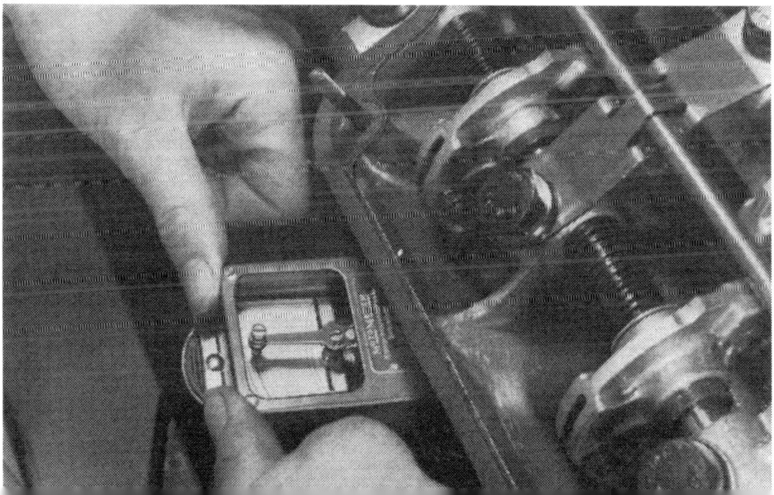

Um den Kompressionsdruckprüfer von Motometer bis in die tief liegenden Zündkerzenlöcher drücken zu können, muß man entweder das dazu käufliche Verlängerungsstück ansetzen oder seinen rückseitigen Haltegriff abschrauben und das Meßgerät mit beiden Daumen, wie im Bild gezeigt, in das Zündkerzenloch drücken. Der Schreibstift zeichnet für jeden Zylinder auf dem Wachsblättchen eine Kompressionsdruckkurve, während ein Helfer den Motor mit dem Anlasser bei voll getretenem Gaspedal jeweils etwa 4 Sekunden durchdrehen läßt.

Führung, ferner Kolben- und Kolbenring-Verschleiß oder festsitzende Kolbenringe, unrunde Zylinder, Folge-Erscheinungen von Kolbenklemmern. In den weitaus meisten Fällen liegt jedoch mangelnder Kompressionsdruck und damit verringerte Motorleistung an undichten Ventilen. Deren Einschleifen bringt Abhilfe, wenn sich nicht wegen zu hoher Motor-Laufstrecke ohnehin ein Tauschmotor empfiehlt. Zusätzliche Kontrolle: Einträufeln von Öl ins Kerzenloch. Ist der Druck nach nochmaligem Motordurchdrehen immer noch mangelhaft, sind die Ventile undicht, insbesondere die Auslaßventile.
Ist die Motorleistung trotz hohem und gleichmäßigem Kompressionsdruck schlecht, liegt der Fehler vermutlich an der Zündanlage.
Hier die Werte für den Kompressionsdruck, die für alle Motoren gelten (gemessen bei warmem Motor, höchstmöglicher Anlasserdrehzahl durch gut geladene Batterie und ganz geöffneter Drosselklappe): Guter Wert über 10,5 kg/cm^2, normaler Wert 9,5 - 10,5 kg/cm^2. Unter 9 kg/cm^2 läßt auf schlechten Motorzustand schließen. Vergleichbar sind nur Messungen, die mit demselben Meßgerät ausgeführt sind, da diese voneinander immer etwas abweichen. Lassen Sie sich das Meßkärtchen geben und schreiben Sie sich zu Vergleichszwecken Datum und km-Stand auf.

Die Auspuffanlage

Wie schon anfangs dieses Kapitels angedeutet, besitzen alle BMW-Modelle zum Zweck der Leistungssteigerung einen Zwillingsauspuffkrümmer (Erklärung siehe Bild). Diese Auspuffanlage hat sich das Werk einiges kosten lassen. Aber damit waren die Kosten noch nicht abgeschlossen. Gemeint sind die beinahe schon zur Legende gewordenen Auspuffdefekte in den ersten Produktionsjahren. Die häufigsten Schäden: Schweißnähte gerissen, Dichtung am vorderen Flansch (zum Hosenrohr) durchgebrannt, Rohrstutzen zu den Schalldämpfern abgebrochen, Haltewinkel für Rohraufhängung abgerissen, Gummilager gerissen.
Hier kamen eine Reihe von unglücklichen Umständen zusammen, beispielsweise schwer beherrschbare Schwingungen im ganzen Auspuffsystem. Diese wurden zum großen Teil durch den weich aufgehängten Motor eingeleitet. Bei jedem Gasgeben und -wegnehmen kippte er nach links oder rechts, was nicht ohne Einfluß auf die Auspuffanlage blieb.

Durch die anfangs geteilte Abgasführung wird erreicht, daß zwei hintereinander zündende Zylinder nicht in den gleichen Auspuffkrümmer feuern, wodurch sich die Gase behindern könnten. Es bedeuten: 1 – Auspuffkrümmer für 2. u. 3. Zylinder, 2 – Dichtung, 3 – Flansch und Dichtungen, 4 – Hosenrohr, 5 – Vorschalldämpfer, 6 – Nachschalldämpfer, 7 – Auspuffrohr-Endstück.

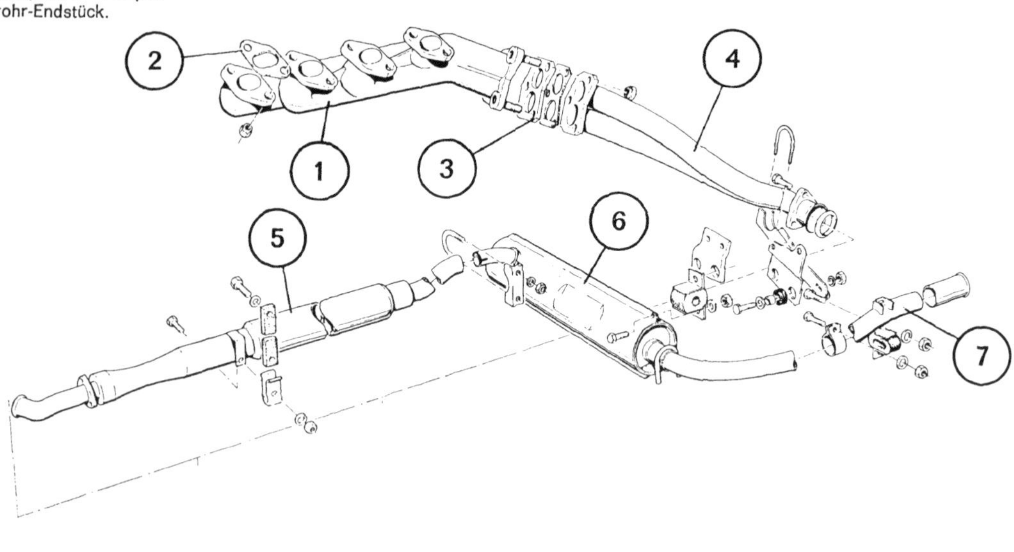

Auspuffrohr und Schalldämpfer gehören zwar zum Motor, doch erreichen sie selten seine Lebensdauer. Rost durch Spritzwasser und Korrosion von innen und außen (durch Streusalz im Winter) lassen das Blech schnell dünner werden. Im Kurzstreckenverkehr ist die Lebensdauer geringer als bei vorwiegendem Überlandverkehr. Durchgerosteter Auspuff macht sich bemerkbar durch Knallen bei schiebendem Wagen (Gas wegnehmen bei schneller Fahrt) und durch lauteres Auspuffgeräusch.
Prüfen der Auspuffanlage bei hochgebocktem Wagen oder noch besser, wenn der Wagen gelegentlich des Ölwechsels an der Tankstelle auf der Hebebühne oder über der Schmiergrube steht.
Der Kenner stellt aus der Beschaffenheit der Auspuffgase seine Diagnose. Hier sei das Wichtigste aufgezeichnet:

- Schwärzliche Gase: Unvollständige Verbrennung durch Luftmangel oder Kraftstoff-Überschuß. Oder der Leerlauf ist zu fett eingestellt.
- Bläuliche Gase: Verbranntes Öl durch undichte Kolben bzw. Kolbenringe oder verschlissene Ventilführungen. Oder zuviel Öl im Kurbelgehäuse.
- Weiße Gase: Das ist Wasserdampf als chemisches Verbrennungsprodukt, der bei Kälte kondensiert (unbedenklich).
- Gase, die man nicht sieht: Gift (Kohlenmonoxyd) bei geschlossener Garage.

Bei Stadtverkehr wird der Auspuffstutzen innen schwarz gefärbt sein, ein Zeichen, daß man – was sich freilich kaum vermeiden läßt – nicht die nötige Betriebstemperatur erreicht und durch viel Leerlauf Kraftstoff-Überschuß vorliegt. Nach Überlandfahrten soll der Stutzen innen hellgrau sein.

Auspuffbefestigung prüfen

Pflegearbeit Nr. 48

Wer über die notwendigen Schraubenschlüssel verfügt (SW 10, 13 und 17), sollte die Befestigung für den Auspuffkrümmer, für den Flansch am »Hosenrohr« und vor dem ersten Schalldämpfer, sowie die gesamten Aufhängungsteile überprüfen. Auch auf Risse in den Rohren, bzw. deren Anschlüssen und auf angerissene Gummilager ist zu achten. Der Wagen sollte möglichst aufgebockt sein. An der Tankstelle gelegentlich des Ölwechsels läßt sich z. B. diese Prüfung erledigen.
Beim Befahren von Gelände jenseits der Straße soll man nicht vergessen, daß die Bodenfreiheit durch die Auspuffschalldämpfer begrenzt ist (ca. 15 cm im unbelasteten Zustand). Ein durch Steinschlag oder Aufschlagen des Fahrzeugs zusammengequetschtes Auspuffrohr hemmt natürlich den Abgas-Abfluß und kann Ursache eines scheinbar unerklärlichen Leistungsverlustes des Motors sein.

Teile der Auspuffanlage austauschen

Will man Teile der Auspuffanlage auswechseln, müssen in aller Regel die festgerosteten und festgebrannten Gewindestifte an den Verbindungsflanschen durch ein Rostlösemittel ausgiebig vorbehandelt werden. Dazu empfiehlt sich beispielsweise »Caramba«, »Ferex Rapid« oder »Multigliss« (von Molykote). Und dementsprechend müssen die Montageschrauben vor dem Einsetzen mit einer Graphit- oder Molypaste (besonders bewährt hat sich nach unseren Erfahrungen »Molykote 1000«) eingestrichen werden, sonst hilft bei einer späteren Demontage auch ein gutes Rostlösemittel nichts mehr. Und abgerissene Flanschschrauben sind ein ganz schöner Ärger.
Die starken Hitzespannungen und heftigen Schwingungen der langen und schweren Auspuffanlage können mit der Zeit die Dichtungen an den Verbin-

dungsstellen der Einzelteile deformieren, so daß auch das Nachziehen der Flanschschrauben keinen Erfolg bringt. Dadurch treten an den Verbindungsstellen nicht nur Abgase aus, sondern die Eigenschwingungen der lockeren Teile führen leicht zum Bruch. Deshalb müssen beschädigte Dichtungen baldmöglichst ausgetauscht werden, auch wenn dies wegen der festgerosteten und festgebrannten Schrauben recht mühselig ist.

Da die Anschlußflansche des Auspuffkrümmers und des Hosenrohrs gegen Schwingungen besonders empfindlich sind, ist das hintere Ende des Hosenrohrs (Nr. 4 in der Zeichnung Seite 56) durch ein Halteblech starr mit dem Getriebegehäuse verbunden. Um beim Austausch der Dichtungen oder eines Einzelteils der Auspuffanlage keinen späteren Flanschbruch sozusagen schon mit einzumontieren, muß diese Haltevorrichtung spannungsfrei montiert werden, d. h. das Hosenrohr darf nicht mit Gewalt zum bereits am Getriebegehäuse montierten Auspuffträger hingebogen werden, sondern es ist folgende Einbaufolge zu beachten:

1. Auspuffträger locker und beweglich mit oberem Haltebügel am Hosenrohr anschrauben.
2. Das verbindende Halteblech spannungsfrei am Getriebegehäuse und am vorgenannten Auspuffträger festschrauben.
3. Erst zuletzt die Muttern des Haltebügels (umfaßt von oben das Hosenrohr) unter dem Auspuffträger festziehen.

Bei anderer Einbaureihenfolge bewirkt die fehlerhafte Vorspannung von Auspuffkrümmer und Hosenrohr zumindest starke Brummgeräusche.

Solche Brummgeräusche treten auch auf, wenn das Auspuffendrohr, das hinten unter der Karosserie hervorschaut, nicht in der Mitte des dafür in der Karosserieunterkante vorgesehenen Halbkreisausschnittes sitzt. Der richtige Sitz kann zumeist durch Berichtigung der Gummiringaufhängung des Nachschalldämpfers (Nr. 6, Zeichnung Seite 56) erreicht werden.

Muttern und Schrauben am Motor nachziehen

Pflegearbeit Nr. 40

Um Vibrationen, Schwingungen und Geräusche vom Innenraum weitgehend fernzuhalten, werden Motoren heutzutage sehr nachgiebig in Gummilagern aufgehängt. Auch beim BMW ist dies nicht anders. Der Motor entwickelt deswegen einiges Eigenleben, vornehmlich kippt er nach links oder rechts, je nachdem, ob man Gas gibt oder wegnimmt. Auch im Leerlauf oder bei bestimmten Drehzahlen kann er mehr oder weniger stark schütteln. Bei starkem Bremsen bewegt er sich etwas nach vorn, weswegen bei manchen Motoren rechts ein Anschlagband angebracht wurde, damit sich der Ventilator nicht am Kühler abschabt.

Es empfiehlt sich daher, wie es auch der werksmäßige Inspektionsdienst vorsieht, öfters alle Schraubverbindungen – aber auch die Kabelanschlüsse am Motor – auf festen Sitz zu überprüfen.

Welche Schrauben dafür in Frage kommen, geht schon aus dem Abschnitt »Ölverbrauch« in diesem Kapitel hervor. Dort wird auf mögliche Öl-Leckstellen hingewiesen. Deren Schraubverbindungen sind zu überprüfen. In Frage kommen ferner Vergaserdeckel und Vergaserflansch, Saugrohranschlüsse am Zylinderkopf, desgleichen die Auspuffkrümmer, das Ölfiltergehäuse, die Kraftstoffpumpe (Deckel oder Flansch) sowie Gasgestänge- und Luftfilterhalterung. Bei allen Schraubverbindungen ist Gefühl am Platze, bei zu gewaltsamem Anziehen kann man sonst einen Bolzen abreißen. Diese Gefahr ist bei den Stehbolzen für den Auspuffkrümmer leicht gegeben, also Vorsicht.

Das Schmiersystem

Was am BMW zu schmieren ist, wurde schon im Kapitel »Schmierung aller Teile« behandelt. Hier interessiert uns das Schmiersystem des Motors. Unten vorn in der Stahlblech-Ölwanne (siehe auch Schnittzeichnung am Anfang des Kapitels) sitzt die Ölpumpe. In ihrer Ausführung der ersten Baujahre kämmen zwei Zahnräder ineinander und fördern dadurch das Öl aus der Ölwanne zu den Motorschmierstellen. Seit Baujahr 66 sitzt dort eine wirkungsvollere Rotorölpumpe, in der ein exzentrisch, also außermittig angeordneter »Innenrotor« – ein »Zahnrad« mit 4 »Zähnen« – in einem »Außenrotor« kreist. Der nachträgliche Einbau dieser Rotorölpumpe an Stelle der Zahnradpumpe ist zu empfehlen, wenn sowieso der Motor zwecks Reparatur demontiert wurde. Zu dieser neueren Rotorölpumpe gehören auch ein anderes Antriebszahnrad und eine andere Antriebskette, denn die Ölpumpe wird durch eine Kette von der Kurbelwelle angetrieben, was eine besonders wirkungsvolle Ölförderung für den Ölkreislauf ermöglicht.

Die Ölpumpe fördert die beachtliche Menge von 1800 Liter/Stunde. Der Öldruck im Leerlauf (bei Betriebstemperatur) beträgt 0,5–1,5 atü, bei Höchstdrehzahl 5–6 atü. Bei heißem und daher dünnem Öl kann er auch während der Fahrt auf unter 2 atü abfallen. Man sollte dann etwas vom Tempo gehen. Ein Überdruckventil in der Pumpe öffnet sich, wenn bei kaltem und zähflüssigem Öl der Druck zu hoch wird. Das Öl wird dann auf die Saugseite zurückgeführt. Von der Ölpumpe aus wird das Öl durch das Hauptstromfilter gedrückt, es sitzt links vorn am Motor. Ist der Filtereinsatz verschmutzt – wurde er also nicht rechtzeitig ausgewechselt – sorgt ein Sicherheitsventil durch Umgehung des Filters dafür, daß dennoch die Ölversorgung sichergestellt wird. Freilich kommt dann Schmutz mit zu den Schmierstellen.

Vom Filter aus fließt das schmierende Naß in einen Hauptverteilerkanal im Zylinderblock, wo sich der Strom aufteilt. Ein Teil wird für die Schmierung der Kurbelwellen- und Pleuellager herangezogen — und für das Spritzöl für die Kolben – und ein anderer Teil steigt in den Zylinderkopf hinauf. Hier gibt es allerlei zu versorgen. Geschmiert werden im Zylinderkopf die Kipphebel- und Nockenwellenlager, die Ventilführungen und die Zahnräder für den Antrieb des Zündverteilers, der ja hinten oben auf dem Motor thront. Das aus dem Zylinderkopf wieder nach unten fließende Öl wird zur Schmierung der Steuerkette

Die Kurbelgehäuse-Entlüftung erfolgt in einem geschlossenen System, damit die Außenluft nicht übermäßig vergiftet wird. Der schwarze Pfeil zeigt auf den Entlüftungsstutzen auf dem Zylinderkopfdeckel, in dem die Kurbelgehäuse-Abgase aufsteigen. Durch den Schlauch werden diese in das Luftfilter und weiter in den Vergaser gesaugt. Die beiden weißen Pfeile zeigen auf die Verbindungsteile zur Schwimmerkammerbelüftung. Diese besorgt bei heißem Motor das Absaugen etwaiger »Dampfblasen«, die andernfalls den Motorlauf beeinträchtigen. An der Unterseite des Filtergehäuses sind die 3 Haltelaschen zu sehen, die bei Einbau des Filters von je einer Schraube festgeklemmt werden.

(für den Nockenwellenantrieb) benutzt. Wegen der Schräglage des Motors läuft das Öl zügig aus dem Zylinderkopf, erwärmt sich also nicht unnötig, und landet wieder in der Ölwanne. Durch ein filterndes Drahtnetz am Saugrohr wird es wieder zur Ölpumpe geholt.
Der Öldruckschalter, der bei zu niedrigem Öldruck das Kontrollicht im Armaturenbrett aufleuchten läßt, sitzt hinten oben am Zylinderkopf und zwar links neben dem Fuß des Zündverteilers (siehe Kapitel »Instrumente und Geräte«).

Ölverbrauch

Es gibt Autos, die wenig Öl, aber keine, die überhaupt kein Öl verbrauchen. Sofern der Ölverbrauch 1 Liter pro 1000 km nicht übersteigt, hat man keinen rechten Grund, in der Werkstatt vorstellig zu werden. Das Werk gibt als normalen Ölverbrauch 0,5–1 Liter auf 1000 km an.
Öl kann sozusagen nur unter Aufopferung seiner selbst schmieren. Das Öl, das an den Zylinderwänden haftet, muß zwangsläufig bei Kontakt mit den Brenngasen verdampfen und verbrennen. Da es außerdem während des Betriebes wesentlich heißer wird, verdampft immer etwas und entweicht über die Kurbelgehäuseentlüftung. Hochtouriges Fahren (scharfes Ausfahren der Gänge und langes Fahren mit hoher Betriebstemperatur) steigert den Ölverbrauch.
Weitere Ursachen für erhöhten Ölverbrauch: Einlaufvorgang noch nicht abgeschlossen – Kolbenringe falsch eingebaut oder verschlissen – Kolbenfresser – Ventilführungen haben Luft – Abdichtung der Ventilführung oder Abdichtung im oberen Ventilfederteller schadhaft – zu dünnflüssiges Öl (z. B. auch Mehrbereichsöl, dessen viskositätserweiternde Zusätze sich verbraucht haben).
Bevor man sich über zu hohen Ölverbrauch beklagt, muß gesichert sein, daß der Motor öldicht ist. Folgende Stellen müssen auf Dichtheit geprüft werden: Ölwanne am Zylinderblock, hinteres Kurbelwellenhauptlager, vorn am Motor der untere und obere Räderkastendeckel, Zylinderkopfhaube, Zündverteilerantriebsgehäuse (neigte früher zur Undichtheit), Ölfilterflansch, Ölfiltergehäuse und Öldruckschalter (hinten oben am Zylinderkopf).
Man kann diese möglichen Öl-Leckstellen selbst im Auge behalten, wobei die betreffenden Partien vorher zu säubern sind.

Kurbelgehäuse-Entlüftung

Durch Frisch- und Altgas, das an den Kolben vorbeibläst, sowie durch Öldämpfe, kann im Kurbelgehäuse ein starker Überdruck entstehen, der sogar das Kurbelgehäuse zersprengen könnte – wenn das Kurbelgehäuse nicht entlüftet würde. Die Entlüftung wird nicht, wie früher üblich, ins Freie geführt, sondern aus hygienischen Gründen über einen Schlauch vom Zylinderkopf – wohin die Kurbelgehäusegase steigen – in das Luftfilter. Von dort gelangen die Gase wieder in die Zylinder, wo sie mit an der Verbrennung teilnehmen. Nachteil: Klebrige Ölrückstände verschmutzen Vergaserluftbohrungen.

Fingerzeig: *Natürlich lassen sich die BMW-Motoren leistungsmäßig noch steigern – »Frisieren«, wie der Fachmann sagt. Da die entsprechenden Erklärungen über den Rahmen dieses Buches hinausgehen, sei auf das im gleichen Verlag erschienene Buch »Autos schneller machen« von Gert Hack verwiesen.*

Wasserwirtschaft

Ihr BMW stellt Sie von der Seite der Kühlung vor keine schwierigen Aufgaben. Man muß gelegentlich nach dem Wasserstand sehen und sich vor Winterbeginn um den Frostschutz kümmern. Dennoch sollte man sich etwas mit der Funktion der Kühlung beschäftigen, denn sie spielt beim BMW-Motor als einem Triebwerk mit ausgesprochen sportlicher Prägung eine wichtige Rolle. Moderne Motoren, so auch bei BMW-Motoren, besitzen Kühlsysteme, die bei Betriebstemperatur Überdruck von zirka 0,7 atü erreichen. Dadurch sind kleinere Kühler möglich und der Siedepunkt des Kühlmittels wird hier auf etwa 116° C heraufgesetzt. Für die Praxis bedeutet diese höhere Betriebstemperatur eine bessere Ausnutzung des Kraftstoffs. Man muß sich dabei im klaren sein, daß nicht diese heraufgesetzte Betriebswärme, sondern niedrige Temperaturen, zum Beispiel um 70° C, für den Motor schädlich sind und den Verschleiß fördern. Wichtige Teile des Kühlsystems sind deshalb der Kühlerverschluß, der das Kühlsystem verschließt und den Druck reguliert und der Thermostat, der nach dem Start möglichst bald für Betriebstemperatur zu sorgen hat.

Das Kühlsystem ist nicht nur für die Motorkühlung da. Zusätzliche Schlauchleitungen führen vom Zylinderkopf zur Heizanlage und zurück über die Saugrohrvorwärmung (außer bei 2-Vergaser-Anlagen) zur Wasserpumpe. Diese Einrichtungen werden auch bei geschlossenem Thermostat, also während der Aufwärmperiode bei kurzgeschlossenem Kreislauf, gespeist.

Für dio Kühlung im Kreislauf sorgen der Kühler, der im Fahrtwind liegt und zusätzlichen Luftdurchgang durch den Ventilator (zwischen Kühler und Motor) erhält und die Wasserpumpe, die gleichzeitig Nabe der Ventilatorflügel ist.

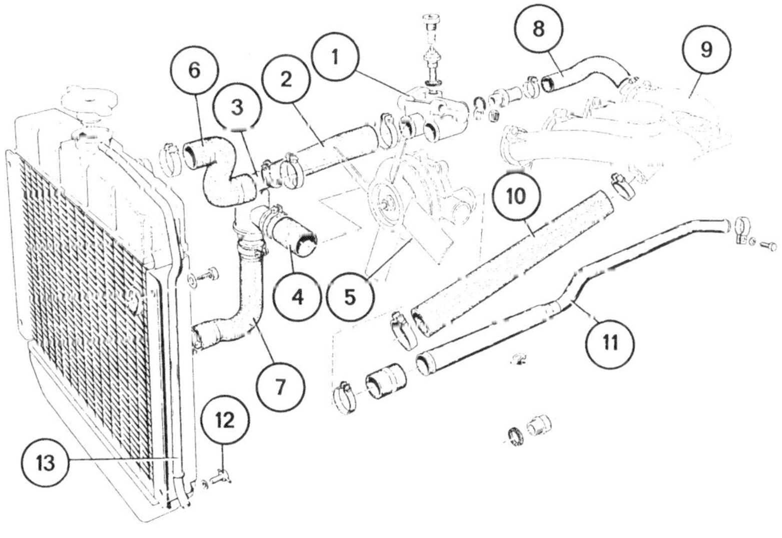

In der hier gezeigten Kühlanlage (ab Anfang 66) fließt das Wasser bei kaltem Motor aus dem Zylinderkopf oben durch den Abzweigflansch (1; darüber der Thermofühler) über die »Kurzschluß-Leitung« (2) in das Zweigstück (3; darin der Thermostat) und durch den Schlauch (4) in die Wasserpumpe und von dort sogleich wieder zurück in den Motorblock. Dadurch wird schnell die Betriebstemperatur des Kühlwassers erreicht. Wenn bei warmem Motor der Thermostat im Zweigstück (3) öffnet, fließt kaltes Wasser unten aus dem Kühler über den Schlauch (7) zum Beimischen hinzu. Das abfließende kalte Wasser zieht heißes Wasser aus dem Abzweigflansch (1) über den Schlauch (6) oben in den Kühler nach, wo es beim Zug durch die Kühlerlamellen abgekühlt wird. Zur Vorwärmung des Saugrohrs (9) fließt heißes Wasser rückseitig aus dem Abzweigflansch (1) durch den Schlauch (8) und kommt über den Schlauch (10) zusammen mit dem vom Heizkörper zurückfließenden Wasser (heißes Wasser erhält der Heizkörper über einen hier nicht gezeigten Schlauch vom Zylinderkopf) zurück in die Wasserpumpe (5). Da die Mehrfach-Vergaseranlage keine Saugrohrvorwärmung hat, entfallen dort die Schläuche (8 und 10) und stattdessen führt die sonst nicht vorhandene Leitung (11) das Wasser vom Heizkörper in die Wasserpumpe (5) zurück. Weiter bedeuten: 12 – Kühlerablaßhahn; 13 – Kühlerüberdruck- und -überlaufschlauch.

Der Thermofühler zur ständigen Messung der Kühlwassertemperatur sitzt nicht direkt in der Kühlflüssigkeit, man kann ihn also ohne Kühlwasserverlust durch vorsichtiges Drehen an seiner Rändelschraube (direkt vor dem Zeigefinger) ausbauen. Da das haarfeine Kapillarrohr aber fest mit der Temperaturanzeige verbunden und empfindlich gegen Knickung ist, hat Heimwerker-Austausch wenig Sinn. Man kann den Thermofühler aber herausschrauben und, wie auf Seite 158 beschrieben, auf Anzeigegenauigkeit prüfen.

Sie wird mit einem Keilriemen, zusammen mit der Lichtmaschine, durch die Kurbelwellenriemenscheibe angetrieben.
Die Temperatur im Kühlsystem wird durch einen Temperaturfühler gemessen, der oben links am Motor im Abzweigflansch für die Kühlwasserschläuche sitzt. Durch einen Kapillarfühler, d. h. durch eine sich ausdehnende Flüssigkeit, wird über ein haarfeines Kapillarrohr, welches zum Meß-Instrument verläuft, diese Ausdehnung weiter gemeldet und dort auf der Skala in Temperaturgrade »übersetzt«. Fühler, Kapillarrohr und Anzeigegerät sind fest miteinander verbunden und können nur gemeinsam ausgewechselt werden. Werkstattsache wegen der Geräte-Empfindlichkeit.

Der Thermostat

Eine wichtige Rolle bei der Kühlanlage spielt der Thermostat. Er ist ein Körper, der sich je nach Wassertemperatur ausdehnt oder zusammenzieht. Er kann dadurch das Kühlwasser so leiten, daß es nicht durch den Kühler fließt, solange es im Motor nicht wärmer als etwa 75° C (für nordische Länder 83° C) geworden ist. Wird das Wasser wärmer, öffnet der Thermostat, aber nicht sofort voll, sondern abhängig von der Kühlwassertemperatur. Auf diese Weise bleibt der Motor weitgehend innerhalb der günstigsten Betriebstemperatur, was der Lebensdauer (sonst chemische Kaltkorrosion) zuträglicher ist.
Der Thermostat saß bei den BMW-Motoren der ersten Baujahre (bis 65/66) hinter dem Kühlwasseraustritt am Zylinderkopf, wodurch der Motorblock beim Öffnen des Thermostats eine plötzliche Kaltwasserdusche über die Wasserpumpe erhielt. Das führte zu Motorschäden, die durch die heutige Anordnung des zweifachen Kühlwasserkreislaufes mit dem in das Schlauchstück vor der Kühlwasserpumpe versetzten »Schlauch-Thermostat« verhindert werden. Mit diesem System, dessen Funktion Zeichnung und Bildtext auf der Vorderseite beschreiben, wird dem heißen Wasser nur allmählich und nur nach Bedarf kaltes Wasser beigemischt.

»Der Kühler kocht«

Wenn die Temperaturanzeige in den Warnbereich gerät, kocht irgendwo – vor allem im Zylinderblock – das Kühlwasser. In diesem an sich seltenen Falle erinnern sich die meisten Autofahrer spontan einer ebenso alten wie falschen Fahrschülerweisheit, die auch heute noch allen Ernstes verbreitet wird: Man

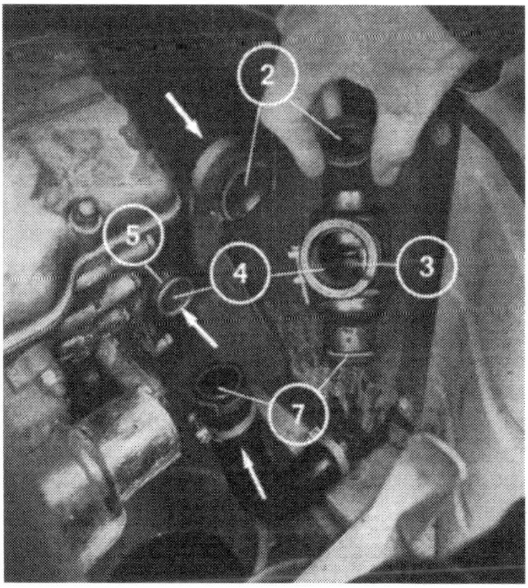

Das ausgebaute Thermostatgehäuse rechts unten im Motorraum mit dem darin sitzenden Thermostat (3), der hier (bei weniger als 80° C Temperatur) geschlossen ist und deshalb nur Kühlflüssigkeit vom oberen Schlauchanschluß (2) aus dem Zylinderkopf zum Schlauchanschluß (4) der Wasserpumpe durchläßt. Öffnet der Thermostat, fließt zusätzlich Wasser unten vom Kühler durch den Schlauchanschluß (7) zur Wasserpumpe (5). Die weißen Pfeile zeigen die Laufrichtung der Kühlflüssigkeit. Ist der Thermostat defekt und damit geschlossen, kommt das Kühlwasser im „kleinen Kreislauf" schnell zum Kochen. Im Notfall muß man deshalb das defekte Thermostatgehäuse ausbauen und den Thermostat vom unteren Schlauchanschluß (7) her mehrfach durchbohren.

solle, so heißt es da, bei überhitztem Motor sofort anhalten, aber nicht den Motor abstellen, sondern ihn im Leerlauf weiter drehen lassen, damit der Kühlungskreislauf in Bewegung bleibe und das kochende Wasser aus dem Zylinderblock komme.

Das ist heutzutage barer Unsinn, denn durch Überlastung kochende Motoren (zu schnelles Fahren, mühseliges Bergauffahren mit überladenem Wagen und dergleichen) sind die Ausnahme. Das galt früher einmal bei den knapp dimensionierten Kühlsystemen und da war diese »Goldene Regel« richtig. Da gab es aber auch noch keine Thermostaten. Wenn heutzutage »der Kühler kocht« (was direkt oft gar nicht stimmt), dann ist dies in der Regel

- ein gerissener Keilriemen (dann muß wegen der gleichzeitig ausgefallenen Lichtmaschine auch die Ladekontrolle aufleuchten; Abhilfe im Abschnitt »Ausgefallene Lichtmaschine« des Lichtmaschinen-Kapitels) oder
- das Kühlwasser ist irgendwie abhanden gekommen und der klägliche Rest kocht natürlich (Abhilfe im Abschnitt »Wasserschläuche prüfen«) oder
- zumeist hat der Thermostat nicht geöffnet und das heiße Wasser aus dem Zylinderblock kann sich nicht im Kühler abkühlen.

In allen diesen Fällen wäre, man wird es einsehen, Motor-Leerlauf pures Gift.

Nachdem sich der erste Dampf gelegt hat, schaut man nach dem Keilriemen. Dann wird vorsichtig der Kühlerverschluß (zum Schutz gegen Verbrühen kommt zwischen diesen und die Hand ein großer Lappen, die Reisemütze oder dergleichen) geöffnet. Wenn nun der Kühler gar nicht kocht, obgleich der Motor vor Hitze strahlt, dann fehlt es entweder an Kühlwasser und es ist gar nichts zum Kochen im Kühler oder (wahrscheinlich) der Thermostat ist zugeschnappt. Vor allem den Schlauch unten (Nr. 7 in der Zeichnung) am Kühler anfassen: Ist er nicht besonders heiß, im Gegensatz zur Kurzschlußleitung oben (Nr. 2 in der Zeichnung Seite 61), dann liegt der Fehler auf jeden Fall im Thermostat

Bei dieser Gelegenheit. Es gibt ein weiteres »Kühlerkochen«, das gar keins ist. Im offenen Kühlerstutzen brodelt es bei laufendem Motor mehr oder weniger stark. Nase an den Kühlereinfüllstutzen halten; riecht es nach Auspuffgas? Dann ist die Zylinderkopfdichtung durchgebrannt und ein Teil der Abgase strömt zwischen Zylinderblock und Zylinderkopf heraus durch die

Kühlwasserkanäle. Motor nicht abstellen, sonst können ein oder mehrere Zylinder voll Kühlwasser laufen und beim erneuten Starten erhält der betreffende Kolben einen »Wasserschlag« – Pleuelstange und Kurbelwelle sind vernichtet. Deshalb unverzüglich mit weiterlaufendem Motor behutsam zur nächsten Werkstatt fahren.

Thermostat ausbauen

Ist der Grund der übermäßigen Temperaturanzeige nach den vorgenannten Beobachtungen im Thermostat entdeckt, muß dieses ausgeschaltet werden. Man kann nämlich auch ohne Thermostat fahren, nur hat dann der Motor keine genügend hohe Betriebstemperatur, weshalb man bis zum Einsetzen eines neuen Thermostaten nur verhalten fahren darf (außer auf der Autobahn; da fährt man besser »Volldampf« und erreicht so doch die richtige Temperatur nach allmählicher Fahrtsteigerung).

Beim alten Thermostat (bis 65), das dort sitzt, wo heute der Abzweigflansch (Nr. 1 in der Zeichnung) am Zylinderkopf montiert ist, ist der Ausbau einfach: Mit Rohrsteckschlüssel 4 Sechskantschrauben (SW 10) am Thermostatgehäuse lösen, dieses abheben und den spitzhütigen Thermostat herausheben. Gehäuseoberteil schnell wieder aufsetzen und anschrauben, damit nicht allzuviel Kühlwasser verloren geht. Dieses muß natürlich ersetzt werden. Notfalls Inhalt des Scheibenwascherbehälters benutzen oder wenn auch dieser leer: Jeder Mensch hat Flüssigkeit zu bieten, die als Kühlung zur Not geeignet ist.

Schwieriger wird diese Arbeit beim Schlauch-Thermostat: Der Kühlmittelverlust beträgt etwa 3,5 Liter (wenn vorhanden, vorher Eimer unterstellen) und man braucht einen kräftigen Schraubenzieher zum Lösen der Schlauchschellen (an den Schläuchen Nr. 2, 4, 7 auf unserer Zeichnung Seite 61). Wie der Ausbau geschieht, zeigt das Bild Seite 63. Aus diesem so ausgebauten Zweigstück läßt sich der Thermostat nicht herausnehmen. Wenn kein Ersatzstück vorhanden ist (unterwegs sicher nicht, obwohl als Ersatzteil mitnehmenswert) muß darum mit einem scharfen Schraubenzieher der Thermostat von unten so oft wie möglich durchlöchert werden. Dann baut man das innerlich demolierte Zweigstück wieder ein.

Als Thermostaten werden (in der alten wie der neuen Bauart) sogenannte Dehnstoffregler verwendet, bei welchen ein Spezialwachs als ausdehnendes Element das Tellerventil steuert. Sie haben die unangenehme Eigenschaft, bei Versagen nicht mehr zu öffnen.

Allerdings kann es auch umgekehrt passieren, daß irgend ein Fremdkörper, zum Beispiel ein Sandkorn, zwischen Ventilteller und Ventilsitz hängen bleibt, so daß der Thermostat nicht mehr schließen kann. Dann wird der Motor langsamer warm. Besteht dieser Verdacht, läßt sich durch Handprobe am oberen Zuflußschlauch zum Kühler (Nr. 6 in der Zeichnung) feststellen, ob dieser zusammen mit dem Motor sofort warm wird. Auch dann muß der Thermostat ausgebaut und geprüft werden.

Thermostat prüfen

Der ausgebaute Thermostat wird von Schmutz gereinigt und kann auf einwandfreie Öffnungszeit geprüft werden. Er wird dazu in einen Topf mit Wasser gestellt. Ferner braucht man ein Einkoch-Thermometer. Dann wird das Ganze über der Gasflamme oder mit dem Tauchsieder erhitzt. Bei 75° C (2° C mehr oder weniger sind erlaubt) muß der Thermostat zu öffnen beginnen. Ein sogenannter Winterthermostat (für nordische Länder vorgesehen) öffnet erst bei 83° C. Defekte Thermostaten lassen sich nicht reparieren, sie müssen ausgewechselt werden.

Wasserpumpe

Die Wasserpumpe soll das Kühlwasser im Kreislauf bewegen. Sie sitzt vorn vor dem Motor und ist wartungsfrei. Stellen sich Störungen bei ihr ein, wird sie undicht (Wasser tropft auf die untere Riemenscheibe) oder man erkennt an mahlenden Geräuschen, daß die Lager schadhaft sind. Sie muß zur weiteren Demontage ausgebaut werden. Kontrolle: Lichtmaschine lösen, gegen den Motor schwenken und Keilriemen abnehmen. Motor kurz laufen lassen. Ist das Geräusch verschwunden, kommen als Störenfriede nur die Wasserpumpe oder die Lichtmaschine in Betracht.
Die Wasserpumpe abzubauen, zu zerlegen und instand zu setzen erfordert Spezialwerkzeug und Kenntnisse. Weil man mit Behelfsmitteln vieles verderben kann, gehört diese Arbeit in die Werkstatt.

Gerissener Keilriemen

Dieser Defekt ist so selten geworden, daß vermutlich kaum ein BMW-Fahrer einen Ersatzriemen an Bord haben wird. Eigentlich müßte man sich abschleppen lassen, da nun die Wasserpumpe und damit der Kühlwasserkreislauf ausgefallen ist. Wenn man keinen Ersatzkeilriemen zur Hand hat, kann man sich kurzzeitig mit Nylonstrümpfen (S. 115) behelfen. Wer ohne Wasserpumpenantrieb weiterfährt, riskiert mindestens eine durchbrennende Zylinderkopfdichtung.

Die Frostschutzmischung

Da der Gesamtinhalt des Kühlsystems bei allen BMW-Modellen einheitlich 7 Liter beträgt, ließe sich unschwer eine Mischungstabelle aufstellen. So genau kommt es aber darauf nicht an, denn man kann beim Mischen durchaus ein wenig über den Daumen peilen, um anschließend mit der Prüfspindel (jede Werkstatt und jede Tankstelle besitzt dieses Gerät) die richtige Dosierung zu kontrollieren (Seite 67, Bild).
Eine Mischung von 1 Teil Frostschutzmittel mit 1 Teil Wasser ergibt eine Frostfestigkeit bis –37° C. Bei 1 Teil Frostschutzmittel auf 1,5 Teile Wasser sind es –25° Frostfestigkeit und bei Mischung von 1 Teil Frostschutz auf 2 Teile Wasser reicht es immer noch für –19° C. Es genügen beispielsweise zwei Dosen mit Frostschutzmittel (= 3 Liter). Das ergibt aufgerundet ein Mischungsverhältnis von 1:1,4 mit gut –27° C Kälteschutz, was für unsere Breiten im allgemeinen ausreichend ist.
Das Frostschutzmittel selbst verdunstet oder verdampft nicht. Sein Siedepunkt liegt wesentlich über dem des Wassers. In Europa wird heute allgemein Äthylenglykol dafür verwendet. Darin ist außerdem ein Korrosionsschutzmittel, dessen Vorhandensein ebenso wichtig ist wie der Frostschutz selbst. Damit wird der Kühler vor chemischen Anfressungen und Rost geschützt sowie der Bildung von Kesselstein entgegengetreten, welcher im Laufe der Zeit die Kühlwirkung herabsetzt. Deshalb die Frostschutzmischung im Sommer nicht ablassen!
Hat man mit der Prüfspindel festgestellt, daß zwar noch Frostschutz vorhanden, dieser aber nicht mehr ausreichend ist, kann man etwas Kühlflüssigkeit ablassen und durch reines Frostschutzmittel ersetzen. Dazu öffnet man links unten am Kühler eine Knebelschraube und läßt einen oder einundeinhalb Liter (je nach Frostschutzbedarf) abfließen. Nun wird entsprechend Frostschutzmittel oben in den Kühlerstutzen eingefüllt. Der Motor muß dann zur Durchmischung und Entlüftung des Kühlsystems laufen, der Heizungshebel muß auf Stellung »Heizung ein« stehen und der Kühlerverschlußdeckel darf nicht aufgesetzt sein. Wenn man den Kühler abdeckt, wird der Motor schneller

warm, denn der Thermostat soll ja öffnen. Wenn nun der Wasserstand sinkt, muß die Fehlmenge ergänzt werden. Erst wenn keine Luftblasen mehr im Einfüllstutzen zu erkennen sind, ist die Prozedur beendet. Man kann den Wagen auch zwischendurch kurz warmfahren. Ob der Thermostat geöffnet hat, sieht man bei laufendem Motor an der Wasserströmung im Stutzen (dazu kurz Gas geben, z. B. vom Motorraum aus am Gasgestänge).

Ohne diese etwas umständliche Prozedur können im Kühlsystem Luftblasen verbleiben, da der Heizungskörper mit seinen Anschlüssen an der Motorkühlung höher liegt. Bei mangelhafter Entlüftung wären gefährliche Überhitzungsstellen durch Dampfblasenbildung die Folge.

Dieses Verfahren, Frostschutzkonzentrat direkt in den Kühler zu füllen, sollte man aber nur anwenden, wenn schon vorhandener Frostschutz der Kühlsystemfüllung aufgebessert werden muß oder wenn man schon im Spätsommer die notwendigen 3 Liter Frostschutzkonzentrat (nach Ablassen von etwa 3 Liter Wasser) einfüllt. Macht man diese Arbeit aber erst kurz vor der ersten Frostnacht, dann können sich Frostschutzkonzentrat und Wasser im Kühlsystem nicht mehr genügend durchmischen – es bleiben »Nester« mit reinem Wasser im Kühlsystem, die dann doch einfrieren.

Deshalb muß, wenn man erst vor der ersten kalten Nacht an den Frostschutz denkt, das ganze System mit einer im sauberen Eimer tüchtig durchgerührten Konzentrat-Wasser-Mischung befüllt werden. Dazu ist natürlich vorher das gesamte Wasser aus dem Kühlsystem abzulassen.

Wasser ablassen

Zum Ablassen des ganzen Kühlwassers befindet sich – außer unten am Kühler – rechts hinten unten am Motorblock noch eine Ablaßschraube. Früher war das ebenfalls eine Knebelschraube, später dann ein Sechskant-Verschlußstopfen (SW 19). Letzterer ist schwer zu erreichen, aber er darf nicht vergessen werden. Nach Wasserauffüllen ist das Kühlsystem wie im vorhergehenden Abschnitt beschrieben, zu entlüften.

Kühlwasser und Frostschutz prüfen

Pflegearbeit Nr. 5

Es genügt zur Kontrolle bei kaltem Motor, wenn der in den Kühlerstutzen getauchte Finger nur an der Kuppe naß wird. Bei diesem Pegelstand ist der Wasserkasten, der bei geöffnetem Kühlerstutzen sichtbar wird, noch mit Wasser bedeckt. Warmes Wasser dehnt sich aus. Deshalb ist es sinnlos, sogar falsch, des Guten zu viel zu tun und über das vorgeschriebene Maß – ca. 2 cm unter der Unterkante des Stutzens – Wasser einzufüllen, das dann – im Winter mitsamt der Frostschutzbeimischung – durch das Druckventil der Kühlerverschlußkappe und das Überlaufrohr oben im Einfüllstutzen verlorengeht. Übereifrige Tankwarte sollte man daran hindern, zuviel Wasser nachzugießen, mehr Wasser bringt auch mehr Kesselstein ins Kühlsystem.

Wichtig: Kaltes Wasser nur bei kaltem Motor einfüllen. Sonst können Zylinderblock und Zylinderkopf durch Wärmespannungen reißen oder sich verziehen. Warmes Wasser kann dagegen sowohl bei kaltem als auch bei heißem Motor eingefüllt werden. Soll nur wenig Wasser nachgefüllt werden, geht es auch bei heißem Motor mit kaltem Wasser, da der gefüllte Kühler als Temperatur-Puffer wirkt.

Im Winter wird die Konzentration der Frostschutzmischung mittels eines Kühlwasserhebers gemessen (»gespindelt«). Dieses Gerät muß man sich nicht anschaffen, es ist an jeder Tankstelle vorhanden. Dieses Spindeln ist nötig, wenn durch mehrfaches Wassernachfüllen der Schutz gegen Einfrieren reduziert wird.

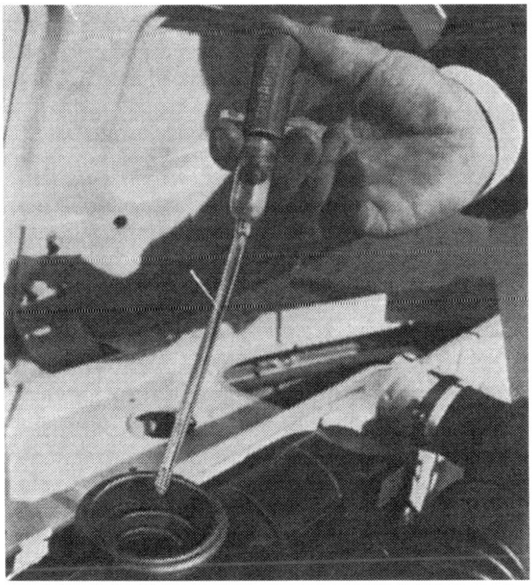

Da es bei der Nachprüfung der Frostfestigkeit des Kühlwassers praktisch nur auf das Nachmessen des spezifischen Gewichtes der Flüssigkeit ankommt, ist jeder Hebermesser für jede Frostschutzmittelsorte geeignet. Die Tankstellen und Werkstätten haben Hebermesser, mit denen sich die Frostfestigkeit nach Minus-Graden bei jeder Temperatur ermitteln läßt. Ausreichend, praktisch und temperaturunabhängig ist aber bereits der hier gezeigte »Glysantester«, der lediglich anzeigt, ob eine Frostfestigkeit für —25° C gegeben ist oder nicht. Da man entsprechende Frostfestigkeit braucht, genügt diese Meßmethode.

Wasserschläuche prüfen

Wasserverlust im Kühlsystem kann seine Ursache in undichten Schlauchanschlüssen oder in defekten Schläuchen haben. Das sind nicht nur die großen Kühlerschläuche allein: Mit Schläuchen sind auch Saugrohrvorwärmung und Heizung an den Kühlmittelkreislauf angeschlossen. Hier schaut man zunächst nach, ob die Schlauchenden nicht zu knapp auf den Stutzen sitzen oder gar abgesprungen sind und zieht die Spannschrauben der Schlauchbinder nach.
Die Wasserschläuche können aber auch im Laufe der Zeit hart und spröde werden. Bei Betriebsdruck von ca. 0,7 atü im Kühlsystem können sie platzen. Motordefekte stellen sich dann ein, wenn der Schaden nicht bald bemerkt wird (Zeiger auf der Skala im Fernthermometer im roten Feld!).
Wichtige vorbeugende Kontrolle: Die Schläuche mit den Fingern etwas kneten, um festzustellen, ob sie verhärtet sind. Ihr Austausch ist kein Problem. Da die Schläuche fast ausnahmslos in Bögen verlegt sind, kommen bei der Anschaffung nur Original Formschläuche in Betracht, die jede BMW-Werkstatt vorrätig hat. Man sieht sie in der Zeichnung auf Seite 61.

Die Kühlerverschlußkappe

Die Kühlerverschlußkappe (Renkverschluß) ist mit einem Überdruckventil versehen, das einen Überdruck von ca. 0,7 atü im Kühlsystem hält (als Kennzeichen ist auf der Verschlußkappe die Zahl 70 oder 0,7 eingeprägt). Der Siedepunkt des Kühlmittels wird dadurch auf etwa 116° C heraufgesetzt. Bei höhe-

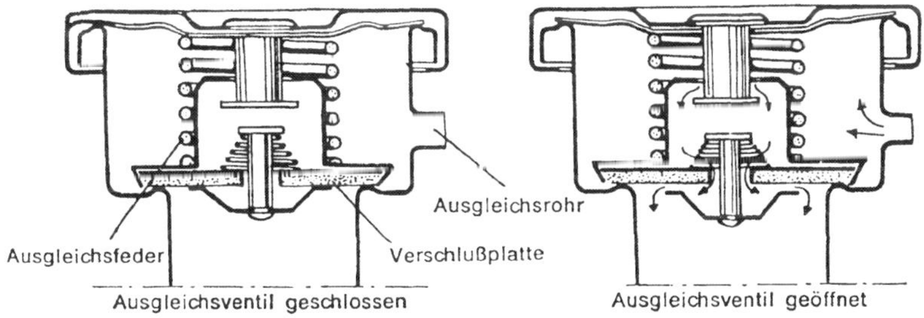

Der Kühlerverschlußdeckel: Seine große Feder drückt die Verschlußplatte auf den Stutzen, so daß sich im Kühlsystem Überdruck bilden kann. Über das Ausgleichsrohr kann bei 0,7 atü Überdruck Dampf oder überschüssiges Wasser austreten. Umgekehrt kann bei Abkühlung Luft über Ausgleichsrohr und Ausgleichsventil nachströmen.

rem Druck öffnet das Ventil und läßt den Überdruck durch die Überlaufleitung ins Freie entweichen. Um ein Zusammenziehen der Kühlmittelschläuche beim Abkühlen zu vermeiden, ist in der Kühlerverschlußklappe auch noch ein Unterdruckventil eingebaut, das bei Unterdruck (etwa 0,05 atü) Luft von außen in das Kühlsystem einströmen läßt. Der Kühlerverschluß ist also sozusagen ein auf Überdruck und Unterdruck geeichtes Instrument, das sich nicht einfach gegen eine andere zufällig passende Kappe auswechseln läßt. Die Kennzahl 70 oder 0,7 ist wichtig und man kauft Ersatz am sichersten in der BMW-Werkstatt ein. Das derart abgedichtete Kühlsystem verhindert zudem übermäßigen Einlaß von Luft, die ja die Ursache von Korrosion ist.
Falsche Druckverhältnisse können platzende Wasserschläuche oder ständigen Kühlmittelverlust zur Folge haben.
Bei heißem Motor öffnet man die Verschlußkappe, die unter Dampfspannung steht, zunächst durch eine vorsichtige Drehung nach links bis zur »Vorraste« und schützt dabei die Hand gegen Verbrennungen durch einen Lappen. Die Verschlußkappe verträgt gelegentlich eine Reinigung von Rückständen und Inspektion der Dichtgummis, die durch Öl im Kühlwasser (in der Werkstatt nach der Ursache forschen lassen!) quellen können.

Kühlmittelverlust

Nicht die Schuld gleich auf ein undichtes Kühlsystem oder gar auf einen undichten Kühler schieben. Wenn der Kühlwasserstand nicht mehr stimmt, gibt es folgende Ursachen:

- Dampfblasenbildung, die durch Aufheizung des Kühlmittels nach einer Parforcefahrt und sofort abgestelltem Motor eintritt, kann Kühlflüssigkeit durch das Überdruckventil im Kühlerverschluß drücken. – Kühlsystem neu entlüften (siehe Seite 65, unten). Besser: Nach harter Motorbeanspruchung vor einem Halt mit mäßiger Geschwindigkeit fahren oder Motor im Leerlauf drehen lassen, damit die Flüssigkeit weiter zirkuliert und die Hitze gleichmäßg abfließen kann.
- Die Entlüftung des Kühlsystems wurde bei neu eingefüllter Flüssigkeit nicht sachgemäß durchgeführt.
- Kühlwasserverlust kann auch durch defekte Zylinderkopfdichtung verursacht werden.

Wer der Meinung ist, das Kühlsystem könne undicht sein, weil er immer mal wieder Wasser nachfüllen muß, kann dies in der Werkstatt mit einem »Kühler-Abdrückgerät« nachprüfen lassen. Das wird an Stelle des Kühlerverschlußdeckels auf den Kühler gesetzt und mit einer direkt daran befindlichen Handpumpe wird das ganze Kühlsystem unter etwa 1 atü Betriebsdruck gesetzt. Sinkt der Zeiger des daran befindlichen Druckmessers sogleich wieder, ist das Kühlsystem irgendwo undicht. Zumeist wird sich auch schnell finden lassen, wo das Kühlwasser heraussickert.
Aber man kann sich auch selbst helfen. Dazu ist, wie ein Leser der Zeitschrift »mot« ausprobierte, nur eine Messerspitze der sehr intensiven Farbstoffe Eosin oder Fuchsin (erhältlich in Drogerien oder Apotheken) notwendig. Diese winzige Menge gibt man in den Kühler und findet nach kurzer Zeit die klar erkennbaren Spuren der angetrockneten Farbe neben der Leckstelle.

Kühler ausbauen

Falls ein Schaden am Kühler nachgewiesen ist (oder für Arbeiten an der Wasserpumpe), Kühler entleeren, die Schlauchbinder an den Kühleranschlüssen lösen und die Schlauchbögen abziehen. Vier Blechschrauben mit 10 mm Sechskantkopf halten ihn an den vier Ecken vorn am Karosserieblech. Die Schrauben sind von oben leicht zugänglich, wenn zuvor die Batterie herausgenommen

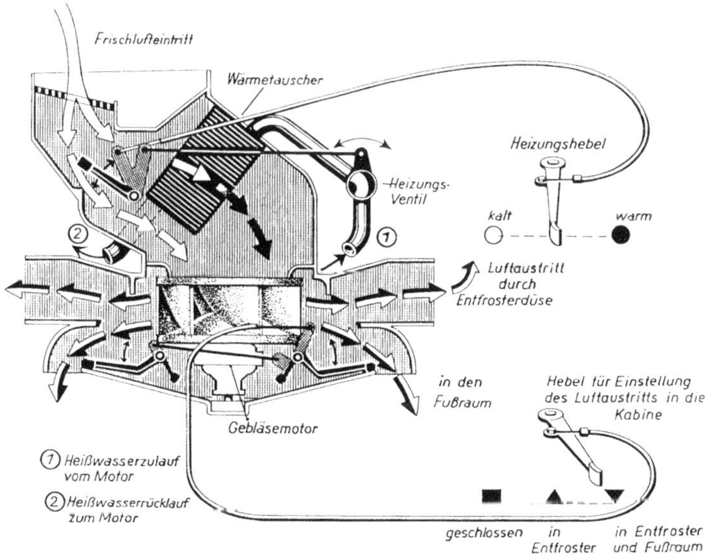

So ist die Heizungs- und Lüftungsanlage aufgebaut (BMW 1600/1800/2000, alle bis Baujahr 68). Die Luft tritt unterhalb der Frontscheibe ein. Die Wärmeregulierung der Heizluft erfolgt nicht durch Drosselung des Heißwasserzulaufs, sondern durch Mischung mit kühler Frischluft. Dadurch verzögerungsfreie Temperatur-Regelung und Erhalten der natürlichen Luftfeuchte.
Das Heizgerät der 1600-2 gleicht dem hier gezeigten im Prinzip, doch sitzt sein Gebläsemotor oben im Frischlufteintritt. Das gilt auch für die Heizgeräte ab Baujahr 69.

wird und auch die entsprechenden Blechmuttern lassen sich durch Öffnungen im Frontteil zum Gegenhalten mit der Hand leicht erreichen.
Hinweis: Insekten bleiben zwischen den Kühlrippen stecken und Schmutz lagert sich im Laufe der Zeit an. Das Gegenmittel ist Preßluft, die man von der Motorseite her durch den Kühler bläst oder ein scharfer Wasserstrahl mit dem Schlauch. Möglichkeiten, außer bei der Werkstatt, gibt es dafür auch an Tankstellen.

Fingerzeige: *Falls die Außentemperatur unter den jeweils eingestellten Frostschutzwert sinkt, ist der Motor nicht gleich gefährdet. Es bildet sich speiseeisähnliche Masse, die durch Standlauf bei abgedecktem Kühler wieder verflüssigt wird.*
Die geöffnete Heizung und noch dazu mit eingeschaltetem Gebläse verbraucht Kalorien bei warmlaufendem Motor, also bei geschlossenem Thermostat. Schließt man den Heizungshebel, erreicht der Motor schneller Betriebswärme, was ihm wohltut, und auch die Heizung setzt anschließend intensiv ein.
Legt man den Wagen für längere Zeit still, empfiehlt es sich, das Kühlsystem bis zum Rand, und zwar mit Korrosions- oder mit Frostschutzmischung zu füllen. Damit wird Korrosion vermieden. Falsch ist es, das Kühlwasser abzulassen, weil dann der Luftsauerstoff ungehindert wirksam wird: Das leerstehende Kühlsystem verrostet völlig.

Die Heizung

Im Prinzip sind die Heiz- und Lüftungsanlagen der BMW-Modelle alle gleich: Ob nun die Frischluftregulierung und die Heizluft-Zufuhr samt der Verteilung im Wageninneren mit zwei, drei oder vier Hebeln gesteuert wird und wie dies geschieht, die benötigte Luftmenge tritt zunächst am Ende der Fronthaube vor der Windschutzscheibe in einer möglichst staub- und abgasfreien Zone ins Innere durch den Heizkasten ein. Unter der Haube sorgt eine Wanne mit hochgelegtem Luftgitter dafür, daß Regenwasser nicht in die Heizanlage dringt. Es wird beiderseits nach unten durch Schlauchstutzen abgeleitet.

Die Temperierung der Frischluft erfolgt durch einen Wärmetauscher, dessen Heizlamellen an den Kühlwasserkreislauf über Schlauchverbindungen vom Zylinderkopf und zurück über die Saugrohrvorwärmung oder direkt ans Kühlsystem angeschlossen sind. Das Heizventil rechts am Heizkasten wird über kurzen Seilzug mit dem Heizungshebel am Armaturenbrett geöffnet (Bewegung nach rechts) oder geschlossen (Stellung am linken Anschlag). Mit der Bewegung des Heizungshebels von links nach rechts drosselt eine Klappe im Luftschacht die Frischluftbeimengung zur Heizluft stufenlos. (Beim 1600-2 getrennte Hebel). Ein in Stufen zuschaltbares Elektrogebläse sorgt für Intensivierung des Luftdurchsatzes.

Die Schlauchanschlüsse für Vorlauf (Heizungsventil) und Rücklauf und der Seilzug des Heizungsventils sind vom Motorraum erreichbar. Wenn man an den unteren Teil des Heizkastens mit dem Elektroanschluß fürs Gebläse, den Luftleitschläuchen und den Seilzügen für die Luftklappen herankommen will, müssen die Verkleidung rechts unter dem Armaturenbrett und – falls vorhanden – das Ablagefach auf dem Mitteltunnel ausgebaut werden.

Wichtig im Winter: Die Luftzirkulation durch die Heckentlüftung (und damit das Nachströmen von Heizluft) kann nur bei geschlossenen Fenstern voll wirksam werden. Spaltbreites Öffnen der Seitenscheiben, wie es bei fehlender Heckentlüftung empfohlen wird, hat also keine Wirkung.

Fingerzeige: *Die Heizungsanlage schluckt Wärme, hilft also, das Kühlwasser kühlen. Sollte die Kühlwasseranzeige – bei Kolonnenfahrt im Hochsommer – ins rote Feld geraten, kann man zur zusätzlichen Motorkühlung Heizung und Gebläse einschalten. – Motto: Lieber schwitzen als sauer werden. Man sollte auch im Sommer gelegentlich den Heizungshebel betätigen, damit das Heizventil nicht festfrißt.*

Serienmäßig haben die BMW-Modelle einen Kühlerventilator mit 300 mm Durchmesser und vier Flügeln. Fahrzeuge, die überwiegend im Stadtverkehr eingesetzt sind, denen es also an kühlendem Fahrwind fehlt, können einen größeren Ventilator von 360 mm Durchmesser und mit fünf Flügeln erhalten. Das gilt natürlich auch für nachträglichen Einbau an Fahrzeugen, deren Temperaturanzeige öfter ins rote Feld gerät.

Versorgungsbetriebe

Pannen an der Kraftstoffanlage sind genau so selten wie die Reifenpannen geworden. Trotzdem ist es besser, sich am eigenen Wagen bei günstiger Gelegenheit den Weg des Kraftstoffs vom Tank bis zum Motor einmal genauer anzuschauen, um für den Ernstfall gerüstet zu sein. Ohne etwas Pflege und Wartung kommt man überdies nicht aus, weshalb das Werk für die Inspektion bestimmte Kontrollen vorgeschrieben hat. Hier ein Gutes und noch ein wenig mehr zu tun, kann also gewiß nicht zum eigenen Schaden sein.

Der Tank

Der Tank sitzt im Heck, und man kommt von oben ohne weiteren Umstand an ihn heran, wenn man die Bodenplatte im Kofferraum ausbaut. Er ist also neben seiner Funktion als Kraftstoffbehälter zugleich die rechte Bodenhälfte des Kofferraums (links liegt das Reserverad und das Werkzeug). Aber keine Sorge, daß der Tank bei lieblos hereingeworfenem Gepäck Beulen bekommen könnte (wie bei verschiedenen anderen Autos). Er ist durch den kräftigen Zwischenboden geschützt.
Soll der Tank ausgebaut werden, drehen Sie aus der Bodenplatte sechs kleine Blechschrauben mit einem Kreuz-Schraubenzieher heraus und heben sie ab. Auf diese Weise werden die Tankanschlüsse (das Steigrohr fürs Benzin und die Elektroanschlüsse für die Kraftstoffanzeige), gleichzeitig aber auch die Kabel für die rechte Heckbeleuchtung freigelegt.
Im Anschluß daran stellen Sie einen Behälter unter den Kraftstofftank und drehen die Ablaßschraube unten vorn mit einem 14 mm-Schlüssel heraus. Damit der leerlaufende Tank nicht nur durch die Entlüftung Luft nachzieht, nehmen Sie auch den Tankverschluß herunter. Der Kraftstoff läuft dann besser ab. Sie ziehen die Steckanschlüsse der Elektrokabel von der Kraftstoffanzeige

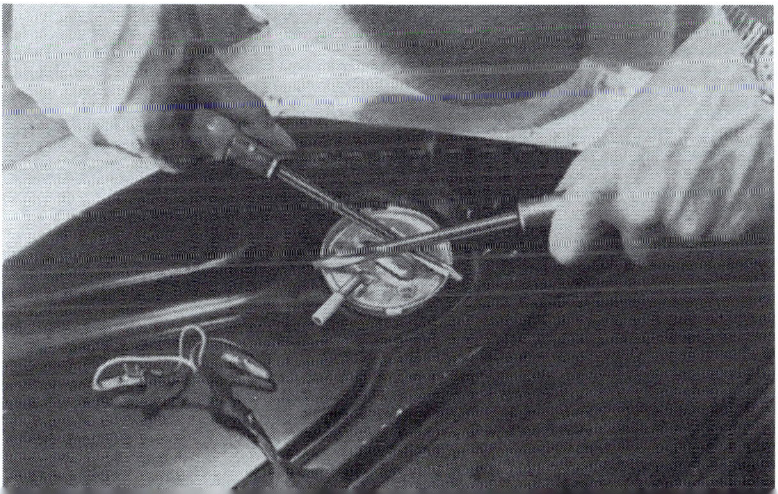

Soll der Geber der Kraftstoffanzeige aus der Tankoberseite ausgebaut werden, ist nur die Bodenplatte des Kofferraumes herauszunehmen. Bei einigen Geber-Modellen sind rundum 5 Querschlitzschrauben zu lösen, bei dem hier gezeigten Geber muß der »Renk-Verschluß« mit zwei überkreuzten kräftigen Schraubenziehern ein wenig nach links verdreht werden, dann ist das Gerät aus dem Tank zu nehmen. Auf den zur Abdichtung notwendigen Schnur-Ring achten (umseitiges Bild).

und lösen dann den Kraftstoffschlauch vom Steigrohr. Im Anschluß lockern Sie die Spannschellen am kurzen Gummischlauch zwischen Tank und Einfüllstutzen und schieben die Muffe nach oben. Mit einem 10 mm-Steckschlüssel schrauben Sie rund um den Tank fünf Befestigungsschrauben heraus. Sie können nun den Tank nach oben herausheben.
Wichtig beim Einbau: Darauf achten, daß der Flansch des Kraftstofftanks rundum richtig auf der Dichtung liegt. Sonst dringt bei Regenwetter Wasser in den Kofferraum. Wenn man sicher gehen will, kann man zusätzlich zum Dichtstreifen die Auflagefläche für den Tank im Wagenunterbau mit plastischer Dichtungsmasse bestreichen. Achten Sie auch darauf, daß der Dichtring an der Ablaßschraube einwandfrei ist. Eine undichte Stelle am Tank, durch die tropfenweise Benzin verlorengeht, läßt sich am Garagenboden nicht so leicht erkennen, weil der Kraftstoff schnell verdunstet.

Der Geber für die Kraftstoffanzeige

Die Platte mit dem Geber für die Kraftstoffanzeige auszubauen, ist nicht notwendig, wenn man den Tank nur reinigen will. Er wird gründlich und mehrfach mit Benzin ausgeschwenkt, das man immer wieder durch ein sauberes Tuch in einen anderen Behälter leert.
Sollte es notwendig werden, den Geber für die Kraftstoffanzeige auszuwechseln, dann braucht der Tank nicht demontiert zu werden. Man kommt von oben bei abgenommenem Kofferraumboden heran. Bei dem BMW sind zwei Typen eingebaut. Die einfache Ausführung ist mit fünf Schlitzschrauben befestigt. Dieses Instrument läßt sich nach dem Ausbau überprüfen, wenn man das Tauchrohr abnimmt (dazu unten ein Sicherungsblech öffnen und die kleine Mutter lösen), das Instrument wieder an die Kabel anschließt und den Schwimmer auf der Mittelachse hin- und herschiebt. Der Zeiger im Kombi-Instrument muß dann bei eingeschalteter Zündung entsprechend reagieren.
Tauchrohrgeber mit Renkverschluß werden (nachdem man alle Anschlüsse gelöst hat) linksherum aus dem Tank gedreht, indem man zwei Schraubenzieher mit den Klingen flach in zwei gegenüberliegende Schlitze am Rand einlegt. Ihre Schäfte müssen sich in der Mitte kreuzen. Zur Abdichtung gehört unter diesen Tauchrohrgeber ein Schnur-Ring, der durch die Berührung mit Kraftstoff quillt und dann vollkommen abdichtet. Ausgebaute Schnur-Ringe werden erst nach 48 Stunden wieder verwendbar, weil sie dann ihre ursprüngliche Form zurückbekommen. Sie werden bei der Montage mit Vaseline eingesetzt.
Kraftstoffanzeiger sind keine Präzisionsinstrumente. Sie zu justieren wäre zuviel der Mühe, denn es genügt im Grunde, wenn man – mit gefülltem Reservekanister im Wagen – den Sprit im Tank bis zur Neige verbraucht –

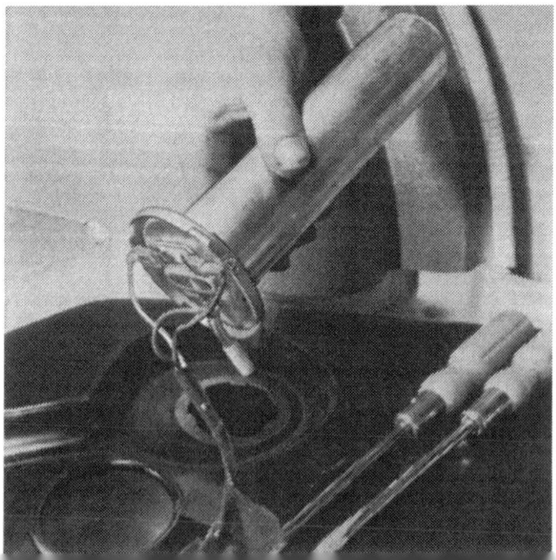

Die Anzeigefähigkeit läßt sich am ausgebauten Geber der Kraftstoffanzeige ohne weiteres prüfen: Kabelstecker an das ausgebaute Gerät wieder anschließen, Zündung einschalten und nun das Tauchrohr kippen, so daß der darin geführte Schwimmer hin- und hergleiten kann. Dabei Kraftstoffanzeige im Armaturenbrett beobachten und Voll- bzw. Leer-Stellung vergleichen.

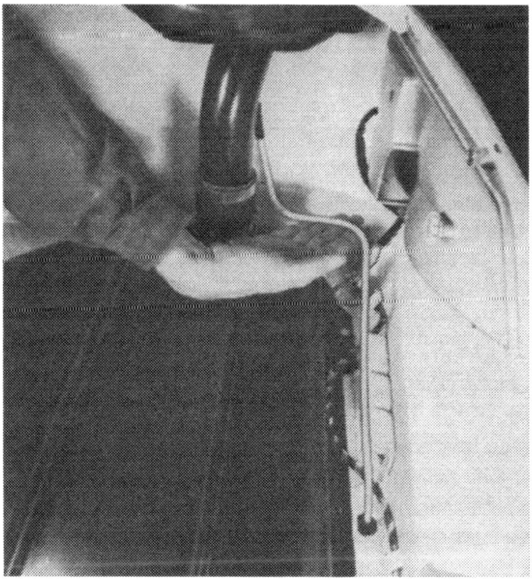

Die Hand hält die Schlauchleitung zur Tankent- bzw. -belüftung. Über diese Leitung läuft zu viel getankter Kraftstoff ab, wenn das gerade aufgetankte Fahrzeug in die pralle Sonne gestellt wird. Dagegen strömt Luft in den Tank nach, wenn die Kraftstoffpumpe den flüssigen Inhalt absaugt. Wenn Ihnen beim Öffnen des Kofferraums öfter Benzindunst in die Nase steigt, sollten Sie einmal die Schlauchschelle um das Tankfüllrohr (dicht über dem Handballen im Bild sichtbar) nachziehen. Undichtigkeit an dieser Stelle ist zumeist die Ursache von Benzindunst im Kofferraum.

natürlich nicht auf der Autobahn – und die Kraftstoffanzeige dabei unter Kontrolle hält. Für die Zukunft weiß man dann recht genau, wann es Zeit für den Besuch der nächsten Tankstelle ist.

Die Tankentlüftung

Wenn die Kraftstoffpumpe ständig das energiespendende Naß aus dem Tank saugt, würde bald oberhalb des Kraftstoffspiegels Unterdruck entstehen, der den weiteren Benzinstrom hemmen würde. Deshalb braucht man eine Tankbelüftung. Früher – und auch heute noch vielfach – geschah dies über den Tankverschlußdeckel. Wurde aber einmal ein falscher Deckel aufgesetzt, gab es rätselhafte Motorstörungen. Die bessere Lösung ist deshalb der Anschluß der Belüftung oben am Verschlußring des Einfüllstutzens. Eine Schlauchleitung führt zunächst nach unten und dann hinter dem Tank bis etwa zur Mitte des Wagenhecks, wo ein Rohrkrümmer nach unten durch den Karosserieboden ins Freie führt. Gummitüllen an den Durchgängen der Karosserie und am Ende sorgen dafür, daß die Leitung nicht am Blech scheuern kann.
Um zu verhindern, daß Kraftstoff nach dem Auftanken bei verschlossenem Tank ins Freie fließt, darf man den voll betankten Wagen nicht gleich in die Sonne stellen. Der Kraftstoff ist im unterirdischen Behälter der Tankstelle kühl gelagert. Er dehnt sich bei sommerlicher Wärme und erst recht in der Sonnenhitze aus und entweicht dann über die Entlüftung.

Fingerzeige: *Den Tank sollte man, wenn möglich, immer gefüllt halten, insbesondere, wenn der Wagen länger abgestellt wird. Bei Abkühlung kondensiert Wasser aus der Luft über dem Benzin und schlägt sich im Tank nieder, was zur Rostbildung führt. Wasser – schwerer als Benzin – kann sich auch am Boden des Tanks sammeln und mit abgesaugt werden. Es verträgt sich nicht mit dem Zinkdruckguß von Kraftstoffpumpe und Vergaser, und es entstehen Absonderungen.*
Einen Reservekanister sollte jeder Autofahrer besitzen. Praktisch sind Kanister mit Auslauftülle. Kunststoffkanister müssen als zugelassen bezeichnet sein. Sie sind klapperfrei. Doch nicht alle sind benzinfest und gegen elektrostatische Aufladung sicher – Entzündungsgefahr. Prüfen, ob mit Kanister Auffüllen möglich ist. Stutzen sitzt tief!

Will man freundlicherweise Benzin abgeben, benötigt man einen dünnen Schlauch von etwa 1 m Länge. Er wird so weit wie möglich in den Tank gesteckt, dann verschließt man das herausschauende Ende, z. B. mit dem kleinen Finger, zieht den Schlauch bis unter den Kraftstoffspiegel im Tank heraus und leitet das abfließende Naß in ein Gefäß.
Übergelaufener Kraftstoff, besonders Super-Kraftstoff, kann die Lackierung angreifen. Zwar reagieren die Lacke sehr verschieden und in den meisten Fällen bleibt kein Schaden zurück, wenn der Strahl aus dem Zapfhahn mal daneben geht. Aber vorbeugen ist noch immer besser als heilen. Achten Sie darauf, daß der Tankwart, dem ein solches Malheur passiert, gleich nach einem nassen, aber sauberen Lappen langt.

Die Kraftstoffleitung

Auf der linken Seite vorn – beim BMW 1600-2 und bei allen Modellen mit zusätzlicher Warnleuchte in der Platte für den Geber der Kraftstoffanzeige – sitzt das Anschlußrohr für die Kraftstoffleitung. Im Innern des Tanks ist es durch ein Filtersieb, das sich nicht auswechseln läßt, vor dem Eindringen von Fremdkörpern geschützt. Das Röhrchen endet außerhalb als Stutzen für den Schlauch zur Metall-Kraftstoffleitung, die unter dem Wagenboden im Mitteltunnel nach vorne führt. Vorne und hinten liegen die Schlauchanschlüsse knapp vor den Trennwänden Motorraum/Innenraum/Kofferraum (hier unter der Bodenabdeckung); sie sind aber bequem zu erreichen.
Soll der Durchgang der Leitung überprüft und gereinigt werden, weil durch irgendeinen dummen Zufall Fremdstoffe oder Wasser hineingeraten sind, dann vorn und hinten Schläuche abziehen und mit Preßluft durchblasen. Falls ein Schlauch zu fest sitzt, kann man ihn vorsichtig mit einem Gabelschlüssel, den man hinter dem Schlauchende ansetzt, abdrücken.

Fingerzeig: *Kontrollieren Sie regelmäßig den festen Sitz der Benzinschläuche, da sie sich nach unseren Erfahrungen zuweilen lockern können. Mürbe gewordene oder an den Enden eingerissene Schläuche sollten ersetzt werden.*

Sieb in der Kraftstoffpumpe reinigen

Pflegearbeit Nr. 12 und 40

Die Kraftstoffpumpen der BMW-Motoren arbeiten alle nach dem gleichen Prinzip. Sie saugen das Benzin vom Tank her durch die Kraftstoffleitung und sorgen für die wohldosierte Zufuhr zum Vergaser hin. Weil das Benzin nach dem Tank hier die erste Station durchläuft, wurde von dem Pumpenfabrikanten ein Kraftstoffsieb installiert, das Verschmutzungen von den Flatterventilen der Pumpe und weiter vom Vergaser fernhalten soll.
Bei den Kraftstoffpumpen vom 1500 bis 1800 sitzt das Sieb unter dem Deckel. Die 2000-Modelle sind mit einer Hochleistungspumpe ausgerüstet, bei der ein hutförmiges Sieb unter einer Messing-Bundschraube nach unten herausgenommen werden kann. Der Inspektionsplan sieht alle 15 000 km die Reinigung des Siebeinsatzes vor. Das ist ein Erfahrungswert, dem man vertrauen darf, und so ist eine vorzeitige Kontrolle erst dann vonnöten, wenn durch unregelmäßigen Motorlauf Störungen in der Kraftstoffzufuhr angemeldet werden.
Zur Reinigung die Sechskantschraube auf der Pumpe der Modelle außer der 2000-Serie (dazu Bild rechts oben) mit 8 mm-Schlüssel herausdrehen — dabei auf Dichtung achten – und Deckel abnehmen. Oft ist er etwas festgeklebt: Schraubenzieher oder starken Draht ins Schraubenloch stecken – nicht zu tief, damit Gewinde nicht beschädigt wird – und vorsichtig hebeln.
Dabei fließt Benzin aus der Pumpe, weil sie liegend am Motor befestigt ist. Die geschlossene Pumpe saugt den fehlenden Kraftstoff später selbst wieder

Dies ist der Ausbau des Siebes an der Kraftstoffpumpe der BMW-2000- und 2002-Serie. Mit Schraubenschlüssel SW 13 Messingbundschraube (rechts in der Hand gehalten) aus der durch den weißen Pfeil markierten Bohrung herausschrauben und das feine Hut-Sieb (links in der Hand gehalten) herausziehen. Das Sieb wird von innen nach außen mit Druckluft oder mit gespitztem Mund ausgeblasen und das Ganze wieder zusammengebaut.

an. Kraftstoffsieb an den Zäpfchen zwischen Fingerspitzen aus seinem Sitz heben. Abscheideraum mit Pinsel und Kraftstoff sorgfältig auswaschen und ausblasen. Die Werkstatt macht das mit Preßluft, aber eine Fahrradpumpe tut's auch. Vorsicht: Die Flatterventile im Oberteil nicht beschädigen; sie lassen sich nicht auswechseln. Siebeinsatz in Kraftstoff ausschwenken und durchblasen. Man kann das mit dem Mund machen – aber bitte ohne Spucke. Montage in umgekehrter Reihenfolge: Zuerst das Sieb mit den Zäpfchen nach außen und dem Ausschnitt genau über dem gleichgeformten Saugventil in den Sitz drücken. Verschlußkappe, möglichst mit neuem Dichtring (er kostet nur wenige Pfennige) aufsetzen. Befestigungsschraube mit untergelegter Dichtung eindrehen, *aber nicht zu stramm anziehen, damit die Verschlußkappe nicht* verformt wird. Bei betriebswarmem Motor nochmals nachziehen.
Bei der Pumpe der BMW 2000- und 2002 Serie geht alles noch einfacher. Dazu Bild oben.
Der 15 000 km-Pflegedienst sieht unter Nr. 40 die Kontrolle der Schrauben an der Kraftstoffpumpe vor (»Muttern und Schrauben am Motor nachziehen«). Dazu gehört unbedingt das Nachziehen der beiden Befestigungsschrauben am Sockel mit einem 12 mm-Steckschlüssel und Überprüfung der sechs Schlitzschrauben, mit denen die Pumpenmembrane zwischen Unterteil und Oberteil eingespannt ist.

Klingeln oder Klopfen

Alle in diesem Buch beschriebenen BMW-Motoren müssen mit Super-Kraftstoff betrieben werden. Ihr Verdichtungsverhältnis liegt zwischen 8,5:1 und 10:1. Das erfordert eine hohe Klopffestigkeit des Kraftstoffes, die eine der wichtigsten Eigenschaften des Super-Kraftstoffes ist. Die Klopffestigkeit eines Kraftstoffes wird durch die sogenannte Oktanzahl (Kurzzeichen: OZ) gekennzeichnet. Dieses Oktan ist nun keine Zugabe zum Benzin, sondern lediglich eine Vergleichsgröße, denn die Klopffestigkeit eines zu prüfenden Kraftstoffes wird in einem speziellen Prüfmotor mit Meßkraftstoffen aus Mischungen von Normal-Heptan (Klopffestigkeit: 0) und Iso-Oktan (Klopffestigkeit: 100) verglichen. Danach haben heutzutage Normal-Kraftstoffe in der Bundesrepublik 90-93 ROZ (der Buchstabe »R« bezeichnet die »Research-Methode« der Kraftstoffprüfung) und Super-Kraftstoffe 97–99 ROZ. Da BMW für einige Modelle bis zu 99 ROZ verlangt, kann es bei diesen gelegentlich zum motorschädlichen Klingeln oder Klopfen kommen.

Die Situation war vor wenigen Jahren günstiger. Da Kraftstoffe mit der hochgiftigen Bleiverbindung Bleitetraäthyl klopffester gemacht werden, dieses »Blei« aber ein besonderer Zielpunkt beim Thema Umweltschutz ist, wurde 1972 und 1976 nochmals die Zumischung des giftigen Stoffes gesetzlich herabgesetzt (höchstens 0,15 Gramm Bleitetraäthyl auf 1 Liter Kraftstoff). Das hatte eine geringe Herabsetzung der Klopffestigkeit auf die heutigen Oktanzahlen zur Folge.

Dieses Klingeln oder Klopfen wird mit ungenügend klopffesten Kraftstoffen vor allem beim scharfen Gasgeben aus niedrigen Drehzahlen hörbar (Beschleunigungsklopfen), wenn Sie beispielsweise im 3. Gang aus 20 bis 30 km/h heraus scharf beschleunigen oder an einer Steigung schaltfaul fahren, also den Motor quälen. Man muß aber ein aufmerksames Ohr haben, um das Klingeln im Motor zu hören. Noch gefährlicher ist, da es von den starken Fahrgeräuschen fast stets überdeckt wird, das Klopfen bei hohen Geschwindigkeiten (Hochdrehzahlklopfen). Die wissenschaftliche Forschung hat erwiesen, daß dieses Hochdrehzahlklopfen wieder von einer anderen, nach der sogenannten »Motor-Methode« (Kurzzeichen: MOZ) gefundenen Oktanzahl abhängig ist, so daß eine gute ROZ von 99 oder 100 (Tankstellen-Werbeplakate im Ausland!) keine unbedingte Garantie gegen diese Motorschädigung ist.

Mit beiden Klopferscheinungen hat es folgendes auf sich: Normalerweise verbrennt das Kraftstoff-Luft-Gemisch im Zylinder auf Befehl der Zündkerze. Springt an ihren Elektroden der Funken über, entflammt das Gemisch. Ein »klingelfreudiger« Kraftstoff kann es aber nicht erwarten, bis ihn der Zündfunke restlos entflammt hat, sondern er detoniert zum Teil in einer Ecke des Verbrennungsraumes schon durch den hohen Druck und die große Hitze von selbst und knallt der auf ihn von der Zündkerze her zueilenden Flammenfront entgegen. Das gibt einen gewaltigen Druckanstieg im Zylinder, durch den der Kolben einen schmetternden Schlag auf den Kopf erhält, so daß der Motor bis ins letzte Kurbelwellenlager erschüttert wird. Es hört sich an, wie wenn von innen mit einem kleinen Hammer scharf gegen die Zylinder geklopft würde.

Erste Maßnahme: Fuß vom Gaspedal, nur noch ganz behutsam Gas geben und alsbald klopffesteren Kraftstoff tanken, wenn möglich.

Zeigt sich die Klopfneigung öfter, obwohl die Tankstelle gewechselt wurde, läßt sich das Klingeln vermeiden, wenn der Zündzeitpunkt (siehe Seite 133) auf etwas weniger Frühzündung zurückgenommen wird. Aber man sollte auch seine BMW-Werkstatt dazu befragen.

Einen Hinweis auf das schwer erkennbare Hochdrehzahlklopfen kann die Kühlwasseranzeige geben. Steigt sie an, obgleich kein erkennbarer Grund durch Wassermangel oder defektes Thermostat zu erkennen ist, kann es am Hochdrehzahlklopfen liegen, denn es bewirkt eine beträchtliche Motorüberhitzung.

Übrigens wird der »Oktanzahlanspruch« eines vorwiegend im Kurzstreckenverkehr gefahrenen Wagens durch stärkere Rückstandsbildung im Verbrennungsraum höher. Abhilfe: Motor durch flotte Autobahnfahrt »freiblasen«.

Kraftstoffpumpe

Die Pumpe sitzt an der linken Motorseite oben am Zylinderkopf. Man kann sie also bequem erreichen, wenn man den darüberliegenden, sperrigen Luftfiltertopf abbaut. Das Herzstück, die Pumpenmembrane, ist zwischen den

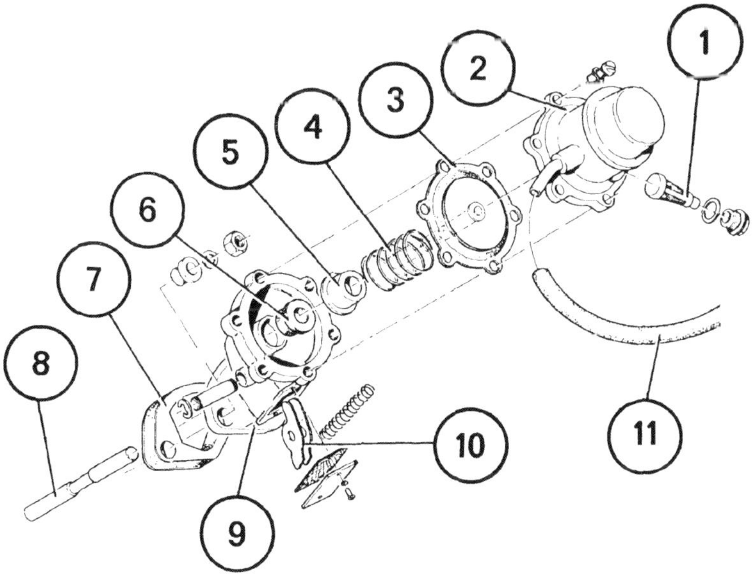

Die Teile der Kraftstoffpumpe (BMW 2000). Die Zahlen bedeuten:
1 — Filter mit Dichtring und Verschlußschraube (zum Reinigen herausschrauben),
2 – Pumpenoberteil,
3 – Membrane m. Schaft,
4 – Membranfeder,
5 – Niederhalter,
6 – Manschette,
7 – Isolierflansch aus Kunststoff, 8 – Antriebsstößel, 9 – Pumpenunterteil, 10 – Pumpenhebel mit Feder und Abdeckplatte,
11 – Schlauch zum Vergaser.

Flanschen des Gehäuse-Oberteils und Unterteils mit 6 Schlitzkopfschrauben eingespannt. Wird sie durch einen Exzenter auf der Nockenwelle durch die Druckübertragung eines Stößels und eines Kipphebels im Pumpen-Unterteil (Umkehr der Bewegung) nach unten gezogen, entsteht im Oberteil ein Vakuum, das – wechselgesteuert durch Flatterventile – die Druckleitung zum Vergaser schließt und den Raum oberhalb der Membrane mit Kraftstoff aus dem Tank über die Saugleitung füllt.
Wären Exzenter, Stößel und Kipphebel starr mit der Pumpenmembrane verbunden, würde bei jeder Nockenwellenumdrehung der Kraftstoff zwangsläufig in den Vergaser gepreßt. Dagegen hilft der sogenannte »Freilauf«: Die freibeweglichen Übertragungsteile — Kipphebel und Stößel — werden erst wieder gegen den Exzenter geschoben, wenn der Motor Kraftstoff verbraucht und über Schwimmer und Schwimmernadelventil des Vergasers nachströmen läßt. Dann schiebt die Membranfeder der Kraftstoffpumpe mit sanftem Druck (sie ist genau auf die Schließkraft des Schwimmernadelventils abgestimmt) Kraftstoff nach und die Freilaufwege zwischen Membranschaft, Kipphebel und Stößel verkürzen sich, so daß die Exzenterbewegung wieder wirksam wird.

Ausbau und Zerlegen

Ob die Pumpe richtig funktioniert und mit dem vorgeschriebenen Förderdruck arbeitet, kann nur die Werkstatt feststellen: Man hängt dort ein Druckmeßgerät zwischen die Leitung zum Vergaser und läßt den Motor an.
Zur Demontage Kraftstoffleitungen unter Drehen von ihren Sitzen abziehen. Pumpe vom Zylinderkopf abschrauben, Federscheiben nicht verlieren.
Bei der Beschaffung neuer Isolierflansche und Dichtungen (Nr. 7 in der Zeichnung oben) auf die richtige Stärke achten: Bis Fahrgestell Nr. 917 583 Isolierflanschstärke mit Dichtungen 5 mm und Stößellänge 91,3 mm; ab Fahrgestell-Nr. 917 583 Isolierflanschstärke mit Dichtungen 20 mm und dazu Stößellänge 106,5 mm. Zum Einbau Pumpenunterteil mit Fett füllen. Beachten: Die am Nockenwellen-Exzenter gelaufene Seite des Pumpenstößels (Nr. 8) muß später auch zum Exzenter zeigend wieder montiert werden.
Für den Fall, daß unterwegs die Membrane (Nr. 3) ausgetauscht werden muß (Ersatzmembrane nur komplett mit Schaft), zunächst Gehäuse-Oberteil und -Unterteil durch gemeinsamen Ritzer mit einem Schraubenzieher für die

Der Papierfiltereinsatz des Luftfilters darf nicht mit Benzin ausgewaschen werden, aber dem Filtergehäuse mit Ansaugtülle bekommt eine solche Benzinwäsche gelegentlich gut, denn dort setzt sich, besonders durch die Kurbelgehäuse-Entlüftung, mit der Zeit öliger Schmutz an. Auch beseitigt solche Wäsche losen Schmutz, der durch die Schwimmergehäusebelüftung (Öffnung direkt neben dem Pinool) in die Schwimmerkammer fallen und dort zu Störungen führen kann. Vor dem Zusammenbau mit dem Papierfiltereinsatz das Filtergehäuse sorgfältig austrocknen.

spätere Montage markieren. Deckel abnehmen, Dichtring und Filtersieb herausnehmen und die sechs Schlitzschrauben, die Oberteil und Unterteil zusammenhalten, herausdrehen. Beachten: Die Flatterventile im abgenommenen Oberteil nicht beschädigen; sie lassen sich nicht auswechseln. Verschlußplatte vom Unterteil abnehmen. Sicherung von der Achse des Kipphebels entfernen und die Achse mit einem Dorn heraustreiben. Nun wird der Kipphebel mitsamt seiner Druckfeder herausgezogen, indem man gleichzeitig mit der flachen Hand auf die Membrane drückt. Die Membrane wird nach oben herausgenommen und weiter in ihre Einzelteile zerlegt.

Störungsbeistand

Die Kraftstoffpumpe

Die Störung	— ihre Ursache	— ihre Abhilfe
A Pumpe fördert nicht oder nicht ausreichend (Prüfung: Zuleitung am Vergaser lösen, Motor bei entferntem Verteilerfinger von Helfer kurz starten lassen, Kraftstoff tritt nicht oder nur zögernd aus der Leitung)	1 Tank leer	Auftanken
	2 Leitungen zur Pumpe undicht oder unterbrochen	Leitung erneuern, notfalls abdichten
	3 Pumpensieb verstopft	Herausnehmen, reinigen
	4 Pumpe undicht (Prüfen: Wagen nach vorn geneigt aufstellen, tritt Kraftstoff aus Pumpe?)	
	a) Schrauben des Pumpenoberteils locker	Schrauben über Kreuz anziehen
	b) Verschlußkappe undicht	Dichtung erneuern
	c) Membrane eingerissen, durchlässig oder nicht geschmeidig	Membrane mit Stößel ersetzen
	5 Ventile klemmen	Pumpenoberteil auswechseln
	6 Pumpendruck schwach	Pumpendruck in Werkstatt prüfen und richtig einstellen
	7 Stößel klemmt	gängig machen
B Zu hoher Verbrauch	1 Pumpe undicht	Siehe A 4
	2 Pumpendruck zu hoch	Pumpendruck in Werkstatt prüfen und einstellen

Besuch in der Gasanstalt

Wenn Sie sich nicht die Finger schmutzig machen möchten, sind Sie jetzt genau an der richtigen Stelle. Da aber nie alles Gute auf einmal zusammen ist, bleibt es einem hier nicht erspart, etwas Theorie zu verdauen. Dafür können Sie dieses Kapitel im Wohnzimmer statt des Fernseh-Empfanges oder im Bett statt des Krimis genießen.

Wie und Was

Was der Vergaser soll, ist verhältnismäßig schnell gesagt: Er soll Benzin und Luft in einem bestimmten Verhältnis mischen, nicht zu fett (zu viel Benzin) und nicht zu mager, damit es entflammbar ist. Außerdem wird im Vergaser – mit Hilfe der Drosselklappe – die Benzin-Luft-Menge je nach Motorbelastung reichlicher oder sparsamer zugeteilt. Hier einige Vergaser-Begriffe:

Hauptdüse: Mit einer genau bemessenen Bohrung sorgt sie für gleichbleibenden Abfluß des Benzins aus der Schwimmerkammer (= Vorratskammer).

Leerlaufdüse: Sie führt dem Leerlaufsystem eine stets gleichbleibende Kraftstoffmenge zu zur Aufbereitung des Leerlaufgemisches.

Luftkorrekturdüse: Sie mischt den von der Hauptdüse kommenden Kraftstoff mit einer bestimmten Menge Luft.

Mischrohr: Es nimmt Benzin und Luft entgegen und führt es vorgemischt in den Austrittsarm im Saugkanal.

Lufttrichter: Nicht zu verwechseln mit Luftfilter. Der Lufttrichter sitzt im Saugkanal (Vergaserdurchlaß). Charakteristisch ist seine Einschnürung im Innendurchmesser, wodurch die angesaugte Luft beschleunigt und das Gemisch aus dem Austrittsarm abgesaugt wird.

Beschleunigungspumpe: Mit dieser wird Zusatzbenzin beim Durchtreten des Gaspedals in den Saugkanal eingespritzt (deswegen soll man im Stand und beim Fahren nicht unnötig mit dem Gaspedal »spielen«).

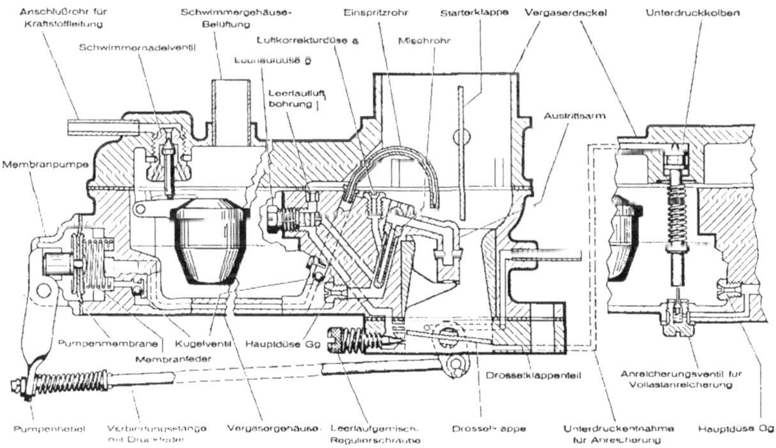

Schnitt durch den Vergaser (Solex 36/38/40 PDSI) für die Modelle mit Einvergaser-Motor ohne Automatik.
Der Schnitt ist schematisch gehalten, um die wichtigsten Teile zu zeigen.

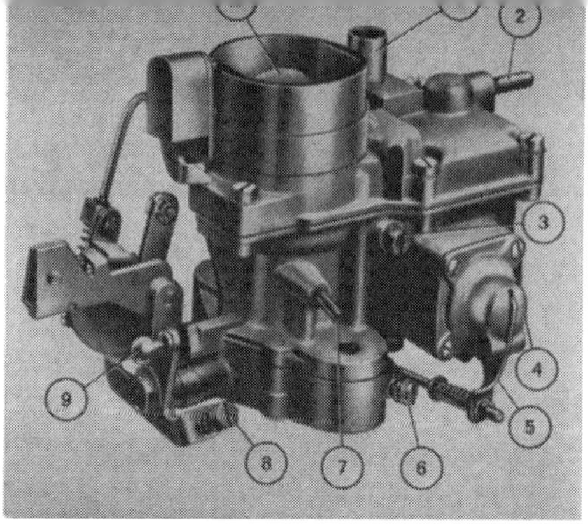

Der Vergaser Solex 36/38/40 PDSI für die Modelle mit Einvergaser-Motor ohne Getriebeautomatik. Man sieht auf die in Fahrtrichtung rechte Seite des Vergasers. Die Zahlen bedeuten: 1 – Schwimmerkammerentlüftung, 2 – Benzinleitungsanschluß, 3 – Leerlaufdüse 4 – Beschleunigungspumpe, 5 – Hebel und Gestänge dafür, 6 – Leerlaufgemisch-Regulierschraube, 7 – Anschluß für Unterdruckleitung zur Zündverstellung im Verteiler, 8 – Leerlauf-Einstellschraube, 9 – Anschluß für Gasgestänge (Drosselklappenbetätigung), 10 – Starterklappe.

Anreicherung: Durch ein besonderes Röhrchen wird bei Vollgas zusätzliches Benzin abgesaugt, damit die Spitzenleistung erreicht wird.

Typenbezeichnung: Zum Beispiel Solex 36 PDSI. Darin bedeutet Solex der Hersteller (Deutsche Vergaser Gesellschaft mbH, Neuß). Die Zahl 36 drückt in Millimeter den Innendurchmesser des Vergaserdurchlasses in Höhe des Vergaserflansches aus (Saugrohr- oder Saugkanalweite).

Die Buchstaben bedeuten eine interne Typenbezeichnung für den Vergaser-Hersteller. Oft hängt noch eine Zahl an den Buchstaben (z. B. PDSI-2). Daraus ersieht man, daß dieser Vergaser in einigen Punkten geändert wurde.

Die nun folgenden Vergaser-Beschreibungen sind je nach betreffendem Vergaser-Typ aufgeteilt, da die verschiedenen Modelle auch verschiedene Vergaser mit auf den Weg bekommen. Man muß sich den betreffenden Abschnitt mit »seinem« Vergaser heraussuchen.

Vergaser Solex 36/38/40 PDSI

Diese Vergasertypen findet man beim BMW 1600 (Saugrohrweite 36 mm), beim BMW 1800 und BMW 1600-2 (38 mm) und am 2002 und 2000 (40 mm). Außerdem wurde dieser Vergaser beim BMW 1500 (mit 36 mm) ab 1963 verwendet. Hier eine kurze Beschreibung der Wirkungsweise. Die Speicherung des Kraftstoffes wird in der Schwimmkammer durch Schwimmer und Schwimmernadelventil geregelt. Hat das Benzin eine bestimmte Höhe erreicht, drückt der Schwimmer durch seinen Auftrieb über einen Hebel von unten gegen die Ventilnadel. Deren konisches obere Ende sperrt dann den weiteren Zufluß ab.

Aus der Schwimmerkammer fließt das Benzin durch die unten sitzende Hauptdüse in den nach unten geneigten Austrittsarm. Vorher wird durch die Luftkorrekturdüse und das Mischrohr Luft zugemischt. Der Austrittsarm mündet in der engsten Stelle des Vergaserdurchlasses, im sogenannten Lufttrichter. Hier wird das Gemisch durch die Saugwirkung des Motors abgesaugt.

Beim Beschleunigen – Niederdrücken des Gaspedals – wird über einen mit der Drosselklappe verbundenen Hebel in einer separaten kleinen Membranpumpe über ein gebogenes Röhrchen Benzin in den Saugkanal eingespritzt. Auch bei Vollast wird über dieses Pumpensystem ständig etwas Benzin abgesaugt (Anreicherung). Es gibt noch ein weiteres Anreicherungssystem (siehe die rechte Zeichnung in der Schnittzeichnung, Seite 79). Bei erhöhtem Unterdruck im Saugkanal wird durch einen Unterdruckkolben ein Anreicherungsventil unten im Vergaser geöffnet. Dann fließt weiteres Benzin über ein Rohr in den Saugkanal.

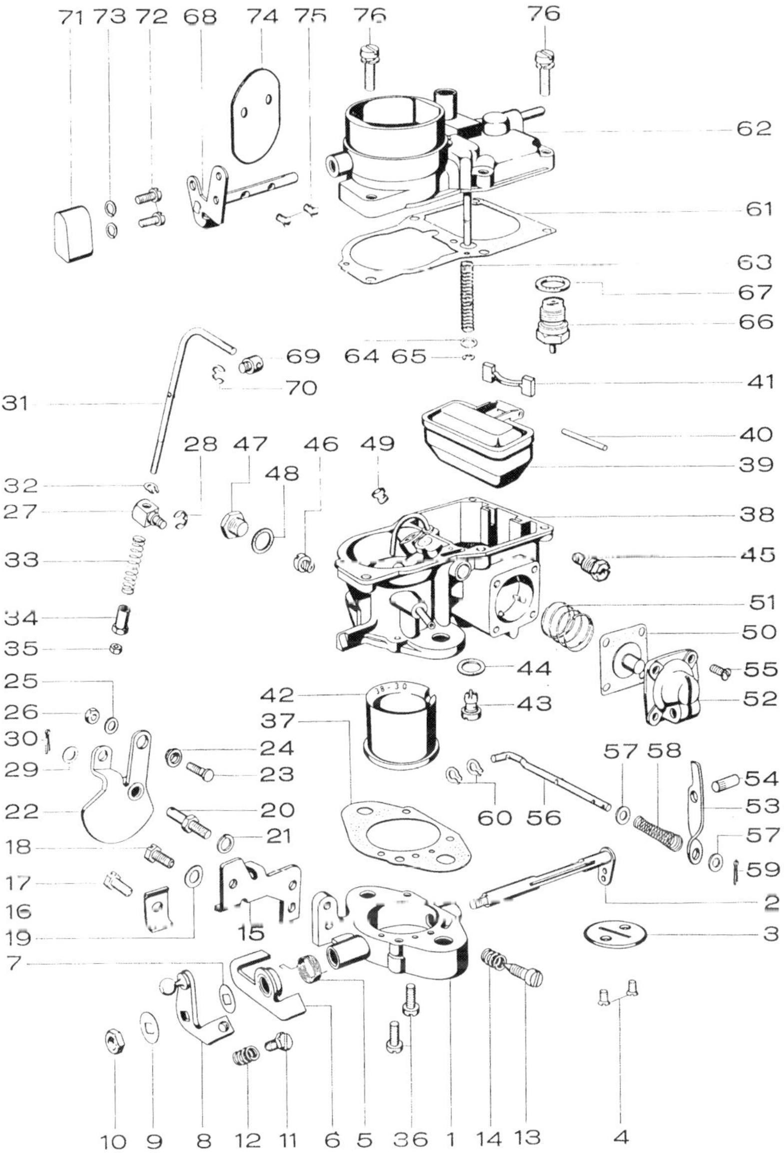

Die Einzelteile des Vergasers Solex 36/38/40 PDSI für die Einvergaser-Motoren ohne Getriebe-Automatik. Die Zahlen bedeuten: 1 – Drosselklappenteil, 2–4 – Welle mit Drosselklappe und Schrauben, 5—10 – Teile des Drosselhebels, 11 u. 12 – Leerlaufeinstellschraube u. Feder, 13 u. 14 – Leerlaufgemisch-Regulierschraube u. Feder, 15—21 – Teile für Befestigung Starterzug, 22—26 – Starterhebelteile, 27—30 – Gelenkrolle u. Teile, 31—35 – Verbindungsstange Starter-/Drosselklappe u. Teile, 36 – Schrauben für Drosselklappenteil, 37 – Dichtung, 38 – Schwimmergehäuse, 39 u. 40 – Schwimmer u. Welle, 41 – Niederhalter f. Welle, 42 – Lufttrichter, 43 u. 44 – Anreicherungsventil, 45 – Leerlaufdüse, 46—48 – Hauptdüse, Dichtring u. Verschlußschraube f. Düse, 49 – Luftkorrekturdüse, 50—52 – Membrane, Feder u. Deckel f. Beschleunigungspumpe, 53—60 – Hebel, Verbindungsstange u. Befestigung f. Beschl.-pumpe, 61 – Dichtung f. Vergaserdeckel, 62 – Verg.-deckel, 63—65 – Teile Unterdruckkolben f. Anreicherung, 66 u. 67 – Schwimmernadelventil u. Dichtring, 68 – Starterklappenwelle, 69 u. 70 – Gelenkrolle, 71—73 – Gegengewicht (BMW 1800) u. Teile, 74 u. 75 – Starterklappe u. Schrauben, 76 – Schraube für Vergaserdeckel.

Leerlauf: Der nötige Kraftstoff wird hinter der Hauptdüse in einem eigenen Kanal durch die Leerlaufdüse dosiert und mit der Luft, die durch eine Leerlaufluftbohrung eintritt, gemischt. Diese Mischung strömt durch drei kleine Bohrungen unter und an der Drosselklappe in das Saugrohr. Der Ausfluß aus der untersten Bohrung wird durch die Leerlaufgemisch-Regulierschraube – für die Leerlaufeinstellung – reguliert. Die anderen Austrittsbohrungen tragen zum besseren Übergang aus dem Leerlauf zum Normalbetrieb bei.

Start: Oben im Vergaser-Einlaß ist eine Starterklappe gelagert. Beim Kaltstart und von Hand gezogenem Starterzug wird über einen Starterhebel und eine Verbindungsstange diese Klappe umgelegt. Dadurch entsteht schon bei niedriger Drehzahl während des Anlassens ein starker Unterdruck unter dieser

Die linke Seite des Solex-Vergasers 40 PDSIT mit automatischer Startvorrichtung. Es bedeuten: 1 — Benzinzulauf, 2 — Vergaserstutzen, 3 — Befestigungsschraube des Automatikgehäuses (4), 5 — Stutzen der Warmwasserbeheizung, 6 — Anschluß für Gasgestänge, 7 — Starterhebel, 8 — Verschlußschraube für Hauptdüse, 9 — Schwimmerkammer. Dieser Vergaser wird in die BMW-Modelle mit Automatik-Getriebe eingebaut.

Klappe, der eine genügend fette Benzinmischung aus dem Austrittsarm absaugt. Gleichzeitig wird beim Schließen der Starterklappe über eine Kurvenscheibe die Drosselklappe etwas geöffnet, damit besagter Unterdruck wirksam werden kann. Die Starterklappe kann sich aber je nach Unterdruckverhältnissen immer etwas öffnen oder schließen (mit Unterstützung einer kleinen Feder), sie flattert. Beim Vergaser für den BMW 1800/2000 wird das Schließen durch ein Gegengewicht unterstützt.

Vergaser Solex 40 PDSIT mit Startautomatik

Dieser in den Automatik-Modellen von BMW eingebaute Vergaser entspricht in seiner Wirkungsweise praktisch dem gerade beschriebenen Vergaser PDSI. Nur die Hilfsmaßnahmen zum Start des kalten Motors sind anders ausgelegt. Die Starterklappe wird nicht durch einen Seilzug von Hand, sondern von der Startautomatik geschlossen und mit wärmer werdendem Motor wieder geöffnet. Die Startautomatik wird einerseits durch den Kühlwasserkreislauf (Nr. 5 im Bild oben: Schlauchanschlüsse) und andrerseits durch eine elektrische Heizspirale (Kabelanschluß zwischen Nr. 3 und 4 oben im Bild) gesteuert. Durch einmaliges volles Durchtreten des Gaspedals bei kaltem Motor vor dem Start schnappt die Starterklappe im Vergaserstutzen (Nr. 2) zu und wird in dieser Stellung von der noch kalten Bimetallfeder im Automatikgehäuse (4) gehalten. Die geschlossene Starterklappe bewirkt, wie beim Vergaser PDSI, ein »überfettetes« Kraftstoff-Luft-Gemisch. Bei zunehmender Betriebsdauer fließt durch den Warmwasserstutzen immer heißeres Wasser. Dies bewirkt zusammen mit der elektrisch immer mehr erwärmten Heizspirale ein zunehmendes Dehnen der Bimetallfeder, wodurch die Starterklappe nach und nach vollständig geöffnet wird.

Bei abgenommenem Luftfilter kann man die Wirkung der Startautomatik beobachten, prüfen und nach Lockern der Deckelschrauben (3) verstellen (siehe Seite 88).

Bei den Wagen mit automatischem Getriebe ist eine weitere Vorrichtung erforderlich: der sogenannte Gestängedämpfer (dash pot). Dieser soll beim automatischen Schalten die Rückbewegung der Drosselklappe verlangsamen,

Hier die in Fahrtrichtung rechts gelegene Seite der beiden Doppelvergaser Solex 40 PHH. Die Zahlen bedeuten: 1 – Leerlaufgemisch-Regulierschrauben, 2 – Leerlaufdüsen, 3 – Schwimmerkammerbelüftung, 4 – Anschluß für Benzinleitung, 5 – Einstellschraube für Kraftstoffniveau, 6 – Abdeckplatte (darunter je 1 Luftkorrekturdüse), 7 – Anschlagschraube für Starterklappe, 8 – Synchronschraube (Leerlauf-Einstellschraube) für Drosselklappenwelle des 2. Vergasers, 9 – Leerlauf-Einstellschraube, 10 – Drosselklappenwelle, 11 – Drosselklappe, 12 – Flansch am Zylinderkopf, 13 - Kupplung zwischen 1. und 2. Drosselklappe mit Einstellschraube, 14 – Hebel zur Beschleunigungspumpe mit Mutter und Kontermutter zum Regulieren der Einspritzmenge, 15 – Anschluß für Gasgestänge (zum Gaspedal).

damit der Motor während des Schaltens in der Drehzahl nicht zu sehr abfällt. Beim automatischen Getriebe wird ja im Gegensatz zur Handschaltung unter Last geschaltet, d. h., das Gas wird dabei nicht weggenommen (schalten ohne Zugkraft Unterbrechung). Der Gasgestängedämpfer sitzt hinten am Vergaser (auf unserem Bild links oben nicht gezeigt): Eine kleine flache Dose an einem Haltbügel. In der Dose mündet eine Stange, die mit dem Drosselklappenhebel verbunden ist.

Vergaser Solex 40 PHH

Dieser Vergaser wird jeweils zweifach an den BMW 1800 TI, 2000 TI, 2002 TI und 1600-2 TI verwendet. Da das Gas nicht senkrecht, sondern flach durch den Vergaser strömt, nennt man ihn Quer- oder Flachstromvergaser.
Als der BMW 1800 TI Anfang 1964 erschien, war er nur für einen kleinen Kreis interessierter Sportfahrer gedacht. Deswegen sah das Werk auch kein Problem

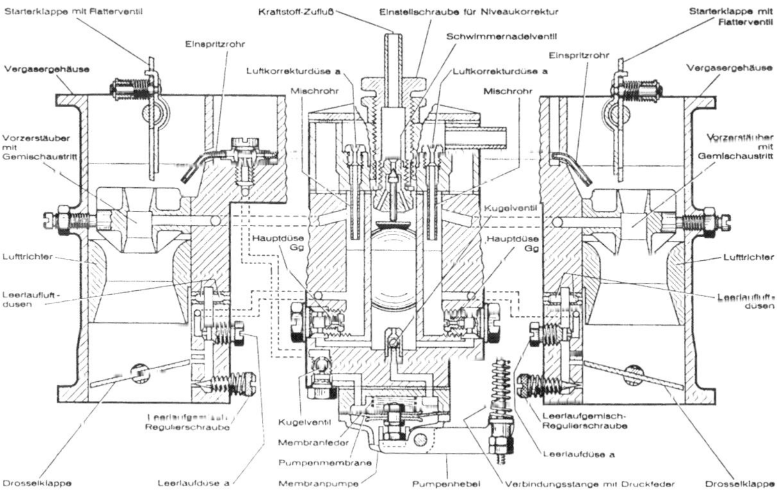

Dieser Schnitt durch den Doppelvergaser Solex 40 PHH zeigt schematisch den inneren Aufbau. Der Vergaser wird in den BMW-Modellen mit TI-Motor verwendet.

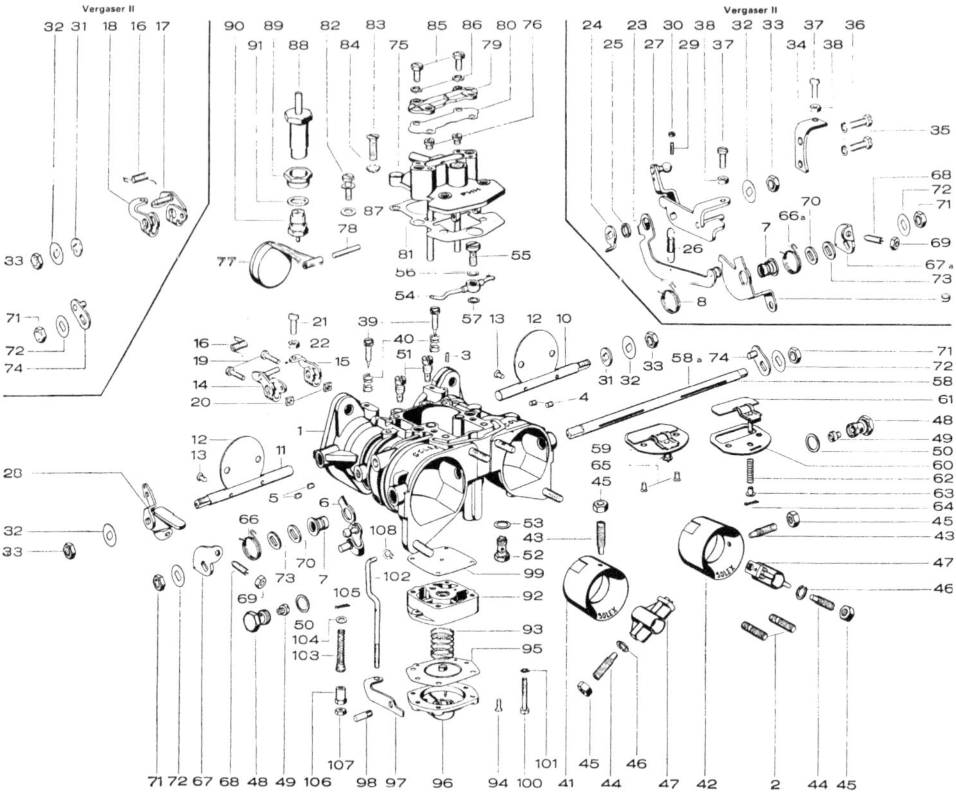

Dies sind die zahlreichen Einzelteile des Doppelvergasers Solex 40 PHH für die TI-Motoren. Links und rechts oben sind die Teile des jeweils zweiten Vergasers abgebildet. Die Zahlen bedeuten: 1 – Schwimmergehäuse, 2 – Stehbolzen, 3—5 – Madenschrauben, 6 u. 7 – Hebel u. Distanzbuchse, 8 – Rückdrehfeder, 9 – Starterklappenhebel, 10 u. 11 – Drosselkl.-welle, 12 u. 13 – Drosselklappe u. Schraube, 14—22 – Teile d. Kupplungshebel f. Drosselkl.-welle des 1. u. 2. Vergasers, 23—26 -- Startermitnehmerhebel, Vollastanschlag u. Zugfeder, 27 u. 28 – Drosselhebel, 29—36 - Befestigungsteile, 37 u. 38 – Leerlaufeinstellschraube u. Mutter, 39 u. 40 – Leerlaufgemisch-Regulierschraube u. Feder, 41—43 – Lufttrichter u. Halteschrauben, 44—47 – Vorzerstäuber u. Teile, 48—50 – Hauptdüsenträger, Hauptdüse u. Dichtring, 51 – Leerlaufdüse, 52 u. 53 – Kugelventil f. Beschl.-pumpe, 54—57 – Einspritzrohr kpl., 58—65 – Starterklappe kpl., 66 – Rückdrehfeder, 67—74 – Teile Starterkl.-hebel, 75 – Vergaserdeckel, 76 – Luftkorrekturdüsen, 77 u. 78 – Schwimmer, 79—87 – Abdeckplatte m. Dichtungen u. Befestigung, 88 u. 89 – Benzinanschluß, 90 u. 91 – Schwimmernadelventil, 92—108 – Unterteil m. Beschleunigungspumpe, Dichtung, Membrane, Betätigungshebel, Verbindungsstange u. Befestigung.

darin, den Motor mit zwei schwierig einzustellenden Doppelvergasern auszurüsten. Da der Wagen sich über Erwarten gut verkaufte, wurden die mit diesen Vergasern zusammenhängenden Anfangsschwierigkeiten bald auch einem größeren Kreis bekannt. An sich stand erst ein Registervergaser zur Debatte, ein Vergaser, bei dem sich erst bei höherer Belastung selbsttätig eine zweite Stufe dazuschaltet. Im Interesse besserer Zylinderfüllung wurde dann der Doppelvergaser Solex 40 PHH entwickelt, wobei eines der Probleme darin bestand, die vier Drosselklappen zum gleichmäßigen Öffnen und Schließen zu bekommen. Verschiedentlich streiften auch die Drosselklappen am Vergasergehäuse, so daß der Motor nicht auf Leerlauf zurückging. Die höhere Leistungsaus-

Die Vergaser-Einstellung für die beiden Doppelvergaser bei den TI-Motoren sollte Sache der Werkstatt bleiben. Wie diese den Leerlauf einstellt, siehe S. 92. Die Pfeile deuten auf die 4 Leerlaufgemisch-Regulierschrauben hin, mit denen die Zusammensetzung des Leerlaufgemisches dosiert wird. Vorher wird mit dem Synchro-Testgerät — hier auf Vergaser Nr. 3 aufgesetzt — die durchgesetzte Luftmenge gleichmäßig aufeinander abgestimmt, was durch einen kleinen Kolben im Steigrohr des Gerätes angezeigt wird.

beute der TI-Motoren bei jeweils gleichem Hubraum wird also – neben dem höheren Verdichtungsverhältnis – vor allem durch die größere Ladung an Kraftstoff-Luft-Gemisch erreicht. Diese erzielt man durch die beiden Doppelvergaser, wobei jeder Zylinder sozusagen seinen eigenen Vergaser besitzt. Aus Gründen der einfacheren Bauweise wurden bei jedem Vergaser zwei Saugkanäle mit einer gemeinsamen, zwischen ihnen liegenden Schwimmerkammer kombiniert. Die grundsätzliche Funktion des Vergasers wurde schon anfangs in diesem Kapitel und speziell noch im Abschnitt über den Vergaser Solex 36/38/40 PDSI erläutert.

Normalbetrieb: Aus der zentralen Schwimmerkammer fließt das Benzin nach links und rechts durch die unten liegenden Hauptdüsen in je ein Mischrohr. Auf diesen sitzt die Luftkorrekturdüse, die Luft hinzuführt. Die Mischung fließt in den Austrittsarm in jedem Saugkanal. Um den Austrittsarm ist ein Vorzerstäuber angeordnet. Der Vorzerstäuber sitzt noch über dem Lufttrichter, der wie üblich die engste Stelle im Saugkanal bildet.

Beschleunigung: Beim Durchtreten des Gaspedals wird über ein Gestänge eine Membranpumpe unten in der Mitte des Vergasers betätigt. Zusatzkraftstoff wird dann in jeden Saugkanal durch ein Röhrchen eingespritzt.

Anreicherung: Bei hohen Drehzahlen wird der Unterdruck in den Saugkanälen so stark, daß aus den Röhrchen, durch die beim Beschleunigen Benzin eingespritzt wird, auch zusätzlicher Kraftstoff abgesaugt wird.

Leerlauf und Start. Hier gilt das gleiche, wie im Abschnitt über den Vergaser Solex 36/38/40 PDSI gesagt. Jeder Saugkanal (Vergaserdurchlaß) besitzt jedoch sein eigenes Leerlaufsystem und seine eigene Starterklappe.

Erst sehen, dann Schrauben drehen

Von der Ehrfurcht, mit der mancher Autofahrer den Vergaser betrachtet, wollen wir Sie in diesem Kapitel wenigstens zu einem Teil befreien. Im Prinzip sind alle Vergaser gleich, und auch ein kompliziert erscheinender Vergasermechanismus ist bald entschleiert, wenn man ihm etwas Zeit widmet.
Am besten ist es, wenn man einmal in aller Ruhe den oder die Vergaser betrachtet, z. B. wenn man ins Grüne gefahren ist. Wer sich noch nie an den Vergaser getraut hat, möge dann das folgende tun, um seine Hemmungen zu verlieren: Motor laufen lassen, Motorhaube öffnen, Schraubenzieher nehmen und ihn auf die sogenannte Leerlauf-Einstellschraube (auch Leerlauf-Anschlagschraube genannt) setzen. Wo diese sitzt, zeigen die Bilder dieses und des vorhergehenden Kapitels. Nun die Schraube etwas nach rechts drehen. Was passiert? Die Motordrehzahl steigt etwas an, man kann es hören. Dieser Handgriff könnte z. B. notwendig werden, wenn der Motor im Leerlauf immer stehen bleibt. Nun die Schraube wieder um den gleichen Betrag zurückdrehen – der Leerlauf wird wieder niedriger.
Noch ein »Ermutigungshandgriff« für Neulinge auf diesem Gebiet: Den Drosselklappenhebel ins Visier nehmen. Mit ihm wird die Drosselklappe bewegt, wenn man mit dem Fuß Gas gibt. Er sitzt beim Einvergasermotor in Fahrtrichtung hinten am Vergaser und bei den TI-Motoren zwischen den Vergasern in Nähe des Zylinderkopfes. Wenn man ihn nicht findet, läßt man jemand Gas geben und schaut bei geöffneter Haube, was sich am Vergaser dabei bewegt.
Nun drückt man den Drosselklappenhebel von Hand auf, also das Gestänge so bewegen, wie es sich bewegt, wenn man mit dem Fuß Gas geben läßt. Der Motor nimmt Gas an und wird schneller – man hat mit der Hand Gas gegeben! Eine Rückzugfeder holt die Drosselklappe wieder in die geschlossene Stellung zurück. Bei Störungen kann man auf diese Weise den Motorlauf prüfen. Aber den Motor im Stand nicht zu sehr hochjagen. Man wird zugeben, daß diese beiden Handgriffe nicht schwer waren.

Richtiges Starten

Obwohl man zunächst im Werk erwogen hatte, für alle BMW-Modelle eine Startautomatik einzubauen, sah man wieder davon ab, weil man Störungen befürchtete. Schließlich rang man sich bei Einführung der Getriebeautomatik dann doch dazu durch, wenigstens diese Fahrzeuge mit einem automatischen Startvergaser (s. S. 82) auszurüsten. Die mit Schaltgetriebe ausgestatteten Wagen besitzen also den guten alten Starterzug (Choke), die Wagen mit Automatikgetriebe haben eine Startautomatik.
Da man beim BMW den gezogenen Starterzug – eine Ausnahme bilden die zweitürigen Modelle – durch ein Signallicht anzeigt, dürfte es normalerweise nicht vorkommen, daß man vergißt, ihn wieder hineinzudrücken.

Wozu überhaupt die Starterklappe? Diese verschließt oben im Vergaser den Luftzugang, so daß beim Durchdrehen des Motors durch den Anlasser unter der Klappe ein starker Unterdruck entsteht. Dieser ist nötig, um zusätzliches Benzin aus dem Mischrohr abzusaugen. Zum Kaltstart braucht man ein an Benzin »fetteres« (= stärker mit Kraftstoff angereichertes) Gemisch, um den Verlust auszugleichen, der beim Kondensieren der Benzintröpfchen an den kalten Wandungen des Saugrohrs und im Motor entsteht.
Wird die Klappe nicht zur rechten Zeit wieder geöffnet, bekommt der Motor auch in warmem Zustand zu fettes Gemisch: Die Leistung sinkt, der Verbrauch steigt an, und es entstehen Rückstände, die sich fest im Brennraum, an den Ventilen und Kolben ablagern.
Es ist deshalb gar nicht schlecht, den Motor ohne Ziehen des Starterzuges zum Laufen zu bringen. Das ist selbst bis zu einigen Minus-Temperaturen möglich, wenn man vorher durch mehrmaliges Wippen mit dem Gaspedal Benzin durch die Beschleunigungspumpe im Vergaser einspritzt. Man erzielt damit den gleichen Effekt wie mit geschlossener Starterklappe. Dreimaliges Einspritzen dürfte bei starker Kälte genügen, sonst kommt man schon mit zweimaligem Durchtreten des Gaspedals aus. Läuft dann der Motor an, drückt man je nach Außentemperatur das Gaspedal viertel bis halb durch und gibt – falls notwendig – immer noch eine kleine Einspritzung, damit er nicht stehenbleibt. Mit dem Gaspedal muß zu einem kurzen Warmlauf im Stand die richtige Stellung gefunden werden. Ab etwa – 10 Grad C abwärts empfiehlt es sich, zum Starterzug zu greifen. Springt damit der Motor nicht an, gebe man ihm noch zwei Spritzen Benzin.
Je eher man den Starterklappenzug wieder hineinschiebt, umso besser für den Motor. Allerdings kann es bei manchen Motoren (besonders bei starker Kälte) günstiger sein, wenn der Starterklappenzug auch beim ersten Kilometer Fahrt noch etwas gezogen ist, damit der Motor ruckfrei läuft. Oft sind aber Vergaser- oder Zündeinstellung oder beide nicht ganz einwandfrei.
Sobald der Motor kurz nach dem Start »rund« läuft, sollten Sie bereits anfahren. Denn es ist gar nicht sinnvoll, den Motor zuerst »warmlaufen« zu lassen. Im Stand tut er das nämlich nur sehr langsam, weil er ja nicht belastet wird. Die Betriebszeit im unterkühlten Bereich, die den Motor stark verschleißt, würde also sinnwidrig verlängert. Viel schneller erreicht er die günstigste und motorschonende Betriebstemperatur unter mäßiger Belastung. Aber auch jetzt gibt es verschiedenes zu beachten: Der Motor muß auf den ersten Kilometern besonders schonend gefahren werden, also in den unteren Gängen bei mittleren Drehzahlen. Selbst wenn der Motor das Gas schon im unteren Drehzahlbereich leicht annimmt, was speziell bei den TI-Modellen mit den Doppelvergasern der Fall ist, sollte man sich nicht verleiten lassen, den Motor schon zu früh hochzudrehen. Das gilt auch für die Einvergaser-Motoren, die in kaltem Zustand bei hohen Drehzahlen besser durchziehen.
Dem BMW-Motor tut es gut, wenn man solange wartet, bis die Öltemperatur ausreichend hoch ist. Dazu muß mindestens die Kühlwasseranzeige ansprechen. Zum scharfen Beschleunigen sollte man mindestens fünf Fahrminuten warten.
Der Motor wird im übrigen bei Kälte umso leichter anspringen, je besser die Zündanlage in Ordnung ist. Natürlich muß man, wenn man Einbereichsöl im Motor hat, auf die richtige Viskositätsklasse achten (siehe Seite 36).
Bei warmem Motor lasse man die Hand vom Starterzug, damit der Motor – besonders bei den TI-Modellen – nicht in unverbranntem Benzin ertrinkt. Das Gaspedal muß nicht getreten werden. Nur bei heißgefahrenem Motor wird man es dreiviertel bis ganz während des Anlassens durchtreten müssen.

Fingerzeig: *Wenn bei durchgetretenem Gaspedal die Drosselklappe im Vergaser nicht ganz öffnet, kann der Motor keine volle Leistung abgeben. Eine gelegentliche Kontrolle ist angebracht. Das Gaspedal muß (bei stehendem Motor und abgenommenem Luftfilter) von einer Hilfskraft ganz durchgetreten werden. Am Vergaser dann kontrollieren, ob die Drosselklappe (vier bei den TI-Motoren) tatsächlich voll geöffnet ist (evtl. Fußmatte zu dick?). Sie muß dann beim Einvergaser-Motor senkrecht und bei den Doppelvergasern waagerecht stehen (in den Vergaser leuchten), der Drosselklappenhebel muß am Anschlag sein. Die Starterklappe soll ganz offen sein, wenn der Starterzug hineingeschoben ist.*

Richtiges Abstellen

Es gibt Fahrer, die noch einmal kurz und kräftig Gas geben, bevor sie die Zündung abschalten. Sie meinen, das wäre besser für das spätere Wiederstarten. Der BMW-Motor braucht diese Methode nicht. Sie ist zudem schädlich. Das auf solche Art noch im letzten Moment von den Zylindern eingeatmete Kraftstoff-Luft-Gemisch verbrennt nicht mehr. Denn die Zündung war ja ausgeschaltet. Der Benzinnebel verdünnt die Ölschicht an den Zylinderwänden. Beim nächsten Kaltstart aber würde eine gute Ölschicht sehr nützlich und verschleißmindernd sein. Ferner: Benzin kann in die Kurbelwanne sickern und dort das Motoröl verdünnen. Und: Saure Verbrennungsrückstände (schweflige Säuren) können besser die ungeschützten Zylinderwände angreifen. Das ist Verschleiß über Nacht – Abnutzung im stillen.

Umgang mit der Startautomatik

Bei den mit Getriebeautomatik ausgestatteten BMW-Modellen besorgt die Startautomatik des Solex-Vergasers 40 PDSIT die Steuerung der Starterklappe, wie auf Seite 82 beschrieben. Aber schlechtes Anspringen beim Start oder mangelhafte Leistung des Motors durch zu kraftstoffreiches Gemisch ergeben den Verdacht, daß die Starterklappe hängt, also nicht mehr einwandfrei gängig ist und nicht ganz schließt oder öffnet.

Zur Kontrolle das Luftfilter abnehmen, Gasgestänge so einstellen, daß es etwa Halbgas entspricht und vorsichtig von Hand probieren, ob die Klappe gut beweglich ist (nur in bestimmten Stellungen des Gaspedals läßt sich die Starterklappe frei bewegen).

Noch eindeutiger ist folgende Kontrolle: Am Morgen nach einer längeren Fahrt am Vortag (Motor muß ausgekühlt sein) vor Berühren des Gaspedals oder des Gasgestänges Luftfilter abnehmen und in den Vergasereinlaß schauen: Die Starterklappe muß noch von der letzten Fahrt voll geöffnet senkrecht eingerastet stehen. Nun von Helfer Gaspedal langsam ganz durchtreten lassen: Starterklappe muß durch den Bimetallfederzug zuschnappen Voraussetzung: Die Außentemperatur liegt unter 20° C.

Wenn die Starterklappe nicht ganz schließt, ist dies nicht so tragisch, denn es läßt sich ja auch mit angezogener offener Starterklappe der Motor starten, man muß nur mehr oder weniger mit dem Gaspedal dabei »pumpen« und Kraftstoff einspritzen. Schlecht ist es aber, wenn die automatisch gesteuerte Starterklappe nicht ganz öffnet. Dann bewirkt ihre teilweise Luftsperre schlechtere Motorleistung bei überfettetem Kraftstoff-Luft-Gemisch. Die Abhilfe ist einfach (spätere Werkstattüberprüfung trotzdem zu empfehlen): Die drei Automatik-Befestigungsschrauben (Nr. 3 im Bild Seite 82) ein wenig lockern und das Automatikgehäuse unter seinem Klemmring etwas nach links verdrehen, was das spätere volle Öffnen der Starterklappe (beim heißen Motor:

das sofortige volle Öffnen) bewirkt. Die »Null-Stellung« des Automatikgehäuses zum Vergaser dürfte damit überschritten sein, denn grundsätzlich soll eine Markierungskerbe im Automatikgehäuserand genau vor einem kleinen Gußzapfen im anschließenden Vergaserflansch stehen.
Die Schwergängigkeit der Starterklappe kann aber auch durch klebrige Rückstände bewirkt sein, die durch die Kurbelgehäuseentlüftung (die ja mit allen Öldämpfen in den Vergaser geleitet wird) sich im Vergasereinlaß abgesetzt haben. Diese lassen sich mit Kraftstoff (noch besser mit Spiritus) abpinseln. Dazu wird man allerdings vernünftigerweise den Vergaser ausbauen.
Die Ursache einer falsch funktionierenden Startautomatik kann natürlich auch eine defekte Heizspirale oder Bimetallfeder sein. Diese beiden Teile ersetzt man nicht einzeln, sondern grundsätzlich soll bei Defekt das Federgehäuse mit den beiden aufeinander abgestimmten Teilen ausgewechselt werden. Das Federgehäuse ist das Mittelstück der Automatik, die sich in 3 Teile zerlegen läßt: Nach Lösen der außen sitzenden zentralen Sechskantschraube (SW 13) läßt sich der Starterdeckel mit den Wasserschläuchen abnehmen. Danach folgt mit dem Lösen der drei Querschlitzschrauben um den Klemmring das Federgehäuse und am Vergaser verbleibt der Anschlußflansch mit Starterklappenwelle und Starterstange.

Leerlauf einstellen

Pflegearbeit Nr. 15

Der Leerlauf ist nicht nur für einen ruhigen Standlauf von Bedeutung, sondern auch wegen seines Einflusses auf gute Übergänge (beim Gasgeben) und auf den Verbrauch bis zu mittleren Drehzahlen. Liegt der Leerlauf zu hoch, so kann sich daraus ein Mehrverbrauch von mehr als 0,5 Liter je 100 km ergeben. Zu hoher Leerlauf ist auch deswegen von Nachteil: Wenn Sie während des Fahrens das Gas wegnehmen, bremst der Motor nicht so stark, da er noch zuviel Kraftstoff erhält.
Die Leerlauf-Einstellschraube auf dem Drosselklappenhebel schlägt sich mit der Zeit ein, setzt sich, und kann sich durch Motorvibrationen verstellen. Das ist auch bei der federgespannten Leerlaufgemisch-Regulierschraube möglich. Außerdem reagiert der Motor auf die Gemischveränderung durch verschiedene Beschaffenheit der Außenluft (Feuchtigkeit, Temperatur). Diese ist zu jeder Jahreszeit verschieden. Es empfiehlt sich daher, zu Beginn der kalten Jahreszeit den Leerlauf zu überprüfen und eventuell neu einzustellen (Leerlaufgemisch kann etwas fetter sein). Im Frühjahr ist es wieder rückgängig zu machen. Nicht unwichtig: Vor der Vergaser-Einregulierung die Zündkerzen überprüfen und gegebenenfalls reinigen (siehe Kapitel »Zündung«), Elektroden entsprechend dem Abbrand nachbiegen oder Kerzen austauschen.
Die Leerlauf-Einstellung ist auch für ungeschulte Leute kein Problem. Gebraucht werden: ein passender Schraubenzieher und etwas Gefühl. Reguliert werden die Motordrehzahl und die Kraftstoff-Zuteilung beim Leerlauf.

- Die Drehzahl des Motors wird durch Verstellen der Leerlauf-Einstellschraube dosiert: Leichtes Öffnen oder Schließen der Drosselklappe.
- Der Kraftstoff wird durch Hinein- oder Herausdrehen der Leerlaufgemisch-Regulierschraube dosiert (abmagern oder überfetten).

Wo diese Schrauben sitzen, zeigen die Bilder dieses und des vorhergehenden Kapitels.
Bevor man »an die Arbeit« geht: Der Motor muß betriebswarm sein, sonst reagiert er nicht fein genug auf die Schraubendreherei. Vorher also ein paar Minuten fahren. Erwärmung im Standlauf genügt nicht.

Einvergasermotor

Das Einstellen des Leerlaufes ist hier, um die Teile besser sichtbar zu machen, bei abgenommenem Luftfilter gezeigt. Bei der praktischen Arbeit muß jedoch das Luftfilter montiert sein (deshalb der langschäftige Schraubenzieher), um die Betriebsverhältnisse nicht zu verfälschen.

1. Handgriff: Leerlauf-Einstellschraube etwas nach rechts drehen, um Leerlauf geringfügig zu erhöhen (Öffnen der Drosselklappe).

2. Handgriff: Leerlaufgemisch-Regulierschraube so weit rechtsherum drehen, bis Motor ungleichmäßig läuft und schüttelt (Gemisch abmagern). Beide Schrauben werden von der rechten Wagenseite erreicht.

3. Handgriff: Leerlaufgemisch-Regulierschraube langsam so weit nach links drehen, bis der Motor wieder unrund läuft. Schraube wieder nach rechts drehen, bis Motor einwandfrei bzw. schneller läuft. Diese richtige Einstellung liegt »in der Mitte« zwischen zu fett und zu mager.

4. Handgriff: Leerlaufdrehzahl durch Herausdrehen (nach links) der Leerlauf-Einstellschraube wieder verlangsamen. Nicht auf zu niedrige Drehzahl einstellen, da der Motor sonst in kaltem Zustand abstirbt.

Falls die Leerlaufeinstellung ganz durcheinander geraten ist: Für die Leerlaufgemisch-Regulierschraube gibt es die sogenannte Grundeinstellung, von der die Betriebsstellung nicht allzuweit abweichen soll. Zum Auffinden der Grundstellung Regulierschraube nach rechts vorsichtig bis zum Anschlag drehen. (Keine Gewalt anwenden! Druckstellen an der nadelförmigen Schraubenspitze und am Sitz können bereits »unsauberen« Leerlauf hervorrufen. Schraube dann austauschen.) Durch Linksdrehung um 1,5 Umdrehungen wieder öffnen. Danach wie oben beschrieben einregulieren.

Bleibt das Verdrehen der Regulierschraube ohne Einfluß auf die Leerlauf-Drehzahl, dann liegt der Fehler im Leerlaufsystem (z. B. Leerlaufdüse verstopft). Zu fett eingestellter Leerlauf: Die Auspuffgase »rauchen« schwärzlich. Bleibt der Motor im Leerlauf stehen: Gemisch-Regulierschraube kann verlorengegangen sein. Sonst: Siehe Störungsbeistand am Schluß dieses Kapitels.

Wagen mit Automatik-Getriebe

Da sich unsauberer Motorlauf bei Wagen mit automatischem Getriebe besonders unangenehm bemerkbar macht, ist der Leerlaufeinstellung des Vergasers PDSIT, der zudem noch Startautomatik hat, spezielle Aufmerksamkeit zu widmen. Wegen der Startautomatik ist es hierbei zwingend, daß der Motor voll betriebswarm ist – die Starterklappe im Vergasereinlaß muß also unbedingt senkrecht stehen. Luftfilter abnehmen und durch Sichtprüfung kontrollieren!
Der Gang der Handlung mit erstem bis viertem Handgriff ist der gleiche wie beim linksseitig gezeigten Vergaser PDSI, jedoch muß beim 4. Handgriff der eingebaute Drehzahlmesser (wenn vorhanden) beobachtet oder – noch besser – ein genau anzeigender Drehzahlmesser angeschlossen werden, denn der Leerlauf darf nicht unter 800 Umdrehungen/Minute und nicht über 1000 U/min liegen. Und außerdem soll der Motor dabei sauber runddrehen. Tut er das noch nicht, war vielleicht die Leerlaufgemisch-Regulierschraube noch nicht exakt justiert. Nachstellen. Andernfalls, Gewissensfrage: Vorher hatten Sie doch die Zündkerzen, den Unterbrecherkontaktabstand, die Zündzeitpunkteinstellung (alles im Kapitel »Zündanlage«) überprüft? Das ist nämlich Voraussetzung für sauberen Leerlauf.
Ebenfalls mit Drehzahlmesser muß an einem der nächsten Tage bei einem Wagen mit automatischem Getriebe, diesmal jedoch am bestimmt ausgekühlten Motor, die Kaltstarteinstellung nachgeprüft werden – sie ist für ruckfreies Fahren nach dem Start wichtig. Die Arbeitsfolge:
Drehzahlmesser anschließen (wenn nicht eingebaut) – Gaspedal einmal ganz durchtreten (Starterklappe muß zuschnappen; nachprüfen) und loslassen – ohne Berührung des Gaspedals Motor anlassen – die Motordrehzahl muß (ohne Berührung des Gaspedals!) alsbald auf 2500–3000 U/min ansteigen – nach wenigen Augenblicken einmal Gaspedal kurz bis Halbstellung antippen, damit der Anschlaghebel der Startautomatik in die nächste Stufe einrasten kann – Drehzahl muß auf 1200 bis 1600 U/min zurückfallen. Das ist die richtige Drehzahl zum Anfahren bei kaltem Motor.

Motor mit zwei Doppelvergasern

Die Schwierigkeit besteht hier darin, alle vier Durchgänge der beiden Doppelvergaser auf eine gleichmäßige Gemischmenge einzuregulieren. Man kann zwar bei stehendem Motor eine bestimmte Grundeinstellung vornehmen, jedoch braucht man für die weitere Einstellung bei laufendem Motor Sondergeräte. Da deren Anschaffung für den Privatmann nicht lohnt, ist man in bezug auf diesen Wartungspunkt bei der BMW-Werkstatt besser aufgehoben. Immerhin sei kurz beschrieben, wie man dabei vorgeht.
Zunächst werden die vier Leerlaufgemisch-Regulierschrauben vorsichtig bis zum Anschlag hineingedreht (nicht anknallen, sonst wird die Spitze beschädigt). Dann werden sie alle um genau eine halbe Umdrehung wieder herausgedreht. Nun wird die Kontermutter der Synchronschraube gelockert (Schlüssel 9 mm) und die Schraube so weit herausgedreht (Bild S. 93), bis sie nicht mehr auf dem unter ihr liegenden Drosselhebel aufliegt. Dann dreht man die Leerlauf-Einstellschraube (Bild S. 92) möglichst weit heraus und zieht die Synchronschraube so weit wieder an, bis sie den Drosselhebel gerade berührt. Kontermutter leicht anziehen. Auch die Leerlauf-Einstellschraube wird so weit hineingedreht, bis sie mit dem Drosselklappenhebel gerade in Kontakt kommt. Von diesem Punkt an wird sie sodann um genau zwei Umdrehungen weiter hineingedreht.

Die Feineinstellung, wie sie für den Fahrbetrieb unbedingt erforderlich ist, läßt sich nur bei laufendem Motor, und zwar mit dem »Synchrotester« (Fa. Motometer, 725 Leonberg, Daimlerstraße 6) vornehmen. Mit diesem Gerät wird der Durchsatz der Luft der verschiedenen Vergaserdurchlässe aufeinander abgestimmt (Bild S. 85).
Zu diesem Zweck wird das Gerät bei abgenommenem Luftfilter nacheinander auf jeden Vergasereinlaß gesetzt. Der Motor muß mit erhöhtem Leerlauf drehen (ca. 1200 U/min). Dazu Leerlauf-Einstellschraube entsprechend verstellen. Ein kleiner Kolben im Steigrohr des Synchrotesters muß sich dabei jedesmal mit der unteren Markierung decken. Im einzelnen geht das so.
Zuerst wird der zweite an den dritten Vergaser angeglichen. Die Einregulierung erfolgt mit der schon erwähnten Synchronschraube. Deren Feststellmutter ist dann festzuziehen. Jetzt erfolgt Angleichen des ersten Vergasers an den zweiten. Dies geschieht mit der Einstellschraube auf der Kupplung zwischen den beiden Drosselklappenwellen (entsprechend Nr. 13 in Bild S. 83). Schraube ebenfalls kontern. Jetzt wird der vierte Vergaser an den dritten angeglichen: Durch die Einstellschraube zwischen diesen beiden Vergasern auf der Kupplung der beiden Drosselklappenwellen.
Jetzt sollte der Motor warmgefahren werden, damit er auf Betriebstemperatur kommt. Die Leerlaufdrehzahl ist dann wieder auf ca. 1200 U/min einzustellen (Leerlauf-Einstellschraube). Jetzt wird jeweils das Leerlaufgemisch einreguliert, und zwar nacheinander an den vier Leerlaufgemisch-Regulierschrauben. Das Gemisch stimmt dann immer, wenn der Leerlauf seinen höchsten Wert erreicht. Dies muß durch gefühlvolles Hinein- und Herausdrehen dieser Schrauben erreicht werden. Danach wird die Leerlaufdrehzahl auf den normalen Wert (ca. 800 U/min) durch Linksdrehen der Leerlauf-Einstellschraube zurückgestellt. Jetzt sollte man noch einmal an den Leerlaufgemisch-Regulierschrauben das Gemisch vorsichtig auf maximale Drehzahl nachregulieren.
Weitere werkstattmäßige Vergaserprüfungen betreffen die Kontrolle des Kraftstoffniveaus in der Schwimmerkammer. Zur Prüfung – am ausgebauten Vergaser — ist ein BMW-Sondergerät nötig, das nicht im freien Handel angeboten wird.
Eine weitere Vergaserprüfung wird im Bedarfsfall durch die Messung der Einspritzmenge beim Beschleunigen vorgenommen. Auch dafür ist ein Sondergerät erforderlich und der Vergaser auszubauen. Eine Korrektur der Einspritzmenge erfolgt durch eine gekonterte Mutter (Nr. 14 in Bild Seite 83). Soll die Einspritzmenge vergrößert werden, wird sie hineingedreht – im anderen Falle herausgedreht.

Leerlauf-Einstellung (Grundeinstellung) beim Doppelvergaser-Motor: Wie oben im Text beschrieben, wird nach gleichmäßiger Einstellung der 4 Gemisch-Regulierschrauben (Bild S. 85 oben) die Synchronschraube gelöst und — hier im Bild gezeigt — die mittlere Leerlauf-Einstellschraube weit herausgedreht. Man blickt von der rechten Wagenseite auf die Vergaser.

Ändern der Vergaser-Einstellung

Die vom Werk aus festgelegten Vergasereinstellungen in bezug auf Düsenbestückung, Lufttrichter und Funktion ihrer verschiedenen Systeme sind erst nach langwieriger Feinarbeit gefunden worden. Das ist bei jedem Vergaser so, denn es gilt, den günstigsten Kompromiß zwischen bester Leistung und geringstem Verbrauch zu finden. Deswegen rät man offiziell von jeder Änderung der Einstellung ab. Mit gutem Grund. Man wird kaum einen besseren Kompromiß finden. Ein nicht fachgerechtes Auswechseln der Düsen kann außerdem Gefahren bergen. Es hat Leute gegeben, die unbedingt durch eine kleinere Hauptdüse weniger verbrauchen wollten. Das solcherart abgemagerte Gemisch führte prompt wegen überhitztem Motor (bei zu magerem Gemisch weniger »Innenkühlung«) zu Kolbenfresser oder durchgebrannten Ventilen.
Fanatiker von Mindestverbrauch-Rekorden sollten immer berücksichtigen: Auch die beste Neu-Einstellung kann nicht annähernd so günstigen Verbrauch bringen wie die Kontrolle der eigenen Fahrweise (ausgeglichen fahren).
Die Daten für die Vergaser-Bestückung sind in den Technischen Daten am Schluß des Buches zu finden. Wer auf Grund ausreichender eigener Erfahrung mit veränderter Vergaser-Bestückung experimentieren möchte, weiß sicher, daß es besser ist, immer nur jeweils eine Änderung vorzunehmen, damit man die Übersicht über das neue Leistungsbild nicht verliert.

Abgasmessung beim TÜV

Zur alle zwei Jahre fälligen TÜV-Überprüfung gehört auch die Kontrolle des CO-Gehalts im Abgas. Während anfangs nur die seit Juli 1969 gebauten Fahrzeuge zu dieser Kontrolle herangezogen wurden, müssen seit 1976 auch ältere Modelle sich dieser Prüfung unterziehen. Grundsätzlich brauchen Sie die CO-Messung nicht zu fürchten – auch ein älterer Motor, der richtig eingestellt ist, überschreitet die zulässigen Werte nicht. Für die seit Juli 1969 gebauten BMW-Fahrzeuge erhält man allerdings die neue TÜV-Plakette nicht, wenn der Abgastester mehr als 4,5 % CO-Gehalt (plus ein Prozent Toleranz) anzeigt. Die älteren Fahrzeuge dürfen dagegen diesen Wert überschreiten, wenn der Motor sonst nicht einwandfrei läuft. Das muß man sich dann allerdings von einer BMW- oder Vergaser-Werkstatt bestätigen lassen und die Bescheinigung beim TÜV vorlegen. Der Einbau von irgendwelchen Zusatzgeräten (»Abgasentgifter«) in solche älteren Fahrzeuge ist demzufolge keineswegs notwendig oder ratsam.
Zur Messung beim TÜV sollte der Motor möglichst warmgefahren sein, beim kalten Motor ist das Gemisch fetter und der CO-Anteil zwangsläufig höher.

Leerlauf-Einstellung beim Doppelvergaser-Motor: Sowohl bei stehendem Motor (Grundeinstellung) wie bei laufendem Motor (Feineinstellung) muß die Synchronschraube eingestellt werden (Schraubenzieher ist daraufgesetzt). Damit die Werkseinstellung nicht durcheinandergebracht wurde, ist Schraube und Kontermutter mit einem Farbklecks markiert (weißer Pfeil zeigt darauf).

Lassen Sie den Motor auch nicht in der Warteschlange beim TÜV lange im Leerlauf tuckern, damit wird ebenfalls der CO-Gehalt erhöht. Falls Sie normalerweise nur Kurzstrecken fahren (Auspuffrohr innen rußig schwarz), sollten Sie vor der Fahrt zum TÜV etwa 100 km in zügigem Tempo abspulen, damit der Rußansatz zum Auspuff hinausgeblasen wird.
Ist dann das Abgas immer noch zu CO-haltig, erst Zündkerzen-Elektrodenabstand, Schließwinkel und Zündeinstellung prüfen, Ventilspiel kontrollieren und zuletzt, falls noch erforderlich, am Vergaser drehen. Ein »versuchsweises« Verstellen des Vergasers hilft kaum weiter.

Luftfilter säubern

Pflegearbeit Nr. 13 und Nr. 42

Das ist keine schwere Arbeit, weswegen man sie auch nicht vergessen sollte. Ein verschmutztes Luftfilter führt nämlich wegen zu starker Drosselung der Ansaugluft zu überfettetem Gemisch und damit zu erhöhtem Verbrauch und reduzierter Leistung. Auf staubigen Straßen sind also die 6000 km ein maximaler Abstand für eine kurze Säuberungskur.
Den Ausbau des Filtereinsatzes zeigt das Bild unten. Eine gründliche Reinigung verträgt auch das Luftfiltergehäuse, wie auf Seite 78 im Bild gezeigt.
Nach 10 000 – 15 000 km sollte man den Einsatz auswechseln, zumindest dann, wenn man in staubreichen Gegenden fährt. Im Winterhalbjahr muß das Filter nicht so viel Schmutz schlucken.
Übrigens sollte man bei Einvergaser-Modellen auf lockere Fremdstoffe im Luftfilter achten (z. B. Lackabblätterungen), da im Unterteil des Filters die Schwimmerkammerbelüftung mündet. Durch diese Öffnung können Fremdstoffe in den Vergaser gelangen und Düsen verstopfen.

Vorwärmklappe für Ansaugluft

Pflegearbeit Nr. 38

Beim Einvergasermotor befindet sich rechts neben dem Kühler ein Mischgehäuse für die Ansaugluft. Ist der daran befindliche Hebel nicht arretiert, erhält der Motor Luft, die bereits über den Auspuffkrümmer geströmt und deswegen wärmer ist. Das spart Benzin bei Kälte, das in vorgewärmter Luft besser verdampft. Im Sommer hingegen muß die Luft kühl sein. Im Frühjahr nicht vergessen, den Hebel auf »Sommerbetrieb« zu stellen. Die Klappe verschließt dann die Zuführung für die erwärmte Luft. Im Winter muß die Klappe freigängig sein, prüfen. Ein Tropfen Öl auf die Klappenwelle kann nichts schaden.

Nach Lösen der Schnappverschlüsse hebt man die Filterhaube ab und nimmt den Papierfiltereinsatz heraus, beim Einvergasermotor (wie im Bild) nach oben, sonst nach der Seite. Der Einsatz wird kräftig ausgeklopft und am besten noch Druckluft seitlich an den Filterflächen vorbeistreichen lassen. Der Papierfiltereinsatz darf nicht in Benzin ausgewaschen werden, dem Luftfiltergehäuse ist jedoch eine solche Benzinwäsche (siehe Bild Seite 78) nützlich.

Vergaser reinigen

An sich braucht der Vergaser keine spezielle Pflege, es sei denn, es liegen Störungen vor. Aber er muß innen sauber sein, um Störungen vorzubeugen. Für den, der wenig Jahreskilometer fährt, ist die Rechnung nach Zeitintervallen günstiger: Alle zwei bis drei Jahre reinigen. In Düsen, Bohrungen und in der Schwimmerkammer können sich Fremdstoffe in feiner Form abgelagert haben. Wasser im Benzin setzt sich, weil es spezifisch schwerer ist, unten in der Schwimmerkammer ab. Da es sich nicht mit dem Zinkguß verträgt, entstehen Absonderungen (Zinkkarbonat).
Ferner möglich: Das Schwimmernadelventil kann in seinem Sitz ausgeschlagen sein.
Möglich ist auch eine Verunreinigung des Vergasers durch Öldämpfe, die über die Kurbelgehäuse-Entlüftung in den Luftfilter und damit in den Vergaser geleitet werden, insbesondere, wenn man aus vermeintlichem Sicherheitsbedürfnis zu viel Öl in den Motor füllte.
Verengte Düsen (Hauptdüse) können sich als zu sehr abgemagertes Gemisch auswirken und den Motor zu heiß werden lassen. Aber dazu muß der Vergaser schon sehr alt und innen stark verschmutzt sein.
Wer etwas Geschick hat, kann den Vergaser innen saubermachen. Dazu muß man den Vergaser nicht komplett ausbauen, sondern es genügt, wenn man sein Oberteil (Deckel) abschraubt.
Beim Zusammenbau darauf achten, daß die Dichtung (man sollte möglichst neue Dichtungen verwenden) zwischen Vergasergehäuse und Deckel genau mit den Bohrungen übereinstimmt. Teilweise verdeckte Durchgänge ergeben Funktionsfehler! Generell läßt sich sagen:

- Ausgebaute Vergaserteile in Kraftstoff oder Spiritus reinigen. Die Teile auf sauberes Tuch legen. Genau merken, wohin sie und in welcher Reihenfolge sie zusammengehören. Besonders auf Dichtungen, Sicherungen und Federringe achten.
- Düsen, Bohrungen und Schwimmerkammer mit mäßigem Preßluft-Druck ausblasen, auch Handluftpumpe ist geeignet. Düsen können notfalls auch mit dem Mund durchgeblasen werden (aber möglichst ohne Spucke). Auf keinen Fall mit hartem Draht reinigen, geeignet ist jedoch eine Borste. Düsen sind aus weichem Metall (Messing), daher nicht zu fest schrauben.
- Drosselklappen-Welle auf zu großes Spiel an den Lagerungen untersuchen. Dort könnte Nebenluft eindringen und Start und Leerlauf verschlechtern.
- Die Spitze der Leerlaufgemisch-Regulierschraube darf keine Druckstellen aufweisen. Sonst auswechseln.
- Den Schwimmer kontrolliert man, ob er dicht ist (schütteln und gegen das

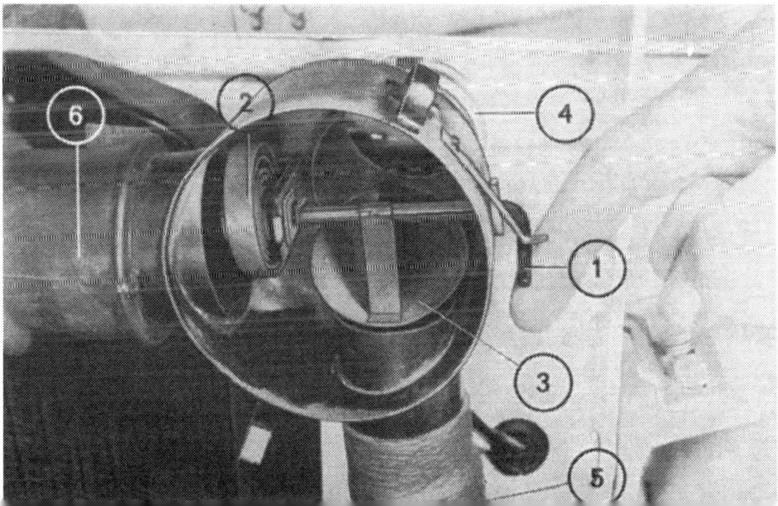

Damit der Motor stets richtig temperierte Luft ansaugt, verwendet BMW dieses aufwendige Vorwärmsystem. Es sitzt rechts vorn vor dem Motor und ist hier bei abgenommenem Gehäusedeckel gezeigt. Im Winter, bei nicht festgelegtem Hebel (1), steuert die temperaturabhängige Bimetallspirale (2) die Klappe (3) so, daß sich die am Kühlergrill angesaugte Kaltluft (4) mit durch den Auspuff vorgewärmter Luft mischt, die aus der Leitung (5) kommt. Bei Sommerbetrieb wird die Klappe so festgelegt, daß nur kühle Luft durch den Schlauch (6) zum Luftfilter strömt. Kühle Luft ist im Sommer besser für Leistung und Verbrennung, vorgewärmte Luft im Winter günstiger für den Verbrauch
Das seit Baujahr 68 eingebaute Vorwärmgehäuse arbeitet nach dem gleichen Prinzip, jedoch muß an letzterem der Hebel für die »Sommer-Stellung« senkrecht nach oben zeigend arretiert werden.

Das Oberteil des Vergasers läßt sich bei eingebautem Vergaser abschrauben, wie hier geschehen (BMW 2000). Es bedeuten: 1 - Dichtung zwischen Ober- und Unterteil, 2 - Schwimmernadelventil im Oberteil (von unten gesehen), 3 - Kolbenstange für Anreicherungsventil, 4 - Kunststoffschwimmer in Schwimmerkammer, 5 - Starterklappe, 6 - Gestänge für Betätigung der Drosselklappe durch das Gaspedal, 7 - Lufttrichter im Vergaser-Durchlaß.

Ohr halten). Eventuell in heißes Wasser legen und auf Blasen achten. Auch muß die Schwimmerachse gut gängig sein.

■ Im Vergaserdeckel, von unten eingeschraubt, findet sich das Schwimmernadelventil. Ist es nicht locker? Die Ventilnadel muß einwandfrei beweglich sein. Gegen sie drückt von unten der Hebel des Schwimmers. Undichtes oder hängendes Schwimmernadelventil liefert dem Vergaser zu viel Kraftstoff: Erhöhter Verbrauch, Vergaser läuft über. Ventil austauschen.

Störungsbeistand

Vergaser

Die Störung	— ihre Ursache	— ihre Abhilfe
A Kraftstoffverbrauch zu hoch	1 Fehlerhafte Flanschdichtungen	Nachprüfen Eventuell auswechseln
	2 Undichter Schwimmer (Luftblasen nach Eintauchen in heißem Wasser?)	Auswechseln
	3 Schwimmernadelventil schließt nicht (Fremdstoff aus Tank im Ventil?)	Säubern Eventuell Auswechseln

Einvergaser-Motor linke Seite: Hier wird die Verschluß-Schraube unten an der Schwimmerkammer herausgeschraubt, um zu prüfen, ob bei einer Störung der Vergaser überhaupt Benzin erhält. Falls ja, muß es hier herauslaufen. Die Hauptdüse ist bei nicht demontiertem Vergaser-Oberteil nur durch diesen Durchgang zu erreichen (wenn man geschickt ist!).

Die Störung	— ihre Ursache	— ihre Abhilfe
	4 Düsen stimmen nicht	Herausschrauben, eingeschlagene Bezeichnungen mit Technischen Daten vergleichen. Evtl. korrigieren
	5 Leerlaufgemisch zu fett	Gemisch-Regulierschraube etwas eindrehen (Leerlauf muß einwandfrei bleiben)
	6 Leerlaufdüse locker	Kontrollieren, anziehen
	7 Leerlauf zu hoch	Einstellen
B Motor springt nicht an (siehe auch vordere Buchklappe)	1 Zündung nicht einwandfrei	Kontrollieren (siehe vordere Buchklappe)
	2 Tank leer	Auftanken
	3 Kraftstoffweg im Vergaser nicht in Ordnung.	
	a) Prüfung: Siehe Bildtext links unten. (tritt kein Kraftstoff aus, siehe unter Kraftstoffpumpe).	
	b) Leerlaufdüse verschmutzt	Herausschrauben, reinigen
	c) Bohrungen im Vergaser verstopft	Vergaser zerlegen, reinigen
	d) Vergaser läuft über (Schwimmer klemmt oder undicht)	Gegen Schwimmergehäuse klopfen. Evtl. Vergaserdeckel abnehmen. Schwimmer überprüfen
C Leerlauf ungleichmäßig, Motor bleibt stehen	1 Zu fett oder zu mager	Richtig einstellen
	2 Leerlaufsystem verstopft (Verstellen der Gemischschraube hat keinen Einfluß auf Drehzahl)	Leerlaufdüse herausnehmen, reinigen. Anschließend Leerlauf einstellen
	3 Wasser im Vergaser	Verschluß-Schraube (Bild S. 96) heraus, Wasser und Benzin ablaufen lassen, Hauptdüse und Leerlaufdüse heraus und durchblasen
D Motor bleibt bei höheren Drehzahlen stehen, wenn langsam Gas gegeben wird	1 Hauptdüse verstopft	Reinigen
E Ungleichmäßiger Lauf und Auspuffrußen bei niedriger Leerlaufdrehzahl, stärkeres Rußen bei höherem Leerlauf, Kerzen verrußen	1 Zu hoher Druck auf Schwimmernadelventil	Kraftstoffpumpendruck prüfen lassen
	2 Schwimmernadelventil schließt nicht	Ventil prüfen, evtl. erneuern
	3 Schwimmer undicht	Auswechseln
F Ungleichmäßiger Lauf bei Vollgas, Aussetzer, Patschen, Leistung fällt ab	Nicht ausreichende Kraftstoffzufuhr	Hauptdüse reinigen, Kraftstoffpumpe und Schwimmernadelventil reinigen
G Schlechte Übergänge beim Gasgeben	1 Beschleunigungssystem arbeitet nicht	Luftfilter abnehmen, prüfen, ob eingespritzt wird wenn Gasgestänge betätigt wird
	■ Pumpenkanal oder Einspritzrohr verstopft	Reinigen
	■ Membrane defekt	Auswechseln
	2 Falscher Leerlauf	Richtig einstellen
H Vergaser patscht	Leerlauf zu mager eingestellt	Regulierschraube etwas herausdrehen. Aber Leerlauf einwandfrei halten.

Stromlagerhaus

Was man im Auto gemeinhin als Batterie bezeichnet, hat keine Ähnlichkeit mit den Batterien für Taschenlampen oder Transistorradios. Die letzteren kauft man sich im Laden, und von dem Augenblick an, wo sie Strom abgeben müssen, fressen sie sich selbst auf. Der Strom wird durch Zersetzen der chemischen Elemente in der Batterie »erzeugt«. Bei der Batterie des Wagens wird dagegen kein Strom erzeugt, sondern nur »gespeichert«. Die elektrische Energie, die eine Fahrzeugbatterie abgeben soll, muß also zuerst einmal in sie hineingepumpt werden. (Während die Taschenlampenbatterie ein sogenanntes Trockenelement ist, handelt es sich bei der Bleibatterie des Wagens um einen Blei-Akkumulator, der kurzerhand auch als Akku bezeichnet wird.) Der Ausdruck »Batterie« ist eigentlich in beiden Fällen nur eine Vereinfachung; als Batterie bezeichnet man ja eine Zusammenfassung gleichartiger Elemente.

Der Inhalt des „Sparschweins“

Die Batterie des Wagens ist aus mehreren Einzelzellen zusammengesetzt. Jede dieser Zellen hat im geladenen Zustand eine elektrische Spannung von etwas über 2 Volt. Wenn der BMW 1500/1600/1800 eine elektrische Anlage von 6 Volt Bordnetzspannung hat (das war bis zum September 1967 bzw. beim 1800 bis 1969 der Fall), ist die Batterie aus drei Zellen zusammengesetzt, die durch sogenannte Polbrücken hintereinander geschaltet sind, so daß sich die erwähnte Spannung von 6 Volt ergibt. Alle Verbraucher und auch der Stromerzeuger – die Lichtmaschine – sind auf diese Spannung abgestimmt. Auf einer der beiden Batterie-Polbrücken findet sich beim älteren BMW 1500-1600 meist die Angabe 6V/77 Ah. Seit September 1967 ist dort 12V/44 Ah zu finden, was schon bei der Einführung der BMW 2000-Modelle für diese galt, und bei den neueren 1600-2 ist dort 12 V/36 Ah zu lesen. Die 77 oder 44 Ah sind die Angabe für die elektrische Größe der Batterie, sie bezeichnet das Speichervermögen für den elektrischen Strom. Die Kapazität »Ah« ist lediglich die Abkürzung für Ampere-Stunden. Ampere-Stunden sind das Produkt aus Ampere mal Stunden; eine Batterie mit 77 Ah müßte also theoretisch 77 Stunden lang einen Strom von 1 Ampere abgeben können. Umgekehrt – denn das gäbe den gleichen Wert — 1 Stunde lang einen Strom von 77 Ampere. Während der erste Fall bei einer neuwertigen Batterie meistens überschritten wird, ist der zweite Fall nur blasse Theorie, denn die Kapazität wird nach der Normvorschrift bei einer zwanzigstündigen Entladung und einer tropischen Säuretemperatur von 27 Grad Celsius ermittelt. In der Praxis rechnet man nur mit $^2/_3$ der angegebenen Kapazität oder, besser noch, nur der Hälfte. Wenn die Batterie noch relativ neu ist und nicht zu viele stromfressende Verbraucher angeschlossen waren, ist die Kapazitätslage gün-

otig. Bei einer Batterie im »Mittelalter« und Verbrauchern mit hohem Stromanspruch setzt man die halbe Kapazität ein. Die Batterie des BMW 1800 TI hat nur eine Kapazität von 66 Ah. Aber der Wagen ist mit einer Drehstrom-Lichtmaschine ausgerüstet – das gleicht sich im Fahrbetrieb mehr als nur aus. Allerdings muß man bei der nachfolgenden Tabelle, die über die reine Batteriebelastung der verschiedenen Stromverbraucher Auskunft gibt, für die schwächere 66 Ah-Batterie noch etwas abziehen.
Nun scheint es so, als wären die Batterien mit der Einführung der 12-Volt-Anlage schwächer geworden, denn sie haben ja nur 44 bzw. 36 Ah. Aber das täuscht, denn in Wirklichkeit ist ja die Spannung verdoppelt. Diese 12 Volt haben gegenüber den früher eingebauten 6-Volt-Anlagen den Vorteil leichteren Startens bei großer Kälte und eines kräftigeren Zündfunkens bei hohen Drehzahlen. Der Leistungsbedarf der einzelnen Stromverbraucher wird ja in Watt gemessen, was, wenn man sich seiner Schulweisheit noch recht erinnert, das Produkt aus Spannung und Stromstärke ist. Demnach hat also die 12-Volt-Batterie mit 44 Ah theoretisch die gleiche Leistungsfähigkeit wie eine 6-Volt-Batterie mit 88 Ampere-Stunden.

Batterie-Belastung durch Stromverbraucher

Beispiel:
BMW 1600TI
12-Volt-Anlage

Nehmen wir an, unterwegs fällt Ihnen plötzlich die Lichtmaschine aus und Sie haben noch 3 Stunden Fahrt bis zu Ihrem Fahrtziel vor sich. Können Sie das allein mit der Leistungsfähigkeit Ihrer Batterie riskieren? Bei Einschaltung aller Stromverbraucher natürlich nicht, aber die nachfolgende Tabelle zeigt Ihnen, daß man sich doch noch gut helfen kann, vorausgesetzt natürlich, alle unnötigen Stromverbraucher sind ausgeschaltet.

Verbraucher	Leistungsbedarf in Watt	Stromaufnahme in Ampere bei 12 Volt	Brenndauer		
			volle Kapazität 44 Ah (theoretisch)	2/3 Kapazität (fast neue Batterie im Betrieb) 30 Ah	1/2 Kapazität (Berechnungsgrundlage im Normalbetrieb) 22 Ah
Fernlicht, Standlicht, Schlußlicht, Kennzeichenbeleuchtung, Instrumentenbeleuchtung	130	10,8	4 std 25 min	2 std 45 min	2 std
Abblendlicht, übrige Beleuchtung wie oben	118	9,3	4 std 30 min	3 std	2 std 10 min
Standlicht, Kennzeichenbeleuchtung, Schlußlichter	38	3,2	13 std 40 min	9 std 10 min	6 std 50 min
Parkleuchten	9	0,75	58 std 40 min	39 std	29 std 20 min
Transistor-Radio	10 bis 20	0,8—1,7	55 std 26 std	37 std 30 min 17 std 40 min	27 std 30 min 13 std
Zündspule	15	1,2	36 std 30 min	25 std	18 std
Gebläsemotor	36	3	14 std	10 std	7 std
Anlasser	1500 bis 3300 W	250—550 A			

Zwar hat der Anlasser den höchsten Stromverbrauch, besonders im Augenblick des Einschaltens, doch belastet er die Batterie nicht allzu lange sehr stark, wenn es nicht gerade Winter ist. Länger als 10 Sekunden hintereinander sollte man den Anlasser nicht betätigen. Zwischendurch gönnt man ihm eine Ruhepause von jeweils etwa einer halben Minute.
Im Sommer müßte der Motor – auch wenn er hoffnungslos »ersoffen« ist – nach spätestens dem dritten längeren Anlaßversuch anspringen. Springt er nicht an, so liegt sicher eine Störung in der Zündung oder der Kraftstoffversorgung vor. Diese Störung muß erst behoben werden, sonst wird die Batterie restlos leer gesaugt und der Motor ist immer noch nicht »da«.
Wenn im Winter der Motor vom Anlasser nur noch ganz müde durchgedreht wird und die Ladekontrolleuchte beim Betätigen des Anlassers nur noch glimmt, so sollte man auf weitere Startversuche mit dem Anlasser verzichten. Die Spannung sinkt dann unter 7 bzw. 3 Volt ab, und das ist die Mindestspannung, die die Zündspule benötigt. Wenn man den Wagen anschiebt, braucht die Batterie nur die Zündspule zu versorgen, und das macht sie unter den beschriebenen Umständen immer noch.

Schwache Batterieleistung im Winter

Im Winter sinkt die Leistungsfähigkeit der Batterie wesentlich stärker als die Temperatur. Es sinkt nicht nur die Kapazität, sondern auch die Klemmenspannung (die Voltzahl, die man an den Klemmen der Batterie mißt). Zwar sinkt die Batteriespannung bei jedem Betätigen des Anlassers ab, doch bei niedriger Temperatur unverhältnismäßig mehr als bei einer Temperatur von + 10 bis + 20 Grad C. Wird der Batterie bei tiefer Temperatur der Anlasserstrom entnommen, so hat die Batterie nur einen Bruchteil der Leistungsfähigkeit, die sie bei sommerlichen Temperaturen hat. Einer geladenen Batterie, der bei + 20 Grad C noch 58 Anlaßstromstöße entnommen werden können, kann man bei 0 Grad C nur 25 Anlaßstöße entnehmen, bei – 20 Grad C nur noch 12.
Da im Winter aber auch das Motoröl sehr zäh ist und die Reibungswiderstände im Motor dadurch sehr groß sind, wird der Motor vom Anlasser nur noch gequält durchgedreht. Eine Batterie, mit der der Motor im Sommer noch »auf den ersten Druck« ansprang, kann im Winter nicht mehr genügend Kraft haben – allein deswegen, weil die Lebensdauer der Batterie zu Ende geht.

Prüfen des Säurestands

Kontrolldienst Nr. 6

In regelmäßigen Abständen – jedenfalls öfter als nur alle 7500 km – soll der Säurestand der Batterie kontrolliert werden. Er soll etwa 5–10 mm über den Plattenoberkanten liegen. Bei vielen Batterien liegt über den Platten ein kleiner Steg, dessen Oberkante soeben noch von Säure bedeckt sein soll, oder ein kleines Kunststoffsieb, dessen Boden von Säure bedeckt sein muß.
Zum Nachmessen des Säurestandes schneidet man sich kleine Pappstreifen (für jede Batteriezelle einen), die man kurz in die Zellenöffnungen steckt. Liegt der Säurestand unter 5 mm, so füllt man destilliertes Wasser nach (nicht bei entladener Batterie) das in der Drogerie oder Apotheke erhältlich ist.
Notfalls einen Glas- oder Kunststofftrichter verwenden, wenn man nicht ganz zielsicher ist. Metalltrichter dürfen auf keinen Fall verwendet werden! Schon geringe Metallspuren können in der Batterie zum Kurzschluß führen.
Wenn man destilliertes Wasser einfach aus der Flasche nachfüllt, so wird oft des Guten zuviel getan und anschließend liegt der Säurestand vielleicht zwischen 15 und 20 mm über der Plattenoberkante. Der Batterie selbst schadet das zwar nichts, doch wenn sie durch die Lichtmaschine stark geladen wird,

so gast sie, und durch die Entlüftungsbohrungen der Zellenstopfen wird Batteriesäure nach außen gedrückt. Dieser Säurenebel greift die Metallteile um die Batterie herum an.
Das passiert auch, wenn eine Batterie stark entladen ist (was beispielsweise durch »trockengefallene« Batterieplatten geschehen kann) und nun destilliertes Wasser nachgefüllt werden muß. In diesem Fall darf nur gerade bis zu den Plattenoberkanten Wasser eingefüllt werden, denn beim nun anschließenden Laden (durch Lichtmaschine, Garagenladegerät oder Werkstattlader) steigt die Säure erheblich und die Batterie würde selbst bei »5 mm über Plattenoberkanten« »überkochen«.
Das Absaugen eines versehentlich zu hoch angestiegenen Säurestandes mit einem Säureprüfer ist nicht ratsam. Jedesmal, wenn man eine zu hoch gefüllte Zelle durch Absaugen mit dem Säureprüfer korrigiert, entzieht man der Batteriezelle auch Schwefelsäure, und nach und nach sinkt die Dichte der Schwefelsäure ab – sie enthält zuviel destilliertes Wasser.

Im Sommer öfter Wasser nachfüllen

Natürlich verbraucht eine Batterie im Sommer mehr Wasser als im Winter, denn durch die zusätzliche Erwärmung verdunstet das Wasser schneller. Es verdunstet immer nur das destillierte Wasser, die eigentliche Schwefelsäure verdunstet nicht; es wird also stets nur destilliertes Wasser nachgefüllt, es sei denn, es ist wirklich Batteriesäure »ausgeflossen«. Aber das ist dann unbedingt Werkstattsache.
Wenn in sehr kurzen Abständen destilliertes Wasser nachgefüllt werden muß, um den vorgeschriebenen Säurestand beizubehalten, dann muß der Regler von der Fachwerkstatt kontrolliert werden. Ist der Regler so eingestellt, daß er eine zu hohe Spannung der Lichtmaschine einreguliert, so fließt (besonders im Sommer bei wenig eingeschalteten Stromverbrauchern) ein zu hoher Ladestrom in die Batterie. Er bewirkt die Zersetzung des Wassers in Wasserstoff und Sauerstoff, die nun gasförmig entweichen, und es wird Wasser »verbraucht«.

Ladezustand der Batterie prüfen

Solange die Batterie den Anlasser flott durchdreht und die Scheinwerfer beim plötzlichen Gasgeben nicht wesentlich heller aufstrahlen – das ist ein Zeichen, daß die Batterie irgendwie »müde« ist –, braucht man außer dem Säurestand den Ladezustand der Batterie nicht unbedingt zu prüfen. Es regelmäßig mit dem auf unserem Bild gezeigten Hebe-Säuremesser bei der 7500-km-Wartung

Die Batterie des BMW (hier eine 12-Volt-Batterie) ist stark der Motorwärme ausgesetzt. Deshalb verdunstet der Wasseranteil der Batteriesäure stark. Das rechtzeitige Nachfüllen mit destilliertem Wasser ist für die Leistungsfähigkeit und Lebensdauer der Batterie sehr wichtig. Nimmt man stattdessen Leitungswasser, gibt es Kurzschluß in der Batterie, denn dieses enthält leitfähige Salze (auch Regenwasser Ist verschmutzt!). Falls einmal Batteriesäure ausgelaufen sein sollte, weil die Batterie irgendwie Kopf stand, kann nur die Fachwerkstatt helfen.

zu tun, ist jedoch kein Fehler. Wenn sich aber Müdigkeit bei der Batterie zeigt, obgleich der Säurestand mit destilliertem Wasser auf vorgeschriebene Höhe aufgefüllt wurde und sich die Batterie gar nicht erholen will, muß die Säuredichte jeder einzelnen Batteriezelle zur Kontrolle des Ladezustandes nachgemessen werden. Da in diesem Falle zumeist ein Nachladen der Batterie in der Werkstatt oder bei einem Auto-Elektrik-Dienst notwendig ist (wenn dies wegen des Batteriealters überhaupt noch Zweck hat), kann man den Ladezustand gleich dort prüfen lassen und sich die eigene Anschaffung eines Hebe-Säuremessers ersparen. Wer es aber doch selbst machen will: Das spezifische Gewicht der zur Prüfung angesaugten Batteriesäure läßt sich auf dem Schwimmer, dem Aräometer, ablesen. Es bedeuten:

Batterie voll geladen	spez. Gewicht 1,285 kg/l	Anm.: Die Messung ist auf + 20° C bezogen. Je 14° C Temperaturunterschied ändern das spez. Gewicht um 0,01 kg/l.
Batterie halb geladen	spez. Gewicht 1,21 kg/l	
Batterie entladen	spez. Gewicht 1,14 kg/l	

Es muß noch kein schlimmes Zeichen sein, wenn alle 6 Zellen eine gleichmäßig niedere Säuredichte zeigen, dann kann es, wenn die Batterie noch nicht zu alt ist, mit Nachladen getan sein. Bedenklich wird es jedoch, wenn eine einzelne Zelle entladen ist: In der Fachwerkstatt nachprüfen lassen, ob die Batterie noch brauchbar ist oder ersetzt werden muß. Zumeist wird in diesem Falle Kurzschluß in einer oder mehreren Batteriezellen (durch eingedrungene Fremdstoffe) festgestellt werden.

Säubern der Batterieoberfläche

Pflegedienst Nr. 7

Ist die Oberfläche der Batterie stark verschmutzt, liegt ein Säurenebel auf ihr oder sind die Polköpfe der Batterie bzw. die Polklemmen der Anschlußkabel oxydiert, so ergeben sich Kriechströme, die ein langsames Entladen der Batterie bewirken. Die Oxydschicht an Polköpfen und Polklemmen behindert außerdem den Stromübergang, so daß sich ein Spannungsverlust ergibt.

Zum Ausbau der Batterie löst man zuerst das Minuskabel und dann erst das Pluskabel. Wenn man umgekehrt vorgeht, kann es leicht passieren, daß der auf der Mutter der Plus-Batterieklemme angesetzte Schlüssel an ein Blechteil des Wagens kommt, was ein wüstes Funken-Feuerwerk gibt.

Vielfach sitzen die Polklemmen sehr fest auf den Polköpfen, und man kann sie nach Lösen der Klemmschrauben nicht einfach abziehen. Die Klemmen dürfen nicht mit Gewalt von den Polköpfen entfernt werden, indem man mit einem Schraubenzieher zwischen Batteriekasten und Polklemme hebelt. Streicht

Durch Ansaugen der Batteriesäure mit dem Säureheber läßt sich der Ladezustand der Batterie kontrollieren. In der angesaugten Batteriesäure schwimmt eine Spindel, die eine farbige Skala trägt. Die Eintauchtiefe der Spindel gibt Auskunft über den Ladezustand.

man dagegen die Polköpfe mittels Pinsel mit heißem Wasser oder Sodalösung ein, so lassen sich die Polklemmen meist leicht lösen. Da man aber in den seltensten Fällen heißes Wasser oder Sodalösung zur Verfügung hat, lockert man die Klemmschraube und klemmt dann eine Schraubenzieherklinge zwischen die beiden Augen der Klemme und spreizt diese, so daß sie sich leicht abziehen läßt.
Die ausgebaute Batterie säubert man mit einer kräftigen Bürste und warmem Wasser, wobei man aber auf den Zellenstopfen nicht zu stark herumbürsten soll, denn sonst kann Wasser in die Entlüftungsbohrungen der Zellenstopfen und weiter in die Batterie gelangen. Fremdstoffe und normales Wasser sind aber Gift für die Batterie und setzen ihre Lebensdauer herab.
Nach dem Trocknen der Batterieoberfläche fettet man die Polköpfe ein. Die Polklemmen der Kabel bürstet man mit einer Drahtbürste ab und kratzt sie eventuell innen mit einem Messer sauber. Nachdem die Batterie wieder montiert und angeklemmt ist, fettet man auch die Polklemmen der Kabel mit einem Polfett wie Bosch-Säureschutzfett Ft 40 v 1 ein, (Tube zu 50 g kostet 0,75 DM in einer Auto-Elektrik-Werkstatt). Beim Wiedereinbau der Batterie zuerst Plusklemme anschließen, danach Minusklemme. Ein Vertauschen der Kabelklemmen ist nicht möglich – wenn man nicht gerade Gewalt anwendet – denn der Plus-Polkopf ist dicker als der Minus-Polkopf.

Anleitung zum Laden

Die Batterie besitzt die unschöne Angewohnheit, sich auch im unbenutzten Zustand zu entladen. Im Winter geht die Selbstentladung etwas langsamer als im Sommer vor sich. Sie beträgt pro Tag ½ bis 1 Prozent ihrer Neukapazität. Eine vollgeladene Batterie kann also in 100 Tagen leer sein. Da eine Batterie im entladenen Zustand Schaden leidet, müssen Batterien stillgelegter Fahrzeuge ausgebaut und etwa jeden Monat nachgeladen werden. Oder man gibt sie bei einer Elektrikwerkstatt in »Pension«, wo sie dauernd an ein Frischhaltegerät mit schwachem Ladestrom angehängt wird.
Der Ladestrom für eine schwach gewordene Batterie wird dem normalen Stromnetz entnommen, aber natürlich nicht direkt, sondern über ein besonderes Ladegerät, das den Wechselstrom des Lichtnetzes auf Gleichstrom und die passende Voltzahl umformt. Bei tiefer Entladung oder gründlicher Batterieüberholung muß die Batterie an ein leistungsstarkes Batterieladegerät angeschlossen werden, wie es nur die Werkstätten zur Verfügung haben. Die Zeit dazu beträgt etwa 10 bis 15 Stunden.

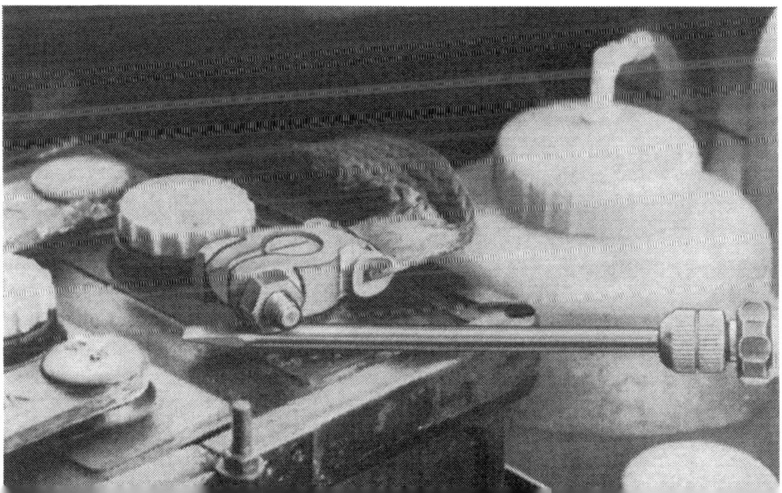

Wenn man auf diese Art versucht, eine festsitzende Batterieklemme vom Polkopf abzuhebeln, dann kann man die Batterie zerstören, denn der Polkopf bricht leicht dabei ab. Das Minuskabel (erkenntlich an dem nicht isolierten geflochtenen Kupferband), das bei allen Elektrobasteleien abgenommen werden soll, ist stattdessen nach Lockern der Klemmschraube und Spreizen der Klemme mit dem Schraubenzieher (senkrecht in den Schlitz stecken) zumeist leicht abzunehmen, wenn man zusätzlich die Klemme auf dem Polkopf vorsichtig dreht.

Zum Aufladen der Batterie gibt es einfache Garagengeräte. Auf unserem Bild ist es der Eisemann-Kleinlader PKK 6 - 12/2,5. Er ist auch für 6-Volt-Batterien umschaltbar und gibt 2,5 Ampere ab. Beim Laden sollen, da auch gleichzeitig die Säuredichte kontrolliert werden muß, die Verschlußstopfen der Batterie geöffnet sein. Die Batterie entwickelt beim Laden das feuergefährliche Knallgas.

Zehn bis fünfzehn Stunden, bis die Batterie wieder ganz geladen ist, hat man nicht immer Zeit. Es geht durch Schnelladen auch schneller. Allerdings ist dies eine Roßkur, die nur ganz gesunde Batterien ohne weiteres überstehen, denn es wird mit über 50 Ampere dabei geladen. Wenn sich eine einwandfreie Batterie beispielsweise über Nacht durch einen versehentlich eingeschalteten Stromverbraucher entladen hat, darf man sie ohne weiteres an einem Schnellladegerät wieder aufputschen lassen, damit man mit seinem Auto wieder davonfahren kann. Aber zur Regel soll man das nicht machen. Bei älteren Batterien heben sich beispielsweise die Plattenblöcke, und die Batterie ist hinüber. Fabrikneue Batterien dürfen auf gar keinen Fall an ein Schnelladegerät gehängt werden. Viele Batteriehersteller laden heute ihre Batterien trocken vor. Bei der Inbetriebnahme wird nur noch Säure eingefüllt, und nach kurzer Wartezeit kann der Motor mit dieser Batterie gestartet werden. Allerdings muß sich sogleich eine längere Fahrt anschließen, damit die Lichtmaschine die neue Batterie langsam nachladen kann.
Übrigens muß die Batterie beim Schnelladen vom Stromkreislauf des Wagens unbedingt abgehängt, also das Minuskabel gelöst werden, damit der hohe Ladestrom keine elektrischen Teile schädigt! Vor allem die Drehstrom-Lichtmaschine erleidet durch die dabei auftretenden Stromstöße mit Sicherheit Schaden, wenn die Batterie beim Laden nicht »abgehängt« wurde.

Fingerzeig: *Batteriesäure ist ein Teufelszeug. Selbst in ziemlicher Verdünnung, also etwa beim Abwaschen von Oxydkristallen von der Batterie oder ihrem Standblech, frißt es erstaunlich große Löcher in Hose oder Jacke, wenn es beim Hantieren dorthin spritzte. Besonders gemein ist, daß man erst nach Tagen diese Wirkung sieht. Deshalb muß jeder Spritzer auf der Bekleidung sofort mit einer überschwemmenden Sodalösung behandelt werden. Wasser allein tut's nicht! Empfehlenswerte Vorsorge: Beim Hantieren an oder mit der Batterie eine Kunststoff-Folie, die bis zu den Schuhen reicht, vorbinden.*

Starten mit leerer Batterie

Hat man eines Abends vergessen, Stromverbraucher auszuschalten, so ist die Batterie am nächsten Morgen vielleicht so weit entladen, daß sie den Anlasser nicht mehr oder nur noch ganz müde durchdreht. Was läßt sich tun? Wenn die Scheinwerfer beim Einschalten noch brennen – wenn auch schon etwas trüb – so ist die Sache meist sehr einfach. Die Batterie kann zwar den An-

lasser nicht durchziehen, zur Erzeugung eines Zündfunkens hat sie aber fast immer noch genügend Energie.
Da die Batterie nur den Zündfunken zu liefern hat, genügt es, wenn man sich durch einen anderen Wagen kurz anschleppen oder anschieben läßt. Bevor man sich dazu entschließt, dreht man aber die Drosselklappen-Anschlagschraube des Vergasers um drei bis vier Gänge hinein (siehe Kapitel »Vergaserpraxis«). Springt der Motor dann beim Anschleppen oder Anschieben an, so wird er zwar aufheulen, aber auf keinen Fall mehr stehen bleiben. Die Drosselklappenanschlagschraube kann man nach dem Anhalten vorsichtig so weit zurückdrehen, daß der Motor einen schnellen Leerlauf behält und nicht wegbleibt. Erst wenn man auf schneller Straße 10 – 20 km weit gefahren ist ist die Batterie wieder soweit geladen, daß sie den nächsten Anlaßvorgang bei warmem Motor schaffen kann.

Die ganz leere Batterie

Für die Besitzer eines BMW mit Gleichstrom-Lichtmaschine (siehe nächstes Kapitel!) ist die Angelegenheit verhältnismäßig einfach: Man montiert die eigene leere Batterie heraus, geht zu einem freundlichen Nachbarn, dessen Auto die gleiche Batteriespannung wie die des eigenen BMW hat – also 6 bzw. 12 Volt; auf die Batterie-Kapazität kommt es nicht an, nur auf die gleiche Voltzahl – und bittet diesen Nachbarn um das gute Stück für ein Viertelstündchen. Diese Leihbatterie setzt man anstelle der eigenen Batterie ein, schließt die Kabel an, startet seinen BMW wie üblich und während dieser dann im erhöhten Leerlauf tuckert – Leerlaufanschlagschraube deshalb um 2 Windungen hineindrehen – hängt man unbesorgt die Batteriekabel – zuerst das Minus-Kabel! – an der Leih-Batterie wieder ab, wobei peinlich darauf zu achten ist, daß das blanke Ende des Plus-Kabels nicht versehentlich an »Masse« kommt, sonst spritzen die Funken. Dann wird die Leih-Batterie wieder herausgehoben, die eigene Batterie eingesetzt und zum Schluß befestigt man daran wieder die Batteriekabel – das »gefährliche« Plus-Kabel zuerst. Nach dem Zurückbringen der Leih-Batterie folgt eine Fahrt mit flott drehendem Motor, damit die Lichtmaschine der Batterie wieder Kraft verleihen kann. Diese Hilfsmaßnahme funktioniert aber nur, wenn Ihr BMW wirklich eine Gleichstrom-Lichtmaschine hat. Ihr macht das An- und Abhängen der Batteriekabel bei laufendem Motor nichts aus. Mit einer Drehstrom-Lichtmaschine, mit der heute die meisten BMW ausgestattet sind, ist das aber nicht zu machen. Denn die hochempfindlichen Steuerelemente der Drehstrom-Lichtmaschine vertragen das nicht.

Mit Starthilfekabel

Noch leichter und auch bei eingebauter Drehstrom-Lichtmaschine geht das Starten trotz leerer Batterie mit einem Satz Starthilfekabel (Preis ab 25,— DM im Kaufhaus) Sie müssen einen genügend großen Querschnitt und starke Anschlußklammern haben, um auch die entsprechende Stromstärke zum Anlassen durchzulassen. Bitten Sie einen Autofahrer, dessen Motor läuft und wie der Ihrige 6 bzw. 12 Volt braucht, so dicht an Ihren BMW heranzufahren, daß mit den etwa 2,5 m langen Kabeln eine direkte Verbindung von Batterie zu Batterie zwischen den Wagen hergestellt werden kann, wobei Plus an Plus und Minus an Minus die Kabel an den Batteriepolen angeklemmt werden. Dann gibt der hilfsbereite Autofahrer Gas, damit seine Lichtmaschine zusätzlich kräftig Strom spendet, während Sie Ihren müden BMW-Motor wieder zu munterem Leben erwecken. Das gelingt auf diese Weise auch im tiefsten Winter. Und vor allem Wintercamping-Freunden sind Starthilfekabel als sehr nützliches Zubehör zu empfehlen.

Anschleppen oder Anschieben

Es geht auch ohne Fremdbatterie. Dann muß der Wagen im 2. Gang angeschleppt werden; die Lichtmaschine muß nämlich auf genügende Drehzahl gebracht werden, damit ihr Reglerschalter (siehe auch Kapitel »Lichtmaschine«) sie als Stromspender für den Zündfunken voll einschaltet. Deshalb ist der 2. Gang notwendig; der 4. genügt nicht.
Der BMW läßt sich auch durch Anschieben bei leerer Batterie in Gang setzen. Dazu muß allerdings die Zündanlage in guter Verfassung sein, sonst wird es schwierig. Weil man die notwendige Drehzahl durch Anschieben im 3. Gang – im allgemeinen auch nicht im 2. Gang – erreicht, wendet man einen Trick an: 1. Gang einlegen, je nach Temperatur Starterzug ziehen, Kupplung durchgetreten halten, Wagen anschieben lassen, bis er in Schwung ist, dann Kupplung schnell kommen lassen. Der Wagen macht einen Hopser, bei dem der Motor plötzlich schnell genug durchgedreht wird, um in der Lichtmaschine genügend Strom für den Zündfunken zu erzeugen. Springt der Wagen an, sofort Kupplung treten und Gas geben. Wagen mit der Handbremse anhalten, denn die Füße braucht man für Kupplung und Gaspedal.

Fingerzeige: *Beim Anschleppen oder Anschieben darf eine offensichtlich defekte Batterie, deren Plattenpakete sich in den Batteriezellen aus Altersschwäche hochgedrückt haben oder die inneren Kurzschluß hat, auf keinen Fall angehängt bleiben. In solch einer defekten Batterie kann die Lichtmaschine keinen Strom speichern, sondern sie wird, vor allem bei innerem Kurzschluß der Batterie, derart überlastet, daß nach kurzer Zeit die Lichtmaschine durchschmort. Dann ist, sozusagen, »der Ofen aus« und nur noch Abschleppen hilft. Denn bei einem mit einer Gleichstrom-Lichtmaschine ausgestatteten BMW (zumeist die älteren Modelle) kann man ohne weiteres ohne angeschlossene Batterie zum nächsten Batteriedienst fahren, wenn der Motor erst einmal mit einem der vorgenannten Tricks in Gang gebracht wurde. Bei dieser Fahrt muß aber das lose Plus-Kabel für die Batterie sorgsam – notfalls mit einem dicken Wickel trockenen Zeitungspapiers – isoliert werden, damit es kein Feuerwerk gibt.*
Ist in Ihrem BMW jedoch eine Drehstrom-Lichtmaschine eingebaut, ist Motorlauf ohne angehängte Batterie – sie darf auch leer, aber eben nicht defekt sein – nicht möglich, wegen der für die Lichtmaschinen-Dioden gefährlichen Stromstöße. Eine angeschlossene Batterie muß da als »Puffer« dienen.
Eine gepflegte Batterie soll mindestens 2 Jahre, in der Regel 3 Jahre, durchhalten. Aber man kann mit einem bestimmten Trick auch wesentlich mehr Lebensjahre für die Batterie erreichen: Da werden nämlich von allerhand Firmen geheimnisvolle Säfte angeboten, mit deren Hilfe sich eine altersschwache Batterie wieder zu jugendlichem Temperament aufschwingen soll. Sie taugen, soweit sie uns bekannt wurden, alle nichts – mit einer Ausnahme. An einer über 3 Jahre alten Batterie, die schon reichlich müde und im Herbst reif zum Austausch war, probierten wir es mit »Cobalt-MG« (Bezugsquellennachweis durch Firma Walter Neuber, 581 Witten, Jahnstraße 13) nach der sehr genauen Gebrauchsanweisung. Im folgenden Winter zeigte sich die Batterie auch bei tiefem Frost wieder putzmunter. Da einmal keinmal ist, hörten wir bei bekannt-kritischen Autofahrern herum. Sie hatten die gleichen guten Erfahrungen gemacht. Wenn man allerdings wartet, bis eine Batterie völlig »tot« ist, sind Wiederbelebungs-Chancen gering und bei mechanisch beschädigten Batterien ist ebenfalls nichts mehr zu machen.

Motoren am Motor

Der Ausdruck »Lichtmaschine« kann leicht einen falschen Eindruck erwekken, denn aus ihrem Namen könnte man entnehmen, daß sie — so wie der Dynamo eines Fahrrads — nur die Beleuchtungseinrichtungen des Wagens versorgen müßte. Die Lichtmaschine Ihres BMW hat aber die Aufgabe, den gesamten Stromverbrauch des Wagens zu decken. Sie muß Strom für die Beleuchtung liefern, für die Zündung, die Scheibenwischer und für die Batterie.
In unseren BMW-Modellen sind zwei verschiedene Lichtmaschinen-Typen eingebaut: In den älteren BMW 1500/1600 bis Herbst 67 und in den 1800 bis Sommer 68 sind es Gleichstrom-Lichtmaschinen (ganz genau: Gleichstrom-Nebenschluß-Generatoren; aber diese Bezeichnung dürfen Sie gleich wieder vergessen). Die BMW 2000-Modelle haben von Ihrer Geburt an und alle anderen Modelle von den eben angegebenen Zeitpunkten an die leistungsstärkere Drehstrom-Lichtmaschine. Auch nachträglich lassen sich BMW-Motoren mit einer Drehstrom-Lichtmaschine ausstatten.
Von diesen Fachbezeichnungen Ihrer Lichtmaschine haben Sie natürlich nichts, und wir wollen Sie auch nicht lange mit technischen Erläuterungen hierüber langweilen, aber Sie müssen wissen, welche Vor- und Nachteile der eine oder andere Lichtmaschinentyp in der Fahrpraxis und Pannenhilfe hat.

Unterschiedliche Lichtmaschinen

Die althergebrachte Gleichstrom-Lichtmaschine muß sich schon flott drehen, bis sie der Batterie Strom zum Wiederaufladen liefern kann. Bei der Drehstrom Lichtmaschine genügt dazu bereits der Leerlauf des Motors. Sie erreicht auch wesentlich früher ihre höchste Stromabgabe, so daß insgesamt die Batterie nicht nur wieder schneller aufgeladen ist, sondern auch mehr Stromverbraucher ohne Sorge angeschlossen werden können, selbst wenn das Fahrzeug im städtischen Berufsverkehr selten zu hohen Motordrehzahlen kommt. Darüber hinaus ist die Drehstrom-Lichtmaschine praktisch wartungsfrei, während die Gleichstrom-Lichtmaschine nach einiger Zeit neue Schleifkohlen benötigt.
Aber die leistungsstärkere Drehstrom-Lichtmaschine hat durch ihren technischen Aufbau auch Nachteile. So darf beispielsweise bei laufender Drehstrom Lichtmaschine niemals ein Kabelanschluß im Verbund der Kombination Batterie—Lichtmaschine—Reglerschalter gelöst oder angeschlossen werden (auch nicht das Minuskabel der Batterie), weil die dabei auftretenden Stromstöße von den Dioden der Drehstrom-Lichtmaschine nicht vertragen werden. In der Praxis bedeutet dies, daß man nicht, wie bei einer Gleichstrom-Lichtmaschine, bei eigener leerer Batterie eine geladene Batterie zum Starten des Motors einsetzen und dann bei laufendem Motor durch die leere Batterie (die dann wieder aufgeladen würde) ersetzen darf. In diesem Falle muß der BMW mit Drehstrom-Lichtmaschine bei leerer angeschlossener Batterie angeschleppt werden (siehe Seite 106).

Diese große Empfindlichkeit gegen das Ab- und Anhängen eines Kabels bei laufendem Motor (was der Gleichstom-Lichtmaschine gar nichts ausmacht) bedeutet auch, daß die Batteriekabel stets einwandfrei festsitzen müssen. Schon ein Wackelkontakt irgendwo im Kabelverbund kann bereits den Effekt des Ab- und Anhängens bewirken und zu Lichtmaschinenschaden führen. Auch das Berühren von Kontakten des „Verbundnetzes" mit Schraubenzieher oder Schraubenschlüssel kann die laufende Drehstrom-Lichtmaschine durch Spannungsspitzen schädigen. Deshalb beim Prüfen der Anlage auch keine behelfsmäßigen Kabelverbindungen mit Draht herstellen, sie sitzen nicht fest und kurzschlußsicher genug

Ob Ihr BMW mit einer Gleichstrom- oder einer Drehstrom-Lichtmaschine ausgestattet ist, können Sie schon durch Augenschein sehr einfach feststellen: Während die althergebrachte Gleichstrom-Lichtmaschine eine längere „Walze" mit geringerem Querschnitt ist, hat die Drehstrom-Lichtmaschine eine wesentlich gedrungenere Form — sie ist kürzer als sie dick ist.

Die Gleichstrom-Lichtmaschine

Wenn Ihr BMW mit einer Gleichstrom-Lichtmaschine ausgestattet ist, dann stammt sie aus dem Hause Bosch und trägt die Bezeichnung EG 7V 50 A 25 (alte Bezeichnung: LJ/GEG/200/6/2400 R). Die in der Typbezeichnungsmitte stehende Kennzeichnung „7V" läßt unschwer erraten, daß es sich um 7 Volt handelt. Vielleicht wundert Sie das, denn wir sprachen bislang immer von einer 6-Volt-Batterie und 6-Volt-Anlage. Aber auch bei der 12-Volt-Anlage wird man in diesem Kapitel von 14 V sprechen. Das sind keine Druckfehler, sondern dies ist die erhöhte Betriebsspannung von 7 Volt (bzw. 14 Volt) für die 6 (bzw. 12) Volt Nennspannung der gesamten Elektro-Anlage. Damit wird der sogenannte Spannungsverlust ausgeglichen.

Die übrige Lichtmaschinenbezeichnung besagt nach der mit EG gegebenen Bauartkennzeichnung, daß diese Lichtmaschine bei einer Betriebsspannung von 7 Volt 50 Ampere Stromstärke liefern und bei 2500 Umdrehungen pro Minute bereits zwei Drittel ihrer Höchstleistung abgeben kann, das wären bei einer Höchstleistung von (Volt x Ampere =) 350 Watt also bereits etwa 230 Watt bei 2500 U/min der Lichtmaschinenwelle. Da nun der Keilriemen die Drehgeschwindigkeit von der Motorkurbelwelle zur Lichtmaschine im Verhältnis 1:1,65 übersetzt, muß der Motor für diese 230 Watt etwa 1500 U/min leisten. Und etwa 1000 U/min sind an der Motorkurbelwelle notwendig, damit diese Lichtmaschine ihre Einschaltdrehzahl, bei der sie Strom zu liefern beginnt, erreicht.

Der Reglerschalter

Weil ein Generator, wie ihn die Lichtmaschine darstellt, um so mehr Strom liefert, je schneller er sich dreht (man weiß das ja vom Fahrrad-Dynamo), dagegen die Batterie und die übrigen Stromverbraucher solche schwankenden Leistungen nicht unbeschadet vertragen, ist ein Reglerschalter an die Lichtmaschine angeschlossen. Er sitzt im Motorraum Ihres BMW links vorne auf der Radkastenseite und trägt die Bosch-Bezeichnung VA 7V 50 A (alte Bezeichnung: RS VA 200/6A1). Dieser Reglerschalter verbindet die Lichtmaschine nach Erreichung der Einschaltdrehzahl von etwa 1600 U/min der Lichtmaschine (etwa 1000 U/min der Motorkurbelwelle), bei der die Lichtmaschinenspannung bis auf etwa 6 Volt angestiegen ist, selbsttätig mit der Batterie und den Verbrauchern. Der Regler trennt ebenso wieder, wenn diese Drehzahl unterschritten wird, denn sonst würde sich die volle Batterie über die dann leistungsschwache Lichtmaschine entladen. Bei eingeschalteter Lichtmaschine sorgt der Reglerschalter dafür, daß weder bei hohem Stromverbrauch durch viele eingeschaltete Stromverbraucher die Lichtmaschine überbeansprucht, noch bei hoher Lichtmaschinenleistung die Batterie überladen wird.

Reglerschalter nachprüfen

Ist der Reglerschalter defekt, was sich in krassen Fällen an überkochender oder ständig entladener Batterie, am Nicht-Erlöschen der Ladekontrollampe bei höherer Motordrehzahl erkennbar machen kann (auch andere Folgen sind möglich), sind Reparaturversuche an ihm zwecklos und können zu Schäden in der Lichtanlage führen. Schon das Öffnen des Schaltergehäuses, das Abschleifen der Kontakte und das Beiseitedrücken der beweglichen Teile können zu Veränderungen der Einstellung führen, so daß der Regler ganz anders schaltet als er soll. Eine Überprüfung ist demnach Sache einer BMW- oder Bosch-Werkstatt. Selbstverständlich kann man vorher die Anschlußklemmen des Reglerschalters überprüfen und nachsehen, ob kein daran angeschlossenes Kabel wackelt oder gebrochen ist. Aber das ist auch ziemlich alles, was ohne Werkstatthilfe zu tun ist. Ein ähnlich aussehender, jedoch anders bezeichneter Reglerschalter kann übrigens nicht als Vergleich zur Probe eingeschaltet werden, denn seine Abstimmung kann zu Schäden führen, da seine Meßwerte andere sind.

Wartung der Gleichstrom-Lichtmaschine

Pflegedienst Nr. 3 a

Die älteren Gleichstrom-Lichtmaschinen an BMW-Motoren bis Baujahr 66 haben am hinteren Ende des Lichtmaschinengehäuses einen „Öler“, der, wie auf Seite 46 beschrieben, alle 7500 km mit einigen Tropfen Motoröl zur Schmierung des hinteren Ankerwellenlagers befüllt werden soll.
Wenn die Lichtmaschinenleistung unbefriedigend ist, also die Ladekontrolle zu lange bei hoher Drehzahl brennt und die Batterie nicht genügend nachgeladen wird (der Fehler kann allerdings auch am Reglerschalter liegen), wird es Zeit, einmal nach der Lichtmaschine zu sehen. Ob dies gerade bei km-Stand 50 000 notwendig wird, kommt auf die hauptsächlichen Betriebsverhältnisse an. Hohe Stromforderungen durch zahlreiche Verbraucher und Zusatzlampen lassen nämlich die Kohlebürsten der Lichtmaschine schneller verschleißen. Da kann die Nachschau schon nach 30 000 km fällig werden. Diese Kohlebürsten sind kleine Kohlestückchen mit einem angelöteten kurzen

Wenn Lichtmaschine oder Regler defekt, Heimfahrt mit Batteriestrom möglich. Damit sich Batterie nicht über eventuelle Kurzschlüsse in Regler oder Lichtmaschine entladen kann, rote Kabel an Klemme 30/51 (hier am 1600-2, weißer Pfeil, als Klemme B+ gekennzeichnet) lösen und blanke Enden isolieren. Bei Drehstrom-Lichtmaschine muß dagegen nur der Mehrfachkabelstecker an der Unterseite des Reglerschalters abgezogen werden.

Drahtendchen, die den in der Lichtmaschine entwickelten Strom vom Kollektor — das ist das geriffelte Teil am Ende der Lichtmaschine — „abzufegen" und weiter zu leiten haben.
Die eigene Nachschau rentiert sich gerade bei der Gleichstrom-Lichtmaschine durchaus, wenn man keine grundsätzliche Furcht vor der Elektrik hat. Denn gar zu gerne bauen Werkstätten, Gott sei's geklagt, eine Austausch-Lichtmaschine ein, wo es noch eine ganze Zeitlang mit einem Satz neuer Kohlebürsten gegangen wäre. Wartet man allerdings mit der Kontrolle zu lange, dann können sich die Kohlebürsten bis auf ihren Metallsockel abgerieben haben, und diese reißen natürlich in den Kollektor böse Rillen, die tatsächlich ein Abdrehen des Kollektors unausweichlich machen.
Zum Nachprüfen muß die Lichtmaschine ausgebaut werden, nachdem das Minuskabel der Batterie gelöst (um Kurzschlüsse zu vermeiden) und die Kabelanschlüsse an der Lichtmaschine abgenommen sind. Danach die Schraube am unteren Halteband der Lichtmaschine, dann die beiden am oberen Haltebügel (alles Schlüsselweite 13 bzw. bei den älteren Modellen SW 14) lockern, Lichtmaschine beischwenken, Keilriemen abstreifen, die drei Schrauben völlig lösen und Lichtmaschine herausheben.
Die Kohlebürsten sitzen auf dem hinteren Abschlußdeckel (Lagerschild) der Lichtmaschine. Vor diesem Lagerschild ist ein Staubschutzband aus Blech um das Lichtmaschinengehäuse gelegt. Das muß zuerst abgenommen werden. Dann werden zwei Schaulöcher frei, unter welchen insgesamt zwei Kohlebürsten, von einer Spiralfeder in einer Führungsbüchse gehalten, sitzen. Liegt die Spiralfeder auf der Hülse auf, ist die betreffende Bürste so weit abgenutzt, daß sie ersetzt werden muß. Bürstenfeder vorsichtig abheben — nicht mit Gewalt, sonst wird Federspannung verändert und neue Kohlebürste liegt nicht richtig auf —, Kohlebürste aus der Führungshülse ziehen. Anschlußlitze abschrauben.
Auch wenn nur eine Kohlebürste unbrauchbar oder beschädigt ist, müssen doch beide ersetzt werden.

Nicht am Kollektor feilen!

Bei dieser Gelegenheit wird auch der Kollektor nachgesehen und gereinigt. (Das ist das „quergestreifte" verdickte Teil der Lichtmaschinenwelle, auf dem die Kohlebürsten laufen.) Der Kollektor muß gleichmäßig glatt und frei von Staub, Schmutz oder Öl sein. Der Kollektor wird mit einem in Benzin getauchten und um einen Stock gewickelten sauberen Lappen rundum abgerieben. Für diese Arbeit braucht die Lichtmaschine nicht auseinander genommen zu werden. Läßt sich der Kollektor dadurch nicht reinigen und zeigt Rillen oder Schmorstellen, muß die Lichtmaschine in die Werkstatt.
Versuchen Sie auf keinen Fall, Schmorstellen mit Schmirgelleinen oder Feile selbst blank zu reiben! Das geht auf jeden Fall schief, denn auch die dem Auge nicht sichtbaren, dabei unvermeidbar entstehenden Unebenheiten bringen bei den sehr hohen Drehzahlen der Lichtmaschine später die Kohlebürsten zum Springen, zum „Feuern" sagt der Autoelektriker, weil zwischen Kollektor und abspringenden Kohlebürsten ständig starke Funken überspringen. Das ergibt baldigen Totalschaden der Lichtmaschine und bis dahin dürftige Stromabgabe.
Ist der Kollektor stark verschmort oder sind Rillen darin eingezogen, ist zwar auch noch keine Austausch-Lichtmaschine notwendig, aber der Kollektor muß von der Fachwerkstatt auf der Drehbank sorgsam abgedreht werden. Das ist also keine Heimwerkerarbeit und man muß einen oder zwei Tage auf seine Lichtmaschine (und sein Auto) verzichten.

Die Störung	— ihre Ursache	— ihre Abhilfe
Rote Ladekontrolllampe brennt nicht bei Motorstillstand und eingeschalteter Zündung	Anzeigelampe durchgebrannt Batterie entladen Batteriekabel lose oder defekt Reglerschalter schadhaft Zündanlaßschloß defekt	Neue Lampe einsetzen Batterie aufladen Batteriekabel kontrollieren Reglerschalter austauschen Instandsetzen
Ladekontrollampe erlöscht bei höherer Drehzahl nicht	Keilriemen lose oder defekt Reglerschalter defekt Lichtmaschine defekt Kabel zwischen Batterie und Lichtmaschine lose oder defekt Leitung der Ladekontrolllampe hat Masseschluß	Nachspannen oder neuen aufziehen Instandsetzen Instandsetzen Nachprüfen und Kontakte anziehen Leitung überprüfen, instandsetzen
Ladekontrollampe flackert	Keilriemen locker	Nachspannen
Ladekontrollampe verlöscht erst bei hoher Drehzahl	Lichtmaschine nicht in Ordnung Reglerschalter arbeitet falsch	Prüfen lassen Auswechseln
Lampe brennt bei ausgeschalteter Zündung weiter	Schaltkontakte des Reglers korrodiert oder festgebrannt	Regler auswechseln
Lampe glimmt bei Nacht und vielen eingeschalteten Stromverbrauchern	Wackelkontakte in der Hauptleitung Batterie - Lichtmaschine	Leitungen prüfen, instandsetzen, Kabelkontakte blank schaben
Batterie »kocht über« (Weiße Oxydkristalle auf der Batterieoberseite)	Batterie wird überladen	Reglerschalter austauschen

Drehstrom-Lichtmaschine

Im Gegensatz zu den älteren Fahrzeugen der Baureihe 1500, 1600 und 1800 sind die BMW 1800 TI und die Modelle der 2000 Reihe bereits serienmäßig und die Modelle 1600 und 1800 seit September 1967 bzw. Juli 1968 mit den leistungsstärkeren Drehstrom-Lichtmaschinen ausgestattet. Wird in einem der älteren Wagen nachträglich eine Drehstrom-Lichtmaschine eingebaut, muß auch der Reglerschalter ausgetauscht werden.

Äußerlich ist eine Drehstrom-Lichtmaschine an ihrer kurzen, gedrungenen Form zu erkennen. Daß sie leichter und kleiner ist, bedeutet aber nicht so viel wie die Tatsache, daß sie bereits bei geringer Drehzahl Leistung abgibt. Die für alle BMW passende Drehstrom-Lichtmaschine hat entsprechend den 12 Volt Netzspannung die Bezeichnung K 1–14V 35A 20. In den BMW mit 6 Volt-Anlage ist es die dafür passende Drehstrom-Lichtmaschine K 1-7V 50A 19. Diese Drehstrom-Lichtmaschinen geben bereits bei 900 bis 1000 Umdrehungen Zündstrom ab (was bei einer Keilriemenübersetzung von 1:1,82 etwa 500 U/min der Kurbelwelle entspricht), während die Gleichstrom-Lichtmaschine bei etwa 1600 Umdrehungen pro Minute gerade erst einschaltet! Die Drehstrom Lichtmaschine liefert also praktisch bereits bei Motorleerlauf Zündstrom und lädt die Batterie wieder auf. Außerdem ist die Drehstrom-Lichtmaschine länger wartungsfrei und hat eine längere Lebensdauer, weil ihre auf Schleifringen laufenden Kohlen weniger verschleißgefährdet sind.

Der dreiphasige Wechselstrom (Drehstrom), den diese Lichtmaschine erzeugt,

Die Teile der Drehstrom-Lichtmaschine.
Es bedeuten: 1 – Lichtmaschinengehäuse (an dicker, kurzer Form als Drehstromlichtmaschine erkennbar); 2 – Keilriemenscheibe mit Belüftungsrad; 3 – Spannungsregler (Reglerschalter); 4 – Kabelsatz zwischen Lichtmaschine und Regler; 5 – Mehrfachstecker an Regler-Unterseite (Radio-Entstörkondensator kann zwischengesteckt werden); 6 – Lichtmaschinen-Haltebügel am Motor; 7 – Lasche zum Keilriemennachspannen; 8 – Halteschelle für Kabelsatz; 9 – Reglerschalter-Träger.

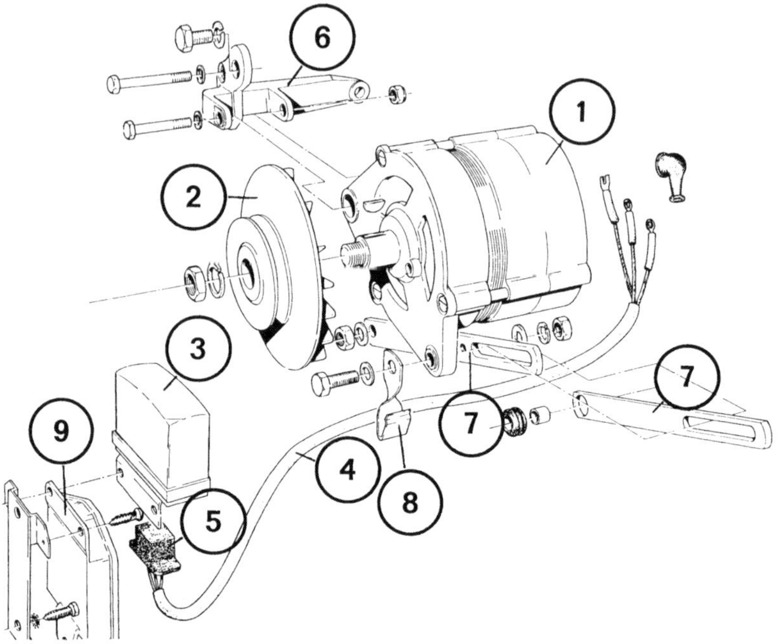

wird durch verschleißfeste Dioden (Halbleiter-Elemente) in den für die Zündanlage notwendigen Gleichstrom umgewandelt. Diese Dioden unterliegen zwar keinem mechanischen Verschleiß, aber sie sind gegen Spannungsspitzen, d. h. gegen hochgespannte Stromstöße, empfindlich. Sie können dadurch zerstört werden. Die Kabelverbindungen zwischen Lichtmaschine, Batterie oder Regler dürfen deshalb auf keinen Fall bei laufendem Motor, also bei Drehen der Lichtmaschine, voneinander getrennt werden. Batterie, Generator, Regler und Ladekontrolle bilden bei dieser Drehstromanlage eine fest zusammengehörende Einheit. Anders als bei der Gleichstromanlage wird bei diesem Drehstromsystem der Strom für das Bordnetz und die Zündanlage direkt an der Klemme B+ der Lichtmaschine abgenommen (also nicht am Reglerschalter wie bei der Gleichstrom-Lichtmaschine) und wie auf dem Schaltplan in der hinteren Buchklappe ersichtlich, fließt der Strom von dieser Klemme B+, die auch mit Klemme 30 bezeichnet wird, durch ein dickes rotes Kabel über den Pluspol der Batterie und von dort über das wegführende rote Kabel zum Zündschloß und zu den übrigen Stromverbrauchern. Die Ladekontrolle ist ebenfalls beim Drehstromsystem direkt an die Lichtmaschine (Klemme D+/61) angeschlossen und nicht wie bei Gleichstromanlagen am Reglerschalter.

Der Reglerschalter

Die Drehstrom-Lichtmaschine mit ihrem andersartigen Aufbau braucht natürlich auch einen anderen Reglerschalter. Es ist der Bosch ADN 1/7 V für die 6-Volt-Anlage bzw. der Bosch ADN 1/14 V für die 12-Volt-Anlage. Drehstrom-Lichtmaschine und Reglerschalter sind bei dieser Anlage durch drei dünne Kabel in einem Kabelschlauch miteinander verbunden, wobei am Reglerschalter ein Dreifach-Kabelstecker auch die Kabel zusammenfaßt, so daß beim etwa notwendigen Trennen der beiden Teile nur der Kabelstecker unten am Reglerschalter abgezogen werden muß.

Die Eigenarten der Drehstrom-Lichtmaschine im Vergleich zur Gleichstrom-Lichtmaschine haben wir bereits zu Anfang dieses Kapitels erläutert. Dort ist auch bereits angedeutet, daß die Drehstrom-Lichtmaschine wartungsfrei ist, weil sie keine Schmierstellen, keine verschleißgefährdeten Kohlebürsten und keinen Kollektor hat.

Pflege der Drehstrom-Lichtmaschine

Auch Reparaturversuche an der Drehstrom-Lichtmaschie haben keinen Sinn. Ein neugieriger Heimwerker kann es sich durchaus leisten, die normale Gleichstrom-Lichtmaschine auf dem Tisch fein säuberlich in ihre Einzelteile zu zerlegen und das Ganze wieder zusammenzubauen. Bei der Drehstrom-Lichtmaschine möchten wir davon abraten, denn die Lager sind nur mit verschiedenen Abziehgeräten zu lösen und vor allem sind etliche Bauteile sehr empfindlich gegen Wärme (Löten!), gegen Verdrehen, ungenauen Zusammenbau und gegen das Berühren nicht zusammengehörender Kontakte. Also unbedingt Werkstattsache. Eigenartig ist auch an der Drehstrom-Lichtmaschine, daß die Ladekontrollampe, falls durchgebrannt, sofort ersetzt werden soll. An einer anderen Lichtmaschine schadet eine durchgebrannte Ladeanzeige nichts, man hat nur keine Kontrolle mehr. Bei der Drehstrom-Lichtmaschine liefert sie jedoch zur sogenannten »Vorerregung« den notwendigen Strom, muß also intakt sein, sonst funktioniert die Stromlieferung erst ab wesentlich höherer Drehzahl.

Störungsbeistand

Drehstrom-Lichtmaschine

Noch besser als bei einer Gleichstrom-Lichtmaschine läßt sich in der Drehstrom-Lichtmaschine durch Beobachtung der Ladekontrollampe sehr oft feststellen, wo ein eventueller Fehler im System vorliegt. Die in unserer Tabelle auf Seite 110 aufgeführten Störungserscheinungen gelten, soweit sie sich dort nicht direkt auf die Gleichstrom-Lichtmaschine und den dazugehörigen Reglerschalter, sondern auf Batterie, Kabel, Zündschloß, Anzeigelampe usw. beziehen, natürlich auch für die Drehstrom-Anlage. Die nachfolgende Tabelle bringt deshalb nur solche Störungserscheinungen, die speziell bei der Drehstrom-Lichtanlage auftreten können und Hinweise auf ihre Ursache geben.

Die Störung	— ihre Ursache	— ihre Abhilfe
Rote Ladekontrollampe brennt nicht	1 Blaues Kabel zwischen Klemme D+/61 der Lichtmaschine und Lampe unterbrochen	Leitung überprüfen und instandsetzen
	2 Anzeigelampe durchgebrannt	Neue Anzeigelampe einsetzen
Ladekontrolle verlöscht nicht bei hoher Drehzahl	1 Blaues Kabel zwischen Klemme D+/61 der Lichmaschine und Lampe hat Masseschluß	Leitung überprüfen und instandsetzen
	2 Regler oder Lichtmaschine defekt	Prüfen und erforderlichenfalls ersetzen
Ladekontrolle brennt mit halber Helligkeit unverändert im Stand und bei Motorlauf	1 Schwarzes Kabel zwischen Klemmen DF Lichtmaschine und Regler angebrochen oder defekt	Kabel auf guten Stromdurchgang prüfen, da sonst hoher Widerstand
	2 Regler defekt	Prüfen, eventuell austauschen
	3 Schleifringe der Lichtmaschine schadhaft	Lichtmaschine prüfen lassen

Der Reglerschalter der Drehstrom-Lichtmaschine hat einen Dreifach-Kabelstecker für die Verbindungen zur Lichtmaschine. Außerdem ist an Klemme D+ ein blaues Kabel angeschlossen, das zur Ladekontrollampe führt. Die Kabelfarben und Klemmenbezeichnungen sind dem Schaltplan in der hinteren Buchklappe zu entnehmen.
Muß wegen eine Defekts im Reglerschalter oder in der Drehstrom-Lichtmaschine auf Batteriestrom weitergefahren werden, ist dieser Stecker abzuziehen, damit sich die Batterie nicht über Reglerschalter oder Lichtmaschine entlädt.

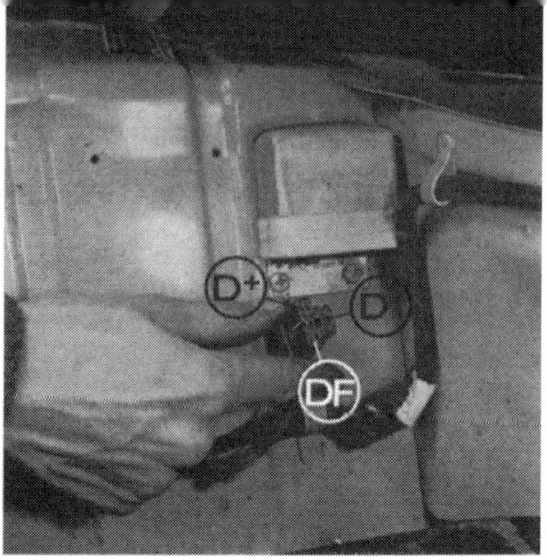

Ladekontrolle brennt im Stand ordnungsgemäß und glimmt bei Motorlauf	Defekte Lichtmaschinen-Diode	Kabelstecker an Regler sofort lösen. Weiterfahrt mit Batteriestrom
Batterie wird überladen (Säurekristalle an Batterieoberseite trotz nicht zu hoch befüllter Batterie)	1 Fehler in der Lichtmaschine 2 Fehler im Reglerschalter	Prüfung in Bosch-Werkstatt, Austausch defekter Teile
Ladekontrolle brennt bei ausgeschalteter Zündung	Defekte Lichtmaschinen-Diode oder Reglerschalter defekt	Kabelstecker am Reglerschalter abziehen (Bild oben) und auf Batteriestrom zur Werkstatt

Keilriemen prüfen

Wartungsdienst Nr. 11

Die Prüfung der Keilriemenspannung ist an sich nur bei der Inspektion alle 7500 km vorgesehen. Es kann aber nichts schaden, wenn man es selbst etwas häufiger macht. Das ist nicht nur für die Lichtmaschine von Bedeutung, denn dieser Keilriemen treibt ja auch die Wasserpumpe des Motors an, und die darf auf gar keinen Fall ausfallen. Ohne Lichtmaschine läuft der Motor auf Batteriestrom auch, aber wenn die Wasserpumpe sich nicht dreht, muß der BMW leider abgeschleppt werden. Denn wenn das Kühlwasser nicht zum schnellen Durchströmen des Kühlsystems veranlaßt wird, ist der Abtransport der Verbrennungswärme ungenügend, die Kühlflüssigkeit rund um die Zylin-

Der Keilriemen muß sich zwischen Lichtmaschine und Kurbelwelle um etwa 15 mm (entspricht etwa 10 mm oben zwischen Ventilator und Lichtmaschine) ohne großen Kraftaufwand durchdrücken lassen.
Die Spannschraube für die Lichtmaschine ist zwischen Daumen und Zeigefinger sichtbar. Sie wird etwas gelockert, wenn der Keilriemen nachgespannt werden soll. Dann Lichtmaschine nach außen drücken und gleichzeitig Spannschraube wieder festziehen.

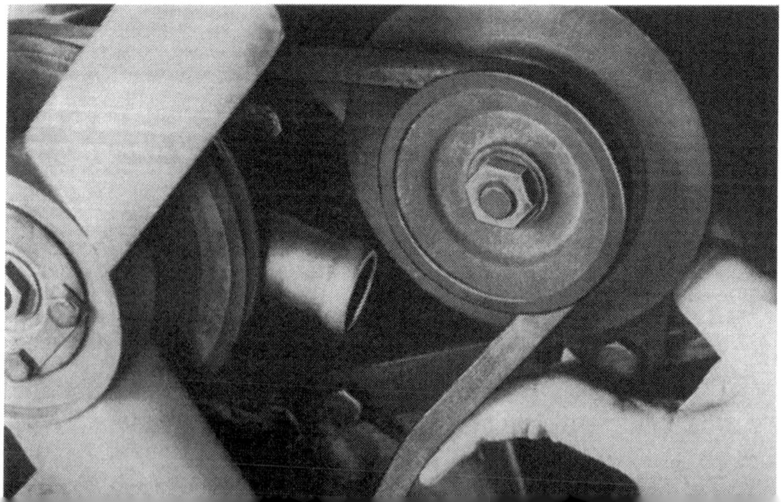

der kommt in wenigen Minuten zum Kochen, die Kolben fressen sich trotz Motorschmierung fest oder die Zylinderkopfdichtung brennt durch.
Die Spannung des Lichtmaschinen-Keilriemens stimmt, wenn er sich zwischen Lichtmaschine und Wasserpumpe ohne besonderen Kraftaufwand etwa einen Finger breit durchdrücken läßt. Ist der Keilriemen zu locker, rutscht er durch, erhitzt sich dabei und verschleißt in kurzer Zeit. Zu stramm gespannte Keilriemen beschädigen durch einseitigen Zug die Lager von Lichtmaschine und Wasserpumpe.
Das Nachspannen eines zu lockeren Keilriemens beschreibt der Bildtext links unten. Ist der Keilriemen angerissen oder ausgefranst, muß er natürlich bei nächstschnellster Gelegenheit ausgewechselt werden — er könnte sonst unterwegs im unpassendsten Moment völlig reißen.

Behelfs-keilriemen

Ein gerissener Keilriemen kommt bei Achtsamkeit allerdings selten vor und deswegen wird vermutlich kaum ein Fahrer einen Ersatzriemen an Bord haben. Aber es gibt noch eine ganz brauchbare Notlösung. Voraussetzung ist allerdings die Anwesenheit einer perlon- oder nylonbestrumpften Dame. Besagte Dame ist zum Opfer ihrer Strümpfe (Strümpfe mit bereits vorhandenen Laufmaschen genügen übrigens vollkommen) aufzufordern, wobei der Kavalier selbstverständlich vollwertigen Ersatz durch (bessere) Strümpfe zusichert (billiger als Abschleppenlassen). Dann werden die Strümpfe einzeln mit aller Kraft langgezogen, so stramm, wie es nur irgend geht, damit sie sich später nicht mehr längen. Keine Angst, die Strümpfe reißen nicht. Dann werden die beiden Strümpfe einzeln nacheinander um die Keilriemenscheiben montiert, wie unten im Bild gezeigt und im Bildtext beschrieben.
Wenn die Strümpfe stramm genug aufgezogen wurden, kann man ohne weiteres etliche hundert Kilometer damit fahren. Sie müssen nur die Ladekontrollampe und die Kühlwasser-Temperaturanzeige scharf im Auge behalten. Dieser Ersatz-Keilriemen läßt sich auch wie ein normaler Keilriemen nachspannen.

Fahren ohne Lichtmaschine

Wenn unterwegs die Ladekontrolle am Armaturenbrett bei flott laufendem Motor aufleuchtet oder nach dem Starten nicht verlöschen will, sieht man natürlich zuerst einmal nach, ob der Keilriemen überhaupt noch da ist und, wenn vorhanden, die notwendige Spannung hat. Falls der Keilriemen in Ordnung ist und auch keine wackelnden Kabelanschlüsse zu finden sind, müßte

Wenn der Keilriemen unterwegs reißt, kann man sich helfen, falls eine Begleiterin mitfährt: Man bitte sie, ihre Perlon- oder Nylonstrümpfe zu opfern (Kosten für neue Strümpfe im Vergleich zu andernfalls unvermeidbaren Abschleppkosten nicht der Rede wert). Jeden Strumpf mit aller Kraft dehnen, einzeln um die Keilriemenscheiben schlingen, fest verknoten und Enden abschneiden. Leuchtet Ladekontrolle nach einiger Zeit auf, Strumpf-»Keilriemen« durch Verstellen der Lichtmaschine nachspannen.

man auf dem kürzesten Wege in die Werkstatt, um Lichtmaschine und Reglerschalter durchmessen und nach dem Fehler suchen zu lassen. Nachts oder am Sonntag wird man jedoch kaum so schnell eine Werkstatt finden.

Darf man dann weiterfahren, auch wenn die rote Ladekontrollampe darauf hinweist, daß die Lichtmaschine keinen Strom abgibt? Ja, man darf weiterfahren, wenn nicht durch einen gerissenen Keilriemen auch die Wasserpumpe ausfällt. Es kommt nur darauf an, wie gut die Batterie geladen ist, denn sie muß jetzt als Stellvertreter für die Lichtmaschine einspringen. Sie kann das auch ganz gut, wie die Tabelle auf Seite 99 zeigt. Die Zündspule des BMW braucht durchschnittlich nur etwa 15 Watt, bei sehr niederen Motor-Drehzahlen etwas mehr, bei hohen Drehzahlen etwas weniger.

Theoretisch müßte das bei vollgeladener Batterie (beim 1600-2 12 V/36 Ah) für 30 Stunden reichen. Da die Zündspule aber einen Mindeststrom zum Aufbau eines brauchbaren Zündfunkens benötigt und die Batterie im praktischen Betrieb kaum ganz aufgeladen ist, kann man vielleicht mit 12 Stunden rechnen. Im Winter ist durch die geringe Leistungskraft der Batterie bei Frost eine wesentlich kürzere Zeit einzusetzen, zumal hier auch noch früher oder später Licht eingeschaltet werden muß, das wesentlich mehr Strom als die Zündspule frißt. Es kann trotzdem zur Heimfahrt genügen, wenn

- die Fahrt nicht unterbrochen wird (der Anlasser braucht zum Wiederstarten des Motores besonders viel Strom),
- kein Radio und kein Heizgebläse eingeschaltet wird,
- der Scheibenwischer nicht in Aktion tritt,
- und die Lichtmaschine elektrisch »abgehängt« wird, um Batterie-Entladung durch Kurzschluß zu vermeiden.

Um Lichtmaschine und Reglerschalter (der ja auch defekt sein kann) vom Bordnetz zu trennen, ist bei eingebauter Gleichstrom-Lichtmaschine das rote Kabel an Klemme 30/51 bzw. B + des Reglerschalters zu lösen und gut zu isolieren (Bild Seite 109), notfalls mit trockenem Zeitungspapier.

Bei eingebauter Drehstrom-Lichtmaschine ist einfach der Dreifach-Kabelstekker unten am Reglerschalter abzuziehen. Wenn möglich, kann man auch zur vollen Sicherheit noch das dicke rote Kabel an Klemme B + der Lichtmaschine lösen, das dann am blanken Ende sorgfältig isoliert werden muß, damit Batterie-Entladung und Kurzschlüsse vermieden werden.

Muß unterwegs die Fahrt unterbrochen werden, dann sollte der Wagen möglichst am oberen Ende einer abschüssigen Straße stehen bleiben, damit man zum Wieder-Starten nicht den Anlasser braucht, sondern anrollen kann.

Was sagt das rote Licht?

Die rote Ladekontrollampe im Armaturenbrett soll aufleuchten, wenn die Zündung eigeschaltet, und verlöschen, wenn der Motor nach dem Anlassen beschleunigt wird. Das Erlöschen der roten Lampe beweist, daß die Lichtmaschine selbst Strom erzeugt, es besagt jedoch nicht, daß die Batterie bereits geladen wird. Sie sagt auch nichts über den Ladezustand der Batterie, es sei denn, die rote Lampe flackert beim mühsamen Durchdrehen des Anlassers, weil die Batterie nahezu entladen ist.

Wenn Sie sich einmal den Schaltplan in der hinteren Buchklappe betrachten, können Sie erkennen, daß die Ladekontrollampe einerseits Strom erhält, wenn das Lenkschloß eingeschaltet wird. Mit dem anderen Kabelanschluß hängt die Ladekontrolle an Klemme D+/61 des Reglerschalters, zusammen mit dem Pluskabel der Lichtmaschine. Steht die Lichtmaschine oder dreht sie nur wenig, dann hat dieses Pluskabel der Lichtmaschine keinen oder nur wenig »Plus«-Strom, ist praktisch also »Minus«, so daß die rote Ladekontrolle, die ja von der Batterie über das Lenkschloß »Plus« erhält, brennt. Liefert die Lichtmaschine aber genügend Strom, liegt an beiden Kabelenden der Ladekontrolle »Plus«, sie kann also wegen Mangel an »Minus« nicht mehr brennen.

Der Anlasser

Dieser kleine elektrische Hilfsmotor, der in Fahrtrichtung hinten links am Motor angebracht ist, muß den Motor beim Anlassen auf die erforderliche Anlaßdrehzahl bringen. Natürlich braucht er hierzu eine ausreichend geladene Batterie.
Der Anlasseranker treibt ein kleines Zahnrad (das sogenannte Ritzel), das beim Anlassen in die große Verzahnung des Schwungrades eingerückt wird. Dieses Einrücken erfolgt durch den Magnetschalter, der oben auf dem Anlasser angebracht ist. Dreht man den Zündschlüssel in Anlaßstellung, so wird dem Magnetschalter an der Klemme »50« Strom zugeführt, er schiebt über eine Einrückgabel das Ritzel in die Verzahnung des Schwungrades, und am Schluß der »Verschiebung« schließt er die Stromzuführung von der Batterie zum Anlasser, so daß dieser anläuft.

Störungsmöglichkeiten und Abhilfe

Wenn der Anlasser beim Drehen des Zündschlüssels in Startstellung den Motor nicht durchdreht, so gibt es drei Möglichkeiten:

- Der Anlasser erhält keinen oder nicht genügend Strom (kam früher nach heißgefahrenem Motor vor, Abhilfeversuch: Gegen Anlasser klopfen).
- Der Magnetschalter zieht nicht an; er schiebt das Anlasserzahnrad (Ritzel) nicht in den Schwungrad-Zahnkranz und schaltet den Anlasserstromkreis nicht ein.
- Der Anlasser läuft hörbar an, dreht aber den Motor nicht durch.

■ Batterie entladen, Kabelanschlüsse gelöst. Kohlebürsten abgenutzt oder Bürstenanschlüsse gelöst. Kontakte im Magnetschalter verschmort.

■ Erlöschen die Kontrolleuchten für Ladestrom, Öldruck, Starterzug beim Drehen des Zündschlüssels auf Anlaßstellung oder brennen sie nur noch ganz dunkel? Kabelanschlüsse an Batterie, Anlasser und Massebänder zwischen Batterie und Karosserie sowie Karosserie und Motor auf festen Sitz prüfen. Bringt das nichts, dann wird die Batterie stark entladen sein. Keine weiteren Anlaßversuche unternehmen, sondern Wagen anschieben. Meist hat die Batterie noch genügend Spannung, um die Zündspule zu versorgen, so daß das Anschieben ziemlich einfach ist.

An der Klemme »50« wird dem Magnetschalter des Anlassers der Steuerstrom vom Zünd-Anlaßschalter zugeführt. Sobald diese Klemme Strom erhält, rückt der Anlaßmagnetschalter das Anlasserritzel in die Schwungradverzahnung ein und schließt den Stromkreis für den Anlasser: der Anlasser läuft an. Wenn man dieser Klemme mit einem zwischengehaltenen Schraubenzieher direkt Strom von der benachbarten Klemme 30 (Kabel von der Batterie) gibt, dann kann man den Motor auch dann mit dem Anlasser anlassen, wenn die Leitung 50 am Zünd-Anlaßschalter unterbrochen ist. Nach dem Anspringen des Motors muß man diese Strombrücke sofort wieder lösen, da der Anlasser sonst zerstört wird.

Zur Störungssuche in der Auto-Elektrik ist eine kleine Prüflampe (kostet etwa 5 DM) wichtigstes Werkzeug. Damit läßt sich an allen Klemmen, Kabeln und Steckern, die Batteriestrom führen (sollen), feststellen, ob sie es auch tun. Dazu muß das eine Kabelende (möglichst mit Krokodilklemme) an der Prüfstelle angeschlossen und mit dem anderen Ende (Nadelspitze der Prüflampe) an »Masse« auf blankes Metall (hier Karosserieschraube) getippt werden. Dadurch ist der Stromkreis geschlossen und die Prüfung möglich. Der Hochspannungs-Zündfunkenstrom läßt sich damit allerdings nicht prüfen.

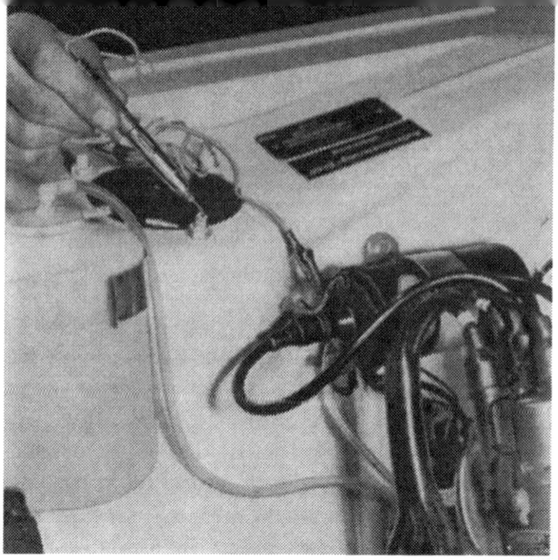

■ Wenn beim Drehen des Zündschlüssels in Anlaßstellung und beim Loslassen ein Klicken aus Richtung des Anlassers vernehmbar ist, so zeigt dieses an, daß der Magnetschalter anzieht.

■ Werden die Kontrolleuchten beim Einschalten des Anlassers nicht dunkler, so erhält dieser selbst keinen Strom, obwohl der Magnetschalter anzieht. Entweder sind die Kohlebürsten des Anlassers bzw. ihre Anschlüsse defekt, oder die Kontakte im Magnetschalter sind nicht in Ordnung. In den beiden letzten Fällen muß der Anlasser ausgebaut werden, doch kann man den Wagen natürlich anschieben.

■ Beim Drehen des Zündschlüssels in Anlaßstellung ist nichts zu hören (weder Anlasserbrummen noch Klicken des Magnetschalters), die Kontrolleuchten brennen hell weiter: Der Magnetschalter erhält keinen Strom. Die Anschlüsse oder das Verbindungskabel zwischen den Klemmen »50« des Zünd-Anlaßschalters sind nicht in Ordnung. Zuerst nachprüfen, ob der Steckanschluß des dünneren schwarzen Kabels unterhalb des Batteriekabelanschlusses am Anlasser richtig sitzt und die Leitung nicht abgerissen ist.

Will man sich die umständliche Kontrolle der Magnetschalterleitung unterhalb der Instrumententafel ersparen (man muß ja die Verkleidung abnehmen), so kann man bei eingeschalteter Zündung (Schalthebel auf Leerlauf) mit einem Schraubenzieher oder einem kurzen Kabel eine kurzzeitige Verbindung zwischen der Anlasserklemme für das Batteriekabel und dem Steckanschluß der Klemme »50« am Anlasser herstellen. Vorsicht vor Kurzschluß!

Lag der Fehler in der Magnetschalterleitung, wird der Anlasser den Motor durchdrehen und anwerfen. Behelfsmäßige Verbindung sofort wieder lösen! Leitung später instandsetzen lassen. Läuft der Anlasser auch dann nicht an, wenn man der Klemme »50« direkt Strom zuführt, dann kann die Magnetwicklung defekt sein. Wagen anschieben!

■ Hört man beim Drehen des Zündschlüssels in Anlaßstellung den Anlasser laufen, ohne daß er den Motor durchdreht, so liegt entweder ein Fehler in der Einrückvorrichtung für das Ritzel bzw. im Freilauf desselben vor, oder – was selten vorkommt – die Zähne des Ritzels oder des Zahnkranzes sind abgenutzt.

Auch in diesem Fall muß der Anlasser zur Instandsetzung ausgebaut werden, doch kann man den Wagen natürlich anschieben.

Der Strippensalat

Nichts ist dem normalen Autofahrer an seinem Auto so unheimlich wie das Gewirr an elektrischen Leitungen. Sie scheinen in unberechenbaren, planlosen Bahnen zu laufen, und eine Störung in der elektrischen Anlage – die man einem sagenhaften, nicht existenten Parasit, dem »Kupferwurm« zuschreibt – vergällt ihm meist die ganze Freude am Auto.

Gewiß, die vielfältigen Leitungen, Klemmen, Sicherungen, Schalter und elektrischen Verbraucher machen die Anlage auf den ersten Blick erschreckend unübersichtlich, doch gibt es hierfür einige Wegweiser, ohne die auch ein ausgefuchster Auto-Elektriker auf stundenlanges Messen und Suchen nach dem »Kupferwurm« angewiesen wäre.

Diese Wegweiser sind die unterschiedlichen Farben der elektrischen Kabel, die bei allen deutschen Wagen einheitlichen Klemmenbezeichnungen für die verschiedenen Anschlüsse und der Schaltplan.

Mit diesen Wegweisern wird auch dem elektroängstlichen Autofahrer die Suche nach einer Störung so leichtgemacht, daß er nur noch etwas logisches Nachdenken benötigt — und eine Prüflampe (siehe nebenstehendes Bild).

Sie sollten wissen, daß man beim Auto keine doppeladrigen Kabel verwendet, wie sie sonst z. B. im Haushalt üblich sind, denn eine Leitungsader wird bereits durch die Metallmasse von Wagen und Motor ersetzt. Im Auto sind es also »Ein-Litzen-Kabel«, deren Umhüllung benzin-, öl- und feuchtigkeitsfest ist und denen auch Kälte oder Hitze wenig ausmacht. Aus diesem Grund läßt sich also normales Haushaltskabel bei der Autobastelei nicht verwenden.

Vielleicht haben Sie auch schon bemerkt, daß die in Ihrem BMW eingebauten Kabel unterschiedlich dick sind – sie haben verschiedene Leitungsquerschnitte. Der Grund ist einfach. Je größer »die Menge Strom« ist, die durch so ein Kabel »hindurch muß«, um so dicker muß das Kabel sein. Ist der Leitungsquerschnitt für einen bestimmten Strom zu klein, so müssen sich die Elektronen durch den kleinen Querschnitt hindurchzwängen – sie kommen am Ende der Leitung nicht mit dem »Druck« heraus, mit dem sie hinein geschickt wurden; es ergibt sich ein Spannungsabfall. Daneben erwärmt sich die Leitung beim Hindurchzwängen der Elektronen zu stark, und die Gefahr eines Brandes besteht.

Mindest-Leitungsquerschnitte

Um einen unzulässigen Spannungsabfall und eine unzulässige Erwärmung zu vermeiden, sind für die einzelnen Leitungen bestimmte Normquerschnitte vorgeschrieben.

- 0,5 mm^2 für gering belastete Leitungen, z. B. von Kennzeichen-, Schluß- und Kontrolleuchten, Kraftstoff-Vorratsanzeiger;
- 0,75 mm^2 für mäßig belastete Leitungen, z. B. von Brems-Schlußleuchten, Scheibenwischer, Zündanlagen;
- 1 mm^2 z. B. für Fahrtrichtungsanzeiger

- 1,5 mm² für Scheinwerfer-Einzelleitungen ab Sicherung und Horn bis 6 A;
- 2,5 mm² für Scheinwerfer-Sammelleitungen bis zur Sicherung und Horn über 6 A;

Noch wesentlich dickere Kabel werden für die Ladeleitung der Lichtmaschine und die Anlasserleitung benötigt.
Die Leitungen selbst ändern ihren Widerstand auch nach noch so vielen Jahren nicht, können also nicht selbst die Ursache für einen erhöhten Spannungsabfall sein, wenn sie nicht gerade durch Teil-Bruch oder Knickung im Querschnitt verringert wurden. Ein erhöhter Spannungsabfall in den Leitungen kann sich eher durch die angequetschten Flachstecker ergeben, wenn sich die Stekker lösen oder sich zwischen der Kupferseele der Leitung und dem Stecker eine Oxydschicht bildet.
Wenn Sie also einmal eine Leitung ersetzen müssen oder neue Leitungen für zusätzliche Verbraucher – Nebelscheinwerfer, Zusatzhorn usw. – einbauen wollen, dann dürfen Sie kein zu dünnes Kabel nehmen, sondern lieber »eine Nummer größer«, also Kabel mit 2,5 mm² Querschnitt. Müssen übrigens ganze Kabelsätze ersetzt werden, weil etwa die seitherigen durch Brand verschmort sind, dann sollten Sie wissen, daß es diese kompletten Kabelsätze, vorne und hinten mit den entsprechenden Kabelsteckern, mit Kabelumhüllung drumherum und in den planmäßigen Kabelfarben als leicht montierbare Ersatzteile beim BMW-Händler gibt. Ebenso liefern die Firmen Hella und Bosch einbaufertige Kabelsätze für Radioeinbau, Warnblinkanlagen und dergleichen.

Die „Masse-Kur“

Die meisten Leitungen sind durch Steckverbindungen an die Verbraucher, Schalter oder Sicherungen angeschlossen. Diese Steckverbindungen (bei denen die Leitungsenden mit Flachsteckern versehen sind, die Geräte mit Flachsteck-Zungen) sind beim Lösen und Herstellen der Verbindungen recht praktisch, da man keinen Schraubenschlüssel oder Schraubenzieher benötigt. Gelegentlich sind sie allerdings unerfreuliche Störungsquellen, da sich zwischen Steckern und Steckzungen eine Oxydschicht bilden kann, die den Stromdurchgang behindert. Wenn sich einmal eine unerklärliche Störung an einem Stromverbraucher ergibt, daß z. B. eine Blinkleuchte, die Scheibenwaschautomatik, eine Schlußleuchte oder ähnliches ausfällt, sollte man nach der Kontrolle der Sicherung eigentlich zuerst einmal die Steckverbindungen des Stromverbrauchers abziehen und wieder aufstecken. Vielfach ist der Fehler dann wieder behoben, da hierbei die Oxydschicht der Steckverbindung zerstört wird.
Wenn man eine neue Leitung zieht, dann muß man oft einen Flachstecker an dieser Leitung anbringen. Hierbei verwendet man besser die nicht isolierten Stecker als die isolierten Stecker. Während man zum Anquetschen der isolierten Stecker eine Spezialzange braucht, lassen sich die nichtisolierten Stecker notfalls auch mit einer Kombizange aufquetschen.
Beim Lösen und Anschließen von Leitungen löst man immer zuerst das Minuskabel der Batterie, damit es keinen Kurzschluß gibt. Man könnte auch das Pluskabel lösen, doch dabei kommt man oft mit dem Schraubenschlüssel an Masse, und dann gibt es natürlich noch einen schlimmeren Kurzschluß.

Schalter als Störungsquelle

Die Schalter in der elektrischen Anlage können gelegentlich die Ursache für den Ausfall oder die verminderte Leistung eines Stromverbrauchers sein. Beim Trennen der Schalterkontakte werden durch die entstehenden Öffnungsfunken immer feinste Kontaktteilchen aus den Schalterkontakten herausge-

Diese junge Dame betreibt eine besondere Art der Kontaktpflege. Kabelstecker, Stromklemmen und Lampenkontakte setzen mit der Zeit eine Oxydschicht an, die den Stromfluß behindert und zu störendem Spannungsabfall oder Stromunterbrechung führen kann. Es ist eine gute Vorbeugung, gelegentlich solche Kontakte wieder blank zu schaben, notfalls mit einer Nagelfeile. Hier wird gerade die linke, vordere Blinkerlampe wieder brauchbar gemacht.

rissen. Im Laufe der Jahre können solche Schalterkontakte einen zusätzlichen Widerstand bewirken, der zum Leistungsabfall des angeschlossenen Verbrauchers führt. Ergibt sich ein unerklärlicher Leistungsabfall, so wechselt man – sofern der Verbraucher in Ordnung ist und die Sicherung einwandfreien Kontakt hat – den entsprechenden Schalter aus. Prüfung vorher: Verbraucher (z. B. Scheinwerfer) einschalten und nun an der Schalter-Rückseite mit kurzem Kabelstückchen Strom-Eingangs- und Ausgangs-Klemme überbrücken. Ist jetzt der Verbraucher »aktiver« (Scheinwerfer brennt heller), liegt der Spannungsabfall im Schalter. Diesen, wenn demontierbar, auseinandernehmen, Kontakte blank polieren und nochmals nachprüfen. Oder neuen Schalter einbauen.

Die Sicherungen

Ebenso wie das Haushalts-Leitungsnetz durch »Sicherungen« abgesichert ist, die bei Kurzschluß eines Verbrauchers oder einer Leitung durchschmelzen, ist auch das Leitungsnetz der Kraftwagen abgesichert. Hier gibt es allerdings keine Hauptsicherung, doch die meisten Verbraucher sind einzeln abgesichert – beim BMW sind es je nach Modell sechs, acht, zehn oder zwölf Sicherungen, an denen jeweils mehrere Verbraucher angeschlossen sind. Die Sicherungen sind im Sicherungskasten zusammengefaßt (siehe Bild nächste Seite). Nicht alle Stromkreise sind abgesichert! Fällt die Zündung aus (springt der Motor z. B. nicht an, setzt er plötzlich aus oder stottert er), so kann es nicht an einer Sicherung liegen, denn der Zündstrom läuft nicht über eine Sicherung. Auch beim Ausfall der Scheinwerferlampen (Fernlicht oder Abblendlicht) ist am BMW bis Baujahr 70 keine Sicherung ausgefallen, diese sind erst ab Baujahr 71 abgesichert.
Verändern Sie bitte nichts an der serienmäßigen Absicherung, indem Sie einen zusätzlichen Verbraucher wie z. B. Nebelscheinwerfer an eine Sicherung legen, und den früher dort angeschlossenen Verbraucher an eine der übrigen Sicherungen klemmen, denn manche Sicherungskreise sind gesetzlich vorgeschrieben, so dürfen z. B. die hinteren Schlußleuchten nicht an einer gemeinsamen Sicherung liegen!

Defekte Sicherungen

Wenn eine Sicherung durchbrennt, so liegt meist ein dauernder oder zeitweiliger Kurzschluß vor, sofern die betreffende Sicherung nicht dadurch überlastet wurde, daß man ihr noch einen zusätzlichen Verbraucher angeschlossen hat. Wird die durchgebrannte Sicherung durch eine neue ersetzt, und brennt diese sofort oder nach einiger Zeit wieder durch, so muß zuerst der Kurzschluß in der Leitung oder im Verbraucher gesucht werden, was häufig eine zeitraubende Arbeit ist. Nach dem Schaltplan in der rückseitigen Umschlagklappe kann man versuchen, den Störungsherd herauszufinden. Die an der durchbrennenden Sicherung angeschlossenen Verbraucher einzeln und nacheinander abklemmen. Da man bei diesem Verfahren gelegentlich einige Sicherungen verbrauchen kann, bis man die Störungsursache ermittelt hat, sollte man stets einige passende Sicherungen als Reserve mitführen. Eine durchgebrannte Sicherung durch einen massiven Draht, durch das zusammengerollte Stanniol einer Zigarettenpackung oder auf andere Art zu ersetzen, ist sträflicher Leichtsinn.

Als Ersatz für durchgebrannte Sicherungen braucht man beim BMW solche mit sehr unterschiedlicher Stromaufnahmefähigkeit. Während die Modelle bis 66 zumeist solche für 8 und 25 Ampere brauchen, sind im Baujahr 68 zumeist 8 und 16 Ampere gefordert. Etwas differenzierter ist es bei Modellen Baujahr 70 mit 5, 8 und 16 Ampere.

Fällt ein Verbraucher aus, so braucht man nicht sofort die Sicherungen zu kontrollieren. Da zumeist mehrere Verbraucher an eine Sicherung angeschlossen sind, kann man durch Einschalten eines an der gleichen Sicherung angeschlossenen Verbrauchers die Sicherung leicht kontrollieren. Natürlich wendet man dieses Verfahren nur an, wenn man weiß, welche Verbraucher an der gleichen Sicherung liegen, sonst hat man schneller die unter dem durchsichtigen Deckel liegenden Sicherungen überprüft.

Gelegentlich kommt es auch vor, daß sich eine Oxydschicht zwischen den Klemmblechen des Sicherungshalters und den Anschlußkappen der Sicherung gebildet hat, die den Stromdurchgang behindert. Abhilfe: Klemmbleche mit Daumen und Zeigefinger zusammendrücken, eingesetzte Sicherung mit Daumen und Zeigefinger der anderen Hand kräftig zwischen den Klemmblechen drehen. Anschließend Sicherung herausnehmen, Klemmbleche etwas zusammendrücken und Sicherung wieder einsetzen.

Sicherungstabelle

Im Laufe der Jahre sind zahlreiche Schaltungen bei den in diesem Buch besprochenen BMW-Modellen mehr oder weniger geändert worden. Deshalb kann unser Schaltplan in der hinteren Buchklappe auch nur ein typisches BMW-Schaltplan-Muster sein (BMW 1600 TI, Baujahr 67), das allerdings

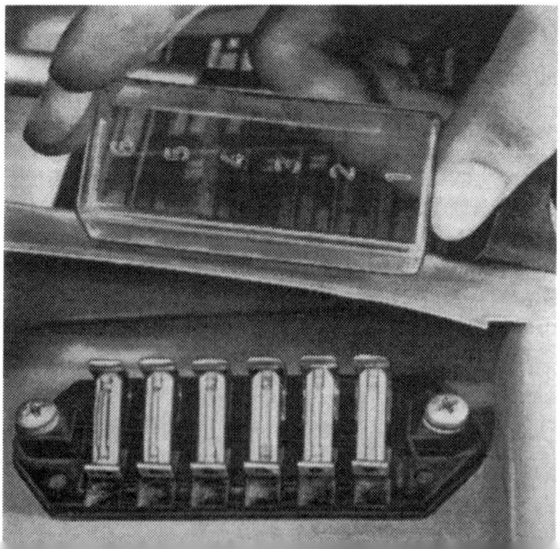

Dies ist eins der zahlreichen Sicherungskasten-Modelle (hier vom BMW 1600-2), die man mit 6, 8, 10 oder 12 Sicherungen in der Regel im Motorraum hinten vor dem Fahrersitz findet. Einige Ausführungen des BMW 1800 und 2000 haben den Sicherungskasten mit 10 Sicherungen jedoch im Fußraum des Fahrers unter dem Armaturenbrett. Zumeist gibt ein beigeklebtes Abziehbild Auskunft, für welche Stromverbraucher die einzelnen Sicherungen gedacht sind.

grundsätzlich auch für die anderen Modelle gilt. Und aus gleichen Gründen können wir leider auch nicht alle Sicherungstabellen für alle Modelle und Baujahre hier aufführen, sondern haben zwei besonders typische stark verbreitete Modelle ausgewählt. Wenn also in Ihrem BMW an irgendeiner Sicherung ein anderer Stromverbraucher hängt als in einer der nachfolgenden Tabellen angeben, dann sollten Sie noch einmal den zweitletzten Abschnitt auf Seite 12 lesen.

BMW 1600-2
(Baujahr 70)

Sicherung Nr.	erhält Strom von	Kabel - Farbe	angeschlossene Stromverbraucher	Kabel-Farbe
1 (8 Amp.)	Lichtschalter Klemme 58 L oder Parklichtschalter Klemme PL	grau-schwarz grau-schwarz	Standlicht links Schlußlicht links	grau-gelb grau-gelb
2 (8 Amp.)	Lichtschalter Klemme K	grau	Kennzeichenleuchten Instrumenten- beleuchtung	grau-rot grau-rot
3 (8 Amp.)	Lichtschalter Klemme 58 R oder Parklichtschalter Klemme PR	grau-grün grau-grün	Standlicht rechts Schlußlicht rechts	grau-weiß grau-weiß
4 (25 Amp.)	Batterie (stets stromführend)	rot	Innenraumleuchte Zigarrenanzünder Zeituhr	rot rot rot
5 (8 Amp.)	Zündschloß Klemme 15 (bei eingeschalteter Zündung)	grün	Bremslichtschalter Blinkgeber-Relais Rückfahrscheinwerfer	schwarz-grün schwarz-grün schwarz-grün
6 (25 Amp.)	Sicherung Nr. 5 Eingangsseite (bei eingeschalteter Zündung)	— —	Scheibenwischermotor Scheibenwascher- pumpe, Verzögerungs- Relais für Scheiben- wischer Scheibenwischerschalter Kraftstoffanzeige, Öldruck-Kontrolle, Signalhorn Heizgebläseschalter	grün-blau grün-blau grün-blau grün-blau

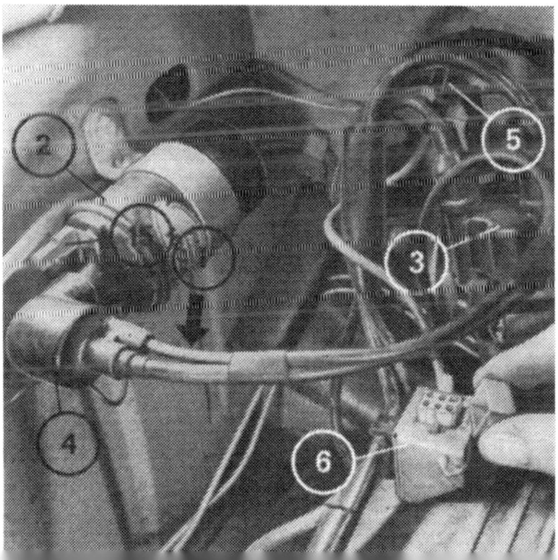

Im Verlaufe des Baujahres 70 erhielten die BMW-Modelle zwei Diagnosestecker, von denen einer (6) neben Zündspule (2) und Zündverteiler (3) am Motor sitzt und speziell der Kontrolle der Zündanlage dient. Dementsprechend führt ein zweites Kabel (schwarzer Pfeil) vom Hauptzündkabel, mit dem es durch eine Induktionsspule (4) gekoppelt ist, zum Diagnosestecker. Und auch das Zündkabel zu Zylinder Nr. 1 trägt eine Induktionsspule (5) mit Kabel zum Diagnosestecker. Für die Heimwerker-Diagnose lassen sich die Diagnosestecker leider nicht nutzbar machen.

Sicherung Nr.	erhält Strom von	Kabel-Farbe	angeschlossene Stromverbraucher	Kabel-Farbe
1 (5 Amp.)	Lichtschalter Klemme 58 L oder Parklichtschalter Klemme PL	grau-schwarz grau-schwarz	Standlicht links Schlußlicht links	grau-gelb grau-gelb
2 (5 Amp.)	Lichtschalter Klemme K	grau	Kennzeichenleuchten Instrumentenbeleuchtung	grau-rot grau-rot
3 (5 Amp.)	Lichtschalter Klemme 58 R oder Parklichtschalter Klemme PR	grau-grün grau-grün	Standlicht rechts Schlußlicht rechts	grau-weiß grau-weiß
4 (8 Amp.)	Sicherung Nr. 5 (stets stromführend)	-- --	(nicht abgesichert:) Zündschloß (abgesichert:) Innenraumleuchte Zeituhr	 rot rot-weiß rot-weiß
5 (16 Amp.)	Batterie (stets stromführend)	rot	(nicht abgesichert:) Lichtschalter Klemme 30 Lichthupenschalter Anlaßrelais (Automatic) (abgesichert:) Zigarrenanzünder	 rot rot rot rot-gelb
6 (8 Amp.)	Sicherung Nr. 7 (bei eingeschalteter Zündung)	-- --	Scheibenwischerschalter Scheibenwascher-pumpe, Scheiben-wischermotor, Ver-zögerungs-Relais	grün-schwarz grün-schwarz
7 (8 Amp.)	Eingang Sicherung Nr. 8 (bei eingeschalteter Zündung)	grün	Hupenrelais Warnblinkschalter, Blinker-Relais Rückfahrscheinwerfer Bremslichtschalter, Kraftstoffanzeige, Starterzug- und Kraftstoff-reservekontrolle, Öl-druckkontrolle, Kühl-wassertemperatur-anzeige	grün-weiß grün-weiß grün-weiß grün-weiß
8 (16 Amp.)	Sicherung Nr. 9 (bei eingeschalteter Zündung)	-- --	(nicht abgesichert:) Ladekontrolleuchte Zündspule Klemme 15 (abgesichert:) serienmäßig keine Anschlüsse, jedoch möglich z. B. heizbare Heckscheibe, Klima-anlage	 grün grün
9 (16 Amp.)	Zündschloß Klemme 15 (bei eingeschalteter Zündung)	grün	Heizungsgebläse	grün-braun
10 (16 Amp.)	Zündschloß Klemme R (kein Strom während Startvorgang)	violett	serienmäßig keine An-schlüsse, vorgesehen für Radio, Kurbeldach-motor usw.	

Hinweis: Die »nicht abgesicherten« Stromverbraucher liegen jeweils an der »Eingangsseite« der Sicherung. Der für sie bestimmte Strom fließt also nicht über die betreffende Sicherung.

Gewitter im Zylinder

Wenn der Motor des BMW laufen soll, so genügt es nicht, wenn man den Zylindern durch den Vergaser das Kraftstoff-Luft-Gemisch zuführt; es muß auch im Zylinder entzündet werden, damit es seine Kraft entfalten kann.
Der zum Entflammen erforderliche Zündfunke springt zwar an der Zündkerze über, aber um die für den Zündfunken erforderliche Zündspannung im richtigen Augenblick zu erhalten, sind einige Einrichtungen erforderlich, die mancher Autofahrer nur mit Gruseln betrachtet und für ein Teufelswerk hält. Nicht ganz zu Unrecht fragt er, warum solch ein Aufwand nötig sei, wo er doch vielleicht schon einen Funken mit der elektrischen Anlage erzeugte, als er eine unter Strom stehende Steckverbindung trennte. Nun, dieser sogenannte Öffnungsfunke entsteht immer dann, wenn eine stromfuhrende Leitung unterbrochen wird. Je größer der Strom in dieser Leitung ist, um so kräftiger wird der Funke. Dieser Öffnungsfunke ist auch die Ursache dafür, daß die Kontakte eines Schalters nicht das ewige Leben haben. Je schneller man die Schalterkontakte trennt, umso besser. Bei jedem Trennen der Kontakte reißt der Funken trotzdem kleinste Materialteilchen aus den Kontakten heraus. Im Laufe der Zeit kann sich hierdurch ein zusätzlicher Widerstand ergeben, der einen Spannungsabfall mit sich bringt und für die schlechtere Leistung des an dem Schalter angeschlossenen Verbrauchers verantwortlich ist.
Einen für die Zündung ausreichenden Funken kann man nicht direkt aus den 6 oder 12 Volt des Bordnetzes herausholen, denn der Funke an den Elektroden der Zündkerze muß einen schon vorhandenen Luftspalt überschlagen. Im zusammengepreßten Kraftstoff-Luft-Gemisch des Zylinders ist das noch wesentlich schwieriger als bei normalem Luftdruck. Damit ein ausreichend kräftiger Zündfunke an den Kerzenelektroden überspringt, benötigt man eine Zündspannung von rund 10 000 Volt. Keine Angst, diese hohe Spannung ist hier nicht gefährlich, da nur ganz winzige Ströme fließen. Wenn Sie einmal bei laufendem Motor ein Kerzenkabel, dessen Isolierung nicht ganz einwandfrei ist, von einer Zündkerze abziehen und dabei einen elektrischen Schlag bekommen, so brauchen Sie keine Angst zu haben. Sie müssen nur darum besorgt sein, daß Sie nicht vor Schreck mit der Hand in den laufenden Ventilator kommen, beim Zurückschrecken nicht ausrutschen oder einen ähnlichen Folgeschaden erleiden.

Wie die Zündspannung zustande kommt

Sie kennen doch sicher einen Klingeltransformator und wissen auch, was er macht. An der einen Seite ist er an das Wechselstromnetz von 220 Volt angeschlossen, an der anderen Seite gibt er 3, 5 oder 8 Volt zum Betrieb der elektrischen Wohnungs-Klingel ab. Hier sind einfach zwei Wicklungen auf einen Eisenkern gewickelt. Die eine Wicklung – mit vielen Windungen dünnen

Drahtes – ist mit dem Lichtnetz verbunden. Die andere Wicklung – mit wenigen Windungen dicken Drahtes – führt zur Klingel. Obwohl beide Wicklungen nicht mechanisch miteinander verbunden sind, holt man aus der klingelseitigen Wicklung einen Strom heraus. Dieser merkwürdige Umstand ist auf die sogenannte Induktion zurückzuführen.

Der Wechselstrom im Haushaltnetz ändert hundertmal in der Sekunde seine Richtung. Er baut jedesmal, wenn er fließt, ein Magnetfeld im Eisenkern auf. Wenn der Strom wieder zu Null wird, bricht das Magnetfeld zusammen. Beim Zusammenbrechen des Magnetfeldes wird in der klingelseitigen Wicklung eine Spannung »induziert«. Wie sich die Voltzahlen der einzelnen Spannungen verhalten, hängt nur von dem Übersetzungsverhältnis des Transformators ab. Je größer der Unterschied zwischen den Windungszahlen der beiden Wicklungen ist, um so größer ist auch der Unterschied zwischen den beiden Spannungen. Die Seite, auf der man den Strom in die eine Wicklung hineinschickt, bezeichnet man als Primärseite, die Seite, auf der man den anderen Strom abnimmt, als Sekundärseite. Hat die Primärwicklung eine höhere Windungszahl als die Sekundärwicklung, so wird die Spannung herabtransformiert; hat die Primärwicklung eine niederere Windungszahl als die Sekundärwicklung, so wird die Spannung »hinauftransformiert«.

Die Zündspule Ihres BMW ist weiter nichts als solch ein Transformator! Allerdings ist dieser Transformator etwas anders aufgebaut als ein Klingeltransformator. So sind zum Beispiel die beiden Wicklungen der Zündspule innerhalb derselben miteinander verbunden. Außerdem ist die Sekundärspannung um einiges höher, als sich durch das elektrische Übersetzungsverhältnis ergibt, doch das »warum« ist hier nicht wichtig.

Die Zündanlage besitzt also zwei Stromkreise, die elektrisch miteinander verflochten sind: den Primärstromkreis, der an die Batterie angeschlossen ist, und den Sekundärstromkreis, der die Zündspannung erzeugt. Wie bei fast allen anderen Wagen auch, besteht die eigentliche Zündanlage des BMW lediglich aus der Zündspule, dem Verteiler und den Zündkerzen mit Kerzenkabeln! Wenn Sie sich das vorstellen, dann hat die Zündanlage sicher schon viel von ihrem Schrecken verloren. Sie können alle Leitungen und alle elektrischen Verbraucher aus Ihrem Wagen ausbauen; wenn Sie die Zündspule, den Verteiler und die Kerzen sowie die Batterie als Stromspeicher eingebaut lassen, muß der Wagen trotzdem laufen. Man sieht, es gehört nicht viel dazu, die Zündfunken zu erzeugen.

Die Zündspule

Die Zündspule ist recht einfach aufgebaut; ein Eisenkern aus lamellierten Blechen, der die beiden Wicklungen – die Primärwicklung und die Sekundärwicklung – trägt, und ein herumgelegtes Gehäuse.

Die Primärwicklung aus dickem Draht ist an die beiden Klemmen »15« und »1« der Zündspule gelegt. Im Fahrzeug ist die Klemme »15« der Zündspule mit dem Zünd-Anlaßschalter verbunden (grünes Kabel). Die Klemme »1« der Zündspule ist zu einem isolierten Anschluß des Verteilers geführt (schwarzes dünnes Kabel).

Die Sekundärwicklung – also die Wicklung, die den Zündfunken erzeugt – ist im Innern der Zündspule mit dem einen Ende der Primärwicklung, der Klemme »1« verbunden. Liegt die Klemme »1« über den Unterbrecher an Masse, so liegt auch das eine Ende der Sekundärwicklung an Masse (man spart sich so einen getrennten Anschluß). Das andere Ende der Sekundär-

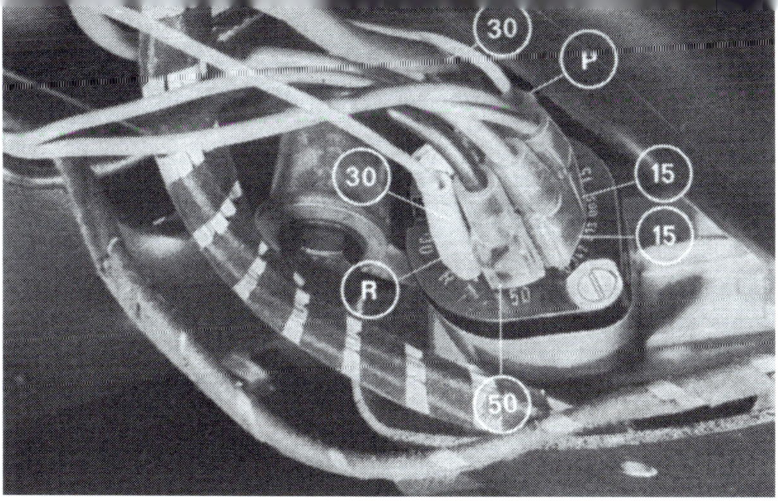

Falls Sie den Kopf unter und hinter das Armaturenbrett bringen, sehen Sie bei den älteren BMW-Modellen die Rückseite des Zündschlosses. Das dicke, rote Kabel (Klemme 30) bringt Strom von der Batterie (daneben noch eine freie Klemme 30). Bei eingeschalteter Zündung leitet eines der drei grünen Kabel (an den beiden Klemmen 15) Zündstrom zur Zündspule, das zweite versorgt die Ladekontrolle, das dritte speist die Sicherung für Bremslicht, Blinker, Rückfahrscheinwerfer. Das schwarze Kabel (Klemme 50) liefert beim Weiterdrehen des Zündschlüssels Strom an den Magnetschalter des Anlassers. Das Kabel daneben (Klemme R) ist für das Radio zuständig. Nur bei ausgeschalteter Zündung liefert das graue Kabel (Klemme P) Strom für die Parkbeleuchtung.
Bei den neueren BMW-Modellen ist die Zündschloß-Rückseite nicht mehr so leicht zugänglich.

wicklung ist mit der Klemme »4« verbunden, und hier ist das Haupt-Zündkabel eingesteckt, das zum Verteiler führt.
An Klemme 1 der Zündspule etwa weitere angeschlossene Kabel (in der Regel ebenfalls schwarz) führen entweder zu einem eingebauten Drehzahlmesser oder (ab Baujahr 70) zum Niederspannungs-Diagnosestecker.
Die Zündspule selbst bedarf keiner Pflege, normalerweise hält sie länger als der Wagen. Wenn die Zündung aber bei stehendem Motor über längere Zeit eingeschaltet bleibt (z. B. wenn das Heizgebläse im Stand laufen soll), und dabei die Unterbrecherkontakte geschlossen sind, so fließt ein Dauerstrom durch die Primärwicklung, wodurch die Zündspule unzulässig erwärmt wird. Sowohl die Isolierung der Primärwicklung wie die der Sekundärwicklung kann hierdurch brüchig werden. Dieser Schaden kann sich u. U. erst sehr viel später in einem ganz aussetzenden oder zu schwachen Zündfunken bemerkbar machen. Ist die Isolierung der Primärwicklung brüchig, so können hierdurch die Windungen kurzgeschlossen werden, und der Strom durch die Primärwicklung steigt stark an. Dieser starke Strom belastet die Unterbrecherkontakte, die in diesem Fall meist stark blau angelaufen sind.

Prüfen der Zündspule

Eine behelfsmäßige Prüfung der Zündspule ist folgende Methode: Das von der Zündspule kommende Zündkabel aus dem Mittelanschluß des Verteilers herausziehen. Verteilerkappe abnehmen, indem man die Klemmfedern abklappt. 3. oder 4. Gang einlegen und Fahrzeug so lange rucken, bis sich die Unterbrecherkontakte geschlossen haben. Zündung einschalten, ohne zu starten. Das aus der Verteilerkappe herausgezogene Zündkabel mit dem Steckanschluß etwa 5 bis 10 mm von Masse entfernt halten und die Unterbrecherkontakte mit Holzspan, Schraubenzieher oder Kugelschreiber öffnen. (Bei Metallgegenstand nur Unterbrecherhebel berühren, nicht an Masse kommen, da sonst kein Zündfunke entsteht.) Bei jedem Öffnen der Unterbrecherkontakte muß ein langer Zündfunke zwischen Masse und Zündkabelende entstehen. Ergibt sich kein oder nur ein kurzer Funke, so ist die Zündspule defekt. Eine absolut sichere Prüfung läßt sich allerdings nur mit einem Prüfgerät in der Werkstatt vornehmen.
Prüfung auf Stromdurchgang in der Primärwicklung: Kabelstecker von Klemme »1« der Zündspule abziehen. Zündung einschalten. An Klemme »15« mit der Prüflampe kontrollieren, ob Strom vorhanden ist. Falls ja, muß die Prüflampe auch aufleuchten, wenn sie anschließend mit einem Pol an Klemme »1« der Zündspule gelegt wird, mit dem anderen Pol an Masse.

An der Zündspule gibt es nichts zu reparieren. Wenn sie nicht mehr arbeitet, muß sie ersetzt werden, doch gibt es hier auch eine Ausnahme: Bei einer verstaubten oder feuchten Zündspule kann sich auf der Isolierkappe eine Kriechfunkenstrecke bilden, und ein Teil der Hochspannung kann innen aus dem Hochspannungsanschluß am Isolierstoff heraufkriechen und dann den Weg außen am Isolierstoff zum Gehäuse oder zu den Klemmen 1 bzw 15 nehmen. Zu Beginn des Schadens fließt hier nur ein sehr kleiner Teil der Hochspannung ab, so daß die Schwächung des Zündfunkens gar nicht in Erscheinung tritt. Im Laufe der Zeit kann sich dieser Kriechfunke aber ein Bett graben, und der Staub und die Feuchtigkeit, die sich hier ablagern, gestatten einem immer größeren Teil der Hochspannung den bequemeren Weg zur Masse. Der Zündfunke an den Zündkerzen wird im Laufe der Zeit immer schwächer. Bei feuchtem Wetter führt dieser Schaden – ebenso wie eine feuchte Verteilerkappe – zu Anlaßschwierigkeiten.

Öffnet man bei Dunkelheit die Motorhaube und läßt man durch einen Beifahrer den Anlasser betätigen, so sieht man die Hochspannung in Form eines Kriechfunkens auf dem Isolierstoff abfließen. Eine solche Zündspule kann man für einige Zeit »reparieren«, daß man die Kriechfunkenbahn auf einer möglichst langen Strecke mit dem Taschenmesser so tief ausschabt, daß das gesunde »Fleisch« des Isolierstoffs sichtbar wird. Anschließend wird der Isolierstoff mit feinem Schmirgel geglättet und mit Isolier-Spray übersprüht.

Aufgaben des Verteilers

Der Name sagt es schon: Der Verteiler muß etwas verteilen, nämlich die Zündspannung. Der Einfachheit halber hat man in ihm aber noch den Unterbrecher für den Primärstromkreis untergebracht, außen hat man den zu dem Unterbrecher gehörenden Kondensator aufgehängt und unterhalb des Unterbrechers ist die automatische Zündverstellung angeordnet.

Der Verteiler ist beim BMW hinten rechts am Motor angebracht. In ihm dreht sich die sogenannte Verteilerwelle, die von der Nockenwelle angetrieben wird, und – ebenso wie diese – mit der halben Drehzahl der Kurbelwelle läuft. Bei einem Viertaktmotor leistet ja jeder Zylinder auf zwei Kurbelwellenumdrehungen nur einen Arbeitstakt; auf zwei Kurbelwellenumdrehungen entfallen also vier Zündungen.

Das Oberteil des Verteilers ist die aus Isolierstoff bestehende Verteilerkappe. In ihr dreht sich der Verteilerläufer, der auf die Verlängerung der Verteilerwelle – das Nockenstück – aufgesteckt ist.

Eine solche Kriechfunkenstrecke, die aus dem Hochspannungsanschluß für das Zündkabel herausführt, kann die Zündspule außer Funktion setzen. Durch weitgehendes Wegschaben der Kriechfunkenstrecke läßt sich eine solche Zündspule für ein paar Wochen »reparieren«.

Der Unterbrecher

Von der Klemme »1« der Zündspule führt ein Kabel an die Klemme »1« des Verteilers, die gegen Masse isoliert am Verteilergehäuse sitzt. Mit ihr ist der sogenannte Unterbrecherhebel – der isoliert auf einer Achse sitzt – durch ein kurzes Kabel verbunden. Anschaulicher nennt man den Unterbrecherhebel auch Unterbrecherhammer. Sein Gegenstück ist logischerweise der Unterbrecheramboß, der als unbeweglicher Gegenkontakt auf der Unterbrechergrundplatte montiert ist. Von ihm wird der »Hammer« bei jeder Umdrehung der Verteilerwelle durch die vier Nocken viermal abgehoben. Damit wird der Primärstromkreis, der von der Batterie (Plus-Pol) über die Zündspule (Eingang Klemme 15, Ausgang Klemme 1) und den Unterbrecher zur Masse (damit zurück an den Minus-Pol der Batterie) führt, unterbrochen.
In dem Augenblick, in dem der Strom in der Primärwicklung unterbrochen wird, wird in der Sekundärwicklung der Zündspule eine Hochspannung induziert, die über den eigentlichen Verteiler fließt und in Form des Zündfunkens an den Elektroden der Zündkerze überspringt. Je schlagartiger der Strom der Primärwicklung unterbrochen wird, um so kräftiger wird der Zündfunken. Da die Zündspannung aber umso höher liegt, je schneller der Primärstromkreis unterbrochen wird, ist zur blitzartigen Unterbrechung des Primärstromes dem Unterbrecher ein Kondensator parallel geschaltet.
Der Unterbrecher der Zündanlage ist endlich wieder ein Bauteil, bei dem die Arbeit nicht im verborgenen geschieht. Hier kann man sehen, was vorgeht. Was besonders zu beachten ist: Die Unterbrecherkontakte — die eine dünne Wolframauflage haben – dürfen keine zu starke Krater- und Höckerbildung aufweisen. Der Krater entsteht am Kontakt des Unterbrecherhebels, der Höcker am feststehenden Kontakt. Sie entstehen durch die Materialwanderung an Schalterkontakten.
Der Unterbrecherhebel sitzt mit einer Isolierbuchse drehbar auf einem Lagerbolzen. Die Lagerung darf nicht ausgeschlagen sein, da sich sonst ein ungenauer Zündzeitpunkt ergibt. Noch schlimmer ist es, wenn die Buchse auf dem Lagerbolzen klemmt, da der Unterbrecherhebel dann zu langsam zurückgeht und die Kontakte zu spät schließen. Hierdurch wird die Zeit, in der die Primärwicklung vom Strom durchflossen wird, unzulässig verkürzt und der Zündfunke wird zu schwach.
Der Unterbrecherhammer wird auf seinem Lagerbolzen von einer lyraförmigen »Haarnadel-Sicherung« gehalten. Die darf man beim Austausch verbrauchter Kontakte auf keinen Fall verlieren, denn sie wird in den Ersatzkästchen mit neuen Unterbrecherkontakten nicht mitgeliefert. Gleiches gilt für dort eventuell eingesetzte Ausgleichscheibchen, mit denen der Unterbrecherhammer in der

So wird der Unterbrecherkontaktabstand nach Lösen der Klemmschraube (Pfeil) durch Schwenken des feststehenden Kontaktträgers mit einem Schraubenzieher verändert. Zwischen den Kontakten eine Fühlerblattlehre 0,35 mm

Höhe justiert werden kann, damit er auf dem Amboß mittengenau aufliegt.
Die Feder des Unterbrecherhebels darf nicht gebrochen sein, was bei einer routinemäßigen Kontrolle auch nicht der Fall sein wird. Dieser Fehler tritt nur selten – und dann während der Fahrt auf. Hier kann man sich dadurch helfen, daß man ein Gummistückchen zwischen die Wand des Verteilergehäuses und den Unterbrecherhebel klemmt. Da die Unterbrecherfeder auch ein Teil der Stromzuführung zum Unterbrecherhebel ist, muß man eine isolierte Leitung vom Unterbrecherhebel zur Klemme »1« des Verteilers ziehen.

Prüfen der Unterbrecherkontakte

Pflegedienst Nr. 9

Nach jeweils 7500 km sollen Unterbrecher-Kontaktabstand und Zündzeitpunkt überprüft werden. Zwar halten die Unterbrecherkontakte bei einwandfreier Anlage wesentlich länger als 7500 km, doch sollte man vor der Einstellung einen Blick darauf werfen, um sie gegebenenfalls auszutauschen.

Helle silberartige bzw. poliert erscheinende Kontaktstellen:	=	Kontakte arbeiten einwandfrei
Gleichmäßiger grauer Überzug auf der ganzen Kontaktfläche:	=	Kontakte sind wegen zu schwachem Kontaktdruck oder zu kleinem Kontaktabstand oxydiert.
Stark verbrannte und blau angelaufene Kontakte:	=	schlechter Kondensator oder schadhafte Zündspule
Schwarz verkrustete, mit verbrannten Rückständen bedeckte Kontakte:	=	Öl, Fett oder Schmutz ist zwischen die Kontakte gelangt
Starke Krater- bzw. Höckerbildung bei sauberen Kontaktstellen:	=	normal abgenutzte Kontakte; müssen ersetzt werden

Der Kontaktabstand

Wundern Sie sich nicht, wenn der Kontaktabstand in der Werkstatt nicht mit der Fühlerlehre eingestellt wird; dort wird heute stattdessen der sogenannte Schließwinkel, der sich mit dem Kontaktabstand ändert, mit einem Schließwinkelmeßgerät gemessen. Diese Messung ist genauer, da der Kontaktabbrand die Messung nicht beeinflußt. Für alle BMW-Modelle ist der Schließwinkel auf 60° festgelegt. Der Schließwinkel wird bei Leerlaufdrehzahl gemessen, außerdem mißt man noch bei etwa 2000 U/min. Unterscheiden sich die beiden Meßwerte, ist der Verteiler ausgeleiert und sollte überholt oder ausgetauscht werden. Wenn der gemessene Schließwinkel zu groß oder zu klein ist, nimmt man Verteilerdeckel und -finger ab und löst die Klemmschraube des Unterbrechers ein wenig. Motor von einem Helfer mit dem Anlasser durchdrehen lassen und durch Drehen des feststehenden Kontaktträgers den Schließwinkel auf 60° einstellen. Klemmschraube wieder festziehen, Verteilerfinger und -deckel aufsetzen. Anschließend nochmals im Leerlauf den Winkelwert messen.
Das Messen des Kontaktabstandes mit der Fühlerblattlehre, wie es im Bild auf der Vorseite gezeigt ist, entspricht also nicht mehr Werkstattbrauch und ist nur noch behelfsmäßig. Denn den genauen Kontaktabstand kann man mit der Fühlerlehre eigentlich auch nur an neuen Kontakten messen, längere Zeit in Betrieb befindliche lassen durch die unvermeidbare Höcker- und Kraterbildung nur noch eine Messung zu, wenn das Fühlerblatt gerade eben in den Kontaktrand eingeschoben wird. Es hat auch keinen Zweck, vor der Messung die Unterbrecherkontakte mit der Kontaktfeile zu glätten, dann stimmt der Abstand wegen der nicht auszufeilenden Krater doch nicht genau. Verbrauchte Kontakte ersetzt man deshalb besser durch neue.

Unterbrecherkontakte austauschen

Der Austausch eines Kontaktsatzes bei verbrauchten Kontaktoberflächen ist einfach: Zündverteilerkappe abnehmen, indem man die beiden seitlichen Halteklammern mit einem Schraubenzieher abdrückt. Verteilerläufer von der Verteilerwelle abziehen (beim Aufsetzen darauf achten, daß sein innerer Nocken genau in den Ausschnitt der Verteilerwelle eingerastet ist!). Kurzes Kabel am Gehäuse-Innenrand von Innenkontakt (Norm-Klemme 1) lösen (Flachstecker oder Schraubklemme). Klemmschraube des Unterbrechers (weißer Pfeil im Bild Seite 129) lösen und vom Lagerbolzen des Unterbrecherhammers Sicherungsfeder (Lyra-Feder) abnehmen (diese Sicherungsfeder nicht verlieren, beim neuen Kontaktsatz ist kein Ersatz!). Nun die Kontakte, also Hammer und Amboß mit Grundplatte, herausziehen. Den neuen Kontaktsatz von Fett reinigen. Nockenbahn der Verteilerwelle von altem Fett reinigen und mit Bosch Bett Ft 1 v 4 sparsam einreiben (siehe auch Schmierkapitel). Unterbrecheramboß und Unterbrecherhammer einsetzen, Klemmschraube leicht festdrehen. Nun prüfen, ob beide Kontaktflächen mittengenau aufeinandertreffen. Wenn nicht, Ausgleichsscheibchen unter Unterbrecherhebel auf Lagerbolzen aufschieben. Sicherungsfeder (wenn bei diesem Modell vorhanden) wieder aufdrücken. Kontaktabstand einstellen (genauer: Schließwinkelmessung der Werkstatt).

Kontaktabstand einstellen

Der Kontaktabstand soll bei unseren BMW-Modellen 0,35 mm betragen. Es gibt umständliche Beschreibungen, wie man das macht, doch kann man bei diesem Zwischenschieben der Fühlerblattlehre nie genau sehen, ob die Kontakte nicht durch die Fühlerblattlehre auseinandergeschoben werden. Wir machen das so: Vierten Gang einlegen und Wagen so lange vorwärts rucken, bis drehende Verteilerwelle die Kontakte weitmöglichst geöffnet hat (das kann man sehen). Nun Klemmschraube lockern und Unterbrecheramboß (der bei lockerer Klemmschraube beweglich ist) etwas beiseite drücken. Fühlerblattlehre 0,35 mm zwischen die Kontakte stecken und jetzt mit Daumen und Zeigefinger einer Hand den Unterbrecheramboß behutsam aber fest gegen den Unterbrecherhammer drücken (Fühlerblatt liegt dazwischen). Dabei darf nicht etwa der Unterbrecherhebel gedrückt (und gebogen) werden, sondern er muß entspannt bleiben und nur der Amboß darf beigedrückt werden. Mit der anderen Hand gleichzeitig die Klemmschraube wieder fest anziehen.

Der Kondensator

Der Kondensator ist das kleine Metallröllchen, das seitlich am Verteilergehäuse angeschraubt ist. Die aus seiner Mitte herausführende Leitung ist mit der Klemme »1« des Verteilers verbunden. Die Leitung darf nicht abgebrochen sein, aber auch nicht mit einer blanken Stelle an Masse liegen. In dem Metallbecher des Kondensators sind zwei gegeneinander isolierte Metallfolien. Die eine Folie ist mit der Masse verbunden, die andere mit der Mittelausführung, die an Klemme »1« angeschlossen ist.

Der Kondensator ist in der Lage, schnell einen Strom zu speichern. Werden die Unterbrecherkontakte geöffnet, so will noch etwas Strom nachfließen, der bei nicht vorhandenem Kondensator zu einem Öffnungsfunken führt, und die Materialwanderung der Kontakte verursacht. Durch seine Fähigkeit, Strom aufnehmen zu können, ist der Kondensator in der Lage, den Öffnungsfunken »zu schlucken«, d. h. er speichert die Restenergie. Sobald sich die Unterbrecherkontakte wieder schließen, sind die beiden Pole des Kondensators kurzgeschlossen, die Ladung des Kondensators fließt zur Masse ab und er ist zur Aufnahme des nächsten Öffnungsfunkens bereit.

Hat der Kondensator eine innere Unterbrechung, ist sein Anschlußkabel zur Klemme »1« des Verteilers abgebrochen oder hat sich seine Befestigungsschraube (oder Steckverbindung) gelöst, so kann er den Öffnungsfunken nicht verhindern. Der Öffnungsfunke zwischen den Unterbrecherkontakten läßt dieselben verschmoren, was an blau angelaufenen Kontakten, Kontaktträger und Spitze des Unterbrecherhebels zu erkennen ist. Bei unterbrochenem bzw. nicht einwandfrei angeschlossenem Kondensator arbeitet auch die Zündung nicht mehr. Wenn der Kondensator einen Kurzschluß hat, was jedoch sehr selten vorkommt, kann der Primärstrom direkt zur Masse fließen – die Zündung setzt vollkommen aus.

Prüfen des Kondensators

Eine genaue Prüfung ist nur mit einem Prüfgerät in der Werkstatt möglich. Deshalb ist das nachfolgende Prüfverfahren auch nur behelfsmäßig. Verteilerkappe abnehmen, Motor von Helfer mittels Anlasser durchdrehen lassen. Bildet sich ein starker Funken zwischen den Unterbrecherkontakten, so ist die Speicherfähigkeit des Kondensators stark herabgesetzt oder gar nicht mehr vorhanden.
Zur Prüfung auf Kurzschluß Verteilerkappe abnehmen, Unterbrecherkontakte öffnen, Kabel von der Klemme »1« der Zündspule abziehen, Prüflampe mit einem Pol an Klemme »1« der Zündspule legen, mit anderem Pol an abgezogenes Kabel zum Verteiler legen. Zündung einschalten. Leuchtet die Prüflampe, so hat der Kondensator Kurzschluß. (Da Unterbrecherkontakte offen, kann bei einwandfreiem Kondensator kein Strom zur Masse fließen.)

Zündzeitpunkt kontrollieren

Pflegedienst Nr. 10

Soll der Motor seine Höchstleistung erreichen und der Kraftstoff richtig ausgenutzt werden, so muß der Zündfunke an der Zündkerze in einem genau festgelegten Zeitpunkt überspringen. Dieser sogenannte Zündzeitpunkt liegt bei stehendem oder ganz langsam drehendem Motor im oder kurz vor dem oberen Totpunkt des Verdichtungstaktes.
Beim BMW 1500 bis 1800 TI und 2000, A sowie 2002 soll der Zündzeitpunkt bei kaltem Motor 3° vor dem oberen Totpunkt liegen (kurz: 3° v. OT), bei den Modellen 1600 TI, 2002 TI, 2000 TI, tilux direkt im OT. Dieser Zündzeitpunkt soll alle 7500 km kontrolliert und gegebenenfalls berichtigt werden. Diese Arbeit ist keine Geheimwissenschaft, doch braucht man hierzu unbedingt eine Fühlerlehre von 0,35 mm und eine Prüflampe.

Vorbereitungen

Vor der Kontrolle des Zündzeitpunktes schraubt man die Zündkerzen heraus, damit man den Motor am Keilriemen leicht durchdrehen kann. Natürlich muß der Leerlauf eingelegt sein, sonst muß man ja beim Drehen am Keilriemen das ganze Fahrzeug weiterbewegen! Oder man macht es umgekehrt, legt den 4. Gang ein und ruckt das ganze Fahrzeug vorwärts und dreht damit den Motor durch. Das ist zumeist leichter als die Keilriemen-Dreherei. Allerdings funktioniert dieses Verfahren nicht bei Wagen mit Automatik-Getriebe, weil sich der Motor bei diesen nicht durch Wagenschieben drehen läßt.
Vor der Kontrolle des Zündzeitpunktes prüft man – wie schon auf Seite 130 beschrieben –, ob die Unterbrecherkontakte den vorgeschriebenen Abstand von 0,35 mm haben. Da auch die kleinste Veränderung des Unterbrecherkontaktabstandes den Zündzeitpunkt stark beeinflußt, darf man den Kontaktabstand nach der Kontrolle des Zündzeitpunktes oder nach dessen Einstellung nicht mehr verändern.

Ist der Unterbrecherkontaktabstand in Ordnung, so klemmt man die Prüflampe mit dem einen Pol an Masse, mit dem anderen Pol an die Klemme »1« des Verteilers. Jetzt wird die Zündung eingeschaltet. Am Keilriemen dreht man den Motor langsam in Drehrichtung durch – von vorn auf die Riemenscheibe der Kurbelwelle gesehen nach rechts, also im Uhrzeigersinn.

Zündzeitpunkt einstellen

Der Zündfunke soll im Zylinder das Kraftstoff-Luft-Gemisch genau in jenem Zeitpunkt entzünden, in welchem es am stärksten komprimiert ist. Das ist dann der Fall, wenn der Kolben im Zylinder seinen höchsten Standpunkt, den »Oberen Totpunkt«, erreicht hat. Bei den meisten BMW-Modellen liegt dieser Zündzeitpunkt aber schon etwas vor diesem Oberen Totpunkt, und zwar 3 Winkelgrade, an der Kurbelwelle gemessen.
Weil man nun zwecks Feststellung des Oberen Totpunktes (Kurzzeichen: OT) nicht gut den Zylinderkopf abmontieren kann, ist diese Kolbenstellung für den 1. und 4. Zylinder (die ja abwechselnd bei gleicher Kurbelwellenstellung zünden) am Motor markiert. Die Riemenscheibe der Kurbelwelle besitzt eine kleine Kerbe (Bild unten), die sich im OT mit der Zeigerspitze decken muß. Kurz bevor die Markierung auf der Riemenscheibe sich der Zeigerspitze nähert, muß man ganz langsam drehen, denn die Markierung darf auf keinen Fall über die Zeigerspitze hinweg gedreht werden. Ist das versehentlich doch passiert, dann genügt es nicht, wenn man die Riemenscheibe nur soweit zurückdreht, daß sich die Markierung mit der Zeigerspitze deckt. Da im Antrieb zur Verteilerwelle immer ein kleines Spiel vorliegt, dreht man zwar die Kurbelwelle zurück, die Verteilerwelle wird aber noch nicht zurückgedreht. Um das Spiel wieder auszuschalten, dreht man sie um etwa eine viertel Umdrehung zurück, und dann erst wieder in Drehrichtung, bis sich die Markierung und die Zeigerspitze decken.
In dem Augenblick, in dem sich Markierung der Riemenscheibe und die Zeigerspitze decken, muß die Prüflampe aufleuchten. Wenn sie früher aufleuchtet (die Markierung der Riemenscheibe hat die Zeigerspitze noch nicht erreicht), so hat der Motor zuviel Frühzündung. Leuchtet die Prüflampe erst dann auf, wenn die Markierung der Riemenscheibe die Zeigerspitze überschritten hat, so liegt der Zündzeitpunkt zu spät. In beiden Fällen muß die Zündung neu eingestellt werden.
Manche Riemenscheiben besitzen zwei dicht nebeneinander liegende Markierungen. Bei Motoren, für welche die Zündeinstellung auf 3° vor OT vorgeschrieben ist (siehe Seite 132), wird in diesem Fall die Markierung gewählt, die sich beim Durchdrehen des Motors nach rechts zuerst mit der Zeigerspitze

So sieht die Markierung auf der Riemenscheibe der Kurbelwelle aus, wenn man zwischen Kühler und Lichtmaschinenriemenscheibe hindurchschaut. Bei Einstellung des Zündzeitpunktes muß sich die Markierung mit der Zeigerspitze decken. Wenn die Riemenscheibe zwei Markierungen trägt (wie hier), ist die durch einen Pfeil gekennzeichnete Markierung zuständig.

Nimmt man den Verteilerkopf ab, findet sich im Gehäuserand eine kleine Markierungskerbe (unterer weißer Pfeil). Auf diese muß die Mittelkerbe des Verteilerfingers (weißer Pfeil rechts) zeigen, wenn der Zündfunken zum vordersten Zylinder (Nr. 1) geleitet werden soll. Diese Markierung kann auch als Grobeinstellung für den Zündzeitpunkt dienen (siehe Text auf der Vorseite), hilft aber vor allem, wenn alle Zündkabel neu aufgesteckt werden sollen (Bild, Seite 137).

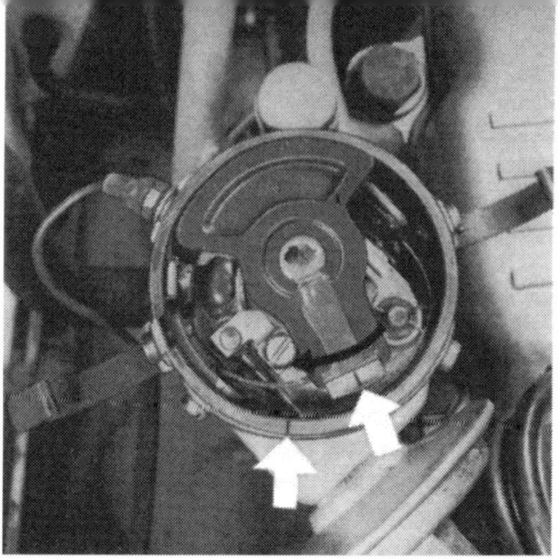

deckt. Bei Motoren mit Zündeinstellung im OT ist dann jedoch die zweite Kerbmarkierung (sie ist in beide Scheibenhälften eingeschlagen) zuständig.

Nachdem die Kurbelwelle in die richtige Stellung gebracht wurde, löst man die Klemmschraube am Verteilerhals soweit, daß sich der Verteiler nicht allzuleicht drehen läßt. Damit man sicher ist, daß jedes Spiel der Verteilerwelle ausgeschaltet ist und die Fliehgewichte des Fliehkraftverstellers ganz eingezogen sind, dreht man die Verteilerwelle oben am Verteilerfinger nach links. Meist ist das gar nicht mehr möglich, was heißt, daß jedes Spiel ausgeschaltet war. Hört man aber beim Versuch, die Verteilerwelle nach links zu drehen, ein Klicken und gibt die Verteilerwelle noch etwas nach, so klemmen die Fliehgewichte des Verteilers oder die Rückholfedern der Fliehgewichte sind nicht mehr in Ordnung. Der Verteiler muß dann in der Fachwerkstatt kontrolliert werden.

Wenn nach diesen Vorbereitungen bei eingeschalteter Zündung die Prüflampe jetzt aufleuchtet, so zeigt sie an, daß sich die Unterbrecherkontakte schon geöffnet haben, denn jetzt fließt ein Strom vom Zünd-Anlaßschalter über die Primärwicklung der Zündspule und die Prüflampe zur Masse. Leuchtet die Prüflampe nicht auf, so sind die Unterbrecherkontakte noch geschlossen, und es fließt ein Strom vom Zünd-Anlaßschalter über die Primärwicklung der Zündspule und die geschlossenen Unterbrecherkontakte direkt zur Masse. Die geschlossenen Unterbrecherkontakte überbrücken die Prüflampe und diese kann nicht aufleuchten.

Man dreht das Verteilergehäuse (von oben gesehen) so lange nach rechts,

Nach Lösen der durch Pfeile gekennzeichneten Klemmschrauben läßt sich der Verteiler drehen. Steht die Zündung zu spät, so muß der Verteiler im Bild von oben betrachtet im Gegenuhrzeigersinn links herum (aber nur millimeterweise!) gedreht werden, steht die Zündung zu früh, so ist der Zündverteiler von oben betrachtet im Uhrzeigersinn rechts herum zu drehen.

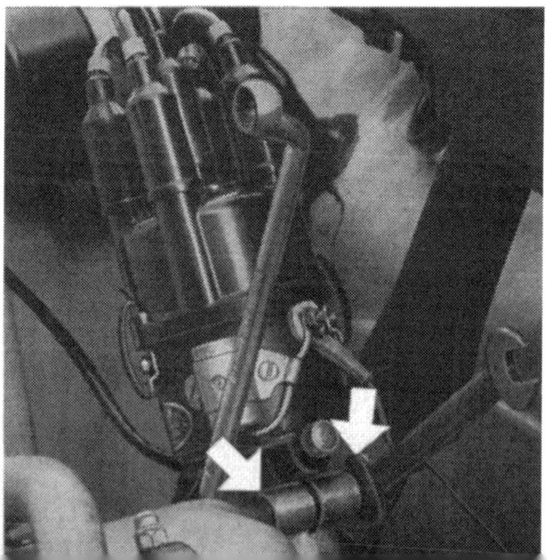

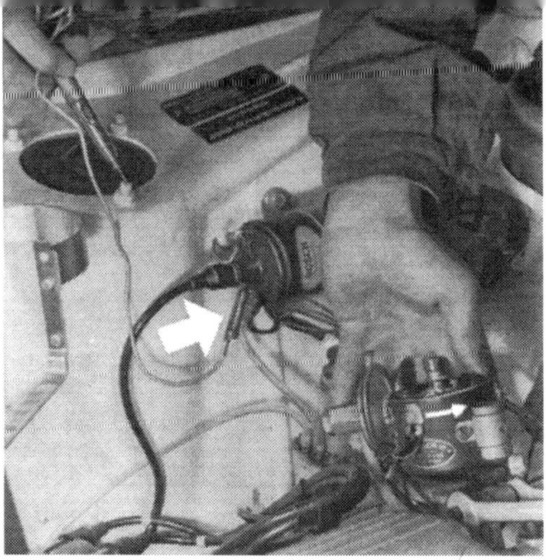

Die Feineinstellung des Zündzeitpunktes mit Prüflampe durch Verdrehen des gelockerten Zündverteilers. Die Prüflampe ist mit ihrer Krokodilklemme an Klemme 1 der Zündspule (dünnes, schwarzes Kabel, weißer Pfeil zeigt auf Klemme 1) oder des Zündverteilers angeschlossen, mit ihrer Nadelspitze gegen Masse gedrückt. Die andere Hand dreht zuletzt ganz langsam den Verteiler etwas links herum (wie nach rechts weisender Pfeil zeigt), bis die Prüflampe gerade aufleuchtet. In dieser Stellung müssen die Verteilerklemmschrauben (Bild links unten) wieder festgezogen werden.

also im Uhrzeigersinn, bis die Prüflampe erlischt, wodurch das Schließen der Unterbrecherkontakte angezeigt wird. Jetzt dreht man das Verteilergehäuse ganz langsam nach links – entgegen dem Uhrzeigersinn – bis die Prüflampe soeben aufleuchtet, was die Öffnung der Unterbrecherkontakte und damit den Zündzeitpunkt anzeigt. Hat man zu schnell gedreht und ist man etwas zu weit in das Gebiet der geöffneten Kontakte und der aufleuchtenden Prüflampe geraten, so dreht man das Verteilergehäuse etwa eine achtel Umdrehung zurück – über den Schließpunkt der Unterbrecherkontakte und das Erlöschen der Prüflampe hinaus – nach rechts. Jetzt kann man wieder langsam nach links drehen, bis die Prüflampe soeben aufleuchtet.
Das langsame Drehen der Kurbelwelle und des Verteilers und das Beendigen des Drehens im genauen Zeitpunkt ist die Voraussetzung für eine genaue Zündeinstellung! Nach der Einstellung zieht man die Klemmschraube am Verteilerhals wieder an. Um ganz sicher zu sein, daß der Zündzeitpunkt richtig liegt, dreht man die Kurbelwelle noch einmal um eine ganze Umdrehung durch. Hierbei muß die Prüflampe bei eingeschalteter Zündung mit dem einen Pol an Masse liegen, mit dem anderen Pol an Klemme »1« des Verteilers. Kurz bevor die Riemenscheibenmarkierung sich mit der Zeigerspitze deckt bzw. die Kugelmarke im Schauloch erscheint, dreht man wiederum ganz langsam. Leuchtet die Prüflampe gerade dann auf, wenn sich die Markierungen decken, dann ist der Zündzeitpunkt bei stehendem Motor bzw. Anlaßdrehzahl korrekt eingestellt.

Zündzeitpunkt mit der Stroboskoplampe einstellen

In den Werkstätten will BMW von der auch dort früher üblichen und eben beschriebenen Zündzeitpunkt-Einstellung bei stehendem Motor nichts mehr wissen. Dort soll die Zündung mit einer Stroboskoplampe eingestellt werden. Das ist eine Blitzlampe, die zwischen das Zündkabel zum 1. Zylinder geschaltet und bei laufendem Motor auf die Zündeinstellmarke gerichtet wird. Bei jedem Zündfunken für den 1. Zylinder blitzt sie auf und beleuchtet dabei die Zündeinstellmarkierung, die zu stehen scheint.
Bei den Motoren bis Baujahr 1969 wird die Zündung bei Anlasserdrehzahl eingestellt. Dazu die Zündkerzen 2 bis 4 herausschrauben und Stroboskoplampe anschließen. Motor mit dem Anlasser durchdrehen, dabei Kurbelwellen-Keilriemenscheibe anleuchten. Die Markierung auf der Riemenscheibe muß genau vor der Zeigerspitze am Steuergehäuse »stehen«. Ab Baujahr 1969 wird die Zündung bei betriebswarmem laufendem Motor (Drehzahl 1400 U/min) eingestellt, wobei der Unterdruckschlauch am Verteiler abzuziehen ist. Als

Zündzeitpunkt-Markierung (25° vor OT) dient eine in die Schwungscheibe eingepreßte auffällige kleine Stahlkugel, die man durch ein Schauloch in der Getriebegehäuseglocke links über dem Anlasser mit Hilfe einer Lampe sehen kann, wenn man den ins Schauloch eingesteckten Kunststoffstopfen entfernt hat. Stroboskoplampe anschließen und Kugelmarkierung bei 1400 U/min anblitzen. Die Kugelmitte muß an der in Fahrtrichtung linken Schaulochkante »stehen«.

Die automatische Zündzeitpunktverstellung

Mit zunehmender Drehzahl muß der Zündzeitpunkt weiter vor den oberen Totpunkt verlegt werden, da das Kraftstoff-Luft-Gemisch im Zylinder genügend Zeit zur vollen Entflammung haben muß.
Auch dann, wenn die Zylinder im Teillastbereich – also bei nur wenig durchgetretenem Gaspedal – weniger Kraftstoff-Luft-Gemisch erhalten, muß die Zündung weiter vor dem oberen Totpunkt erfolgen, denn das Gemisch verbrennt jetzt langsamer.

Fliehkraftverstellung

Die Vorverlegung des Zündzeitpunktes in Richtung »Frühzündung« erfolgt bei zunehmender Drehzahl durch die Fliehkraftverstellung. Hierbei wird das auf der Verteilerwelle angeordnete Nockenstück (dessen Nocken den Unterbrecherhebel abheben) durch Fliehgewichte in der Drehrichtung der Verteilerwelle verstellt, so daß die Unterbrecherkontakte früher geöffnet werden. Bei absinkender Drehzahl werden die Fliehgewichte von kleinen Federn zurückgezogen, und das Nockenstück dreht sich wieder zurück. Diese Fliehkraftverstellung beginnt beim BMW bereits knapp über dem Leerlauf.

Unterdruckverstellung

Die im Teillastbereich erforderliche Frühzündung wird durch die Unterdruckverstellung bewirkt. Im Teillastbereich ergibt sich im Vergaser ein höherer Unterdruck als bei geschlossener Drosselklappe oder bei Vollgas. Dieser Unterdruck verdünnt über eine Schlauchleitung die Luft in der Unterdruckdose, die am Verteiler angebracht ist. Hierdurch wird eine in der Unterdruckdose befindliche Membrane durchgebogen. Die Membrane betätigt dann über ein Gestänge die Unterbrechergrundplatte und dreht sie bei steigendem Unterdruck entgegen dem Uhrzeigersinn, also entgegen der Drehrichtung des Nockenstücks. Bei der Verstellung des Zündzeitpunktes in Richtung »Früh« ist es gleichgültig, ob das Nockenstück in Drehrichtung der Verteilerwelle gedreht wird, oder die Unterbrechergrundplatte entgegen der Drehrichtung der Verteilerwelle; das Ergebnis bleibt gleich – früheres Öffnen des Unterbrechers.
Beim BMW 1600 TI, 1800 TI, 2002 TI, 2000 TI und tilux ist der dort eingebaute Zündverteiler auch für eine Unterdruckverstellung eingerichtet. Sie ist aber bei diesen Modellen nicht an den Vergaser angeschlossen.

Zündkabel und Zündkabelanschluß

Um einen gleichmäßigen Motorlauf zu erreichen, zünden die Zündkerzen nicht nacheinander in der Reihenfolge der Zylinder 1 – 2 – 3 – 4, sondern sie haben die Zündfolge 1 — 3 — 4 — 2. Jedes von der Verteilerkappe zu den Zündkerzen führende Zündkabel hat also seinen angestammten Platz, und sein Kerzenstecker darf nicht auf eine andere Zündkerze aufgesteckt werden, da der Motor sonst nur auf zwei Zylindern oder gar nicht arbeitet.
Da die Zündkabel beim BMW eine Markierung mit der entsprechenden Zylin-

dernummer tragen, kann ein Verwechseln eigentlich nicht vorkommen. Sind diese Markierungen aber einmal abhanden gekommen oder unleserlich, so ist das auch kein Beinbruch. Die Zündfolge ist beim BMW vorn auf dem Zylinderkopfdeckel angegeben. Man muß nur wissen, daß der Zylinder 1 in Fahrtrichtung vorn liegt und die weiteren Zylinder in Richtung zum Fahrgastraum hin zu zählen sind. An der Verteilerkappe liegt der Anschluß für das Zündkabel zum Zylinder 1 direkt neben der Unterdruckdose.

Die Zündkabel sind ganz normale Kabel mit einer Kupferseele und einer starken Isolierung. An dem Ende zum Zündverteiler ist eine Messingkralle aufgelötet, mit der die Kabel in die Anschlüsse der Verteilerkappe eingesteckt werden. Zieht man ein Zündkabel mit der Kralle aus dem Verteileranschluß heraus, so muß man beim Wiedereinstecken darauf achten, daß sie fühlbar im Verteileranschluß einrastet.

Gelegentlich kommt es einmal vor, daß die Kralle mit Grünspan überzogen oder mit schwarzen Brandspuren überdeckt ist. Im ersten Fall kann Feuchtigkeit in den Zündkabelanschluß des Verteilers gelangt sein, im zweiten Fall saß die Messingkralle nicht stramm in der Messingbüchse des Anschlusses, und die Zündspannung sprang in Form von kleinen Funken von der Messingbuchse zur Messingkralle über. Auf die Zündung haben derartige Fehler selten einen Einfluß, meist bemerkt man sie nur in Form von Funkstörungen im Autoradio. Abhilfe: Messingkralle und Messingbuchse mit feinem Schmirgelpapier säubern, Messingkralle etwas auseinanderbiegen.

Auf der anderen Seite der Zündkabel sind die Kerzenstecker einfach mit einer Schraubspitze in die Kupferlitze des Kabels eingeschraubt. Damit wird der Stromübergang vom Zündkabel zum Kerzenstecker bewirkt. Aber das hält nicht ewig, besonders nicht, wenn man die Zündkerzenstecker am Kabel von den Zündkerzen zieht. Ärgerlicherweise ist diese Trennung von Kabel und Stecker von außen nicht leicht zu erkennen, weil eine wasserabweisende Gummihülse die Sicht nimmt. Deshalb jedesmal vor dem Aufstecken der Zündkerzenstecker auf die Zündkerzen prüfen, ob sich der Stecker und das Zündkabel leicht gegeneinander drehen oder ganz auseinander ziehen lassen. In diesem Falle den Zündkerzenstecker wieder so tief wie möglich in das Zündkabel eindrehen und dieses, falls das Kabelende aufgespalten ist, um etwa einen Zentimeter neu anschneiden.

Bei Gelegenheit wischt man die Zündkabel einmal mit einem Lappen sauber, damit man feststellen kann, ob sie irgendwie brüchig sind. Ein »Kurzschluß« kann sich bei brüchigen Zündkabeln nicht ergeben, doch kann ein Teil der Zündspannung »wegkriechen«, wodurch die Zündleistung herabgesetzt wird.

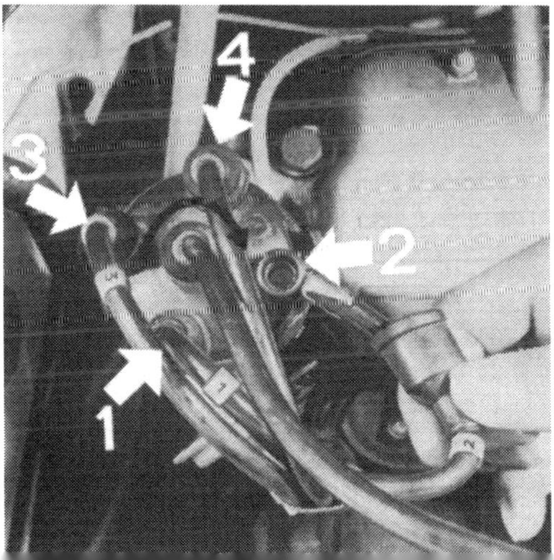

Vergleichen Sie hierzu das Bild auf Seite 134 oben. Wo dort die Kerbmarkierung im Gehäuserand zu finden ist, sieht man hier das Zündkabel zu Zylinder Nr. 1. Da der Verteilerfinger, von oben gesehen, rechts herum dreht, sind die Zündkerzenkabel entsprechend der Zündfolge 1 – 3 – 4 – 2 eingesteckt. Das Zündkabel Nr. 2 ist hier aus seiner Buchse gezogen und die Regenschutzkappe zurückgestreift.

Bei der Störungssuche prüft man praktischerweise zuerst »in der Mitte« der Zündanlage, am Hauptzündkabel der Zündspule, ob die Zündspule den Hochspannungs-Zündstrom liefert. Hauptzündkabel aus Mittelbuchse Verteilerkopf ziehen, Regenschutzkappe zurückstreifen, blankes Kabelende etwa 10 mm gegen Masse halten, von Helfer Motor mit Anlasser durchdrehen lassen. Es müssen, wenn bis hierher die Zündanlage in Ordnung ist, regelmäßige und kräftige Funken überspringen. Was danach zu tun ist, steht im Störungsfahrplan in der vorderen Buchklappe.

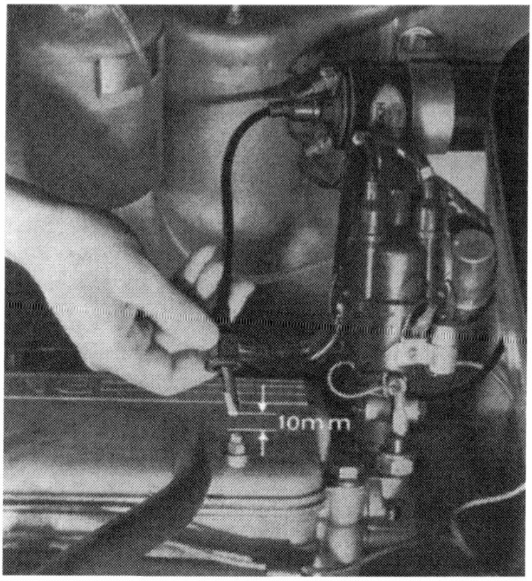

Die Zündkerzen

Obwohl sie der größten Belastung unterworfen sind, arbeiten die Zündkerzen im allgemeinen mit der größten Selbstverständlichkeit. Wenn die Zündkerze den richtigen »Wärmewert« hat und der Motor in Ordnung ist, hat man mit Zündaussetzern durch die Zündkerze nur selten zu rechnen.

Die Wärmewertskala ist eine ursprünglich willkürlich ausgewählte Zahlenreihe. Je höher die Motorleistung, bezogen auf den Hubraum, ist (also die Literleistung), umso höher muß allgemein der Wärmewert sein, denn die thermische Belastung der Zündkerze wird mit steigender Motorleistung größer. Beim Normalbetrieb beträgt der Wärmewert nach heutigen BMW-Empfehlungen (Herbst 71) 200 (früher 225) und für schärfere Fahrweise 230 (früher 240). Bei einigen Modellen klingt die Empfehlung umgekehrt: Normaler Wärmewert 230 und für Stadt oder Kurzstreckenfahrten Wärmewert 200.

Bei der Zündkerzenwahl ist auch darauf zu achten, daß es unbedingt Zündkerzen mit dem 19 mm langen Zündkerzengewinde sind. Bei zu kurzem Zündkerzengewinde springt der Zündfunke natürlich nicht dort über, wo er dies tun soll, und das Kraftstoff-Luft-Gemisch kann sich kaum entzünden. Wenn es doch gelingt, verkohlen die letzten Gewindegänge im Zündkerzenloch.

Von besonderer Bedeutung ist auch die Form der Zündkerzen-Elektroden. BMW hat sich bei seinen Zündkerzenerprobungen für sogenannte Stirn-Elektroden entschieden, bei welchen die Seitenelektrode über die Mittelelektrode hinausragt und mit dem Ende vor dieser liegt. Alle diese Anforderungen sind bei den nachgenannten einsetzbaren Zündkerzen erfüllt.

Außergewöhnliche Anforderungen an eine einwandfreie Zündfolge stellen die Automatik-Modelle, denn Zündaussetzer stören deren Betrieb besonders. Hier empfiehlt BMW eine sogenannte Luft-Gleit-Funken-Zündkerze von Bosch (Typenkennzeichnung WG), bei der außer der Stirnelektrode eine sogenannte Ring-Elektrode für einen stetigen Zündfunken sorgt.

Einsetzbare Zündkerzen

Aus dem Vorhergesagten ergibt sich folgende Zündkerzen-Empfehlung:

Für durchschnittliche Fahrweise Bosch W 200 T 30
Beru 200/14/3 A
Champion N 9 Y
Varta C 200 Y

Für scharfe Fahrweise	Bosch W 230 T 30
	Beru 230/14/3 A
	Champion N 6 Y
	Varta C 230 Y
Für 2000 A, 2002 A besser	Bosch WG 190 T 30

Das Zündkerzengesicht

Aus dem Aussehen und der Färbung der Zündkerzenelektroden kann man Rückschlüsse auf den Zustand des Motors, auf die Vergaser- und Zündeinstellung ziehen.

- mittelbraun oder mittelgrau = gute Vergasereinstellung, Zündkerzen und Motor arbeiten richtig
- schwarz = Vergaser zu fett eingestellt oder Zündkerze ist im Betrieb durch vorwiegende Kurzstreckenfahrten zu kalt. Zündkerze mit nächstniederem Wärmewert probieren, wenn Vergasereinstellung stimmt
- hellgrau = Vergaser zu mager eingestellt
- silbrig = Zündkerze wird zu heiß, eventuell durch scharfe Langstreckenfahrten; Zündkerze mit nächsthöherem Wärmewert probieren. Oder Zündung zu früh eingestellt.
- verölt = Zündkerze setzt aus oder Kolbenringe undicht; wenn bei allen Zündkerzen, Fehler in der Zündanlage

Zündkerzen prüfen

Pflegedienst Nr. 8

Das Reinigen der Zündkerzen mit Stahl- oder Messingbürsten und Kratzen mit scharfen Gegenständen hat keinen Reinigungswert, sondern schadet der Kerze. Am besten wird die Kerze gar nicht gereinigt. Sie reinigt sich, wenn der Motor in Ordnung ist, im Betrieb selbst. Reinigen in Zündkerzenreinigungsgeräten, wobei ganz feine Glasperlen oder Sand gegen den Isolator und die Elektroden gestrahlt werden, ist gerade noch vertretbar, da die Rückstände anschließend ausgespült oder ausgeblasen werden.
Üblicherweise wird empfohlen, nach 15 000 km die Kerzen zu wechseln. Sofern der Motor keine Zündstörungen hat oder sich kein Nachlassen der Motorleistung bemerkbar macht, sollte man die Kerzen nicht einfach auswechseln. Auch bei Zündstörungen und nachlassender Motorleistung sollte man die Schuld nicht zuerst bei den Kerzen suchen, sondern den Motor und die Zündanlage prüfen oder prüfen lassen. Meist halten die Kerzen wesentlich länger als 15 000 km, und es muß nur der Elektrodenabstand geprüft und erforderlichenfalls korrigiert werden. Er soll bei allen BMW-Motoren 0,7 mm betragen. Im Winter ist es besser, den Elektrodenabstand auf 0,6 mm einzustellen, da hierdurch beim Starten des kalten Motors die ersten Zündfunken leichter zu erreichen sind.

Fingerzeige: *Die Zündkerzen sitzen mit ihrem Stahlkörper im Gewinde des Zylinderkopfes. Dieser ist aus Leichtmetall und besitzt leider keine Gewindebüchsen aus Stahl. Laufendes Heraus- und Hineinschrauben der Zündkerzen bekommt diesen Gewinden auf die Dauer nicht gut. Auf keinen Fall sollten Sie kalte Zündkerzen bei heißem Motor hineinschrauben und stark anziehen. Sie sitzen dann wie festgenietet und sind kaum zu lösen.*
Um die Zündkerzengewinde leichtgängiger zu machen, vor dem Einschrauben Graphit von einem weichen Bleistift darauf schaben. Auf keinen Fall Kerzengewinde einfetten! Das backt zu einer unlösbaren Kruste zusammen.

Entstörung beim Radio-Einbau

Kraftfahrzeuge kommen heutzutage bereits funkentstört aus der Produktion, wenn sie in Deutschland oder in den meisten europäischen Ländern verkauft werden sollen (die Vorschrift ist in Italien und Österreich dagegen nicht zwingend). Es handelt sich dabei nur um eine Grundentstörung, die ausreichen soll, daß anderer Leute Radios und Fernseher nicht gestört werden. Wenn man sich selbst ein Auto-Radio einbauen will, muß Zusätzliches geschehen, denn die Grundentstörung reicht dazu nicht aus.

Von der einschlägigen Industrie werden Entstörmittel in der ersten Stufe für Mittel- und Langwelle, in der zweiten Stufe auch für UKW angeboten. Vernünftigerweise wird man gleich die UKW-Entstörung vornehmen. Dazu gibt es beispielsweise von Bosch, Blaupunkt und verschiedenen anderen Radio-Produzenten besonders zusammengestellte Entstörsätze. Wenn Sie solche kaufen, müssen Sie jedoch unbedingt in der sogenannten Typenliste des Herstellers sorgfältig überprüfen, ob und welche Entstörsätze gerade für Ihren BMW berechnet sind. Denn »08/15«-Entstörsätze müssen natürlich für eine Menge verschiedener Fahrzeuge passen und können in Ihrem BMW nicht den höchsten Effekt erzielen. Und zu »scharfes« Entstören mit ungeeigneten Mitteln ergibt neben erhöhtem Elektrodenabbrand der Zündkerzen ärgerliche Zündstörungen, weil der Zündstrom zu stark gedrosselt wird.

Da eine genaue Entstöranleitung bei den zahlreichen hier besprochenen BMW-Modellen (und bei einzelnen dazu noch mit 6 und 12 Volt entsprechend ihrer Baujahre) den Rahmen dieses Buches sprengen würden, möchten wir auf die sehr genauen Entstör- und Einbauanleitungen von Blaupunkt und Bosch (Blaupunkt ist eine Bosch-Firma) hinweisen. Man kann sie sich von den Kundendienstabteilungen sowohl von der Robert Bosch GmbH, 7016 Gerlingen-Schillerhöhe, Robert-Bosch-Platz 1, sowie von der Blaupunkt Werke GmbH, 32 Hildesheim, Robert-Bosch-Straße 200, schicken lassen. Natürlich müssen Sie dabei genau angeben, welchen BMW-Typ Sie haben und welches Baujahr er hat (6 oder 12 Volt? Gleichstrom- oder Drehstrom-Lichtmaschine?).

Radio-Störgeräusche einkreisen

Aber auch bei einem von der Werkstatt oder vom Radiohändler eingebauten Apparat gibt es öfter Störungen, die den Spaß an der Musik im Auto erheblich dämpfen. Die Ursachen können so zahlreich sein wie ein Hund Flöhe tragen kann. Doch gibt es auch für den Laien eine Einkreisungstaktik der häufigsten Störungsursachen, die oft zum Erfolg führt. Zumindest kann man dem Mann in der Werkstatt den richtigen Fingerzeig geben, der ihm Untersuchungen mit entsprechender Zeitverschwendung (die dann auf Ihrer Rechnung steht) erspart.

■ Auto-Radio zwischen zwei zu empfangende Stationen mit voller Lautstärke einstellen, so daß Störgeräusche besonders deutlich zu hören sind. Bei jeder der nachfolgenden Prüfungen die unterschiedlichen Wellenbereiche (Langwelle, Mittelwelle, UKW) nacheinander einschalten. Die Prüfungen nimmt man außerdem, um Außeneinwirkungen zu vermeiden, weder in der Nähe von Hochspannungsleitungen, noch Straßenbahnen oder deren Oberleitungen und auch nicht bei eingeschalteter Straßenbeleuchtung (störende Leuchtröhrenstarter) vor.

■ Zuerst Radio-Empfang bei stehendem Motor aber eingeschaltetem Scheibenwischer prüfen. Ist der Wischermotor auch im Lautsprecher zu hören, muß ein entsprechender »Entstörfilter« montiert werden.

■ Machen sich beim laufenden Motor im Stand Störgeräusche bemerkbar, deren »Geschwindigkeit« sich auch mit der Drehzahl des Motors ändert, sollten zuerst einmal die Zündkabel nachgeprüft werden: Sind die Zündkerzenstecker und Klemmkrallen einwandfrei leitend mit der Kupferlitze des Kabels verbunden? Bei schief eingedrehten (bei Montageschnelligkeit gar nicht selten)

Zündkerzensteckern gibt es im Zündkabel eine sogenannte »Vorfunkenstrecke« zwischen Kupferlitze und Mittelstift des Steckers, die natürlich im Lautsprecher deutlich vernehmbar ist. Auf der Verteilerseite der Zündkabel ist außerdem nachzuprüfen, ob dort wirklich entstörte Verteilerstecker befestigt sind. Sie können beim Einziehen neuer Zündkabel vergessen worden sein. Auch auf der Zündkerzenseite der Kabel müssen die Zündkerzenstecker natürlich entstört sein. Ebenso kann es bei diesen Motorgeräuschen im Radio auch an der richtigen Entstörung des Reglers, der Lichtmaschine, der Zündspule oder daran lose hängenden oder korrodierten Kabeln hängen.

■ Nun lassen Sie einmal Ihren BMW bei ausgeschaltetem Motor »im Freilauf« eine brottrockene Asphaltstraße bei möglichst warmem Wetter herunterrollen. Knistert es im Radio während des Rollens und verschwindet dieses Knistern, sowie der Wagen zum Stillstand kommt, dann laden sich Ihre Reifen mit statischer Elektrizität auf. Da hilft nun nicht das alberne »Hundeschwänzchen« aus geflochtenem Kupferband, das man an manchen Autos auf der Straße schleifen sieht, sondern die Metallfelgen müssen einwandfrei leitend mit der Karosserie verbunden werden (an der Vorderachse kann nämlich das Radlagerfett isolierend wirken). Das Problem wird durch Radnabenkontakte gelöst, die jeweils unter den Radnabendeckel (das Bild auf Seite 176 zeigt, wie der linke Radnabendeckel gelöst wird) der beiden Vorderräder zu klemmen sind. An den Hinterrädern taucht das Störgeräusch bei dem BMW in der Regel (auch bei UKW) nicht auf.

■ Kratzt es in Ihrem Autoradio immer noch, wird es schwierig. Es kann am Keilriemen liegen, der sich aufgrund seiner Gummimischung vielleicht elektrostatisch aufladet. Kontrolle: Bei Dunkelheit am laufenden Motor mit dem Schaft an Masse fest angedrückten Schraubenzieher dem Keilriemen nähern. Springen Funken zum Schraubenzieher über, die man auch im eingeschalteten Radio hört, wird der Keilriemen leicht mit Glyzerin eingerieben, das schafft Abhilfe.

■ Es kann auch daran liegen, daß einzelne Teile des Wagens gegeneinander reiben, ohne einwandfrei leitend miteinander verbunden zu sein. Dann fehlt dort ein Massekabel zwischen beiden Teilen, aber es ist eine harte Sucherei, bis man die Störquelle findet. Wichtigstes Massekabel dann zwischen Motorhaube und Karosserie. Das schirmt auch unnötige Störfunken des Motors ab.

■ Das gleiche ungleichmäßige Kratzgeräusch kann auch eine ausziehbare Antenne (Teleskop-Antenne) erzeugen, wenn deren Teilglieder nach einem gewissen Alter lose und nicht mehr einwandfrei leitend ineinander stecken oder verschmutzt sind. In der Antenne steckt auch der Fehler, wenn die Empfangsleistung des Auto-Radios bei Regen stark nachläßt. In beiden Fällen Abhilfe: Antenne ganz demontieren, Einzelteile sorgfältig reinigen.

■ Selbst die Tachowelle ist als Störquelle möglich, wenn ihre Metallumhüllung, die ja meistens von einer Schutzhülle überzogen ist, keine leitende Verbindung zur Masse hat. Kratzen Sie sicherheitshalber irgendwo diese Umhüllung der Tachowelle an, bis Sie auf die Metallumwicklung kommen, und schrauben Sie dort eine kleine Metallschelle fest, die ihrerseits mit einem Kabel zur Masse verbunden ist.

■ Und schließlich können es auch Nylon-Schonbezüge in Ihrem BMW sein, die sich per Autofahrer-Hosenboden elektrostatisch aufladen – es gibt also viele Möglichkeiten, Sie beim Radiohören zu ärgern.

Sehen und gesehen werden

Von den Beleuchtungseinrichtungen des Wagens erscheinen dem Fahrer meist die Scheinwerfer am wichtigsten, denn nur sie gestatten ihm nachts das schnellere Fahren außerhalb beleuchteter Ortschaften. Die anderen Leuchten wie Schluß-, Begrenzungs- und Kennzeichen-Leuchten sind aber mindestens ebenso wichtig, denn andere Straßenbenutzer müssen den Wagen von vorn und hinten als das erkennen können, was er ist – ein zweispuriges Fahrzeug.
Sowohl am Tage wie bei Nacht möchten andere Straßenbenutzer wissen, ob das Fahrzeug seine Richtung ändern will bzw. ob das vor ihnen fahrende Fahrzeug abgebremst wird; Blink- und Bremsleuchten spielen also gleichfalls eine große Rolle. Solange die Scheinwerfer brennen, kümmern sich manche Fahrer wenig um die »Beleuchtungseinrichtungen« ihres Wagens und vergessen, daß ihre Sicherheit von dem richtigen »Gesehenwerden« abhängt.
Um gegen alle Eventualitäten gewappnet zu sein, schafft man sich zweckmäßig einen Autolampen-Ersatzkasten an, in dem die wichtigsten Lampen für den BMW enthalten sind. Ein solcher Ersatzkasten schützt nicht nur vor unliebsamen Überraschungen durch den Ausfall einer wichtigen Lampe, sondern auch gegen ein Strafmandat. Wenn man von der Polizei angehalten wird, weil eine Lampe ausgefallen ist, und sogleich den Ersatzkasten zur Hand hat und die Lampe auswechselt, so kann einem nichts passieren. Schließlich steckt man nicht selbst in der ausgefallenen Lampe, und diese hat nun einmal nicht das ewige Leben.
Solch einen Lampenersatzkasten muß man sich für seinen BMW selbst zusammenstellen, denn die Ausstattungen der hier behandelten BMW-Modelle sind zu unterschiedlich (zusätzlich noch nach Baujahren), so daß wir hier keinen allgemeingültigen Ratschlag geben können. Auch fertig angebotene Ersatzlampenkästen unter dem Stichwort »Für BMW« werden in der Regel nicht hundertprozentig stimmen.

Beleuchtungsanlage prüfen
Kontrolldienst Nr. 19

Die am wenigsten haltbaren Lampen sind die Glühlampen der Scheinwerfer. Nicht etwa, weil diese am teuersten sind und die Hersteller und Händler daran am meisten verdienen, sondern weil die Glühfäden dieser Lampen mit der höchstmöglichen Temperatur glühen. Je höher nämlich die Temperatur eines Glühfadens ist, umso schneller verdampft der Glühfaden und ist früher »ausgebrannt«. Der verdampfte Glühfaden schlägt sich als schwarzer Belag innen am Lampenkolben nieder und hindert den Lichtaustritt. Es ist darum keine Verschwendung, wenn man eingeschwärzte Scheinwerfer-Glühlampen auswechselt; der Lichtgewinn wirkt überzeugend.
Bei Scheinwerfer-Glühlampen (meist als Bilux-Lampen bekannt), findet man gelegentlich auch andere Ausfallursachen als einen durchgebrannten Glüh-

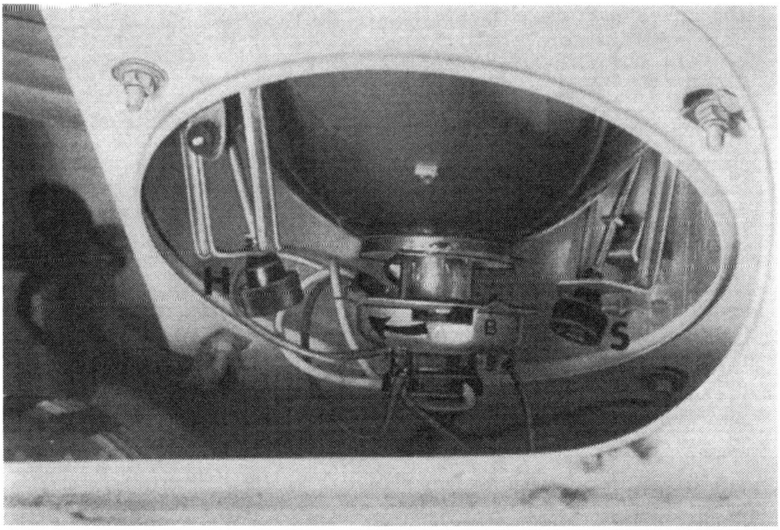

Die Zweifadenlampe des Scheinwerfers läßt sich nach Andrücken und Drehen des Bajonettverschlusses in Pfeilrichtung herausnehmen. Der Rändelknopf H dient zur Höheneinstellung, der Rändelknopf S zur Seiteneinstellung der Scheinwerfer. Zum Austausch einer defekten Scheinwerferlampe muß der Scheinwerfereinsatz nicht ausgebaut werden, wie eventuell die Bilder auf der nächsten Seite vermuten lassen.
Der Lampenwechsel (hier am 1800) erfolgt vom Motorraum aus, nachdem die rückseitige große Abdeckkappe durch einen seitlich angesetzten Schraubenzieher abgehebelt wurde

faden; sogenannte »Luftzieher«, Kaltschweißstellen oder spröde Glühfäden. Beim »Luftzieher« ist der Lampenkolben innen gelblich oder bläulich angelaufen. Hier hatte der Glaskolben einen Haarriß und es ist Luft eingedrungen; der Glühfaden ist dann in dieser Luft richtig »verbrannt«. Kaltschweißstellen erkennt man daran, daß sich der Glühfaden einer Lampe an den Fadenträgern gelöst hat; spröde Glühfäden daran, daß die Glühfäden kurz hinter der Anschweißstelle am Fadenträger abbrechen. Bei diesen Schäden handelt es sich um Garantiefälle, und man kann derartige Glühlampen dort umtauschen, wo man sie gekauft hat. Bei schwächeren Glühlampen treten derartige Fehler kaum auf.

Die weniger beanspruchten Glühlampen der Blink-, Brems-, Schluß-, Begrenzungs-, Kennzeichen- und Instrumenten-Leuchten überstehen zum großen Teil die Lebensdauer des Fahrzeugs. Trotzdem sollte man die lebenswichtigen Glühlampen in den Blink-, Brems-, Schluß- und Begrenzungsleuchten nach etwa 50 000 km einmal darauf kontrollieren, ob der Glaskolben erheblich geschwärzt ist, und sie gegebenenfalls ersetzen, denn es ist – wie gesagt – wichtig, rechtzeitig gesehen zu werden.

Zwar sollte man sich vor Antritt jeder Fahrt davon überzeugen (und nicht nur alle 7500 km bei der Inspektion!), daß die Außenbeleuchtung in einwandfreiem Zustand ist, aber wer tut das schon – zumal wenn er allein ist. Bei Dunkelheit kann man sich von der Funktion der Leuchten ohne auszusteigen leicht überzeugen, wenn man das Fahrzeug einmal mit der Front- und einmal mit der Heckseite gegen eine helle Wand stellt. Am Widerschein der Leuchten kann man dann leicht feststellen, ob alle Leuchten arbeiten – auch die Bremsleuchten, die man ja, wenn man allein ist, sonst nicht überprüfen kann.

Scheinwerferlampen auswechseln

In den Scheinwerfern ist als wichtigste Lampe die Zweifadenlampe für das Fernlicht und das asymmetrische Abblendlicht eingesetzt. Häufig werden sie als »Bilux«-Lampen bezeichnet, doch ist das nur der Typenname der Firma Osram; Scheinwerfer-Zweifadenlampen der Firma Philips tragen den Namen »Duplo«.

Wenn nur ein Faden einer Scheinwerferlampe ausgefallen ist, also entweder nur das Fernlicht oder nur das Abblendlicht brennt, dann ist ziemlich sicher

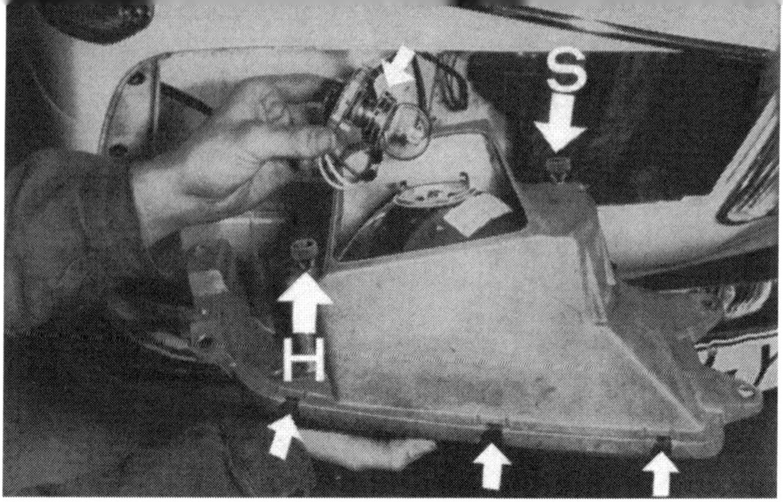

Die Bilder dieser Seite zeigen den Ausbau der Scheinwerfereinsätze an den verschiedenen Modellen, hier am 2000. Auch bei diesem Scheinwerfereinsatz dient, genau wie bei dem links gezeigten, die obere Rändelschraube der Höhenverstellung (H) und die untere der Seitenverstellung (S) des Scheinwerferstrahls, einerlei, ob die betreffende Schraube rechts oder links am Scheinwerfer sitzt. Der Lampensockel ist hier herausgenommen; beim Zusammenbau muß darauf geachtet werden, daß die Nocken der Glühlampe (weißer Pfeil oben) genau in die entsprechenden Aussparungen des Scheinwerferspiegelrandes zu sitzen kommen. Die unteren weißen Pfeile weisen auf die Halteklammern des Scheinwerferglases hin. Der Scheinwerfereinsatz selbst ist mit 5 Kreuzschlitzschrauben befestigt.

der andere Faden durchgebrannt. Brennen beide Fäden nicht, dann kann man den Verdacht haben, daß die Masseverbindung zur Zweifadenlampe ausgefallen ist. Eine Sicherung kann nicht defekt sein, denn die Scheinwerferlampen sind nicht abgesichert.

Das Auswechseln einer Zweifadenlampe geschieht vom Motorraum aus. Nach dem Öffnen der Motorhaube Abdeckkappe der Scheinwerfer-Rückseite abnehmen. Dann drückt man den Bajonettverschluß der Zweifadenlampe gegen die Federkraft in Richtung des Reflektors und dreht ihn (von hinten auf den Reflektor gesehen) nach links. Die Zweifadenlampe läßt sich dann nach hinten herausziehen und der Dreifachstecker vom Lampensockel notfalls vorsichtig abhebeln. Beim Einsetzen einer neuen Lampe achtet man darauf, daß man nicht mit den bloßen Fingern auf den Glaskolben der Lampe kommt, denn die zurückbleibenden Schweißspuren verdampfen später unter Einwirkung der Hitze und schlagen sich auf dem Reflektor nieder, der dadurch getrübt wird. Zweckmäßig setzt man die neue Lampe so ein, daß man sie entweder am Glaskolben mit der Packung anfaßt oder mit einem sauberen Taschentuch.

Beim Einsetzen der neuen Glühlampe muß man darauf achten, daß die Nase des Lampensockels richtig in die Nut des Reflektors eingreift, sonst hat sie nicht ihren richtigen Sitz. (Auch bei falsch eingesetzter Lampe kann man den Bajonettenverschluß mit »Gewalt« aufsetzen.)

Die ausgewechselte Lampe wirft man nicht gleich weg, sondern untersucht sie auf die weiter vorn beschriebenen Fehler, um sie eventuell beim Händler umzutauschen. Ist der Glaskolben allerdings geschwärzt, so liegt kein Ferti-

Zum Ausbau des Scheinwerfereinsatzes (nicht zum Lampenwechsel) ist genau wie beim oben gezeigten Scheinwerfereinsatz hier am 1600-2 zuerst die betreffende Ziergitterhälfte abzuschrauben. (4 Kreuzschlitz-, eine Rändelschraube vom Motorraum aus). Die 5 weißen Pfeile weisen auf die Schraubenlöcher hin. Danach Ausbau des Scheinwerfereinsatzes (4 Schrauben SW 8 von innen). Die Ziffern bedeuten: 1 – Motorhaubenscharnierbefestigung (siehe Seite 235); 2 – zwei Signalhörner; 3 – Schaltrelais für Signalhornbetätigung; 4 – Scheinwerfereinsatz.

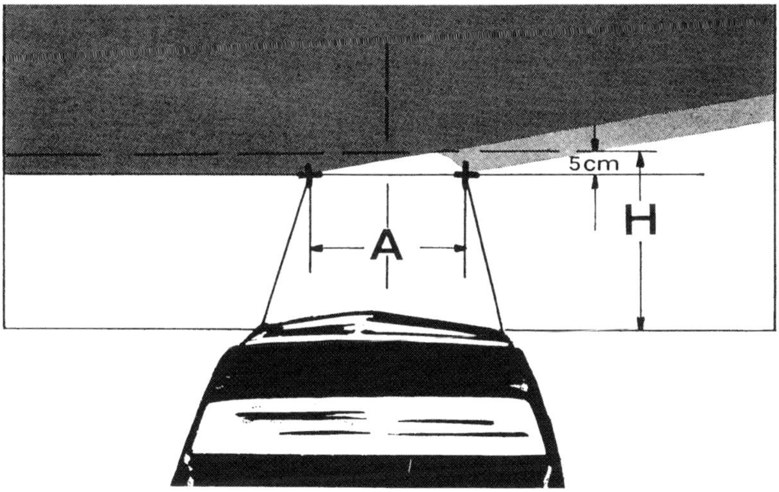

Vor der Wand, auf der Sie diese Hilfslinien ziehen, sollten Sie 9 m ebener Fläche haben, damit die Einstellung genau wird. Die Höhe H vom Boden bis zur oberen gestrichelten Linie entspricht der genauen Höhe vom Boden bis zur Scheinwerfermitte (am eigenen Wagen selbst messen). Von dort werden bei 5 m Wagenabstand 5 cm heruntergemessen für die Hauptlinie, auf der zwei Kreuze zu malen sind, die genau den gleichen Abstand wie die Scheinwerfermittelpunkte an Ihrem BMW voneinander haben. Das gilt beim Vier-Scheinwerfer-System für die Außenscheinwerfer.

gungsfehler vor, sondern die Lampe ist an natürlicher Abnutzung zugrunde gegangen.
Die Abdeckkappe über dem Scheinwerfer muß wieder so aufgesetzt werden, daß sie wirklich staubdicht sitzt.

Einstellung der Scheinwerfer prüfen

Kontrolldienst Nr. 20

Die Scheinwerfer sollen eine möglichst gute Ausleuchtung der Straße bewirken, dürfen entgegenkommende Straßenbenutzer aber (schon im eigenen Interesse) nicht blenden.
Eine richtige Einstellung der Scheinwerfer läßt sich mit einem Scheinwerfer-Einstellgerät ziemlich schnell durchführen, da die Einstellschrauben des Reflektors beim BMW nach Abnehmen der hinteren Schutzklappe gut zugängig sind. Da jede Autoelektro-Werkstatt, die BMW-Vertretungen und auch viele Tankstellen über ein solches Scheinwerfer-Einstellgerät verfügen, kann man die Scheinwerfer-Kontrolle bzw. die -Einstellung praktisch jederzeit vornehmen lassen.
Wenn man keine Werkstatt in der Nähe hat und das Auf- und Abblenden entgegenkommender Wagen den Verdacht der falschen Scheinwerfereinstellung nahelegt, so kann man sich aber auch selbst helfen. Hierzu wird das Fahrzeug auf einer ebenen Fläche in 5 m Entfernung von einer hellen Wand aufgestellt. Die Wand wird mit einem Punkt markiert, der genau in der Verlängerung der Fahrzeug-Mittellinie liegt. Durch diesen Punkt zieht man dann eine senkrechte Linie (siehe obige Skizze).
Nachdem eine Person auf den Hintersitzen Platz genommen hat (man kann auch entsprechendes Gewicht in den Wagen legen – ca. 75 kg), mißt man die Höhe H der Scheinwerfermitten über dem Boden. Auf der Wand zieht man in dieser Höhe eine waagerechte Linie. Eine zweite Linie zieht man 5 cm darunter. Sie entspricht dem Maß, um das sich die obere Hell-Dunkelgrenze des Abblendlichtes auf 5 m Entfernung senken muß. Anschließend zieht man die beiden senkrechten Linien, die von der zuerst gezeichneten Mittel-Linie den gleichen Abstand haben müssen wie die Scheinwerfermitten von der Fahrzeugmitte und malt in ihre Schnittpunkte mit der waagrechten Hell-Dunkel-Grenzlinie je ein Kreuz. Nun wird einer der beiden Scheinwerfer abgedeckt. Der andere wird bei eingeschaltetem Abblendlicht durch den Höheneinstellknopf H des Scheinwerfers so eingestellt, daß die horizontale Hell-Dunkelgrenze auf der zweiten Linie unterhalb der ersten Waagrechten liegt.

Anschließend wird der Reflektor durch den Seiteneinstellknopf S so eingestellt, daß der Knick zwischen dem horizontalen und dem um 15° nach oben verlaufenden Teil der Hell-Dunkel-Grenze jeden Scheinwerfers genau auf dem entsprechenden Markierungskreuz liegt.
Das Fernlicht braucht nicht eingestellt zu werden, da es von der Einstellung des Abblendlichtes abhängig ist.

Lampenwechsel

Standlicht vorn

Die ebenfalls im Scheinwerfer untergebrachte Standlichtlampe ist unterhalb oder seitlich der Zweifadenlampe in den Reflektor eingesteckt und kann nach Abnehmen des Bajonettverschlusses für die Zweifadenlampe herausgenommen werden. Die Stromzuführung erhält die Standlichtlampe durch einen Blechkontakt am Bajonettverschluß.

Blinkleuchten vorn

Zum Auswechseln der Glühlampen in den vorderen Blinkleuchten werden die beiden Kreuzschlitzschrauben der Kunststoffscheibe gelöst. Glühlampe gegen Federkraft hineindrücken, nach links drehen und herausnehmen. Neue Glühlampe einsetzen, gegen Federkraft nach hinten drücken, nach rechts drehen und einrasten lassen. Die Lampe kann nicht falsch eingesetzt werden, da die Sockelstifte symmetrisch sind. Glühlampe 6 Volt, 18 Watt Kugellampe bzw. 12 Volt, 21 Watt. Notdürftig kann man sie durch eine 15-Watt- oder eine 20-Watt-Glühlampe ersetzen, doch wird dann der Blinkrhythmus gestört; man muß sie also alsbald gegen eine Glühlampe des richtigen Werts austauschen.

Schluß-, Brems-, Blink- und Rückfahrleuchten

Zum Auswechseln der Glühlampen dieser Leuchten werden nach Öffnen der Kofferraumhaube die Rändelmuttern abgeschraubt, die den kompletten Glühlampenträger halten. Dieser läßt sich dann beim älteren 1500, 1600 und 1800 unten abziehen und oben aus einer Haltenase herausziehen
Auch die hier eingesetzten Glühlampen werden gegen die Federkraft nach hinten gedrückt und dann nach links gedreht, wonach sie sich herausnehmen und ersetzen lassen.
Oben sitzt die Glühlampe für das Bremslicht; Kugellampe 6 Volt, 18 oder 21 Watt bzw. 12 Volt, 21 Watt.
In der Mitte die Glühlampe für die Rückfahrleuchte. Wenn die Glühlampe einer vorderen Blinkleuchte oder die einer Bremsleuchte ausgefallen ist und man keine passende Ersatzglühlampe zur Hand hat, kann man sie notdürftig durch die Glühlampe der Rückfahrleuchte ersetzen, denn Blinkleuchten und Brems-

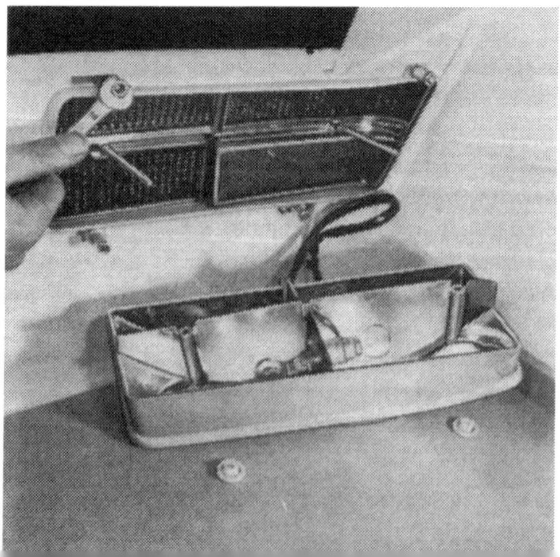

Unabhängig vom BMW-Modell werden die Glühlampen der Heckleuchten stets vom Kofferraum aus gewechselt. Dazu sind jeweils zwei große Kunststoff-Rändelmuttern an der Heckleuchten-Rückseite mit der Hand abzuschrauben und der Lampenträger abzunehmen. Hier ist am 2000 außerdem gezeigt, welche 4 Muttern mit Schraubenschlüssel SW 10 zum Ausbau eines defekten Heckleuchten-Abdeckglases zu lösen sind.

Zum Auswechseln einer defekten Kennzeichenleuchte Abdeckglas (2 Kreuzschlitzschrauben) losschrauben, auf Gummidichtung unter dem Glas achten, Lampe austauschen. Vorher prüfen, ob Lampe wirklich defekt, eventuell nur lockerer Sitz zwischen den Metallzungen (diese zusammenbiegen) oder Kontaktflächen oxydiert (siehe Bild, Seite 122).

leuchten sind wichtiger als die Rückfahrleuchten. Sobald als möglich aber eine Glühlampe der richtigen Wattzahl einsetzen!

Entsprechend den in der Form unterschiedlichen Heckleuchten sind bei unseren BMW die hinteren Schluß- und Blinkleuchten unterschiedlich angelegt. Bei den älteren Modellen der Baureihen 1500, 1600 und 1800 sind beide Leuchteinrichtungen in einer Zweifadenlampe kombiniert. Es ist eine Kugellampe von 6 Volt und 18/5 Watt Verbrauch. Der 5-Watt-Glühfaden brennt als Schlußlicht und der 18-Watt-Glühfaden als hinterer Blinker. Bei den neueren Modellen sind Blinker und Schlußlicht je eine eigene Kugellampe zugewiesen. Für die Blinker ist es eine mit 12 Volt und 21 Watt, also die gleiche wie für die vorderen Blinker und wie für das Bremslicht. Die Schlußleuchte hat eine Kugellampe von 5 Watt. Sie dient zugleich als Parklicht. Neuere BMW 1800 haben die Kombination Schluß-/Bremslicht mit Zweifadenlampe 21/5 Watt.

Kennzeichenbeleuchtung

Nach Anheben des Kofferraumdeckels kann man die Deckscheiben der Kennzeichenleuchten nach Lösen von je zwei Kreuzschlitzschrauben abnehmen und die darunter liegenden Soffittenlampen (6 bzw. 12 Volt, 5 Watt) auswechseln. Darauf achten, daß die Kontaktfedern der Glühlampen genügend Vorspannung haben, so daß die Glühlampe fest sitzt. Nötigenfalls die Kontaktfedern etwas nachbiegen. Beim Wiederaufsetzen der Deckscheibe auf richtigen Sitz der Gummidichtung achten.

Fallen zwei gleichartige Lampen (wie Kennzeichenleuchte, Rückfahrscheinwerfer oder Bremsleuchten) gleichzeitig aus, so liegt es kaum jemals an den

Die am 1600-2 ausgebauten Schalter, rechts der Scheinwerfer-Lichtschalter (Bild, Seite 157, Nr. 1), links der Nebellampenschalter. Letzterer hat oft Wackelkontakt in sich. Zum Schalterausbau zuerst Zugknopf mit der Hand abschrauben Dann in die Schlitze der dahinter sitzenden Rosette (Bild, Seite 157, Nr. 3) zwei dünne Nägel einsetzen (falls Spezialschlüssel nicht verfügbar) und mit quer zwischen Nägeln durchgestecktem dünnem Schraubenzieher Rosette losschrauben. Untere Armaturenbrettabdekkung zum Fußraum ausbauen und mit Griff hinter das Armaturenbrett Schalter herausziehen.

Glühlampen, sondern an der Stromzuführung bzw. an einer Sicherung. Die Glühlampen der Kennzeichenbeleuchtung, der Rückfahrscheinwerfer und der Bremsleuchten hängen zumeist zusammen an einer gemeinsamen Sicherung. Statt die entsprechenden Glühlampen zu kontrollieren, überprüft man die Sicherungen bzw. man schaltet einen Verbraucher ein, der an der gleichen Sicherung liegt. Die Kennzeichenleuchten haben eine Sicherung für sich, an der serienmäßig kein anderer Stromverbraucher hängt.
Wo der Fehler zu suchen ist, wenn die Blinker oder die Bremslichter nicht funktionieren, obgleich die betreffenden Glühlampen in Ordnung sind, ist im folgenden Kapitel über die Signaleinrichtungen beschrieben.

Deckenleuchte

Die Deckenleuchte besitzt zwei Sofittenlampen (6 bzw. 12 Volt, 5 Watt). Die Abdeckkappe der Deckenleuchte läßt sich nach Lösen zweier Schlitzschrauben abnehmen und die Sofittenlampen können ausgewechselt werden. Bei einem anderen Modell läßt sich die Abdeckkappe der Innenraumleuchte durch einen seitlich untergeschobenen feinen Schraubenzieher vorsichtig abhebeln.
Wenn nur eine Sofittenlampe ausgefallen ist, liegt der Schaden an dieser bzw. an losen Kontaktfedern derselben. Brennen beide Glühlampen beim Öffnen einer Tür nicht, so betätigt man einmal den Schalter an der Deckenleuchte, da die Türkontaktschalter defekt sein können. Falls die Lampen auch jetzt nicht brennen, zuständige Sicherung überprüfen.
Funktioniert ein Türkontaktschalter nicht mehr, diesen ausbauen durch Lösen einer Kreuzschlitzschraube (sitzen in den Vorderholmen der Türrahmen), vom verkrusteten Schmutz und Fett reinigen, bis Feder wieder leichtgängig. Leicht einfetten und wieder im Türholm festschrauben.

Instrumentenbeleuchtung

Kontrolldienst Nr. 25

Zum Auswechseln der Glühlampen für die Instrumentenbeleuchtung muß man zuerst die Verkleidung unter der Instrumententafel ausbauen. Anschließend kann man die Fassungen aus den einzelnen Geräten herausziehen und die Glühlampen auswechseln. Man müsse bei einigen BMW-Modellen dazu, so behauptet mit Recht ein Leser, allerdings gelernte Hebamme mit Spezialausbildung in Bodenakrobatik sein.
Wenn die gesamte Instrumentenbeleuchtung ausgefallen ist, so liegt es natürlich nicht an den Glühlampen (auch nicht an einer Sicherung), sondern nur am Zugschalter für die Außenbeleuchtung oder am Drehwiderstand, mit dem man die Helligkeit der Instrumentenbeleuchtung regeln kann.

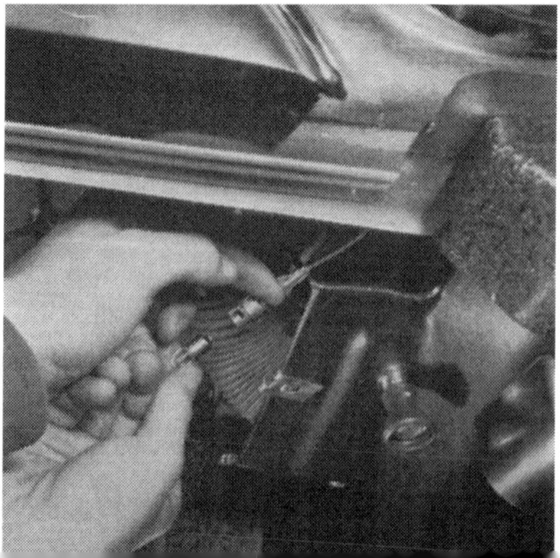

Ist ein Armaturenbrettlämpchen ausgefallen, läßt sich die betreffende Lampenhülse nach Ausbau der unteren Armaturenbrettabdeckung hinter den Instrumenten ertasten und die Lampenhülse herausziehen. Vorsicht, daß dabei keine anderweitigen Kabelsteckverbindungen abgezogen werden! Lämpchen etwas in seine Hülse drücken und nach Linksdrehung herausziehen.

Zusatzscheinwerfer

Der BMW ist ein sehr beliebtes Objekt zur Nachrüstung mit Scheinwerfern. Man sieht Fahrzeuge mit wahren »Christbäumen« auf der vorderen Stoßstange. Leider sind diese Leuchten dort mehr schlecht als recht befestigt und zittern dann auf unebener Straße beträchtlich. Das ist weder für die Lebensdauer der Glühlampen förderlich, noch für den Fahrer angenehm, denn die Augen ermüden bei solcher Zitterbeleuchtung wesentlich schneller. Aber auch wenn Sie Ihre Zusatzscheinwerfer besser angebracht haben, sollten Sie deren Befestigung und Einstellung regelmäßig überprüfen. Besonders nach Benutzen automatischer Waschanlagen kann die Einstellung solcher Scheinwerfer verändert sein, wodurch der Gegenverkehr geblendet wird.

Nebelscheinwerfer

Als zusätzliche Leuchten werden in erster Linie Nebelscheinwerfer in Frage kommen. Nehmen Sie statt eines billigen Sonderangebotes lieber Scheinwerfer von bekannten Herstellern. Sobald Sie nämlich einen Reflektor oder ein Scheinwerferglas austauschen müssen, gibt es Schwierigkeiten bei der Ersatzteilbeschaffung. Dann wird Ihr billiger Scheinwerfer recht teuer, denn Sie müssen einen kompletten neuen kaufen.
Es empfiehlt sich, ein Relais in die Schaltung einzubauen, wie es auch in unserem Schaltplan in der hinteren Buchklappe und in der Schaltskizze unten eingezeichnet ist. Es verhindert stärkeren Spannungsabfall, was besonders für Nebelscheinwerfer mit Halogenlampen wichtig ist, denn diese sind gegen Unterspannung empfindlich. Wie die Nebelscheinwerfer verschaltet werden müssen, geht aus unserem Schaltplan hervor.
Kleine Nebelscheinwerfer mögen zwar eleganter aussehen, bringen aber auch weniger Licht, deshalb Nebelscheinwerfer so groß oder noch größer, wie man es mit seinem Geschmack vereinbaren kann. Außerdem ist die Montage der Nebellampen unter der Stoßstange wirkungsvoller als darüber, denn das Licht dringt bei dieser Anordnung unter dem zumeist nicht ganz auf dem Boden aufliegenden Nebel wirkungsvoller durch. Befürchtungen, daß die Nebellampen dort Steinschlag oder Schmutz gefährlich ausgesetzt wären, hat unsere vieljährige Praxis stets widerlegt. Natürlich sind unter der Stoßstange rechteckige Nebellampen vorteilhafter.

Jod-Fernlichtscheinwerfer

Diese können entweder zusammen mit dem Fernlicht eingeschaltet oder allein als Fernlicht benutzt werden. (Abwechselnd normales Fernlicht oder Jod-Fernlicht zu fahren ist nicht erlaubt.)
Am BMW 1500 – 1800 älterer Bauart empfiehlt es sich, beim Anbau von Jod-Fernlichtscheinwerfern nur diese zu fahren und das serienmäßige Fernlicht abzuklemmen, da andernfalls zu viel Strom verbraucht wird. Das überlastet die in diesen Modellen eingebaute Gleichstrom-Lichtmaschine erheblich. Anders ist es bei den ab September 1967 gelieferten Wagen der Baureihe 1600, die ebenso wie die schon früher damit gelieferten BMW 1800 und alle 2000-Modelle eine Drehstromlichtmaschine haben. Hier kann das zusammen mit dem serienmäßigen Fernlicht brennende Halogen-Fernlicht die Lichtmaschine nicht in die Knie zwingen. Kehrseite der Medaille: Muß man bei diesem prachtvollen Fernlicht wegen entgegenkommenden Verkehrs auf Abblendlicht umschalten, glaubt man wegen des starken Lichtunterschiedes direkt in einen unbeleuchteten finsteren Keller zu fahren. Unser Abblendlicht ist nämlich, genau gesehen, wesentlich notleidender als das Fernlicht.

H 4-Umrüstung

Seit Frühjahr 1972 ist die Halogen-Zweifadenlampe (H 4-Lampe) zugelassen und im Handel. Diese Glühlampen, die es nur in 12 V gibt, lassen sich nicht

Diese Einbau-Schaltskizze von Hella für den 2000 zeigt, wie die Nebellampen mit Schalter und Relais an die vorhandenen Teile angeschlossen werden können. Im Schaltplan in der hinteren Buchklappe und in der Sicherungstabelle auf Seite 124 ist eine etwas abweichende, aber im Prinzip gleiche Schaltung einskizziert. Das Schaltrelais durchlaufen zwei Stromkreise: der Schaltstrom an den Klemmen 86 (einschalten) und Klemme 85 (bei Fernlicht automatisch ausschalten), sowie der Arbeitsstrom an Klemme 30/51 (Strom liegt dauernd an, Kabel auch an Klemme 15, wie in Sicherungstabelle erwähnt, anschließbar) und Klemme 87 (Stromzufuhr für Nebellampen von Klemme 30/51, wenn Schaltstrom Relaisschalter geschlossen hat).

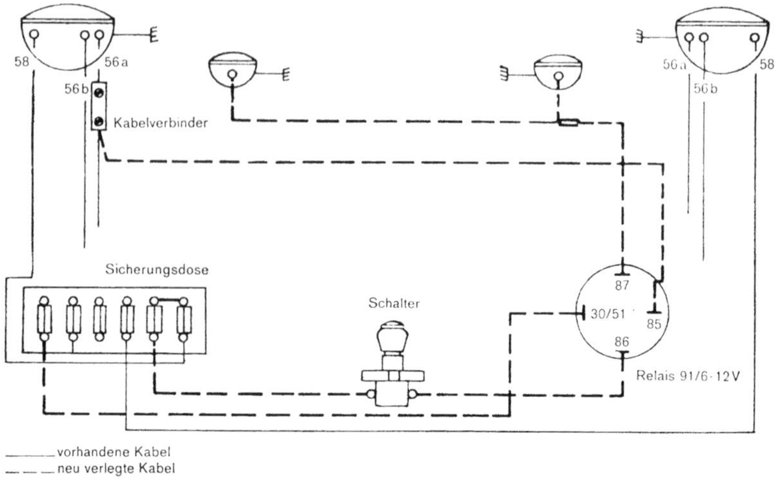

einfach in die vorhandenen Scheinwerfer einsetzen, da Spiegel und Streuscheibe für sie anders geformt werden müssen. Es kostet also einen Umbausatz, der allerdings sehr einfach auszutauschen ist und der von Hella für den BMW 1600, 1602, 1802, 2002 und den älteren 1800 (bis 12/70) unter der Bestell-Nr. 1 A 7 001 139-81 für etwa 140 DM, sowie von Bosch für den 1500, 1600, 1600-2, 2002, 1800, 1800 TI und 2000 TI unter der Bestell-Nr. 0 301 705 801 für etwa 137 DM geliefert wird (beide Preise inkl. Mwst.). Bei H 4-Licht muß die Scheinwerfereinstellung öfters als bei Normallicht überprüft werden, da sonst starke Blendgefahr besteht.

Nebelschlußleuchte

Wer bei Nebelfahrt festgestellt hat, wie eine wirkungsvolle Nebelschlußleuchte den Rücken freihält, weiß sie künftig zu schätzen. Aber man sollte keine mit 18 oder 21 Watt kaufen, nur weil sie wenige Mark billiger ist. Da kann man auch die gleichstarke Bremsleuchte als gelegentlichen »Rückenschutz« antippen. Die erlaubte Leuchtstärke sollte man bei dieser vielleicht lebensrettenden Lampe auch ausnutzen und eine kaufen, wie die große runde von Bosch (Bestell-Nr. 0 313 100 004, Preis etwa 32 DM) oder die ebenfalls große runde von Hella (Typ NES 7 CC, Preis etwa 37 DM), beide für Einfadenlampe 35 Watt.

Zur Nebelschlußleuchte gehört ein Spezialschalter mit grünem Kontrollicht (Kompletter Kabelsatz mit diesem Schalter von Hella unter der Bestell-Nr. 8 KA 002 311-80 für rund 14 DM). Angeschlossen wird die Nebelschlußleuchte an eine Sicherung für das Standlicht (Klemme 58), da sie nur zusammen mit eingeschalteter Beleuchtung einschaltbar sein darf.

Die Nebelschlußleuchte muß leicht zur Fahrbahn geneigt montiert werden, da sonst nachfolgende Verkehrsteilnehmer zu stark geblendet werden können.

Nachricht an Alle

Sie sollen anderen Straßenbenutzern etwas »signalisieren«, sie sollen Aufmerksamkeit wecken. Viele Kraftfahrer verstehen deshalb nur die Fanfaren und die Lichthupe darunter. Wesentlich wichtiger sind aber die beiden anderen Signaleinrichtungen – Blinker und Bremsleuchten.

Die Blinker

Kontrolldienst Nr. 21

Wenn die Blinkleuchten auf beiden Fahrzeugseiten ausfallen, so liegt der Schaden entweder an einer durchgebrannten Sicherung, an einem defekten Blinkgeber oder – sehr selten – an einem vom Relais oder Blinkerschalter gelösten Kabelstecker.
Wenn die Blinkerkontrolle beim Einschalten einer Fahrzeugseite einen stark verlangsamten Rhythmus hat, so ist mit großer Wahrscheinlichkeit nur eine Blinker-Glühlampe ausgefallen. Die Glühlampe der anderen, nicht ausgefallenen Blinkleuchte arbeitet dann ebenfalls im verlangsamten Rhythmus. Auch hier kann sich der allerdings sehr seltene Fall ergeben, daß sich ein Stecker am Blinkgeber, am Blinkschalter oder an einer Blinkleuchte gelöst hat bzw. eine Leitung unterbrochen ist.

Die Warnblinkanlage

Etwa ab Baujahr 69 ist die Blinkanlage mit einer Warnblinkanlage serienmäßig kombiniert. Beide Systeme haben ein gemeinsames Schaltrelais (Bild unten).

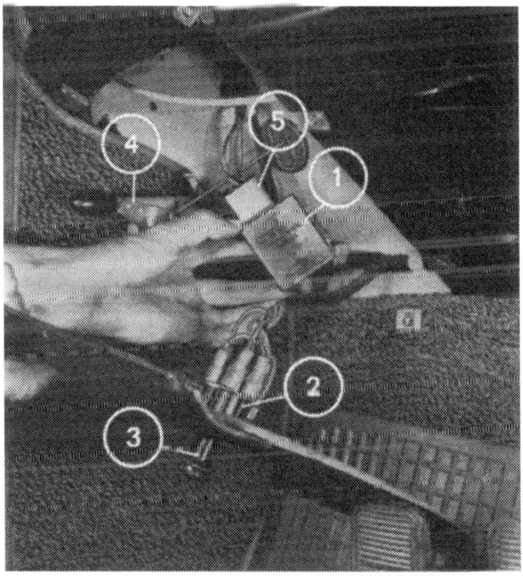

Das kombinierte Blinker- und Warnblinker-Relais (ab Baujahr 69) sitzt hinter dem Armaturenbrett neben der linken Karosserieseitenwand oberhalb der Motorhaubenverriegelung (4). Die am Relais (1) angeschlossenen Kabel sind in einem Mehrfachstecker (5) zusammengefaßt. Ihre Klemmenbezeichnungen sind im umseitigen Text erklärt. Bei diesem BMW-Modell sitzt der Warnblinkschalter (2) mit seinem Zugknopf (3) in der Armaturenbrettabdeckung. Hier sind die Kabel einzeln angeschlossen.

Das serienmäßige kombinierte Blinkwarnlicht-Relais steuert sowohl das Aufleuchten der Blinker einer Fahrzeugseite, wie das Aufleuchten sämtlicher vier Blinkerlampen im Notfall. Die Steuerung dieses Relais erfolgt jedoch von zwei verschiedenen Schaltern: Zum Richtungsblinken vom Blinkerhebel am Lenkrad, zum Warnblinken vom Zugschalter unter oder auf dem Armaturenbrett bzw. (besser) vom Druckschalter auf der Mittelkonsole. Strom erhält das kombinierte System zum Blinken von Norm-Klemme 15 (da nur bei eingeschalteter Zündung geblinkt werden darf) und zum Warnblinken von Norm-Klemme 30 (da die Warnblinkanlage auch bei ausgeschalteter Zündung funktionieren muß). Die Anlage liegt also an 2 verschiedenen Sicherungen, jeweils eine andere für jede Funktion.

Die noch nicht im Schaltplan in der hinteren Buchklappe für das kombinierte Blink-Warn-Relais aufgenommenen Klemmenbezeichnungen bedeuten:

49 – ständige Stromzufuhr bei eingeschalteter Zündung (von einer Sicherung Klemme 15) oder bei betätigtem Warnblinkschalter (von einer Sicherung Klemme 30)

49 a – Weiterleitung des Relaisstromes an Blinkerhebel und Warnschalter; KBL – Anschluß für Blinkerkontrollampe im Armaturenbrett;

31 – Masseanschluß zur Schließung der Stromkreise.

Bei Betätigen des Warnblinkschalters erhält zugleich das gesetzlich im Schalterknopf vorgeschriebene rote Kontrollämpchen Strom und blinkt mit. Versagt es, läßt sich beim Zugschalter der Zugknopf abschrauben und von Hand auseinander schrauben oder mit einem feinen Schraubenzieher auseinander hebeln. Zumeist ist das Lämpchen jedoch nicht durchgebrannt, sondern ist durch Biegen des elastischen Knopfes aus seiner Fassung geraten.

Das Bremslicht

Kontrolldienst Nr. 22

Leider wird dem Fahrer die einwandfreie Funktion der Bremsleuchten nicht angezeigt, so daß er sie so oft wie möglich dadurch überprüfen soll, daß er das Heck des Fahrzeuges nahe an eine helle Wand stellt und die Bremse bei eingeschalteter Zündung betätigt. Am Widerschein erkennt er dann, ob

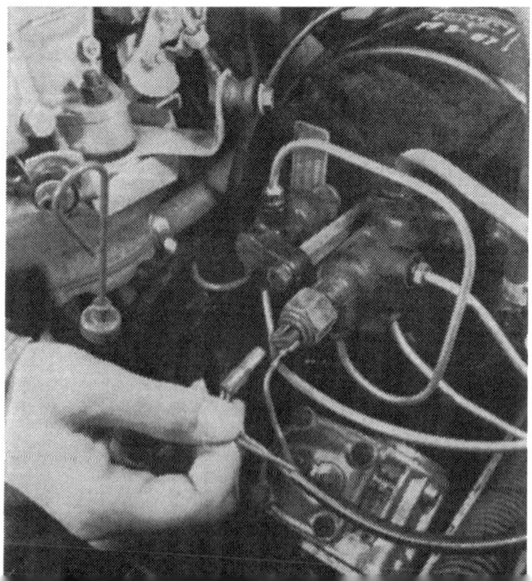

Bei den älteren Modellen mit Einkreis-Bremsanlage sitzt der Bremslichtschalter vorne auf dem Hauptbremszylinder (hier mit Bremskraftverstärker). Durch den Druck der Bremsflüssigkeit schließt sich im Schalter ein Kontakt, so daß der von der zuständigen Sicherung gelieferte Strom weiter zu den Bremslichtern geleitet wird. Wegen dieser einfachen Funktion ist es einerlei, welches der beiden Kabel auf welcher Klemme des Bremslichtschalters steckt.

Ganz anders funktioniert der Bremslichtschalter bei den Modellen mit Zweikreis-Bremsanlage. Er sitzt hinter der Bremszylinderkolbenstange (1) hinten links unten im Motorraum. Beim Tritt auf das Bremspedal wird die Kolbenstange (1) vorgeschoben und ein kleiner Schaltstift (3) kann aus dem Bremslichtschalter (2) heraustreten. Dadurch werden die Kontakte im Schalter geschlossen – das Bremslicht brennt. Brennt es zu früh oder zu spät, kann man die Einstellung des Schalters durch zwei Kontermuttern (4) justieren.

beide Bremsleuchten arbeiten. Ob die Sicherung für die Stromversorgung der Bremsleuchten in Ordnung ist, sieht man bei eingeschalteter Zündung beim 1500/1600/1800 an der Kraftstoffanzeige und Öldruckkontrolleuchte, die an der gleichen Sicherung hängen.
Wenn beide Bremsleuchten nicht arbeiten, obwohl die Sicherung in Ordnung ist, prüft man zuerst mit einer Prüflampe, ob bei eingeschalteter Zündung an einer Klemme des Bremslichtschalters (siehe Bilder) Spannung liegt. Die andere Klemme kann nur dann Strom führen, wenn das Fußbremspedal getreten wird. Auf diese Art kann man herausfinden, ob der Fehler im Bremslichtschalter oder in der Leitung zu den Bremsleuchten liegt.

Die Signalhörner

Kontrolldienst Nr. 23

Bis auf die ersten BMW 1500, die nur eine Hupe hatten, haben die meisten anderen BMW-Modelle zwei Fanfaren, die hinter dem Kühlergrill am Motorhaubenträger angeordnet sind.
Um Spannungsabfälle in den Leitungen zu den Fanfaren und eine hohe Belastung des Kontaktes am Signalring zu vermeiden, wird den Fanfaren beim BMW zumeist der Strom über ein Relais zugeführt.
Die Masseverbindung des Hupenrelais erfolgt durch den Signalring oder Signaltasten. Die Zuleitung für den Arbeitsstrom erfolgt an Klemme »30/51« des Relais direkt vom Regler oder der Batterie aus. Bei angezogenem Anker des Relais fließt der Arbeitsstrom dann von der Klemme »87« des Relais zu den beiden Fanfaren.
Beim Ausfall beider Fanfaren kann entweder der Steuerstrom oder der Arbeitsstrom unterbrochen sein. Wenn Kraftstoffanzeige und Öldruckkontrolleuchte arbeiten, ist die Sicherung für den Steuerstrom in Ordnung. Ob die Magnetspule arbeitet, kann man durch Betätigen des Signalrings bei eingeschalteter Zündung feststellen. Bei Drücken des Signalrings muß das Relais klicken, sofern der Steuerstromkreis in Ordnung ist.
Arbeitet das Relais, dann tastet man mit der Prüflampe ab, ob die Klemme »30/51« des Relais unter Spannung steht. Zieht man einen Draht von Klemme »85« des Relais zur Masse oder drückt jemand auf den Signalring, so kann

An der durch Lack »plombierten« und gesicherten Einstellschraube (der Kreuzschlitzschraubenzieher ist darauf angesetzt) läßt sich unter günstigen Umständen ein krächzendes Horn wieder stimmen. Wie Fehler bei eingebautem Hupen-Relais gesucht werden, ist im Text beschrieben. Bei Schaltung ohne Relais (Grundausstattung 1600-2) liegt stets Strom am Kontakt des grün-blauen Kabels. Das braun-gelbe Kabel stellt dann über den Signalring die Verbindung zur Masse her, so daß die Hupe tönt.

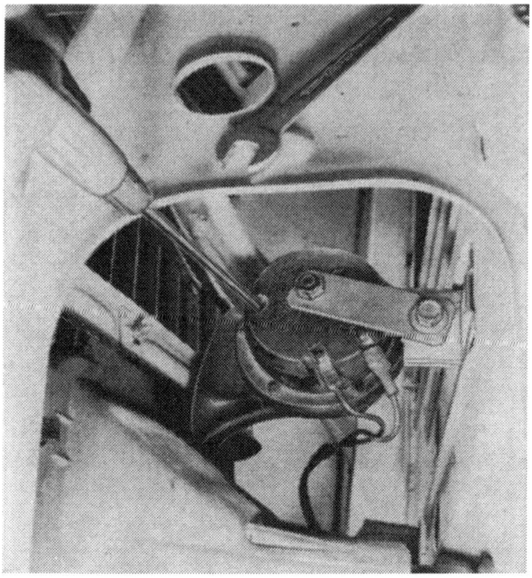

man auch feststellen, ob der Arbeitsstrom an Klemme »87« austritt. Wenn ja, gemeinsamen Masseanschluß der Fanfaren kontrollieren.

Klickt das Relais bei eingeschalteter Zündung und betätigtem Signalring nicht, so ist der Steuerstrom unterbrochen. Wenn die zuständige Sicherung in Ordnung ist, so prüft man, ob Klemme »86« des Relais unter Spannung steht. Wenn ja, Klemme »85« des Relais mit Draht an Masse legen. Ertönen die Fanfaren jetzt, so liegt der Fehler in der Leitung zum Signalring oder am Kontakt des Signalrings. Fällt nur eine Fanfare aus, so kann der Fehler nur an den Anschlüssen der betreffenden Fanfare liegen oder in der Fanfare selbst. (Gebrochene Leitung ist kaum wahrscheinlich.) Stecker untersuchen, abziehen und wieder aufstecken.

Ist eine Fanfare heiser, so kann man sie manchmal noch durch Verstellen des Unterbrechers wieder zum vollen Wohlklang erwecken. Hierzu wird die auf der Rückseite der Fanfare unter dem Farbtupfer liegende Schraube zuerst so lange im Uhrzeigersinn gedreht, bis beim Betätigen des Signalringes nur noch ein kurzes Knacken ertönt. Die Schraube jetzt bei gedrücktem Signalring so lange langsam nach links drehen, bis der Ton einsetzt und zunehmend kräftiger wird. Durch vorsichtige Einstellung findet man bald den Punkt der größten Lautstärke. Zur letzten Kontrolle läßt man den Motor bei höherer Drehzahl laufen (Spannung steigt) und nimmt den Schraubenzieher nach der Veränderung der Schraube wieder ab, so daß die Fanfare frei schwingen kann. Natürlich muß bei dieser Einstellung die andere Fanfare abgeschlossen werden, indem man an ihr den Massestecker abzieht (braunes Kabel).

Tönen die Fanfaren dauernd, so hat die Leitung von Klemme »85« des Relais zum Signalring Kurzschluß oder der Kontakt des Signalrings hängt. Wenn man die Zündung ausschaltet, werden die Hörner sofort verstummen. Zweckmäßig zieht man jetzt den Flachstecker von der Klemme »85« des Relais ab, wodurch das Relais auch bei wieder eingeschalteter Zündung stromlos ist. Notfalls kann man auch von beiden Fanfaren die Stecker der braunen Leitung abziehen. Die Fanfaren sind jetzt stromlos, doch das Relais steht dauernd unter Steuerstrom, wofür die Magnetwicklung nicht berechnet ist; sie kann durchbrennen.

Ist ein Fehler im Signalhornschalter am Lenkrad zu vermuten, läßt sich dieser nach Ausbau des Signalringes (oder je nach Modell: Signalknopf, Signalspange, Hupentaste sinngemäß) prüfen:
Zuerst mit feinem Schraubenzieher BMW-Emblem heraushebeln, dann die 3 Querschlitzschrauben des Signalringes lösen, diesen vorsichtig abheben (die darunter sitzenden Spiralfedern können davonspringen) und Kabelanschluß (rechts unten auf der Andruckscheibe) prüfen. Beim Montieren des Signalringes darauf achten, daß die 3 Spiralfedern genau zentrisch eingesetzt werden.

Lichthupe prüfen

Kontrolldienst Nr. 24

Nicht nur alle 7500 km, sondern möglichst oft sollte man die Funktionsfähigkeit der Lichthupe prüfen. Wenn sie nicht funktioniert, kann man sich allerdings Zeit lassen, denn sie ist ja gesetzlich nicht vorgeschrieben und im Straßenverkehr auch nicht unbedingt notwendig.
Funktioniert sie nicht, obgleich die Scheinwerferlampen bei eingeschalteter Beleuchtung einwandfrei brennen, ist der Fehler in der besonderen Stromzuführung für die Lichthupe über den Abblendschalter unter dem Lenkrad zu suchen. Wenn Sie sich einmal unseren Schaltplan in der hinteren Buchklappe genau ansehen, dann können Sie am Abblendschalter mit Lichthupe erkennen, daß er auf der Stromeingangsseite einmal eine Klemme 56 hat. Sie erhält Strom durch Einschalten am Knopfzug des Lichtschalters. Außerdem findet sich am Abblendschalter aber auch noch eine Klemme 30, an die ein rotes Kabel angeschlossen ist. Nach der Normung hat eine Klemme 30 stets Strom. Dementsprechend können Sie auch am geparkten Wagen ohne Einschalten des Zündschlüssels die Lichthupe Ihres BMW betätigen. Funktioniert also die Lichthupe nicht, ist der Fehler an der Klemme 30 des Abblendschalters, im dort angeschlossenen roten Kabel oder an dessen Stromzuführung (je nach Modell über Eingangseite einer Sicherung, Lichtzugschalter oder Zündschloßeingang) zu suchen.
Um an den Lichthupen- und Abblendschalter herankommen zu können, muß die Lenksäulenverkleidung unterhalb des Lenkrades abgenommen werden. Je nach Modell genügt dazu das Herausdrehen einiger Halteschrauben, in anderen Fällen muß das Lenkrad ausgebaut werden (Lenksäulenschraube SW 19). Dann kommt man links neben dem oberen Ende der Lenksäule an die 2 Halteschrauben des Lichthupen- und Abblendschalters heran, wenn er ausgewechselt werden muß. Über die angeschlossenen Kabelfarben und im Schalter eingeprägten Normklemmenbezeichnungen (30, 56, 56 a, 56 b) gibt der Schaltplan in der hinteren Buchklappe Auskunft.
Soll der rechts an der Lenksäule sitzende Blinkerschalter ausgebaut werden, muß vorher seine Lage genau markiert werden, damit nachher die Lage zwischen Rückstellnocken und Mitnehmer wieder stimmt.

Heinzelmännchen am Werk

Ohne Instrumente und Kontrolleinrichtungen wäre die Überwachung des Wagens und seiner Einrichtungen während der Fahrt sehr erschwert bzw. unmöglich. Einige Instrumente und Kontrolleinrichtungen sind gesetzlich vorgeschrieben (z. B. Geschwindigkeitsmesser und Fernlichtkontrolle), andere dienen der Betriebssicherheit von Wagen und Motor bzw. der Bedienungserleichterung. Während man die Instandsetzung mancher ausgefallenen Instrumente leicht solange verschieben kann, bis man eine Werkstatt findet, die sich des Schadens annimmt, gibt es andere Störungen, die man baldmöglichst beheben soll.

Der Geschwindigkeitsmesser

An ihm selbst kann man (sofern man kein ausgesprochener Fachmann ist) nichts instandsetzen. Hier läßt sich höchstens eine ausgefallene Beleuchtungs-Glühlampe ersetzen oder notfalls eine beschädigte Tachowelle.
Auch eine ausgefallene Zeituhr ist kein besonders gutes Bastelobjekt. Wenn die Zeituhr nicht mehr arbeitet, beschränkt man sich auf die Kontrolle der Stromversorgung: also der zuständigen Sicherung und der Steckverbindungen.

Die Kraftstoffanzeige

Ein Ausfall kann auf die defekte Sicherung, gelöste Steckanschlüsse am Sicherungskasten, am Instrument selbst oder am Geber für die Kraftstoffanzeige zurückzuführen sein.
Einfache Prüfung: In der Regel hängt an der gleichen Sicherung ein weiterer Stromverbraucher (Sicherungstabelle!), zumeist die Öldruck-Kontrolle. Wenn sie bei eingeschalteter Zündung brennt, erhält auch die Kraftstoffanzeige Strom. Nächste Frage: Wie steht es mit dem Gebergerät im Tank? Dazu Text und Bilder auf Seite 71/72.

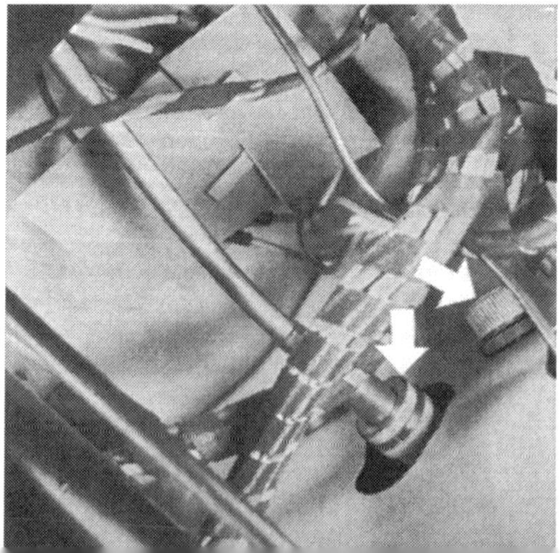

Blick von unten nach oben hinter das Armaturenbrett: Mit einer Rändelschraube ist die Tachowelle auf der Rückseite des Tachometers befestigt (unterer weißer Pfeil). Sie läßt sich zum Austausch einer defekten Tachowelle ohne Ausbau des Instrumentes lösen. Auch das Instrumentenbrett (hier am 1600-2) ist mit Rändelschrauben befestigt (oberer weißer Pfeil weist auf eine derselben).

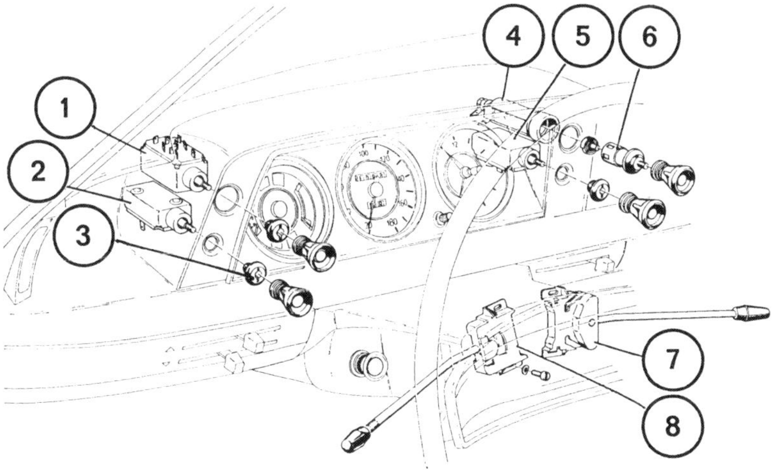

Die Schalter am 1600-2 Ihre Montage wird hier erkennbar. Die Ziffern bedeuten: 1 – Scheinwerfer-Lichtschalter; 2 – Gebläseschalter; 3 – Rosettenschraube zum Befestigen der Schalter im Armaturenbrett (zum Losschrauben Spezialschlüssel oder Behelf, wie im Bildtext Seite 147 beschrieben); 4 – Zigarrenanzünderhülse, auch als Steckdose für Handlampe mit Spezialstecker verwendbar; 5 – Scheibenwischerschalter; 6 – Zigarrenanzünder; 7 – Blinkerschalter, kombiniert mit Scheibenwascherschalter; 8 – Abblend- und Lichthupenschalter.

Das Kühlwasserthermometer

Das Kühlwasserthermometer arbeitet bei den älteren Modellen 1500, 1600, 1800, 1800 TI und 2000 nicht elektrisch, sondern ist durch ein Kapillarrohr mit dem Wärmefühler verbunden, der vorne am Zylinderkopf eingeschraubt ist. Zeigt das Thermometer nicht an, die Überwurfmutter des Wärmefühlers kontrollieren – vielleicht hat sie sich gelöst und der Fühler ist herausgefallen? Keine Angst, das Kühlwasser selbst kann nicht ausfließen.

Bei den neueren 1600-2, 1600 TI, 2002 TI, 1800 und 2000 wird die Kühlwassertemperatur elektrisch zum Armaturenbrett gemeldet. Bei diesem System ändert der Thermofühler entsprechend den Temperaturen seiner Umgebung seinen elektrischen Widerstand. Über das braun-weiße Kabel erhält der elektrische Thermofühler Plus-Strom, der zuvor ab Sicherung über das Temperaturanzeigegerät (es mißt also in Wirklichkeit nicht direkt die Wärmegrade des Kühlwassers, sondern den dadurch veränderten Widerstand des Thermofühlers) geflossen ist. Zeigt das Instrument nicht an, obgleich die ebenfalls an diese Sicherung angeschlossenen Verbraucher (z. B. Öldruck-Kontrolle) in Ordnung sind, läßt sich lediglich der Weg des braun-weißen Kabels zwischen Anzeigeinstrument und Thermofühler untersuchen. Sitzen die Kabelstecker fest? Hat das der Hitze stark ausgesetzte Kabel nicht durch verschmorte Isolierung Masseschluß?

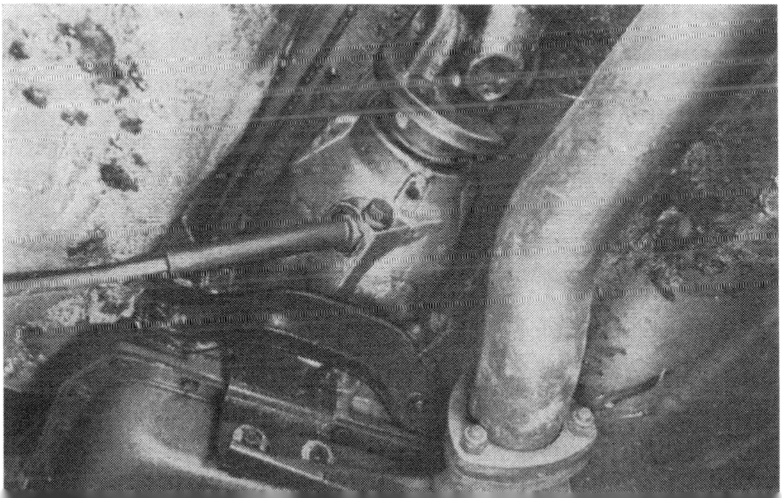

An ihrem anderen Ende steckt die Tachowelle links unten (in Fahrtrichtung gesehen) im Schaltgetriebehals. Das Tachometer »übersetzt« die Drehzahlen der Getriebeausgangswelle in Geschwindigkeitsangaben. Diese Angabe wird durch Reifen mit anderem Abrollumfang oder durch Wechsel der Hinterachsübersetzung also verfälscht.

Temperaturanzeige prüfen

Falls Sie jedoch »nach Gefühl« der Meinung sind, die Temperaturanzeige Ihres BMW könne nicht recht mit der wirklichen Kühlwassertemperatur übereinstimmen, oder wenn Sie Ihre Temperaturskala im Anzeige-Instrument »eichen« wollen (nur die älteren 1500, 1600 und 1800 haben dort eine Grad-Einteilung nach 40, 80 und 100 Grad C), dann läßt sich dies mit Heimmitteln recht gut bewerkstelligen. Sie brauchen dazu einen Kochtopf, einen Tauchsieder und ein bis 100 Grad C messendes Thermometer. Das Thermometer eines Einweck-Apparates reicht dazu, obgleich es auch nicht auf den letzten Celsius-Grad genau ist. Die Überprüfung findet im Motorraum des BMW statt: Thermofühler (ob elektrisch oder kapillar-messend ist einerlei) beim elektrischen Element Schraubenschlüssel SW 19, beim anderen Rändelschraube vorsichtig mit der Kombizange lösen. Topf mit Wasser füllen. Thermoelement (beim elektrischen mit angeschlossenem Kabel und zusätzlicher Masseverbindung durch einen um den Fühler gewickelten und an Masse angeschlossenen Draht) in das Wasser hängen, Tauchsieder anschalten und bei leichtem Umrühren des Wassers Temperaturanstieg am Thermometer ablesen und mit Instrumentenbrett-Skala vergleichen.

Zeigen sich krasse Unterschiede, gibt es keine Reparaturmöglichkeit, sondern es muß ein neues Fühlerelement und Anzeige-Instrument eingesetzt werden. Das elektrische läßt sich ohne weiteres selbst austauschen (Kühlerverschlußdeckel geschlossen halten, sonst fließt am Einschraubstück Kühlwasser ab) und hier genügt vielleicht schon der Austausch des Fühlerelementes. Das durch Kapillarwirkung messende Instrument sollte jedoch besser die Werkstatt austauschen, denn hier bilden Fühler, Kapillar-Verbindungsrohr und Instrument eine zusammenhängende Einheit. Außerdem ist das Kapillarrohr sehr empfindlich gegen Knickungen bei der Montage.

Die Öldruck-anzeige

Die orangefarbene Öldruckkontrolleuchte erhält ihren Strom zusammen mit der Kraftstoffanzeige. Ein Druckschalter, der hinten am Motor in der Nähe des Verteilers eingeschraubt ist, schließt bei ungenügendem bzw. nicht vorhandenem Öldruck den Stromkreis. Da sie bei korrektem Öldruck während des Motorlaufs also nicht brennt, kann man ihren Ausfall nur bei stehendem Motor feststellen. Ist die zuständige Sicherung in Ordnung? Sitzt der Stecker richtig auf dem Druckschalter? – Die Öldruckanzeige des 1800 TI weicht von diesem System ab. Hier findet sich ein Druckmesser, der durch eine Druckleitung mit dem Motor verbunden ist und den jeweils gegebenen Öldruck in atü anzeigt.

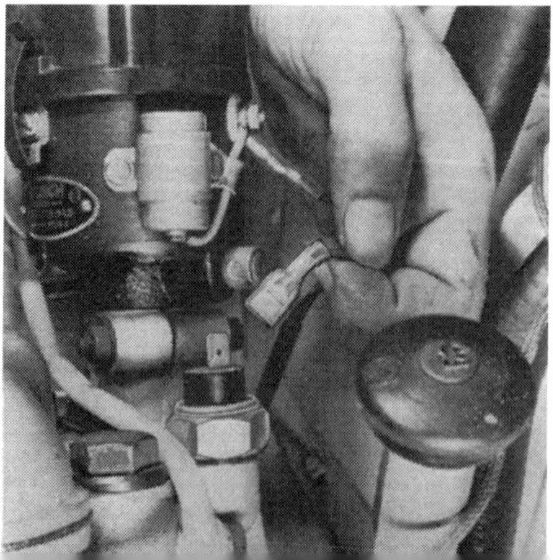

Der Öldruckschalter sitzt bei den BMW-Modellen oben hinten auf dem Motorblock in Nähe des Zündverteilers. Das daran angeschlossene braun-grüne Kabel führt bei eingeschalteter Zündung stets Strom. Aber erst bei mangelndem Öldruck stellt der Schalter Verbindung zur Masse her. Kabelkontrolle: Stecker abziehen und bei eingeschalteter Zündung auf die Halteklammer des nahen Zündverteilerdeckels (links oben im Bild) stecken (ergibt Masseverbindung). Öldruck-Kontrolle muß aufleuchten. Wenn ja, obgleich Öldruckkontrolle nicht normal funktioniert: Fehler im Öldruckschalter.

Die Ladekontrollleuchte

Die rote Ladekontrollampe unterrichtet den Fahrer von der richtigen Arbeitsweise der Lichtmaschine. Ihr kommt bei Ausstattung des BMW mit einer Drehstrom-Lichtmaschine aber noch eine besondere Bedeutung zu. Denn über die Mitteilung an den Fahrer hinaus hat sie hier die Aufgabe, die Drehstrom-Lichtmaschine »vorzuerregen«. Sie liefert also beim Einschalten der Zündung zuerst einmal Batteriestrom über die Reglerkontakte und die Klemme D+/61 der Lichtmaschine für deren Erreger-Wicklungen (Klemme DF). Für diese Aufgabe genügt zwar die in den sonstigen Kontroll-Instrumenten eingebaute 2- oder 3-Watt-Glühlampe, aber BMW empfahl zuerst eine 4-Watt-Glühlampe für (je nach Bordnetzspannung) 6 oder 12 Volt.

Weitere Kontrolleuchten

Fernlichtkontrolle

Die blaue Fernlichtkontrolle muß dem Fahrer das eingeschaltete Fernlicht anzeigen. Leuchtet sie bei eingeschaltetem Fernlicht nicht auf, so kann sie selbst defekt sein, der Stecker ihrer Zuleitung ist an ihr selbst gelöst oder das weiße Kabel ab Klemme 56a des Lichtschalters ist unterbrochen.

Blinkerkontrolle

Die grüne Blinkerkontrolle soll das richtige Arbeiten der Blinkleuchten anzeigen. Leuchtet sie nicht im Rhythmus der Blinkleuchten auf, obwohl dieselben einwandfrei arbeiten, so kann sie ausgefallen sein, die Stecker am Blinkgeber oder an der Kontrolleuchte können nicht richtig sitzen, die Verbindungsleitung kann unterbrochen sein und schließlich kann der Kontrollanker im Blinkgeber defekt sein.

Starterzugkontrolle

Die weiße Kontrolle (nur 4-Türer) leuchtet bei gezogener Starterklappe auf, sofern die Zündung eingeschaltet ist. Tut sie das nicht, zuständige Sicherung kontrollieren. Bei nicht defekter Sicherung kann der Fehler – sofern die Kraftstoffanzeige arbeitet – nur am Zugschalter liegen, oder an einer Steckverbindung bzw. der Leitung vom Schalter zur Kontrolleuchte. Bei verschiedenen BMW-Modellen ist die Starterzugkontrolle auf das Tank-Warnlämpchen geschaltet, bzw. die Tank-Kontrolleuchte sitzt im Zugschalter. Sämtliche Kontroll-Glühlampen (6 oder 12 Volt, 2 oder 3 Watt) können notfalls durch eine Glühlampe aus der Instrumentenbeleuchtung ersetzt werden.

Scheibenwischer und Scheibenwascher

Beim älteren BMW 1500 wird der Scheibenwischer mit seinen zwei Wischgeschwindigkeiten durch einen Drehschalter betätigt, dessen Knopf gleichzeitig als Gummibalg für die Scheibenwaschanlage ausgebildet ist. Diese Anlage ist recht einfach, doch ist der Schalter ziemlich störanfällig. Man kann sie durch die später eingebaute Scheibenwasch-Automatik ersetzen. Bei den späteren Modellen wurde der Scheibenwischerschalter als zweistufiger Zugschalter ausgebildet, der nur zum Einschalten des Scheibenwischers dient.

Die Scheibenwaschanlage ist hier etwas aufwendiger gestaltet, dafür in ihrer Arbeitsweise aber unübertroffen. Durch Anziehen des Blinkerschalterhebels in Richtung auf das Lenkrad zu wird die Scheibenwaschanlage und über das Verzögerungs-Relais der Scheibenwischer eingeschaltet. Zuerst fördert hierbei eine elektrische Zahnradpumpe das Scheiben-Waschwasser durch zwei Düsen auf die Windschutzscheibe, damit die Scheibenwischerblätter nicht auf der trockenen, verschmutzten Scheibe arbeiten, wodurch die Scheibe verkratzt und die Wischer beschädigt würden. Nach dem Benetzen der

Die Scheibenwascherpumpe (1) sitzt an der Unterseite des Wasserbehälters (2) am rechtsseitigen Radlauf im Motorraum. Bei älteren Modellen ist sie an die hintere Motorraumspritzwand unterhalb der Zündspule montiert (siehe Motorraumbild Seite 24). Beim Anziehen des Blinkerhebels am Lenkrad erhält sie Strom über das grün-blaue Kabel (5), saugt Wasser durch den Schlauch (3), das sie durch den zweiten Schlauch (4) zu den Spritzdüsen drückt.

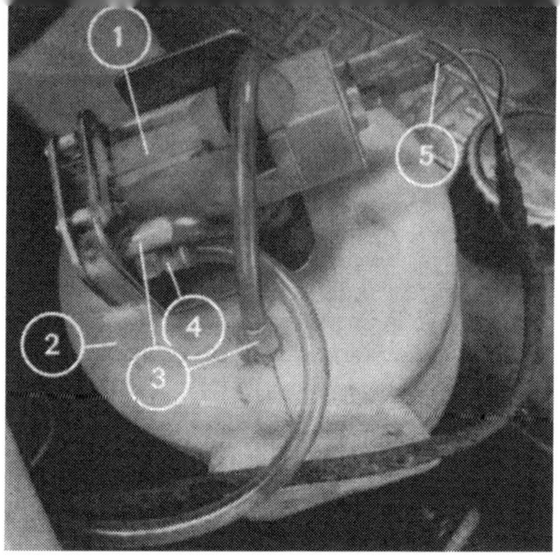

Scheibe schaltet sich der Scheibenwischer ein. Die Wasserpumpe und die Scheibenwischer arbeiten dann solange, wie der Hebel gezogen bleibt. Nach Loslassen des Hebels wird die Wasserpumpe sofort ausgeschaltet, während die Scheibenwischer noch rund 4 Sekunden weiter arbeiten und das restliche Wasser von der Windschutzscheibe wegwischen. Der zeitliche Arbeitsablauf wird durch ein sogenanntes Verzögerungsrelais gesteuert, das auf der hinteren Motorraumspritzwand unterhalb der Zündspule sitzt. Scheibenwischer und Scheibenwascher hängen an zwei verschiedenen Sicherungen.

Arbeiten beim Anziehen des Blinkerhebels weder die Wascherpumpe noch die Scheibenwischer, so kann der Fehler entweder auf die Sicherung zurückzuführen sein, an den Steckanschlüssen des Verzögerungsrelais, dem Steckanschluß des Blinkerschalters oder an einem ausgefallenen Verzögerungsrelais liegen. Ob das Verzögerungsrelais ausgefallen ist, kann man feststellen, wenn man bei eingeschalteter Zündung die Klemmen »15« (grün-blaues Kabel) und »M« (schwarzes Kabel) des Verzögerungsrelais durch ein kurzes Stück Draht miteinander verbindet. Arbeitet jetzt der Scheibenwischer, so liegt es am Verzögerungsrelais. Vorsicht, mit den blanken Enden des Drahtes darf man nur die beiden Klemmen »15« und »M« des Verzögerungsrelais berühren. Kommt man an Masse, so gibt es einen Kurzschluß!

Das Versagen des Scheibenwischer-Motors kann am Ausfall der zuständigen Sicherung liegen, an den Steckanschlüssen, dem Scheibenwischerschalter oder dem Scheibenwischermotor selbst.

Wenn der Scheibenwischer bei eingeschalteter Zündung ausgeschaltet wird,

Bessere Sicht bei Regen, Matsch und Schnee erhält man, wenn alljährlich im Herbst, zu Beginn ihrer Schwerarbeit-Saison, die Wischerblätter ausgewechselt werden. Zum Auswechseln Scheibenwischerarm zurückklappen, mit Schraubenzieher unter Sicherungszunge fahren, diese hochdrücken und Wischerblatt nach oben abziehen.

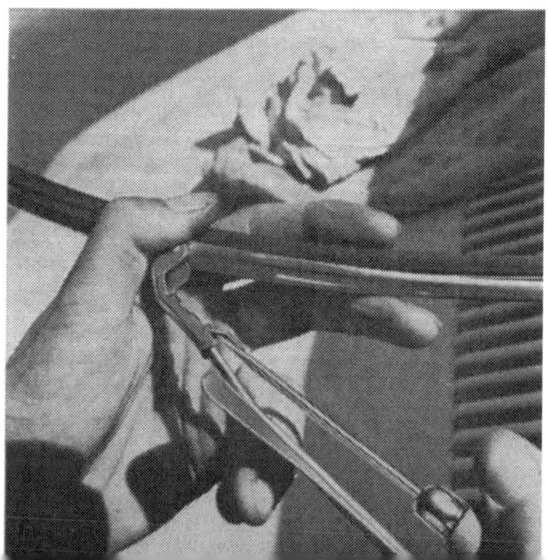

so läuft er trotzdem noch bis in die End- oder Parkstellung, da ein eingebauter Nockenschalter den über Klemmen 53a unabhängig vom Wischerschalter zugeführten Strom erst hier ganz unterbricht. Schaltet man in dem Augenblick, in dem sich die Scheibenwischerblätter mitten auf der Windschutzscheibe befinden, die Zündung aus, so bleiben diese hier stehen. Im Winter kann das nützlich sein, denn jetzt kann man einen Karton oder eine Kunststoffolie unter die Wischerblätter klemmen, die die Vereisung der Windschutzscheibe des im Freien abgestellten Wagens verhindern.

Scheibenwischermotor austauschen

Weil der Scheibenwischermotor über seine Klemme 53a auch bei ausgeschaltetem Wischerschalter noch Strom erhält, solange die Wischerblätter nicht in Endstellung gegangen sind, kann im Winter bei starkem Schneetreiben der Wischermotor durchbrennen, weil die Wischerblätter in Schnee und Eis stekken geblieben sind. In diesem Falle also aussteigen, Wischerblätter von der Windschutzscheibe abheben und in Endstellung laufen lassen.
Ist der Wischermotor aber doch durchgebrannt, was auch durch die lieben Kinderchen in der Garage passieren kann, weil sie den Wischermotor dauereingeschaltet haben, muß der Motor ausgetauscht werden. Durch die unterschiedlichen Montagearten der Scheibenwischermotore, die an unseren BMW-Modellen mehr oder weniger gut zugänglich sind, läßt sich nur eine allgemeine Ausbauanweisung geben: Zur Vermeidung von Kurzschlüssen zuerst Minuskabel der Batterie lösen. Danach Haltemutter der Antriebskurbel des Wischergestänges lösen, Antriebskurbel abnehmen. Schrauben der Wischermotorbefestigung lösen. Braunes Massekabel an seiner Verschraubung an der Karosserie abschrauben. Die drei Anschlußkabel (schwarz = 53; grün = 53 a; gelb = 53 b) aus dem zuführenden Dreifachstecker ziehen. Wischermotor herausheben.
Der Einbau erfolgt sinngemäß umgekehrt. Beim Befestigen der Antriebskurbel des Wischergestänges darauf achten, daß die Wischerblätter in Endstellung stehen, sonst stimmt nachher das Wischerfeld der Wischerblätter nicht.

Die Wischerblätter

Die Wischerblätter haben nicht das ewige Leben. Einmal im Jahr sollte man sie wenigstens auswechseln, und zwar am besten zu Beginn der »Regenzeit« – des Herbstes. In der Zwischenzeit sollte man die Wischerblätter gelegentlich in einer kräftigen Seifenlauge mit einer harten Bürste gründlich reinigen. Wenn sie nach dem Abspülen wieder getrocknet sind, betrachtet man die Wischkante am besten einmal mit der Lupe, um Beschädigungen und Ausfransungen festzustellen. Sollen die Wischerblätter ausgetauscht oder abgenommen werden, so klappt man die Wischerarme gegen die Federkraft in Richtung der Motorhaube. Der Sicherungsbügel am Wischerarm wird zusammengedrückt und das Wischerblatt nach oben abgezogen.
Zur Vermeidung von Schlierenbildung auf der Windschutzscheibe bei der Betätigung des Scheibenwischers und -waschers, setzt man dem Waschwasser ein Scheibenreinigungsmittel zu. Wir haben hierbei die besten Erfahrungen mit »Pingo Ice-cleaner« gemacht, den es mit und ohne Frostschutz für Sommer und Winter gibt.

Reibeplätzchen

Der immer dichter werdende Verkehr zwingt zu häufigerem Schalten und damit auch zu häufigerem Kuppeln – die Kupplung wird stärker strapaziert als früher. Aber wozu ist eigentlich die Kupplung da? Sie verbindet den Motor mit dem Getriebe, mit dem Achsantrieb und den Antriebsrädern. Ihre Aufgabe ist es, den laufenden Motor beim Start mit den noch stehenden Teilen der Kraftübertragung sanft zu verbinden, zum Schalten der Gänge den Motor abzukuppeln und die verschiedenen Drehzahlen von Motor und Kraftübertragung wieder anzugleichen.

Die Kupplung – man sollte es eigentlich wissen – besteht aus dem Motorschwungrad, dem daran angeschraubten Kupplungsträger mit Kupplungsdruckplatte, der Kupplungsscheibe (Mitnehmerscheibe) und dem Ausrücker (Kupplungslager). In eingekuppeltem Zustand drücken neun kleine Schraubenfedern die Druckplatte und die Mitnehmerscheibe gegen das Schwungrad. Die Kraft des Motors (genauer: das Drehmoment) wird durch die Reibung zwischen der Mitnehmerscheibe und den Reibflächen von Druckplatte und Schwungrad übertragen. Zum Auskuppeln wird die Federkraft vom Ausrücker aufgenommen und gleichzeitig die Druckplatte zurückgeholt, so daß die Mitnehmerscheibe im Raum dazwischen frei umlaufen kann. Die Kupplung erfüllt ihren Zweck dann einwandfrei, wenn die Reibung so groß ist, daß das Motordrehmoment stets mit Sicherheit übertragen wird und andererseits beim Auskuppeln die Mitnehmerscheibe vollkommen getrennt ist und nicht mehr mitläuft.

Obwohl die Kupplung zu diesem Zweck ständig getreten wird, ist sie eines der anspruchslosesten Teile im Auto. Beim Kuppeln kommt es jedoch sehr auf das Wie an. Wer sich des Pedals nur zum Schalten bedient, wird der Kupp-

Hier sieht man die wichtigsten Innenteile der Kupplung. Die Wirkungsweise: Durch den Tritt auf das Kupplungspedal wird über die Übertragung (nächstes Schemabild) der Ausrückhebel (1) in seinem unteren Teil nach hinten bewegt. Da er sich über einen Stift (2) im Getriebegehäuse abstützt, drückt die oben befindliche Gabel das kugelgelagerte Ausrücklager (3) gegen drei kleine Hebel (8) der Druckplatte (4), die im Gehäuse (5) gelagert ist. Mit der Kupplungspedalkraft wird jetzt die Anpreßkraft von neun Schraubenfedern (9) aufgehoben und die Druckplatte im Gehäuse zurückgezogen, bis die Kupplungsscheibe (6) frei umläuft. Da sie nun kein Motormoment auf die Getriebewelle überträgt, kann geschaltet werden. Beim Einkuppeln wird die Kupplungsscheibe wieder gegen das Schwungrad (7) gepreßt, das mit dem Kupplungsgehäuse (5) fest verschraubt ist.

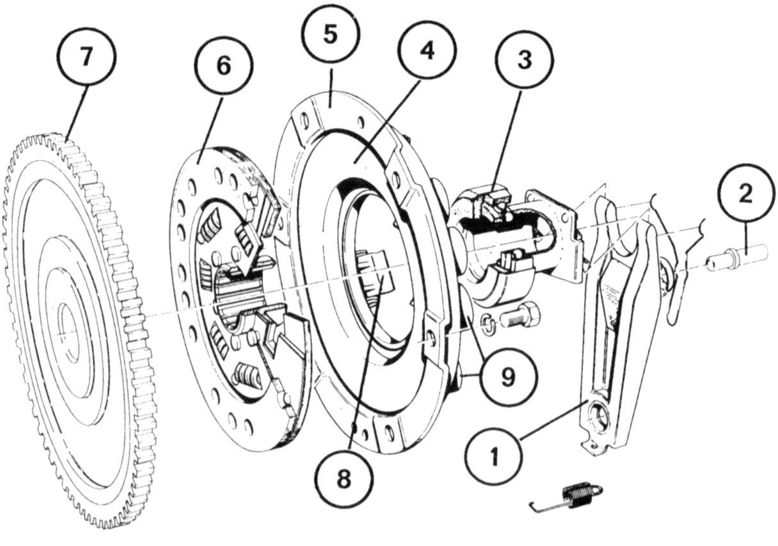

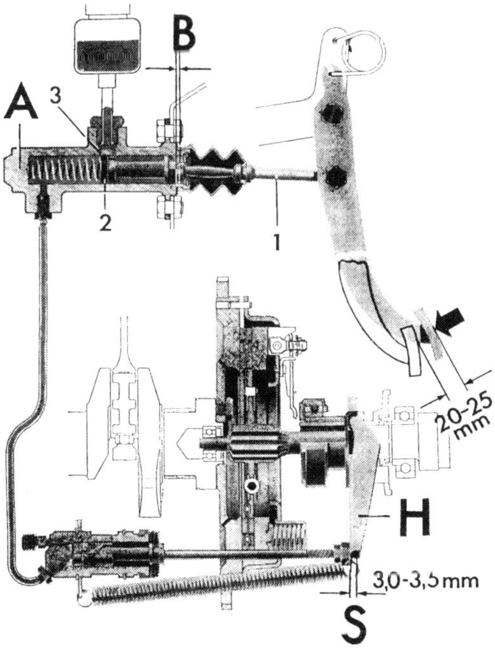

Nach diesem Schema funktioniert die hydraulische Übertragung des Aus- und Einkuppelns (alle Modelle außer BMW 1600-2 und anfangs auch BMW 2002).
Das Pedal oben rechts drückt die Kolbenstange (1) in den Geberzylinder A (darüber Flüssigkeitsbehälter). Der erzeugte Flüssigkeitsdruck pflanzt sich in den unten erkennbaren Nehmerzylinder fort. Dort drückt eine Kolbenstange gegen den Kupplungs-Ausrückhebel H. Mit B ist das notwendige Spiel bezeichnet, damit die Gummimanschette (2) nicht in die Ausgleichsbohrung (3) gedrückt wird. Der Leerweg am Pedal beträgt 20—25 mm, das Spiel S am Ausrückhebel 3—3,5 mm.

lung zu hoher Lebenserwartung verhelfen. Wer sich aber vor dem Einbiegen in eine Straße oder vor dem Passieren einer Kreuzung als »Kupplungsfahrer« mit schleifender Kupplung um das Schalten herummogelt, handelt grausam: Die Kupplungsflächen reiben unter Hitze-Einwirkung aufeinander und verschleißen.

Kupplungsunarten

Im Laufe ihrer Betriebszeit kann sich die Kupplung auch von ihren schlechten Seiten zeigen: Sie erfüllt ihre Aufgaben immer unwilliger, fängt an durchzurutschen oder trennt nicht mehr richtig.
Durchrutschen bedeutet, daß die Kupplung nicht mehr das volle Motordrehmoment übertragen kann, also nicht mehr einwandfrei verbindet. In schlimmen Fällen liegt die Ursache darin, daß durch Motoren- oder Getriebeöl die Reibflächen des Kupplungsbelages verschmutzt sind, oder daß durch übermäßige Hitzeentwicklung – z. B. durch Anfahren mit zu schwerem Anhänger am Berg oder durch Rennstarts – der Belag verbrannt ist. Dann vermag auch die größte Anpreßkraft nicht genügend Reibung zum Übertragen des Drehmomentes erzeugen. Aber auch eine sorgsam behandelte Kupplung kann durch allmählichen Verschleiß so abmagern, daß die Reibpartner einfach nichts mehr zu fassen bekommen, wo keine Anpreßkraft hinkommt, kann auch keine Reibungskraft entstehen. In diesen Fällen wird man die Unarten der Kupplung meist erst bemerken, wenn beim Fahren im direkten Gang (in dem die dem Motor abverlangte Leistung am größten ist) der Motor bei Belastung »durchgeht«, d. h. auffallend schneller dreht, als es der Fahrgeschwindigkeit entspricht. Beim Anfahren wird dagegen das Nachlassen der Kupplung weniger auffallen, weil man sich daran gewöhnt.
In diesen schlimmen Fällen muß die Werkstatt helfen. Sie muß schnell helfen, weil »durchgehende« Kupplungen so viel Wärme erzeugen, daß die Schwungscheibe und die Druckplatte Wärmerisse bekommen können und dann beim Auswechseln der Kupplungsscheibe erneuert werden müssen. Beim Auswechseln einer Kupplungsscheibe soll auch die Ölabdichtung vom Motor und vom

Getriebe zur Kupplung überprüft werden. Das Werk empfiehlt, bei 8 mm Mindeststärke die Kupplungsscheibe auszutauschen.
Weil durch die Gewöhnung an eine schlechter werdende Kupplung größerer Schaden entstehen kann, empfiehlt es sich, die Kupplung hin und wieder zu prüfen. Eine einwandfreie Kupplung übersteht auch eine sehr rauhe Prüfmethode: Handbremse anziehen, 3. Gang einlegen, langsam einkuppeln und Gas geben. Jetzt müßte der Motor abgewürgt werden. Wenn nicht, rutscht die Kupplung. Meistens ruckt aber der Wagen an, weil ihn die Handbremse nicht hält. Das ist ein anderer Schönheitsfehler, der behoben werden sollte – zum Blockieren des Wagens im Gefälle muß die Handbremse mindestens reichen. Dieser Test sollte höchstens ein- bis zweimal gemacht werden, sonst wird die Kupplung heiß und rutscht deswegen ohnehin durch. Besteht die Kupplung diesen Test nicht, muß die Ursache nicht gleich beim schlimmsten Fall gesucht werden, in einfachen Fällen liegt es an nicht einwandfreiem Kupplungsspiel. Das läßt sich selbst überprüfen und korrigieren.

Kupplung trennt nicht

Wenn die Kupplung nicht richtig trennt, dann kratzt oder kracht es beim Schalten. Um festzustellen, daß es nicht am Getriebe liegt, müssen Sie die Probe mit einem nicht synchronisierten Gang machen. Das ist bei Ihrem Wagen nur der Rückwärtsgang. Lassen Sie den Motor laufen, kuppeln Sie aus, warten Sie etwa eine Sekunde lang und legen Sie dann den Rückwärtsgang ein. Kratzt es, dann trennt die Kupplung nicht sauber. Ursache ist meist zu großes Kupplungsspiel, in schlimmeren Fällen eine durch Hitze verzogene Mitnehmerscheibe, oder ein Kleben des Kupplungsbelages an Schwungscheibe oder Druckplatte. Wenn Sie »auf großem Fuß leben« kann die schlecht trennende Kupplung daher kommen, daß Sie mit der Fußspitze bereits die Verkleidung des Radkastens berühren, bevor das Pedal ganz durchgedrückt ist. Die Probe aufs Exempel stimmt natürlich nur, wenn Sie wirklich ganz entspannt in Ihrer normalen Fahrerhaltung im Wagen sitzen.
Der Betätigungsweg des Kupplungspedals darf nicht durch zu dicke Fußmatten, Teppiche oder Isolierpappe reduziert werden. Überprüfen!
Wenn Sie einen Wagen (bis Baujahr Okt. 1964) mit einem kleinen Geber- und Nehmer-Zylinder haben (siehe »Betätigung der hydraulischen Kupplungsübertragung«) sollten Sie sich beim Schalten etwas mehr Zeit lassen, weil Ihre Kupplung nicht ganz so schnell trennen kann, wie Sie schalten könnten. Viele Getriebeschäden hatten deswegen ihre Ursache in zu schnellem Durchreißen des Schalthebels vom 1. in den 2. Gang.
Wie die Bremsanlage kann auch die hydraulisch betätigte Kupplung »Luft« haben. Sie können das feststellen, indem Sie (bei laufendem Motor) den Rückwärtsgang mehrmals hintereinander bei getretener Kupplung einlegen. Geht es zusehends geräuschloser, dann sollten Sie Ihre Kupplungshydraulik in der Werkstatt entlüften lassen. In früheren Produktionsjahren kam es vor, daß die hydraulische Kupplungsübertragung versagte (Kolben im Geber- oder Nehmerzylinder klemmte oder Hydraulik war drucklos). Dann trennte die Kupplung nicht ganz oder überhaupt nicht beim Auskuppeln. In manchen Fällen kann man sich dann noch helfen, wenn man durch mehrmaliges Betätigen des Kupplungspedals (»Pumpen«) doch noch ein Auskuppeln zuwege brachte. Notfalls muß man das Kupplungspedal mittels einer Schnur zurückholen, um es durch den Fuß wieder durchzudrücken.

Kavalierstart

Eine recht wirksame Methode, die Beläge frühzeitig zu verschleißen, ist das Anfahren mit hoher Drehzahl, landläufig als Kavalierstart bekannt. Tatsächlich

bringt der Kavalierstart eine höhere Anfahrbeschleunigung, weil die Schwungkraft des Motors mit zur Beschleunigung ausgenützt wird. Sinnvoll ist das aber nur bei sportlichen Veranstaltungen, auch wenn Ihr ja sehr spritziger BMW öfters dazu verleitet.
Der starke Verschleiß rührt von der höheren Reibungswärme her. Diese Wärme entsteht in einem gewissen Maße immer beim Einkuppeln, denn der Belag schleift ja, bevor die Kupplung fest eingerückt ist. Bei Vollgas wird im Moment des Anfahrens zunächst nahezu die ganze Leistung des Motors in Wärme umgesetzt, bis schließlich bei fest eingerückter Kupplung keine Wärme mehr entwickelt wird.

Auskuppeln beim Halten?

Viele Fahrer haben die Angewohnheit, vor der roten Ampel mit durchgetretenem Kupplungspedal und startbereitem 1. Gang zu warten. Dadurch entsteht zwar kein direkter Schaden, aber gut ist es nicht. Durch den auskuppelnden Fuß muß das Ausrücklager betätigt werden, was notwendigerweise Verschleiß ergibt. Und noch mehr nutzt sich dabei ab: Das Axial-Drucklager der Kurbelwelle (nimmt Druck in Längsrichtung auf) muß den Kupplungsdruck von etwa 150 kg aufnehmen, wodurch Axialspiel entsteht, welches wiederum die Kolben beeinflußt, weil sie in der Motorlängsrichtung stärker gegen die Zylinderlaufbahnen gedrückt werden.

Schalten ohne zu kuppeln

Wenn bei einer Störung (Kupplungsübertragung gebrochen oder Hydraulik drucklos) die Kupplung nicht mehr betätigt werden kann, ist Schalten ohne Kupplung nötig. Das Herausnehmen eines Ganges ist kein Problem. Manche Leute erleichtern sich das Stadtfahren, indem sie leicht bremsend auf eine rote Ampel zufahren, wobei die Hand auf dem Schalthebel liegt und diesen ganz leicht in Richtung Leerlauf drückt. Sobald der Wagen so langsam geworden ist, daß der Motor nicht mehr bremst (also keine Kraft übertragen wird), läßt sich der Gang leicht herausnehmen, ohne daß die Kupplung getreten wird. Man merkt den richtigen Zeitpunkt in der Hand sehr gut, der Schalthebel gibt dann dem Druck nach.
Gangwechsel ohne zu kuppeln ist nicht ganz einfach. Das Abwärtsschalten erfolgt so: Nach Gaswegnehmen und verlangsamter Fahrt Gang herausnehmen. Leicht Gasgeben, um Motordrehzahl etwas zu erhöhen, Schalthebel in Richtung des neuen Ganges drücken. Wenn die Motordrehzahl richtig dosiert ist, rutscht der neue Gang hiein, man darf dabei aber nicht zu schnell sein.
Will man ohne Kupplung anfahren, muß man den 1. Gang einlegen und den Anlasser betätigen. Der Wagen ruckt an und setzt sich in Bewegung (der Motor muß natürlich warm sein). Will man während der Fahrt nicht weiterschalten, fährt man auf diese Weise im 2. Gang an. Das ist zwar eine rohe Methode, aber in einem Notfall ist es billiger, als sich abschleppen zu lassen.

Spiel am Kupplungspedal

Bevor wir das Nachstellen der Kupplung erklären, sei kurz dieses Spiel erklärt. Spiel bedeutet Abstand innerhalb der Teile der Kupplungsübertragung bei nicht niedergedrücktem Kupplungspedal. Dieses Spiel muß sein, weil sonst das Ausrücklager der Kupplung ständig unter einem gewissen Druck steht, der den Verschleiß fördert. Im selben Maß, in dem das Ausrücklager belastet wird, wird aber der Anpreßdruck der Kupplung vermindert, so daß Gefahr besteht, daß die Kupplung durchrutscht. Wenn das Spiel aber zu groß ist, geht etwas vom normalen Kupplungsweg verloren, d. h. die Kupplung wird beim Niederdrücken des Pedals nicht ganz getrennt. Dann besteht Gefahr für das Getriebe, weil dessen Synchronringe nun zusätzlich zum Syn-

chronisieren der Zahnräder auch die Kupplungsscheibe von der Schwungscheibe »losbrechen« müssen.
Die Kupplung ist so konstruiert, daß mit fortschreitender Abnutzung des Kupplungsbelages das Spiel kleiner wird (umgekehrt wie bei der Bremse). Durch die verschleißende und dünner werdende Kupplungsscheibe wandert auch die federbelastete Druckplatte nach, das bedeutet, daß sich das Ausrücklager allmählich dem Ausrückhebel nähert, bis schließlich die Kupplung rutscht.

Betätigung der Kupplung mit mechanischer Übertragung BMW 1600-2 und 2002

Die Übertragung vom Kupplungsfußpedal erfolgte hier in üblicher Weise mechanisch über ein Gestänge (später auch hydraulische Übertragung, nächster Abschnitt). Vom Pedal wird eine Druckstange betätigt, die über einen kurzen Hebel eine Umlenkwelle bewegt. An der Umlenkwelle ist an einem zweiten Hebelarm die Kupplungsdruckstange befestigt, die am anderen Ende über die Einstell- und Kontermutter auf den Ausrückhebel drückt. In eingekuppeltem Zustand muß zwischen Einstellmutter und Ausrückhebel ein Spiel von 3,0 bis 3,5 mm sein, was wegen der Übersetzung zum Kupplungsfußpedal dort einem Spiel von 20 bis 25 mm entspricht. Das Pedal ist »stehend« angeordnet.

Betätigung der hydraulischen Kupplungsübertragung

Bei den Viertürern und Coupés (später auch Typ 2002 und ab April 71 1602) wird die Kupplung hydraulisch betätigt. Vom Kupplungsfußpedal wird über eine Druckstange der Kolben eines Hydaulik-Zylinders (Geber-Zylinder) betätigt. Das aus diesem Zylinder verdrängte Drucköl wird durch einen Schlauch gedrückt, der zum sogenannten Nehmer-Zylinder führt. In letzterem wird durch das Drucköl ein Kolben bewegt, der über eine Druckstange mit Einstell- und Kontermutter auf den Ausrückhebel an der Kupplung drückt (Bild Seite 163). In eingekuppeltem Zustand muß zwischen Einstellmutter und Ausrückhebel 3,0 bis 3,5 mm Spiel sein, was wegen der Übersetzung in der Kupplungsübertragung am Kupplungsfußpedal einem Spiel von 20 bis 25 mm entspricht. Außerdem muß zwischen dem Kolben des Geber-Zylinders und der Druckstange am Kupplungsfußpedal ein toter Gang (Spiel von 1,0 mm, bei den 2000ern: 2,0 mm) vorhanden sein, weil sich sonst die Primärmanschette (Dichtung des Kolbens) in die Ausgleichsbohrung drückt und schnell beschädigt wird.
Ab Fahrgestell-Nummer 931 263 beim BMW 1600, ab Nr. 976 909 beim BMW 1800 und Nr. 985 061 beim BMW 1800 TI wurden größere Geber- und Nehmer-Zylinder mit 19,05 mm Durchmesser eingebaut (vorher 15,87 mm), die im Reparaturfall nur durch gleichgroße Zylinder ersetzt werden dürfen, weil sonst die Übersetzung vom Kupplungsfußpedal zur Kupplung verändert wird. Auch wurde die Nachlaufleitung für die hydraulische Flüssigkeit vergrößert.

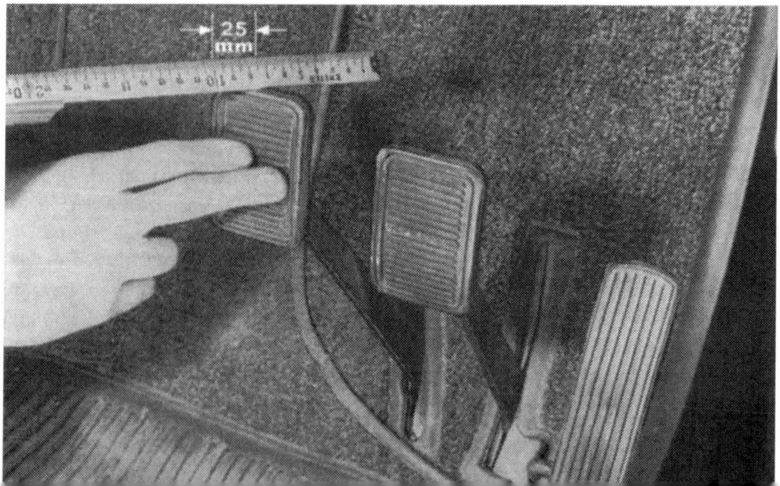

Am Kupplungspedal soll das »Spiel«, also der Leerweg des Pedals bis zu erstem Widerstand, 20 bis 25 mm betragen. Da sich diese Distanz nicht ohne weiteres mit dem Auge schätzen läßt, benutzt man ein Zentimetermaß, das man bei der Pedalbetätigung mit der Hand (sie ist feinfühliger) ruhig hält. Auf unserem Bild ließ sich das Pedal von »10 cm« auf »7,5 cm« leichtgängig zurückrücken, das »Spiel« stimmt also.

Kupplungsspiel prüfen

Pflegearbeit Nr. 16

Das Einstellen der Kupplung ist für alle Modelle gleich. Zum Einstellen wird ein Wagenheber, ein 13-mm- und ein 19-mm-Gabelschlüssel benötigt. Zuerst wird das Kupplungsspiel gemessen. Dazu gibt es eine einfache, aber etwas ungenaue Methode: Die Trittplatte des Kupplungspedals wird von Hand niedergedrückt. Erst nach 20 bis 25 mm Pedalweg (gemessen an der Trittplatte) darf Widerstand fühlbar werden, wenn die Kupplung anfängt zu trennen. Die zweite fachmännische Methode: Wagen vorne links stabil hochbocken und gegen Abrollen sichern, sich unter den Wagen legen, die Rückzugfeder an der Druckstange zum Ausrückhebel aushängen und das Gestänge ganz in Lösestellung ziehen. Wenn der Ausrücker nach hinten gedrückt wird (in Richtung Auskuppeln), dann muß zwischen dem Ausrücker und der Einstellmutter ein Spiel von 3,0 bis 3,5 mm sein.

Ist das Spiel größer oder kleiner, muß die Kupplung auf das richtige Maß nachgestellt werden. Die Druckstange mit Einstell- und Kontermutter ist von unten gut zugänglich. Die beiden Muttern sitzen unmittelbar vor dem Ausrückhebel links von der Kupplungsglocke des Getriebes. Mit dem 13-mm-Gabelschlüssel wird die Kontermutter gelöst, dann kann die dahinter sitzende Einstellmutter bewegt werden. Dabei bedeutet (in Fahrtrichtung gesehen): Linksdrehen: Spiel verkleinern. Rechtsdrehen: Spiel vergrößern, die Muttern also so verstellen, daß damit praktisch die Stange verkürzt wird

Ebenso wie der Stand der Bremsflüssigkeit muß bei den Typen mit getrennten Vorratsbehältern der Stand der Kupplungsflüssigkeit im Behälter an der Motorspritzwand überwacht werden. Die anderen Typen haben nur einen Behälter für Bremsflüssigkeit und Kupplungsflüssigkeit, der bis zur halben Höhe des Normalstandes durch eine Scheidewand getrennt ist. Die unten austretenden Leitungen führen zum Hauptbremszylinder, die seitlich austretenden zum Kupplungs-Geberzylinder. Eine Störung der Kupplung sollte Anlaß für sofortige Nachprüfung des Bremsflüssigkeits-Vorrates sein. (Im BMW 1600-2 bzw. 2002, die noch eine mechanische Kupplungsübertragung haben, ist der Flüssigkeitbehälter nur für die Bremsanlage da.)

Neue Kupplungsbeläge

Der Kupplungsbelag ist wie der Bremsbelag für den Verschleiß bestimmt. Für »Kupplungsfahrer« kommt bald der Zeitpunkt, daß die Kupplung wegen Abnutzung nicht mehr nachgestellt werden kann. Dann helfen nur neue Kupplungsbeläge.

Als Faustregel gilt: Benzinverbrauch und Kupplungsverschleiß hängen eng zusammen. Wer im Stadtverkehr durch rasantes Anfahren und sehr häufiges Schalten mehr Kraftstoff verbraucht, wird auch früher die Kupplung neu bele-

Das Kupplungsspiel (hier am 1600-2) läßt sich besser von der Wagenunterseite her nachstellen, hier ist es vom Motorraum her gezeigt. Für die Schraube direkt vor dem Ausrückhebel (siehe Zeichnung Seite 162) wird ein Schraubenschlüssel SW 19 gebraucht, für die davor sitzende Kontermutter (weißer Pfeil) paßt SW 13. Der Einstellvorgang ist oben im Text beschrieben.

gen müssen. Wenn ein neuer Belag fällig ist, lassen Sie sich von der Werkstatt den alten Belag geben (auf Reparatur-Auftrag vermerken). Ist der alte Belag riefig, rissig, verbrannt oder bis nahe an die Nieten abgenutzt, dann war die Erneuerung wirklich notwendig. Die Kupplungsscheibe kann neu belegt werden, d. h. es wird nur der Reibbelag erneuert. Im allgemeinen wird aber gleich die ganze Scheibe ausgetauscht. Bei hoher km-Leistung empfiehlt sich ohnedies der Austausch der ganzen Scheibe, weil die 6 Dämpfungsfedern ermüdet sein können. Diese um die Nabe gruppierten Federn haben die Aufgabe, bei zu heftigem Einkuppeln dämpfend zwischen Motor und Getriebe zu wirken und die Torsionsschwingungen (Drehschwingungen der Kurbelwelle) nicht in das Getriebe weiterzuleiten. Der eventuell nötige Ausbau der Kupplung ist Werkstattsache, weil dazu das Getriebe ausgebaut werden muß. Die Kupplungsscheiben der 2000er Modelle sind mit 228 mm Durchmesser größer als die der 1500er, 1600er und 1800er Modelle.

Nachstellfreie Kupplungen

Mit der Einführung des BMW 2002 TI erhielten alle 2-Liter-Motoren eine Kupplung mit Tellerfedern (anstelle der 9 Schraubenfedern). Gleichzeitig entfiel damit das Einstellen der Kupplung, weil das nunmehr durch den automatischen Spielausgleich am Nehmerzylinder erfolgt – ebenso wie sich die Scheibenbremsbeläge automatisch nachstellen. Das Spiel am Kupplungspedal verringert sich von 20 bis 25 mm auf etwa 5 mm, das Kupplungsspiel am Ausrückhebel entfällt. Den Verschleißzustand der Kupplungsscheibe kann man folgendermaßen prüfen: Ausrückhebel von Hand in Fahrtrichtung bis zum Anschlag des Kupplungsnehmerzylinders drücken. Im Neuzustand beträgt der Weg etwa 17 bis 19 mm. Hat sich dieser Weg bis auf 5 mm reduziert, muß die Kupplungsscheibe ausgewechselt werden.

Störungsbeistand

Kupplung

Die Störung	— ihre Ursache	— ihre Abhilfe
A Kupplung rupft	1 Druckplatte zu stark abgenutzt (Riefenbildung)	Nachschleifen oder auswechseln
	2 Kupplungsscheibe hat Schlag	Korrigieren, besser auswechseln
	3 Verschmierte Kupplungsscheibe	Auswechseln Dichtungen überprüfen
B Kupplung trennt nicht	1 Zu großes Kupplungs-Spiel	Korrigieren
	2 Kupplungsscheibe hat Schlag	Richten oder auswechseln
	3 Hydraulik ohne Öl (außer BMW 1600-2 und 2002)	Vorratsbehälter nachsehen Dichtungen und Leitungen prüfen
	4 Luft in Hydraulik	Hydraulik in Werkstatt entlüften lassen
	5 Beläge gerissen	Scheibe auswechseln
C Kupplung rutscht	1 Kupplungsspiel zu gering (Beläge zu stark abgenutzt)	Korrigieren, evtl. Scheibe auswechseln
	2 Kupplungsscheibe verschmiert	Scheibe auswechseln Dichtungen prüfen

Zahn um Zahn

Getriebe, Gelenkwelle (Kardanwelle) und Achsantrieb (Differential) sind Bauteile, die mit sehr genauen Toleranzen hergestellt sind. Deshalb sind alle Arbeiten an diesen Teilen Werkstattangelegenheit. Allenfalls bleibt Ihnen die Kontrolle des Ölstandes in Getriebe, Achsantrieb und Achswellen, die auch im BMW-Pflegedienst vorgeschrieben und in unserem Kapitel »Schmieren aller Teile« erläutert ist.

Das Schaltgetriebe

Alle BMW Schaltgetriebe sind Vollsynchrongetriebe und ohne Zwischengas oder Zwischenkuppeln schaltbar. Die Gangräder sitzen frei drehbar in ständigem Eingriff mit den Gegenrädern. Zum Schalten werden sie über kleine Kupplungen mit der Welle verbunden oder gelöst. Dies besorgt die Sperrsynchronisierung (System Porsche), mit der nur dann ein Gang geschaltet werden kann, wenn Gleichlauf erreicht ist. Synchronisiert wird – sehr vereinfacht ausgedrückt – mit kleinen Reibungskupplungen (Konus und Gegenkonus). Je unterschiedlicher die Drehzahlen der Antriebswelle (vom Motor) und der Abtriebswelle (zu den Hinterrädern) sind, um so mehr Reibungsarbeit müssen die Synchronisierkupplungen leisten. Und das braucht seine Zeit. Das gewaltsame Durchreißen des Schalthebels beansprucht die Synchronisierung über Gebühr und schadet. Defekte Synchronringe melden sich beim Schalten durch Kratzgeräusche.

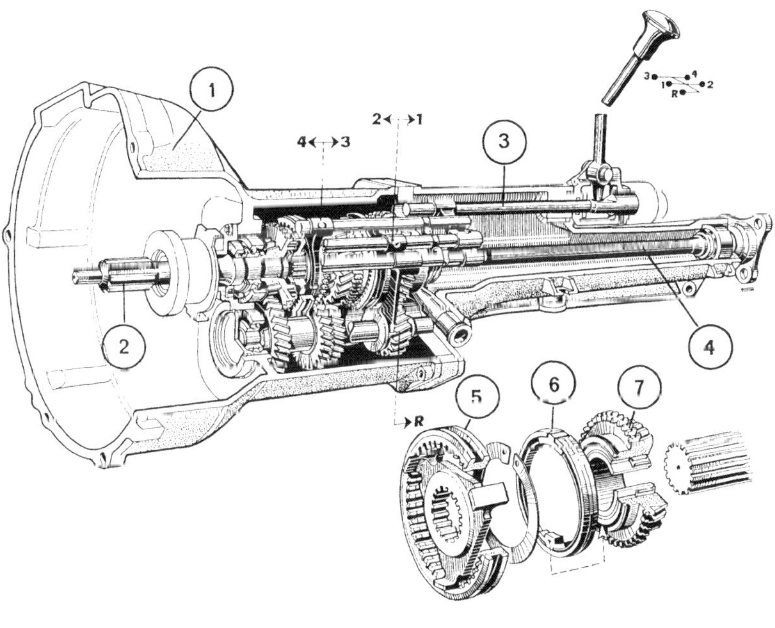

So sieht es im Innern des Schaltgetriebes aus Links das Gehäuse (1) für die Kupplung. Darin das Wellenstück (2), auf dem die (nicht eingezeichnete) Kupplungsscheibe sitzt. Rechts daneben das eigentliche Getriebe mit den verschiedenen Zahnrad-Gangstufen. Oben die Schaltstange (3) zum Schalthebel. Darunter die Getriebe-Ausgangswelle (4) zur Kardanwelle. Teile der Porsche-Synchronisierung: Durch das Schalten wird die Schaltmuffe (5) gegen den Synchronring (6) gedrückt. Dieser bremst oder beschleunigt durch Reibung das Gangzahnrad (7). Ist dies erfolgt, gleitet die Innenverzahnung von (5) über die Seitenverzahnung von 7 und das Gangzahnrad läuft mit. (Die Zeichnung zeigt das »Langhalsgetriebe«, gebaut bis Ende 1965.)

Alle bis etwa Jahresende 1965 gebauten BMW-Wagen haben ein sogenanntes »Langhals-Getriebe«, dessen langer Hals bis weit unter den Wagenboden reicht, um die einteilige Gelenkwelle (siehe nächsten Abschnitt) möglichst kurz zu halten. Seit Januar 1966 haben alle Typen ein einheitliches Schaltgetriebe (Einheitsgetriebe) mit kurzem Hals und sind mit einer geteilten Gelenkwelle ausgerüstet. Das »Kurzhals-Getriebe« ist stärker dimensioniert, was besonders für den 1800 TI Bedeutung hatte, und verfügt über verbesserte Synchronringe. Diese Änderung war mit der Einführung der 2000-Typen notwendig geworden, nachdem schon beim 1800 TI das bisherige Getriebe sehr stark beansprucht wurde. Die Übersetzungen blieben auch beim neuen Getriebe gleich, auch der Tachometerantrieb wurde nicht geändert. 1971 erhielten alle Getriebe geringfügig geänderte Übersetzungen in den unteren Gängen. Für den 2002 TI wurde ein Fünfganggetriebe in die Serie aufgenommen (auf Wunsch). Das Fünfganggetriebe kann auch nachträglich eingebaut werden, wenn der Getriebetunnel geringfügig erweitert wird.
Zur Reparatur kann das Getriebe sowohl allein, als auch zusammen mit dem Motor (mit Kran) ausgebaut werden. Das Schaltgestänge kann nur in der Werkstatt eingestellt werden.

Fingerzeige: *Schont man mit Zwischengas das Getriebe? Es hat nur dann eine mildernde Wirkung (auch auf den Kupplungsbelag), wenn bei hohen Drehzahlen heruntergeschaltet wird (Notfälle, sportliches Fahren). Auch bei kaltem und steifem Getriebeöl wirkt es schonend.*
Man schont die Synchronisation des Getriebes, wenn man in der kalten Jahreszeit auf den ersten Kilometern den Schalthebel nicht durchreißt. Das Getriebeöl, das ja auch zwischen den Teilen der Synchroneinrichtung zirkuliert, ist dafür noch zu dickflüssig.
Beim Gebrauchtwagenkauf beachten: Die Synchronisation des 2. Ganges ist bei den BMW-Modellen relativ häufig defekt. Schuld ist seltener das Getriebe als die Unart des Fahrers, das Kupplungspedal wegen des in den Fußraum ragenden Radkastens nicht voll durchzutreten.
Weil das Synchronisieren auf Reibung beruht, sind fremde Ölzusätze für das Getriebeöl nicht angebracht. Diese Zusätze sollen meistens die Reibung herabsetzen, was genau entgegengesetzt dem Prinzip der Synchronisation ist. Andererseits können durch Ölzusätze die Synchronringe verkleben, was ebenfalls die Leistungsfähigkeit der Synchronisation beeinträchtigt.

Die Gelenkwelle

Die Gelenkwelle muß viel leisten. Sie überträgt das durch das Getriebe vervielfachte Drehmoment des Motors (im 1. Gang das 3,8-fache Moment!) beim Beschleunigen oder beim Befahren großer Steigungen (mit Wohnwagen über einen Paß), andererseits muß sie aber auch im direkten (4.) Gang die höchste Motordrehzahl aushalten. Nebenbei erträgt sie noch Schwingungen, die durch die Motoraufhängung, durch den ungleichförmigen Lauf des Motors, durch ihre eigene Durchbiegung und nicht zuletzt durch unwuchtige Schmutzablagerung verursacht werden.
Die Gelenkwelle kann ihren Zweck nur gut erfüllen, wenn sie sehr steif, also möglichst kurz ist. Mit der Vorstellung der BMW 2000-Typen wurde die ungeteilte, oft stark schwingende Gelenkwelle aufgegeben und durch eine geteilte, mit zwei kürzeren Wellenstücken ersetzt. Die geteilte Gelenkwelle neigt nicht mehr zum Brummen, wie es besonders beim 1800 TI auftrat.

Die anfangs starre Lagerung des Zwischenlagers der Gelenkwelle wurde wegen verschiedener Störungsmöglichkeiten durch den Einbau einer elastischen Aufhängung verbessert. Als Gelenke haben die kleineren Modelle wartungsfreie Gummischeibengelenke. Die größeren Typen haben 2 Kreuzgelenke (am Getriebeausgang und Mittellager) und eine Gummikupplung (Giubo-Gelenk) am Ausgleichsgetriebe.

Unrund laufende Gelenkwellen beschädigen die Lagerung des Getriebes und des Achsantriebes. Ein Brummen der Gelenkwelle kann von Schmutzkrusten herrühren, kann aber auch erstes Anzeichen einer Unwucht infolge Durchbiegung (bei Überlastung) sein. Beschädigte Gelenkwellen werden zweckmäßigerweise ausgetauscht, da eine Reparatur nur mit nachträglichem Auswuchten möglich ist, wofür spezielle Wuchtmaschinen benötigt werden.

Wartung: Die Kreuzgelenke der Gelenkwellen müssen abgeschmiert werden (Kapitel »Schmierung aller Teile«).

Der Hinterachsantrieb

Der Hinterachsantrieb erfüllt drei Funktionen. Er lenkt die Antriebskraft über Kegel- und Tellerrad »rechtwinklig um die Ecke« und über zwei Achswellen zu den Hinterrädern. Er paßt durch seine Übersetzung die Getriebeausgangsdrehzahl der erforderlichen Raddrehzahl an und er gleicht die bei Kurvenfahrt unterschiedlichen Radwege des inneren und äußeren Rades durch ein Differential (Kegelradgetriebe) aus. Um den Gelenkwellentunnel im Wagenboden niedrig zu halten, wird die Gelenkwelle so tief an das Hinterachsgetriebe herangeführt, daß die Achse des kleinen Kegelrades (Ritzel) unterhalb der Drehachse des Tellerrades liegt: Hypoidantrieb. Die Hypoidverzahnung setzt Kegel- und Tellerrad hohen Belastungen aus, weshalb die Schmiermittelvorschriften genau einzuhalten sind. Die entsprechenden Hinweise, auch für die anschließend besprochenen Hinterachswellen, finden sich im Kapitel »Schmieren aller Teile«.

Das Gehäuse des Hinterachsantriebes des BMW 1500 war nicht sehr steif, so daß bei hoher Belastung Geräusche auftraten und ein höherer Verschleiß – besonders beim 1800 TI – von Kegel- und Tellerrad möglich war. Daraufhin wurde das Gehäuse durch Rippen verstärkt. Mit der Einführung der geteilten Gelenkwelle wurde auch das Hinterachsgehäuse geändert, der Hals wurde gekürzt und das Gehäuse abermals durch Rippen verstärkt. Seit April 1967 wurden die großen Wagen mit einem neuen Hinterantrieb ausgerüstet, der voraussichtlich auch für stärkere Nachfolgemodelle ausgelegt ist.

Auf Wunsch kann schon in der Serie oder auch nachträglich ein Sperrdifferential eingebaut werden, das das einseitige Durchdrehen der Antriebsräder verhindert. Dabei sind die Ausgleichszahnräder um einen Lamellensatz erweitert, der einen bestimmten Teil des Antriebsmoments stets auf beide Achshälften überträgt.

Zum Hinterachsantrieb gehören auch die Hinterachswellen. Sie übertragen die Antriebskraft auf die Räder. Entsprechend den Federbewegungen der Radaufhängung müssen die Hinterachswellen Längen-Unterschiede ausgleichen und die Federbewegung des Rades mitmachen. Die Achswellen haben dazu zwei Kreuzgelenke und eine Schiebemuffe. Die Schiebemuffe und ein Kreuzgelenk laufen im Ölbad in einem Stulpenbalg (Radseite). Das ungeschützte Kreuzgelenk auf der Getriebeseite muß nach Schmierplan gewartet werden. Die ab Frühjahr 1968 sukzessive eingebauten Radantriebswellen mit homokinetischen Gelenken sind wartungsfrei, nur die Faltenbälge sollten auf Dichtheit kontrolliert werden.

Automatisches Getriebe

Auf Wunsch wurde ab BMW 1800 aufwärts das von der Zahnradfabrik Friedrichshafen (ZF) entwickelte automatische Getriebe eingebaut. Dieses Getriebe, das mit ca. 50 kg ca. 10 kg mehr wiegt als das Normalgetriebe mit Kupplung und Schwungscheibe, ist für hochdrehende europäische Motoren ausgelegt worden und ermöglicht daher, die Motorleistung über den ganzen Drehzahlbereich auszunutzen. Dem Wunsch nach individueller Bedienung kommt es weitgehend entgegen, es erlaubt sportliche Fahrweise und kann auch den Motor zum Bremsen heranziehen (wenn auch nicht so stark wie bei einem Normalgetriebe).

Außer der Ölstandsprüfung (Öl am dunklen Peilstab leider schlecht zu erkennen) kann der Eigenpfleger an der Automatik nichts ausrichten. Für das Einstellen des Schaltgestänges sind Spezialwerkzeuge erforderlich. Als reine Sichtkontrolle ist es vielleicht möglich, bei voll durchgetretenem Gaspedal (kick down) zu kontrollieren (natürlich bei stehendem Motor), ob die Drosselklappe im Vergaser ganz geöffnet ist. Unterhalb des Wagens kann man sich von der Dichtheit des Getriebegehäuses überzeugen.

Automatik: Wichtige Punkte

Obwohl die Schaltautomatik dem Fahrer viel Arbeit abnimmt, sollte man sie nicht völlig vernachlässigen und gelegentlich etwas mitdenken. Daher sollten die nachfolgenden Punkte beachtet werden.

Ihre Automatik kann überlastet werden, wenn Sie zum Beispiel an einem Paßaufstieg im Kriechtempo fahren müssen, besonders, wenn gar noch ein Anhänger oder Wohnwagen geschleppt wird. Dann wird das Getriebeöl zu heiß und verdunstet. Heißes Getriebeöl kann Dichtungen und Lager zerstören. Eine kleine Fahrpause, zumal bei heißem Wetter, wäre angebracht.

Über einer Geschwindigkeit von 110 km/h beim Viertürer und 125 km/h beim 2002 A sollten Sie nicht in die Stellung 2 zurückschalten, weil Ihre Automatik dann bedenkenlos den Motor überdreht. Ebenso dürfen Sie natürlich beim Beschleunigen in der Stellung 2 nicht über 110 km/h, bzw. in Stellung 1 nur bis 60 km/h (70 km/h) fahren.

Die Parksperre blockiert als mechanische Verbindung die Abtriebswelle. Sie besteht aus Sperrklinke und Gegenrad und sperrt beide Bewegungsrichtungen. Beim Einrasten der Sperrklinke wird die Drehung des Gegenrades sofort ge-

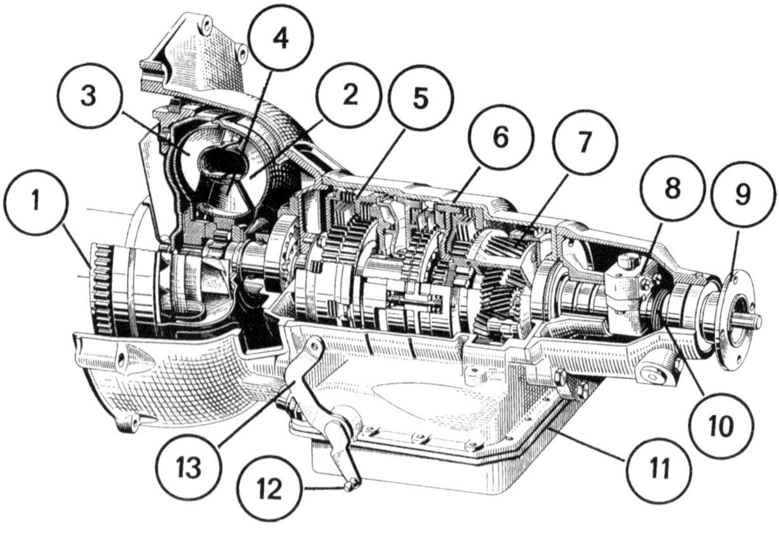

Blick in den Getriebeautomat. Seine Wirkung beruht darauf, daß das Motorschwungrad 1 mit dem sogenannten Pumpenrad 2 verbunden ist und dieses dreht. Dadurch wird Öl herumgewirbelt und das Turbinenrad 3 mitgenommen. Letzteres ist mit der Getriebewelle verbunden. Dadurch ergibt sich die Wirkung einer Flüssigkeitskupplung. Zwischen 2 und 3 ist noch ein Leitrad gesetzt, welches eine Teilübersetzung bewirkt (hydrodynamischer Drehmomentwandler). Drei Zahnrad-Getriebestufen werden durch ein Planetenrad-Getriebe 7 gebildet. Die Gangstufen werden durch umlaufende Lamellenkupplungen 5 und feststehende Lamellenbremsen 6 ein- und ausgeschaltet Weiter bedeuten: 8 - Fliehkraftregler, 9 - Flansch für Kardanwelle, 10 - Schraubenrad für Tachometer-Antrieb, 11 - Gehäuse für die automatische Regelung, 12 - Anschluß für Gestänge zum Vergaser (»kick-down«), 13 - Anschluß für Wählhebel.

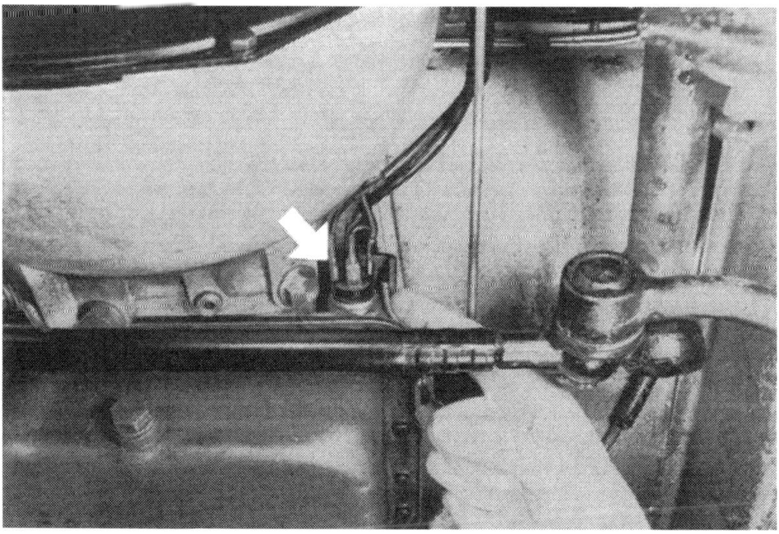

Im Gehäuse des automatischen Getriebes sitzt ein besonderer Schalter (weißer Pfeil, auch auf Zeichnung links, hinter Teil »13« sichtbar) mit 4 Kabelanschlüssen, der einerseits bei eingelegtem Rückwärtsgang die Rückfahrscheinwerfer einschaltet (Kabelfarbe grün-schwarz und grün-weiß) und andererseits nur bei Stellung »O« oder »P« das Betätigen des Anlassers (besonderes Anlaß-Relais erforderlich) ermöglicht (Kabelfarbe braun-schwarz und braun). Bei Wählhebelstellung »A«, »1«, »2« und »R« ist dagegen der Anlasser-Schaltstrom gesperrt.

stoppt, die Drehung wird also nicht durch eine Bremse allmählich verzögert. Daher darf die Parksperre keineswegs bei noch rollendem Fahrzeug eingelegt werden, weil sonst die Sperrklinke beschädigt wird oder bricht.

Zum automatischen Schalten des Getriebes wird Drucköl benötigt. Das Drucköl wird durch eine vom Motor angetriebene Pumpe geliefert. Ohne Drucköl sind die zum Abschalten einer Gangstufe erforderlichen Bremsbänder schlaff, so daß keine Antriebskraft durch das Getriebe übertragen wird. Deshalb kann das Fahrzeug auch nicht angeschleppt werden. Auf eine gesunde Batterie ist also – besonders in der kalten Jahreszeit – stets zu achten.

Muß das Fahrzeug abgeschleppt werden, so darf das nur in der Wählhebelstellung 0 geschehen. Dabei darf die Abschleppgeschwindigkeit nicht über 50 km/h betragen und die Strecke nicht länger als 50 km sein.

Sollte Ihre Automatik in der kalten Jahreszeit nach dem Starten sehr hart schalten oder haben Sie Mühe, aus einer steilen Garagenausfahrt zu kommen, liegt das an dem zu dickflüssigen Getriebeöl. Mit einem einfachen Trick können Sie Ihre Automatik etwas schneller anwärmen: Sie halten mit der Fußbremse den Wagen und geben Gas – aber kein Vollgas. Nun wird die vom Motor abgegebene Leistung im Wandler (siehe Zeichnung) in Wärme umgesetzt, wodurch sich das Öl stark erwärmt. 10 – 15 Sekunden Gasgeben dürften meistens schon genügen. Natürlich muß der Wählhebel in Stellung »A« stehen.

Die erste Prüfung am automatischen Getriebe ist die Kontrolle des Ölstandes. Zu hoher oder zu niedriger Ölstand kann Unstimmigkeiten verursachen. Kaltes Öl verlangsamt die hydraulischen Funktionen im Getriebe. Deshalb sollen die einzelnen Funktionen nur bei betriebswarmem Getriebe geprüft werden.

Da die hydraulische Steuerung der Getriebeautomatik genau auf den Motor eingestellt ist, kann sie ihr Programm nur dann einwandfrei erfüllen, wenn auch der Motor in Ordnung ist. Ungenaue Zündungs- und Vergasereinstellung verwirrt die Automatik. Bei falscher Leerlaufdrehzahl bleibt der Motor oft stehen oder kriecht der Wagen im Stand. Unpäßlichkeiten stören besonders im Winter, wenn der kalte Motor noch keinen Rundlauf hat und, mit Choke gefahren, sehr harte Schaltstöße erzeugt. Bleibt der Motor während der Fahrt stehen, kann er in Stellung »0« (Null) wieder angelassen werden.

Auf allen Vieren

Mit wachsender Motorleistung wurden im Laufe der Produktionsjahre die einzelnen Fahrwerkteile verstärkt und auf die gesteigerten Anforderungen abgestimmt. Pflege und Wartungsarbeiten wurden davon nicht berührt, denn an den Radaufhängungen gibt es weder Schmiernippel noch sonstige Schmierstellen, die einer regelmäßigen Versorgung bedürfen. Die 12 000-km-Inspektionen sehen lediglich die Kontrolle des Lagerspiels an den Vorderradlagern und nach 60 000 km die Überprüfung der Fettfüllung vor.

Die Vorderachse

Charakteristisches Merkmal: Die beiden Federbeine für die Vorderräder. Jedes der beiden Federbeine (Hersteller: Boge oder Fichtel & Sachs) vereinigt in sich eine Schraubenfeder (mit Gummi-Zusatzfeder) zur Abfederung, einen Stoßdämpfer zur Schwingungsdämpfung und dient außerdem zur Radaufhängung und Radführung. Vorteil dieser Bauweise: Gute Fahr- und Federungseigenschaften und einfach in der Herstellung. Aber: Bei Stoßdämpferdefekt ist das Auswechseln des Stoßdämpfereinsatzes nicht ganz einfach, die Konstruktion reagiert sehr empfindlich auf ungenau gefertigte Reifen.
Bei diesen sogenannten McPherson-Federbeinen ist der Achsschenkel, also die eigentliche Radachse, um die sich das Rad dreht, fest mit dem Außenrohr des Federbeins verbunden, das nun seinerseits bei Lenkbewegungen mitschwenken muß. Der obere Drehpunkt, zugleich Widerlager der Schraubenfeder, ist gegen die Karosserie abgestützt und mit einem Kugellager bestückt. Unten nimmt ein Kugelkopf (Führungsgelenk) Bewegungen in allen Richtungen beim Einschlagen der Räder und beim Durchfedern auf.
Im oberen Drittel des Außenrohrs ist der Teller zur Aufnahme des unteren Endes der Schraubenfeder angeschweißt. Je ein Querlenker – am Achsträger in Gummi gelagert und am äußeren Ende Führung für den Kugelkopf des Feder-

Aus dieser Sicht wird man die bei allen Modellen gleiche Vorderachse nur selten sehen (BMW 2000 mit automatischem Getriebe). Die Zahlen bedeuten: 1 - Kühlluft-Einlaß für Scheibenbremse, 2 - Verstärkung für Vorderachsquerträger, 3 - Motor-Ölwanne, 4 - Querstabilisator, 5 - Längsstrebe für Radaufhängung und -führung, 6 - Schraubenfeder am Federbein (in letzterem Stoßdämpfer), 7 – Querlenker für Radaufhängung und -führung, 8 - rechte Lenkspurstange, 9 - »Hosenrohr« des Zwillingsauspuffkrümmers, 10 - Vorderachsquerträger, 11 - Gehäuse für hydraulischen Drehmomentwandler, 12 - Angriffspunkt des Lenkgetriebes, 13 - Antriebswelle für Tachometer und km-Zähler, 14 - linke Lenkspurstange.

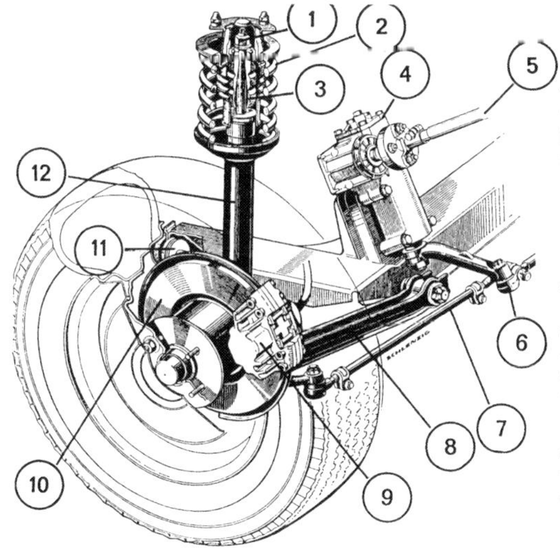

Hier die wichtigsten Teile der Vorderrad-Aufhängung (linkes Vorderrad). 1 – Obere Federbeinbefestigung (im Motorraum), 2 — Schraubenfeder zur Abfederung, 3 — Anschlag- und Dämpfungsgummi, 4 — Lenkgetriebe, 5 — Lenkrohr (mit dem Lenkrad verbunden) und elastische Zwischenscheibe, 6 — wartungsfreies Gelenk am Lenkstockhebel, 7 — Spurstange zum Einschlagen des linken Rades, 8 – Querlenker für Radaufhängung, 9 – Bremssattel (darin Bremszylinder und Bremsklötze), 10 – Bremsscheibe, 11 – Befestigung der Zugstrebe für Querlenker, 12 – Außenrohr für Federbein (darin Stoßdämpfer).

beins — und eine Strebe, zur Aufnahme von Zug- und Druckbeanspruchungen in Längsrichtung, vervollständigen die Dreipunktaufhängung. Der Federweg — ganz ein- bis ganz ausgefedert — beträgt beim 1500/1600/1800 170 mm und bei den übrigen Modellen 180 mm. Form und Befestigung des oberen Stützlagers in der Karosserie wurden beim 2000 etwas geändert.

Übrigens brauchen Stoßdämpfer und Federbeine ihre »Einfahrzeit«, etwa 2000 km, damit sich die Kolbenstange des Stoßdämpfers einschleifen und mit letzter Feinheit ansprechen kann. Der 1800 TI wurde in Serienausstattung mit Drehstab-Stabilisator vorn geliefert, später wurden auch die Modelle 2000 TI, 2002 und 2002 TI serienmäßig mit (je zwei) Stabilisatoren ausgerüstet. Bei allen anderen Modellen können sie auf Wunsch bei Lieferung des Wagens oder nachträglich ohne größeren Aufwand eingebaut werden; sie wirken der Querneigung des Aufbaus in Kurven entgegen.

Fingerzeige: *Die obere Abstützung der Federbeine bei den Typen 1500 bis 2000 ist korrosionsanfällig und wird vom TÜV mit Vorliebe kontrolliert.*

Schadhafte Federbeine treten durch Schlagen und Poltern in Erscheinung. Es können aber auch die Radlager sein. Prüfen ist in den Abschnitten »Radlagerspiel prüfen« und »Die Stoßdämpfer« näher beschrieben.

Bei gekürzten Federn (Tiefersetzen) kann sich die Kolbenstange der Federbeine in der Führung verkanten. Die Folge: Hohe Reibungsstärke, starke Stöße, Beschädigung und Bruchgefahr an der Vorderachse.

Vordere Stoßdämpfer

Die vorderen Stoßdämpfer sind ein Teil des Federbeines. Im Außenrohr des letzteren befindet sich dafür noch ein Innenrohr, in dem sich Stoßdämpfer-Kolbenstange und Kolben bewegen. Ist einer der Stoßdämpfer defekt (siehe »Stoßdämpfer prüfen«), muß nicht das ganze Federbein ausgewechselt werden. Es stehen dafür große und kleine Reparatursätze zur Verfügung. Freilich muß man die entsprechenden Arbeiten der Werkstatt überlassen, denn man kann die vorderen Dämpfer nicht ohne weiteres selbst erneuern.

Ist ein Stoßdämpfer undicht, in seiner Wirkung aber noch in Ordnung, kommt der kleine Reparatursatz zur Anwendung: Kolbenstange mit Anschlagpuffer, Stangenführung, Zwischenring (»O-Ring«) und kompletter oberer Schraubring (Abschlußring). Zeigt der Dämpfer keine Wirkung mehr, muß zum großen Reparatursatz gegriffen werden: Teile wie eben, jedoch kommen hinzu Kolben-

Prüfung des Radlagerspiels der Vorderräder: Das frei hängende Rad oben und unten fassen, in beiden Pfeilrichtungen, also quer zum Wagen, rütteln. Es darf kein Spiel haben, also nicht »locker« sitzen. Wenn sich Spiel zeigt, nachprüfen, ob es wirklich am Radlager und nicht etwa am Querlenker- oder Federbeinlager liegt. Dazu Fußbremse treten lassen, wodurch das Rad in seiner Lage blockiert wird. Bleibt das Spiel bei gleichem Wackelversuch, ist nicht (nur) das Radlager daran schuld.

stange mit montiertem Kolben und Innenrohr mit Bodenventil. Vorher erkundigen: In der Regel ist der Austausch des ganzen Federbeines billiger, er kann zudem mit dem Einbau besserer Dämpfer kombiniert werden.

Wer seinen Wagen auf sportlichere Dämpfer umrüsten will, kann bei Bilstein (5828 Ennepetal 13, Postfach 3015) komplette Federbeine für die Vorderachse und Dämpfer für die Hinterachse erhalten, während von Koni (De Koning GmbH, 5431 Ebernhahn, Unterwesterwald) individuell einstellbare Dämpfer-Einsätze für die Original-Vorderachsfederbeine und Dämpfer für die Hinterachse angeboten werden. Sie sind von BMW freigegeben. Bei der Bestellung sind Fahrgestell-Nummern und Modell wichtig. Diese Spezialdämpfer sind wohl etwas härter, sie bringen aber einen besseren Straßenkontakt für die Räder.

Wird der BMW zumeist mit vollbeladenem Kofferraum gefahren oder als Zugwagen für Wohnwagen, Bootsanhänger oder dergleichen benutzt, empfiehlt sich an der Hinterachse der Einbau von Stoßdämpfern mit zusätzlicher, progressiv wirkender Schraubenfeder. Koni bietet sie unter der Bezeichnung »Load-a-Juster« (unterschiedliche Typen je nach BMW-Modell, Stückpreis 133 DM) in nachstellbarer Ausführung an.

Der Stabilisator

Er ist mit Haltebügeln gummigelagert auf die Gelenkköpfe (für die Zugstreben) des Vorderachsträgers gesetzt und seine Enden sind mit kurzen Verbindungsstreben zwischen Gummipolstern in die Querlenker gehängt. Die Funktion ist denkbar einfach, aber zuverlässig und wirkungsvoll: Federn beide Räder gleichzeitig ein, dann macht die an beiden Enden zu Hebeln abgekröpfte Stabilisator-

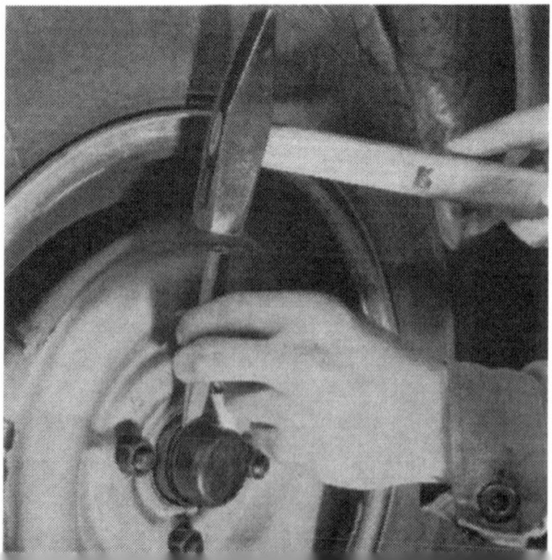

Zum Nachstellen oder Schmieren des Radlagers (nach 60 000 km) und auch zum Einlegen von Radnabenkontakten gegen Radiostörungen (Seite 141) muß die Fettkappe abgeklopft werden. Flachmeißel dahinter setzen und mit leichten Hammerschläge rundum Fettkappe zunächst vorsichtig lockern, dann mit schwerem Schraubenzieher abhebeln.

welle die Bewegung mit, ohne sich dagegen zu sperren. Bei scharfer Kurvenfahrt federt aber das äußere Rad ein und das kurveninnere Rad aus, wodurch der Stab verdrillt wird – die Federung des kurvenäußeren Rades wird verhärtet, wodurch sich das Fahrzeug weniger neigt.
Den Stabilisator nachträglich zu montieren, ist keine Kunst. Auf dem Vorderachsträger werden die Halterungen mit ihrer Stahlblechnase in die dafür vorgesehenen Schlitze an den vorderen Befestigungspunkten der Längsstrebe (Radaufhängung) eingeschoben und – allerdings nur mit 6-mm-Imbusschlüssel von unten her zugänglich – verschraubt. Die Befestigung an den Querlenkern geschieht mit Mutter und Gegenmutter (14-mm-Schlüssel). Wichtig: Stab muß mit der in seiner Mitte befindlichen flachen Kröpfung nach unten eingebaut werden.

Radlagerspiel prüfen

Pflegearbeit Nr. 51

Jedes Vorderrad läuft auf seinem Lagerzapfen unter Zwischenschaltung eines Lagerrings und eines Kegelrollenlagers. Auf diesen darf es nicht zu stramm, aber auch nicht zu locker laufen. Beides würde auf die Dauer die Lager zerstören. Zur Prüfung (Wagen hochgebockt) faßt man das jeweilige Vorderrad oben und unten am Reifen an (Bild links oben). Hierbei darf sich kein Spiel zeigen. Spiel an der Radführung (Querlenker- und Federbeinlager) darf man dabei jedoch nicht dem Radlager zuschreiben. Zur Prüfung des Radlagerspiels gehört es auch, das Rad vorwärts und rückwärts zu drehen. Es darf sich nicht zu schwer oder ruckweise bewegen lassen. Das ist nicht nur schädlich für die Radlager, sondern kostet auch unnötigen Kraftstoffverbrauch.

Radlager nachstellen

Pflegearbeit Nr. 56

Die Einstellung des Radlagers – falls nur die Selbsthilfe als Ausweg bleibt – läßt sich auch durchführen, wenn das Rad montiert ist. Wagen hochbocken, Radkappe abnehmen, Fettkappe herausdrücken, indem man z. B. die Klinge eines Flachmeißels vorsichtig zwischen Kappe und Nabe setzt. Schaut die Kappe etwas heraus, nimmt man einen kräftigen Schraubenzieher (die Werkstatt macht's mit einer Spezialzange müheloser). Splint herausnehmen und Kronenmutter mit gekröpftem 24-mm-Ringschlüssel lösen. Anschließend wieder »handfest« anziehen (vorgeschriebenes Anzugsmoment 1 mkg) und Rad hin- und herdrehen, damit sich die Rollen ausrichten und überflüssiges Fett aus der Rollenbahn gedrückt wird. Kronenmutter etwa eine Drittel-Umdrehung zurückstellen. Zur Kontrolle Schraubenzieher in die Aussparung der Nasenscheibe unter der Kronenmutter stecken. Sie muß sich nach links und rechts leicht verschieben lassen. Kronenmutter so weit im Uhrzeigersinn drehen, bis Splint eingesetzt werden kann. Fettkappe aufsetzen.
Falls Nachfüllung notwendig, nur Mehrzweckfett (Seite 43) verwenden. Die BMW-Werkstatt stellt das Radlagerspiel übrigens mit der Meßuhr ein und strebt dabei ein Lagerspiel von 0,02 mm an (zulässig höchstens 0,08 mm). Für Sonderfälle wird die 6-Loch-Kronenmutter gegen eine 10-Loch-Kronenmutter ausgewechselt, um innerhalb der Einstelltoleranz zu bleiben.

Die Hinterachse

Dazu gehört ein Hinterachsträger, der an drei Punkten mit der Karosserie verbunden ist. Mit dem Achsträger werden die Hinterräder an sogenannten Diagonal- oder Schräglenkern geführt. Diese Einzelradaufhängung bietet neben

Blick von unten auf die Hinterachse, hier an einem BMW 2000, die der anderen Modelle ist im Prinzip gleich. 1 - Stoßdämpfer, 2 - Schraubenfeder, 3 - linke Antriebswelle, 4 - Gehäuse für Achsantrieb und Differential (mit dem Wagenboden verschraubt, »Kurzhals-Gehäuse« ab Anfang 1966), 5 - Nachschalldämpfer, 6 - Kreuzgelenk der rechten Antriebswelle, 7 - Ablaß-Schraube des Benzintanks, 8 - Schiebegelenk der Antriebswelle, 9 - Schräglenker für Radführung, 10 - Handbremszug, 11 - Hinterachs-Querträger, 12 - Gummikupplung an Kardanwelle, 13 - Handbremszug, 14 - Querstabilisator, 15 - Schubstrebe für Querträger.

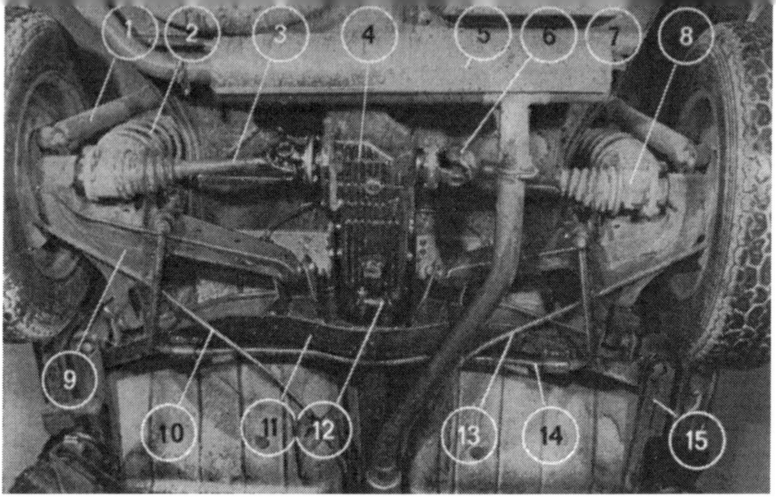

den geringen ungefederten Massen – das Rad kann besser den Straßen-Unebenheiten folgen als bei einer Starrachse – den Vorteil guter Radführung. Bei Belastung mit 3 Personen und Gepäck (zusammen 225 kg) weisen die Hinterräder bei allen Modellen einen negativen Sturz von 2° auf. Das heißt, die Räder stehen oben näher zusammen als unten. Negativer Sturz verbessert das Kurvenverhalten. Federn die Hinterräder aus, werden sie also entlastet, gehen die Räder unten etwas mehr zusammen, die Spurweite verringert sich etwas. Daran sollte man beim Fahren auf schnee- oder eisglatter Straße denken, weil Spuränderungen die Haftung beeinträchtigen. Normalerweise werden die Spuränderungen aber durch die relativ straffe Federung überdeckt.

Die Schraubenfedern mit Gummizusatzfedern stehen zwischen Karosserieboden und den Lagerböcken für den Radantrieb auf den Längslenkern in Federtellern mit Dämpfungsringen. Die Stoßdämpfer sind ganz nach hinten gesetzt, um lange Hübe zu erzielen. Federposition und Stoßdämpfer (Begrenzung des Radwegs nach unten) ergeben beim Durchfedern einen Weg von 195 mm, der bei den 2000er Modellen durch weiter schräggestellte und zurückgesetzte Federn um zusätzlich 5 mm vergrößert wurde. Der BMW 1600-2 und 2002 (Federweg hinten 190 mm) weisen etwas andere Längslenker auf. Alle Verbindungsstellen zwischen Karosserie und Fahrwerk sind durch Gummizwischenlagen gegen Übertragung von Antriebs- und Rollgeräuschen abgeschirmt.

Aufbau der Hinterachse. 1 – Schräglenker für Hinterradführung, 2 – Gummilager und Befestigungspunkt für Querträger am Karosserieboden (Pfeil weist auf vergrößerte Detailzeichnung), 3 – Schubstrebe zur Längsführung des Querträgers, 4 – Querträger für Lagerung des Schräglenkers, 5 – Kardanwelle (an ihrem hinteren Ende eine vibrationsisolierende Gummikupplung, Giubo-Gelenk), 6 – Schraubenfeder zur Abfederung, 7 – Stoßdämpfer, 8 – Gehäuse für Hinterachsantrieb und Differential (Langhalsgehäuse, hinten verschlossen, Januar 1966 bis Frühjahr 1967, dann durch Kurzhalsgehäuse ersetzt), 9 – Achsgehäuse-Befestigung am Karosserieboden, 10 – Antriebshalbwelle, innen Kreuzgelenk, außen Schiebemuffe (bzw. homokinetische Gelenke), 11 – angeschweißter Lagerbock für zurückversetzte Feder (ab Januar 1966, BMW 2000-Modelle).

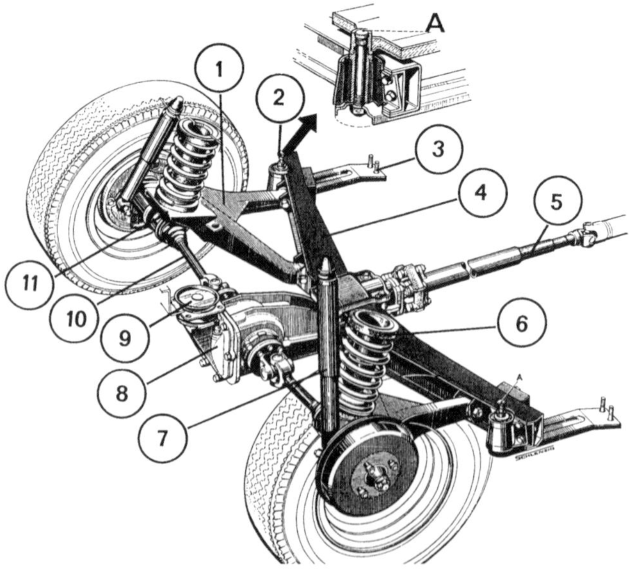

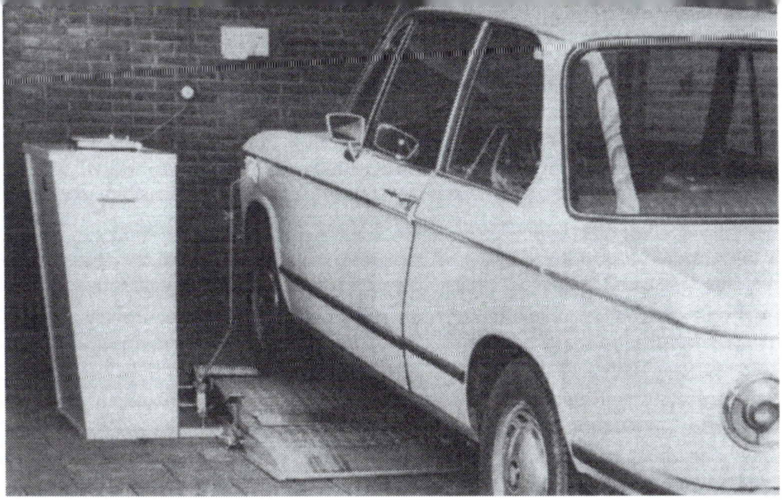

Stoßdämpfer lassen sich nur in ausgebautem Zustand wirklich korrekt prüfen. Das ist aber teuer und umständlich. Andererseits taugt das beliebte »Hand-Wipp-Verfahren« mit dem Auto als Prüfung praktisch gar nichts. Den Mittelweg bieten Testgeräte, die über den eingebauten Stoßdämpfer immerhin ein Urteil »gut« — »schlecht« zuverlässig abgeben können. Hier das von Koni den Fachwerkstätten empfohlene Testgerät, auf dem der Wagen durch eine Kippvorrichtung genau 10 cm herunterfällt, wobei der am Kotflügel mit Sauger befestigte Gelenkarm die Wagenschwingungen auf Millimeterpapier überträgt. In einer Liste wird dann nachgeprüft, ob die aufgezeichnete Schwingungskurve für dieses BMW-Modell gut oder schlecht ist.

Fingerzeige: *Das Absprühen der Wagenunterseite mit Absprühöl ist schädlich für die Gummiteile der Vorder- und Hinterachse, die zum Teil offen liegen. Ebenso ist Benzin oder Öl fernzuhalten, das zum Reinigen oder als Rostschutz benutzt wird. Auch die Verwendung der handlichen kleinen Sprühdosen zur Rostauflösung sollte man an diesen Stellen besser unterlassen oder die gefährdeten Gummiteile abdecken (ebenfalls die Scheibenbremsen).*
Sportliche Fahrer können sich zusätzlich zum vorderen Querstabilisator einen weiteren für die Hinterachse einbauen lassen, sofern dort nicht serienmäßig vorgesehen. Er muß aber laut Werksvorschrift mit dem vorderen Stabilisator abgestimmt werden.

Stoßdämpfer prüfen

Es gehört schon einige Erfahrung dazu, die Wirksamkeit der Stoßdämpfer während der Fahrt festzustellen: Die Federung ist unruhiger und die Straßenlage auf unebener Straße schlechter. Die beste Stoßdämpferkontrolle, auf einer Prüfmaschine, war seither nur mit ausgebauten Stoßdämpfern möglich. Seit einiger Zeit gibt es jedoch einen Prüfstand »Boge-Shock-Tester« zur Kontrolle der eingebauten Stoßdämpfer. Er ist in besonders gut ausgestatteten Werkstätten und bei ADAC-Reihentests zu finden.

Das Prüfen eines ausgebauten Dämpfers von Hand (gilt nur für hintere Stoßdämpfer) gibt nicht unbedingt Aufschluß über dessen Wirksamkeit. Allenfalls läßt sich feststellen, ob er ein Totalausfall ist oder nicht. Dazu steckt man durch sein unteres Auge ein Werkzeug (z. B. kräftiger Schraubenzieher), faßt oben unter der Mutter bzw. Scheibe mit einem passenden Gegenstand an, stellt sich mit beiden Füßen auf den Schraubenzieher und versucht den Dämpfer hochzuziehen und zusammenzudrücken. Registriert man dabei »toten Gang« oder »Leerhub«, ist der Dämpfer nicht mehr verwendungsfähig. Bei der Prüfung von Hand muß er senkrecht stehen, darf aber auch nicht umgedreht werden.

Überbeanspruchte Dämpfer werden schnell heiß und lassen damit in ihrer Wirksamkeit nach, sofern sie nicht defekt werden. Die Überlastung erfolgt, wenn auf schlechter, schlaglochreicher Straße anhaltend schnell gefahren wird. Defekte Dämpfer verschlechtern die Straßenlage: Das betreffende Rad springt dann. Ein in der Luft befindliches Rad, auch wenn es nur sehr kurzzeitig geschieht, kann den Wagen nicht mehr exakt führen.

Weil Stoßdämpfer nicht schlagartig auszufallen pflegen, gewöhnt man sich als Fahrer meistens daran, daß der Wagen allmählich schlechter liegt und die Federung stärker nachschwingt. Deswegen ist die Prüfung auf einem Boge-Shock-Tester oder die behelfsmäßige Kontrolle im Stand von Wichtigkeit.

Hintere Stoßdämpfer auswechseln

Den Austausch der hinteren Dämpfer kann man selbst durchführen. Allerdings geht es etwas eng zu. Bei hochgebocktem Wagen muß der Längslenker wieder mit dem Wagenheber hochgedrückt werden, weil sonst – bei frei durchhängendem Längslenker – die Kreuzschiebegelenke der Antriebswellen durch zu starke Durchbiegung beschädigt werden können. (Die hinteren Stoßdämpfer haben die Funktion eines Fangbandes.) Zum Ausbau im Kofferraum Schutzkappe von der oberen Dämpferbefestigung abziehen. Mutter und Kontermutter mit 14-mm-Schlüsseln lösen. Sechskantmutter (mit Federscheibe oder Elastic-Stop-Mutter) mit 19-mm-Ringschlüssel herausdrehen. Untere Befestigungsschraube vom Bolzen lösen. Stoßdämpfer ganz zusammenschieben und vom unteren Haltebolzen zur Seite abziehen.
Selbstverständlich dürfen nur Stoßdämpfer mit gleicher Einstellung – also paarweise – eingebaut werden, und man tut gut daran, bei einem defekten Exemplar beide zu erneuern. Sonderstoßdämpfer (siehe Seite 176), also solche mit härterer Einstellung und größerer Strapazierfähigkeit, werden neben anderen Fabrikaten (z. B. Koni) auch von Boge mit der härteren Einstellung des »automatic-TS-Stoßdämpfers« angeboten. BMW rüstete die Serienwagen meist mit Stoßdämpfern in Komforteinstellung aus (Kennzeichen grüner Farbpunkt an der Dämpferhülse). Alle Dämpfer sind auf den jeweiligen BMW-Typ abgestimmt (beim Nachkauf beachten!).

Schrauben und Muttern nachziehen

Pflegearbeit
Nr. 43, 44 und 49

Diese Arbeiten sind Werkstattsache, da der Wagen gut und sicher aufgebockt sein muß, wenn man die Muttern und Schrauben an Vorder- und Hinterachse, sowie an Getriebe und Gelenkwelle auf festen Sitz überprüfen will. An der Vorderachse sind u. a. die Befestigung von Querlenkern, Stabilisator und der oberen Federbeinbefestigung (im Motorraum unter Gummikappe) zu prüfen. An der Hinterachse kommen die Längslenker, der Stabilisator (falls vorhanden), die Stoßdämpfer oder der Querträger mit seinen Schubstreben in Frage. Auch die Schrauben am Getriebe (Dichtigkeit!) oder an der Gelenkwelle (Zwischenlager) sind nicht zu vergessen. Für die Kronenmuttern (Versplintung!) der Hinterradnaben braucht man einen Spezialschlüssel.

Das Lenkgestänge: 1 ist der Lenkstockhebel, der durch das hier nicht eingezeichnete Lenkgetriebe geschwenkt wird. Diese Bewegung überträgt sich auf die linke Spurstange 2 zum linken Vorderrad. Über die Zwischenspurstange 3, die am Zwischenhebel 4 gelagert ist, wird auch die rechte Spurstange (hier nicht eingezeichnet) bewegt. 5 ist das Gehäuse zur Lagerung des Zwischenhebels mit Einzelteilen. Es enthält neben den Lagerteilen zur Dämpfung des Lenkgestänges auch eine Dauerfüllung Getriebeöl. Ab Herbst 1967 ist das Zwischenhebellager wartungsfrei.

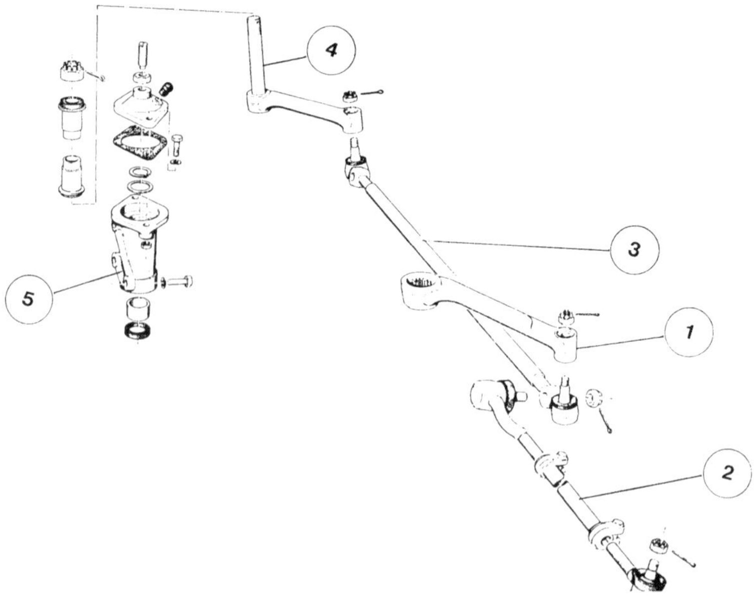

Zum Einstellen des Lenkungsspiels, zur Kontrolle des Geradeauslaufs der Vorderräder und zum Aufsetzen eines demontierten Lenkrades wird der Markierungsriß auf der Schneckenwelle des Lenkgetriebes (rechter, weißer Pfeil) genau unter den Markierungszapfen am Lenkgetriebegehäuse (weißer Pfeil links) gedreht. Die Einstellarbeiten an der Lenkung sollten jedoch der Werkstatt überlassen bleiben.

Die Lenkung

Die Drehung des Lenkrades wird im sogenannten Lenkgetriebe – es sitzt an der verlängerten Lenksäule – in eine hin- und hergehende Bewegung zum Einschlagen der Vorderräder übertragen. Diese Schwenkbewegung überträgt sich auf eine dreiteilige Spurstange. Die beiden äußeren Spurstangen greifen an den Spurstangenhebeln der Räder an. Die rechte äußere Spurstange ist an einem Zwischenhebel (Lenkhebellager) gelagert. Diesen sollte man gelegentlich prüfen – daran rütteln – ob er Spiel hat. Ist dies der Fall – man hört es an einem Klacken – muß die Werkstatt nachstellen. Das Lenkgetriebe (ZF-Gemmer-Lenkung mit Schnecke und Rolle) sowie die Spurstangenhebel wurden bis 1966 entsprechend den wachsenden Fahrleistungen verstärkt.

Die Lenkung ist ein lebenswichtiger Teil, deshalb sollten alle Arbeiten der Werkstatt überlassen bleiben, die die richtige Einstellung – beispielsweise des Lenkungsspiels – mit Meßinstrumenten ausführt. Zur Information: Das Zahnflankenspiel zwischen Schnecke und Rolle des Lenkgetriebes muß von Zeit zu Zeit bei entlasteten Vorderrädern nachreguliert werden. (Einstellschraube auf dem verrippten Gehäusedeckel, Bild Seite 45, ähnlich auch auf dem Deckel des Zwischenhebellagers.) Man sollte gelegentlich kontrollieren, ob Lenkgehäuse und Zwischenhebellager (vor Baujahr 1967) trocken sind, also kein Öl verlieren.

Zwischen Lenksäule und Lenkgetriebe läßt sich – außer bei den Wagen mit Getriebeautomatik – nachträglich ein Lenkungsdämpfer einbauen. Er ist aber nur für Sportfahrer und für Fahrten auf überwiegend schlechten Straßen zu empfehlen. Vibrieren des Lenkrades, das im Geschwindigkeitsbereich um 90 und 140 km/h als Folge von Reifentoleranzen auftritt, schaltet er nicht aus.

Das Lenkrad wird nach Abziehen der zentralen Abdeckkappe und Lösen der Befestigungsmutter (Steckschlüssel 19 mm) abgezogen.

Spurstangengelenke prüfen

Pflegearbeit Nr. 46

Die Gelenke der Spurstangen sind wartungsfrei. Ein stählerner Kugelkopf wird hierbei von Kunststoff-Schalen umfaßt. Eine Fett-Dauerfüllung sorgt für zusätzliche Reibungsverminderung. Ein Gummibalg schützt das Fett und damit das ganze Lager gegen Eindringen von Staub und Feuchtigkeit. Die Spurstangen lassen sich nur mit besonderen Kugelbolzen-Abziehern ausbauen, was also Sache der Werkstatt ist. Die Arbeit des Selbstpflegers beschränkt sich auf Sichtkontrolle der Gummibälge, ob sich der Haltering verschoben hat, oder die verletzt oder gequollen sein können. Ferner ist zu prüfen, ob die betref-

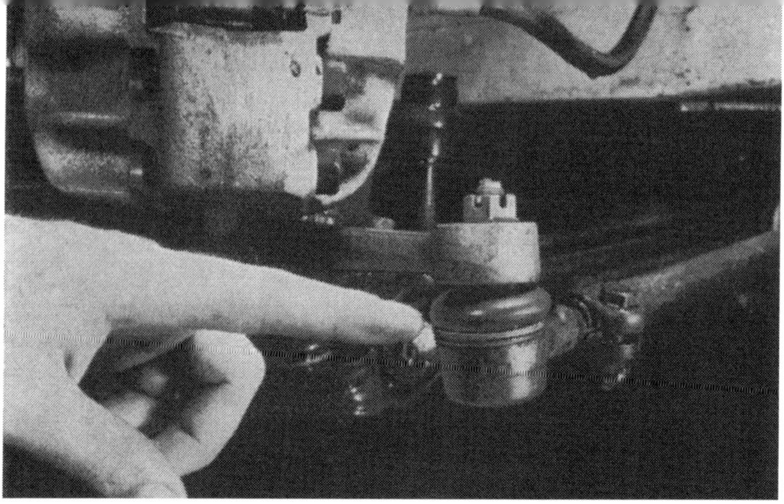

Der Finger zeigt auf das wartungsfreie Gelenk, das die Spurstange (von rechts kommend) mit dem Spurstangenhebel des Rades verbindet. In der Mitte des Gelenks eine Gummikappe, die das für die Schmierung notwendige Fett als Dauerfüllung enthält. Die Gummidichtung darf nicht beschädigt sein. An der Spurstange ist eine der Klemmschrauben zum Einstellen der Vorspur zu sehen (Werkstatt-Angelegenheit!).

fenden Kronenmuttern richtig versplintet sind. Durch Rütteln an den Spurstangen läßt sich unzulässiges Spiel feststellen.

Vorspur prüfen

Die beiden Vorderräder haben die Tendenz, auseinanderzulaufen, bewirkt durch ihre Schrägstellung (Sturz) und durch den Fahrwiderstand. Dem zu begegnen, stellt man sie vorn näher zusammen als hinten. Sie laufen also sozusagen aufeinander zu. Ist die Vorspur (siehe »Technische Daten«) zu groß oder zu klein, verschleißen die Reifen schneller, auch wirkt es sich ungünstig auf das Lenkverhalten aus. Der Abstand der Vorderräder voneinander wird an den Felgenhörnern in Achsmutterhöhe gemessen.
Ist die Vorspur zu korrigieren, müssen beide Klemmschrauben der beiden äußeren Spurstangen gelöst und die Spurstangen verdreht werden. An jeder Spurstange ist in Fahrtrichtung links Rechtsgewinde und in Fahrtrichtung rechts Linksgewinde. Das Vermessen und entsprechendes Einstellen der Spurstangen ist jedoch unbedingt Sache der Werkstatt. Probefahrt mit Lenkungsprüfung siehe Kapitel »Prüfen ohne Werkzeug«, Seite 13.

Lenkungsspiel prüfen

Pflegearbeit Nr. 50

Man kurbelt dazu das Seitenfenster herunter und stellt sich neben den Wagen. Dann greift man durch das Fenster und während man das Lenkrad dreht, beobachtet man das linke Vorderrad. Spätestens nach einem Einschlag von 20 mm am Lenkrad muß sich die Felge des Vorderrades bewegen.
Vor der Prüfung müssen die Räder geradeaus stehen, die Lenkradspeichen sollten sich in Normallage befinden. Die Drehbewegug des Rades erkennt man schneller an der Felge, weil die elastischen Reifen zunächst einen Teil des Einschlages schlucken. Das Lenkungsspiel in Mittelstellung sollte höchstens 20 mm aufweisen, bei eingeschlagener Lenkung wird es etwas größer.

Fingerzeige: *Lenkung beim Parken möglichst nicht im Stand einschlagen, bei leichtem Rollen wird die aufzuwendende Kraft viel geringer. Lenkungsvibrationen lassen sich kaum durch Auswuchten der Räder beheben. In krassen Fällen muß der Reifen und die Felge auf Höhenschlag ausgemessen werden, dann der Reifen so auf die Felge aufgezogen werden, daß sich die Übermaße gegenseitig aufheben (matchen). Eine Verringerung der Lenkungsvibrationen wird auch durch die hohe Kolbenstangenreibung der Koni-Dämpfereinsätze erreicht.*

Anhaltende Wirkung

Reparatur- und Montagearbeiten an der Bremsanlage, insbesondere am hydraulischen Teil (Haupt- und Radbremszylinder, Bremsleitungen) gehören in die Werkstatt. Trotzdem sollte die Bremsanlage nicht unbeaufsichtigt bleiben: Einige Sicht- und Kontrollarbeiten lassen sich ohne weiteres selbst ausführen, zudem kann die Zeit zwischen den Inspektionen schon zu lang sein, um rechtzeitig neue Scheibenbremsbeläge – die sich schneller abfahren als Bremsbacken der Trommelbremsen – einzubauen.

Bremsflüssigkeitsstand prüfen

Kontrolldienst Nr. 14

Links hinten im Motorraum wird man sicher schon einen weißlichen, durchsichtigen Behälter entdeckt haben. Er enthält eine Flüssigkeit, die für die Bremsanlage – und bei einigen Modellen auch für die Kupplungsanlage – lebenswichtig ist. Tritt man auf das Bremspedal, wird diese Flüssigkeit im Hauptbremszylinder unter Druck gesetzt, der sich in den Bremsleitungen zu den einzelnen Radbremszylindern fortpflanzt, wodurch dort die Bremsbeläge gegen die Scheiben und Trommeln gepreßt werden.
Bei den alten Modellen 1500, 1600, 1800 und 1800 TI war ein Vorratsbehälter für die Brems- und Kupplungsanlage ebenso ausreichend, wie bei den zweitürigen Modellen. Die ersten 2000 und 2000 TI erhielten getrennte Behälter für Bremse und Kupplung. Inzwischen hat auch der 1800 und 2000 die einfachere Ausführung erhalten.

Die Bremsflüssigkeit darf in ihrem Behälter (Motorraum, links hinten) nicht zu tief absinken. Er soll zu 3/4 gefüllt sein (von außen durch Kunststoffbehälter erkennbar), sonst kann Luft über leeren Behälter in die Bremsanlage dringen, wodurch diese wirkungslos wird. Der Deckel des Behälters hat vier (neuerdings zwei) kleine Durchlässe (Schraubenzieherspitze zeigt auf einen). Diese dienen zum Belüften des Behälters, so daß der abfließenden Bremsflüssigkeit ungehindert Luft nachfließen kann. Diese Löcher dürfen also nicht verstopft oder verschmutzt sein

Von den »Universalvorratsbehältern« zweigen also mindestens zwei Leitungen ab. Die seitlich aus dem Behälter herausgeführte Leitung mündet in den Kupplungszylinder, die eine – neuerdings zwei – unten abgehende, münden in den Hauptbremszylinder. Die Flüssigkeit dient als Reserve, falls im System eine Undichtigkeit auftritt und als Volumenausgleich bei abgefahrenen Belägen. Das Überprüfen – man kann es ja von außen gut erkennen – ist eine reine Sichtprüfung, die mit einem Blick erledigt ist. Der Stand soll etwas über das Metallbefestigungsband reichen.

Zum Nachfüllen darf nur Original-Bremsflüssigkeit verwendet werden. Auf keinen Fall, auch nicht als Notbehelf, darf Motorenöl in die Anlage gelangen, weil dadurch die Gummidichtungen zersetzt würden.

Bremsflüssigkeit greift den Lack an, man sollte also beim Hantieren vorsichtig umgehen, zumal sie auch giftig ist. Behälter mit Bremsflüssigkeit dürfen nicht geöffnet bleiben, weil die Bremsflüssigkeit stark wasseranziehend (hygroskopisch) ist.

Eine Eigenart der Scheibenbremsanlage ist das schnellere Absinken des Bremsflüssigkeitsstandes, als man es von Fahrzeugen mit reinen Trommelbremsanlagen gewohnt ist. Das hängt damit zusammen, daß die relativ großen Kolben der Scheibenbremse bei Belagverschleiß immer weiter aus ihren Passungen heraustreten, wodurch mehr Flüssigkeit nachfließen muß als bei Trommelbremszylindern. Ein konstantes Absinken der Bremsflüssigkeit mit fortschreitender Kilometerleistung ist also nicht unbedingt ein Alarmzeichen. Weil beim Erneuern der Scheibenbremsbeläge die Bremszylinder zurückgedrückt werden, fließt zudem Bremsflüssigkeit zurück, wodurch der Vorratsbehälter überlaufen könnte, wenn vorher zuviel nachgefüllt wurde.

Bremsleitungen prüfen

Pflegearbeit Nr. 26

Verfolgen Sie bei trockener Wagenunterseite (unter den Wagen kriechen, ihn hochbocken oder Hebebühne) den Verlauf der Bremsleitungen und Schläuche: Sie müssen trocken und dürfen nicht aufgequollen sein. Anschluß- und Verbindungsstellen besonders beachten. Bremsflüssigkeit kriecht auch durch den Schmutz. Wo der Schmutz schwarz wird, kann auf Undichtigkeit geschlossen werden. Ist der Bremslichtschalter (vorn am Hauptzylinder) dicht und trocken? Feuchtdunkle Stellen an der Bremstrommel? Radzylinder könnte undicht sein, Werkstatt. Sind Scheuerspuren an den Schläuchen vorhanden? Ist also die Stellung der Bremsschläuche einwandfrei?

Bremsschläuche vertragen kein Benzin, Petroleum, Dieselkraftstoff oder Fett. Sie dürfen auch nicht lackiert werden. Weil Absprühöl natürlich Öl enthält, sollte es von den Bremsschläuchen ferngehalten werden. Das bedeutet praktisch: Wagenunterseite überhaupt nicht einsprühen lassen (auch weil dadurch der serienmäßige Unterbodenschutz leidet). Bremsschläuche und -leitungen sind auch auf Beschädigung durch Steinschlag oder Korrosion zu untersuchen und außen liegende Rohrleitungen besonders auf Verrostung. Die Rohrleitungen sind zwar durch Verzinkung geschützt, doch winterliches Streusalz frißt den Schutz nach einigen Jahren durch.

Wichtiger Hinweis: Man hüte sich davor, bei Undichtigkeit oder bei nicht einwandfreier Lage von Bremsschläuchen oder -leitungen selbst Hand an die Anschlüsse zu legen. In diesem Fall muß der Werkstatt Bescheid gesagt werden. Es können Undichtheiten oder Beschädigungen entstehen (z. B. an den Anschluß-Bördelungen der Leitungen), die sich schon bei der nächsten Bremsung gefährlich auswirken können.

Die Scheibenbremse

Das Prinzip ist einfach: Parallel mit dem Rad dreht sich eine Stahlscheibe, gegen die von beiden Seiten Reibklötze gepreßt werden. Die Scheibenbremse ist in folgenden Punkten der Trommelbremse überlegen:
Sie läßt sich besser kühlen – und ist deswegen standfester – weil Scheibe und Belag offen im Luftstrom des Fahrtwindes liegen. Bei mehrmaligen Stoppbremsungen aus hoher Geschwindigkeit und bei langanhaltendem Bremsen bei Bergabfahrten hält also die Bremswirkung länger an (kein »fading«). Diese gleichmäßige Bremswirkung macht sich insbesondere beim Abbremsen aus hoher Geschwindigkeit (Notbremsung) vorteilhaft bemerkbar. Zudem ist die Scheibenbremse selbst nachstellend und selbstreinigend.
Natürlich hat die Scheibenbremse auch ihre Minuspunkte. Die Beläge verschleißen schneller (siehe nächsten Pflege-Abschnitt), und weil die Scheibe nur durch ein seitliches Schutzblech abgeschirmt ist, können zwischen Belag und Scheibe leicht Fremdkörper (Sand, Steinchen) eindringen. Letzteres kann zu unangenehmer Quietscherei führen. In diesem Fall sollte die Werkstatt den Belag säubern oder auswechseln.
Verschiedentlich kommt es auch vor, daß scheibengebremste Wagen beim Rückwärtsfahren quietschen – »grillen« sagt der Fachmann –, was zwar unangenehm ist, aber keinen Defekt darstellt. In der Werkstatt kann man die Beläge dann etwas glätten.
Hinzuweisen wäre auch noch darauf, daß die Bremswirkung auf sehr nasser Straße und nach der Wagenwäsche wegen der »offenen« Bauweise um einen Sekundenbruchteil später einsetzen kann, als man es von Trommelbremsen her gewohnt ist: Die zwischen Bremsklotz und Scheibe befindliche Feuchtigkeit wird erst durch den Anpreßdruck der Beläge zum Verdampfen gebracht. Im allgemeinen liegen die Beläge aber so dicht an der Scheibe, daß die Nässe immer gleich »weggewischt« wird. Ein weiterer Nachteil besteht darin, daß Scheibenbremsen nicht »selbstverstärkend« sind wie Trommelbremsen.
Wird die Wagen-Unterseite mit einem Korrosionsschutzmittel behandelt, müssen die Scheibenbremsen unbedingt abgedeckt werden (altes Packpapier, alte Lappen). Während die Bremsscheiben zur Not noch mit Spiritus gereinigt werden können, müssen verschmierte Beläge ausgewechselt werden. Sonst wird die Bremswirkung gefährdet.
Hier die Unterschiede bei den Scheibenbremsen der einzelnen Modelle: Beim BMW 1600 bis 1800 werden Radbremszylinder mit einem Kolbendurchmesser von 48 mm verwendet. Die Mindeststärke der Bremsscheiben beträgt 8,5 mm, und ihr Durchmesser ist 268 mm. Abmessungen bei den 2000er Modellen: Radbremszylinder 54 mm Kolbendurchmesser (S-Bremssattel), Bremsscheiben-

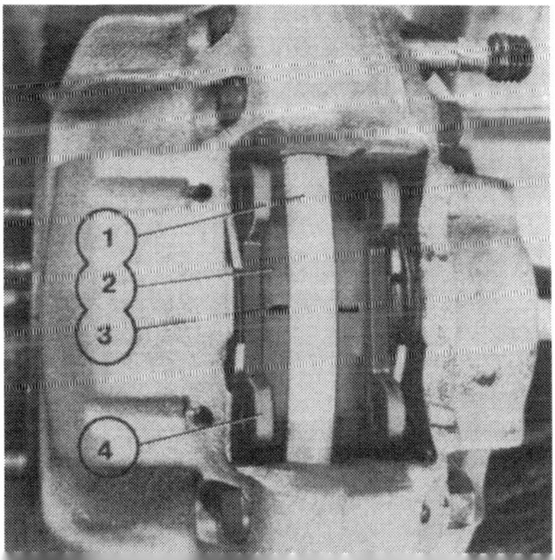

Blick bei abgenommenem Vorderrad auf den sogenannten Bremssattel der Scheibenbremse. Die Zahlen bedeuten: 1 – Bremsscheibe (zur besseren Unterscheidung aufgehellt), 2 – Bremsbelag auf der einen Seite, 3 – Nute im Bremsbelag zur Aufnahme von Abrieb und Staub, 4 – Öse im Bremsbelagträger (mit Belag verklebt), der Haltestift ist herausgenommen. Rechts oben der Entlüftungsnippel.

mindeststärke 11,7 mm und Scheibendurchmesser 272 mm. BMW 1600-2, 1600 TI und 2002: Radbremszylinder 48 mm, Scheibendurchmesser 240 mm, Mindeststärke 9,5 mm. 2002 TI: Durchmesser 256 mm, 12,7 mm. Mit der Einführung der Zweikreissysteme reduzierten sich die Kolbendurchmesser auf 34 mm. Die entsprechenden Teile sind also nicht untereinander austauschbar.

Stärke der Scheibenbremsbeläge prüfen

Pflegearbeit Nr. 27

Wir erwähnten schon, daß die Beläge bei der Scheibenbremse schneller verschleißen. Das ist schließlich kein Wunder: Die Bremsfläche der Beläge ist wesentlich kleiner als bei den Bremsbacken der Trommelbremse. Bei scharfer Fahrweise können Scheibenbremsbeläge schon nach 10 000 bis 12 000 km erneuerungsbedürftig sein. Bei normaler Fahrweise kann man es auf das Doppelte bringen. Da bei den Modellen mit Getriebeautomatik der Motor nicht so kräftig bremst, werden hier die Beläge etwas früher abgenützt sein.

Von außen läßt sich die noch vorhandene Belagdicke am besten nach Abnehmen des Rades erkennen. Man kann also schon durch Blickprobe entscheiden, ob ein Belagwechsel erforderlich ist oder nicht. Dazu muß man die Lenkung etwas einschlagen, dann sieht man aus Richtung des Bremssattels – unter der Spannfeder – was Belag ist und was Bremsscheibe. Der Belag liegt nämlich auch in nichtgebremstem Zustand eng an der Scheibe an.

Die Reststärke des eigentlichen Bremsbelages – er ist auf eine Trägerplatte aufgeklebt – soll nach Werksempfehlung 2 mm nicht unterschreiten. Das ist erreicht, wenn die Nut gerade verschwunden ist.

Woran merkt man ohne Werkstatt- oder Eigenprüfung, daß die Beläge reif zum Wechseln sind? Die Bremswirkung läßt allmählich nach, was zunächst daran liegt, daß die Trägerplatte nicht mehr weit genug nachrücken kann und auf die Spreizfeder (siehe Bild unten) aufläuft. Dann steht der Belag schräg und wird ungleichmäßig abgenutzt: Verringerte Bremswirkung. Schließlich schleift das Metall der Trägerplatte auf der Scheibe. Das ist ein gefährliches Stadium: Bremswirkung ist kaum noch vorhanden und das Metall kann sich eventuell mit Metall verschweißen und das Rad blockieren, in jedem Fall ist aber die Scheibe so zerstört, daß Ersatz der teueren Bremsscheiben erforderlich ist.

Wurden die Bremsbeläge ausgewechselt, sollte man sich den km-Stand notieren. Dann weiß man etwa, wann das nächste Mal die Beläge fällig sind, gleiche Fahrweise vorausgesetzt.

Die Bremsbeläge werden immer paarweise rechts und links ausgewechselt, auch wenn sie zum Teil noch nicht vollständig abgenutzt sind.

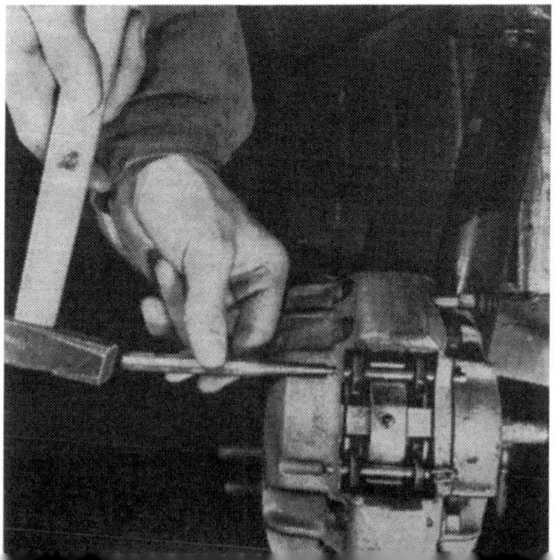

Das Überprüfen und Auswechseln der Scheibenbremsbeläge ist nicht kompliziert. Zuerst betreffendes Vorderrad abnehmen. Dann Sicherungsklammern von den Haltestiften ziehen (am unteren Haltestift rechts erkennbar) und die Haltestifte mit Hammer und Durchschlag nach innen heraustreiben. Beachten Sie auf diesem Bild, wie die kreuzförmige Spreizfeder nach der Montage unter den Haltestiften sitzen muß.

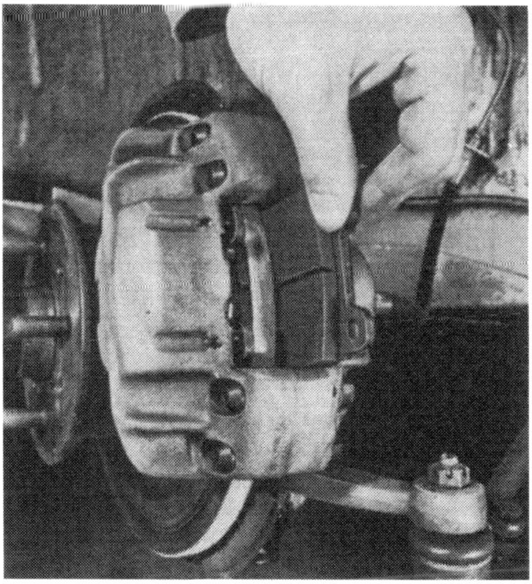

Sind die beiden Haltestifte und die Spreizfeder entfernt, lassen sich beiderseits der Bremsscheibe die Beläge herausziehen. Hier wird der innere Belag herausgezogen. Die Finger erfassen die Öse des Belagträgers. Die Nut (bei den Belägen der neuen 4-Kolben-Sättel sind es 3 Nuten) im Belag nimmt Abriebstaub und Schmutz auf, um beste Bremswirkung zu erzielen und Quietschen zu verhindern.

Scheibenbremse Belagwechsel

Diese Arbeit kann ein Wagenbesitzer, der zwei praktische Hände hat, durchaus selbst übernehmen. So geht es:

1. Wagen auf der betreffenden Seite hochbocken. Rad abnehmen. (Die Lenkung sollte so eingeschlagen sein, daß der in Fahrtrichtung hinten liegende Bremssattel aus dem Radkasten herauskommt.) Die Bremsen müssen abgekühlt sein.
2. Sicherungsklemmen entfernen. Einen Haltestift der beiden Belagträger mit Durchschlag von 4–5 mm Durchmesser (oder dickem abgekniffenem Nagel) von außen nach innen heraustreiben.
3. Kreuzförmige Spreizfeder herausnehmen. Ihre Lage vorher mit Ritzer markieren. (Auf die Längskanten der Spreizfeder laufen die Belagträger auf, außerdem soll sie das Klappern der Belagträger verhindern.)
4. Anderen Haltestift auf gleiche Weise heraustreiben.
5. Belag an einer Öse der Trägerplatte mit den Fingern herausziehen. Aufpassen, hinten an Trägerplatte haftet verschiedentlich ein Blech, das als Wärme- und Geräusch-Isolierung gedacht ist. Nicht verlieren.
6. Wer nur die Abnützung der Beläge kontrollieren will, kann auch den anderen Belag herausziehen (den ersten dann aber vorher wieder hineinstecken). Die Sichtprüfung ist hier zu Ende, alten Zustand wieder herstellen und Punkt 10 beachten.
7. Vor dem Einsetzen neuer Beläge müssen erst die Kolben in den sich gegenüberliegenden Bremszylindern zugedrückt werden (sie wanderten entsprechend dem dünner werdenden Belag aus den Zylindern heraus). In der Werkstatt geschieht dies mit einer Kolbenrücksetzzange. Wer dieses Werkzeug nicht besitzt, sollte recht sorgfältig vorgehen: Erst den Belag herausnehmen, dann mit Hilfe eines Schraubenziehers, der sich auf der Scheibe abstützt (nicht beschädigen!), den Kolben vorsichtig in den Zylinder so weit hineindrücken, bis der neue Belag eingepaßt ist. Erst dann das gleiche auf der anderen Seite des Bremssattels wiederholen. Falls der Spalt zwischen Scheibe und Kolben zu weit wird, läßt sich der Kolben z. B. besser mit einem Steckschlüsselschaft zurückdrücken. Eventuell kann beim Zurücksetzen der Kolben Bremsflüssigkeit im Reservebehälter überlaufen. Daher sollte man diesen während dieser Arbeit zwischendurch überwachen. Eventuell dessen Deckel abschrauben.

8. Die Beläge müssen sich in ihren Führungen leicht bewegen lassen. Eventuell mit Spiritus (kein Öl oder Benzin) und Lappen den Führungsschacht säubern.
9. Nach Einsetzen bzw. Auswechseln der Beläge Haltestift, Spreizfeder und anderen Haltestift wieder einsetzen (Stifte mit Hammer vorsichtig in die Bohrungen treiben).
10. Dieser Punkt ist ganz besonders wichtig und darf unter keinen Umständen vergessen werden: Bei noch stehendem Wagen Bremspedal niederdrücken, damit Beläge zum Anliegen an der Scheibe kommen. Erst nach dieser erstmaligen Pedalbetätigung ist Bremswirkung vorhanden. Bremst man bei fahrendem Wagen zum erstenmal nach Belagwechsel – selbst wenn diese nur zur Kontrolle herausgenommen wurden –, gibt es Schaden, wenn man nicht schnell genug ein zweites und drittes Mal das Pedal betätigt, was aber schon zu spät sein kann.
11. Mit neuen Bremsbelägen sollen auf den ersten 500–600 km keine Gewaltbremsungen durchgeführt werden, da sonst die Lebensdauer der Bremsbeläge verkürzt wird. Die Beläge müssen also eingefahren werden.
Laut BMW müssen Bremsbeläge mit folgenden Bezeichnungen verwendet werden: Für Modelle ohne Bremskraftverstärker: TP 22 mit der Farbmarkierung gelb–gelb–grün–grün zwischen den Ösen der Trägerplatte (frühere Bezeichnung DON 55, rot). Für Modelle mit Bremskraftverstärker: FADIL 77–79, grün–grün–weiß.

Zustand der Scheibenbremsen prüfen
Pflegearbeit Nr. 45

Während der Sichtprüfung sollte auch der Zustand der Scheiben kontrolliert werden (Rad abgenommen). Die Bremsscheibe darf keine zu tiefen Riefen aufweisen. Bläuliche Verfärbungen sind unbedenklich. Ein einmaliges werkstattmäßiges Nachschleifen der Scheibe ist erlaubt. Mindestdicke der Scheibe: siehe Ende des Abschnitts »Die Scheibenbremse«. Der Seitenschlag darf höchstens 0,1 mm betragen (Messung nur mit Meßuhr möglich).
Zu prüfen ist ferner, ob am Bremssattel Bremsflüssigkeit austritt. Bei Verschmutzung sollte der Sattel mit Spiritus, keinesfalls mit Öl oder Wasser gereinigt werden. Die Werkstatt muß gegebenfalls auf die richtige Stellung der Kolben im Bremszylinder (20°) mit einer Kolbenlehre und auf die richtige Farbmarkierungen der Bremsbeläge achten.

Bremstrommeln abnehmen und reinigen
Pflegearbeit Nr. 47

Zu dieser Arbeit nimmt man die nur hinten vorhandenen Bremstrommeln ab: Wagen aufbocken, Radkappen und Rad abnehmen (Wagen gegen Abrollen sichern, 1. Gang einlegen), Handbremse lösen. Bremstrommel einfach von den Radbefestigungsbolzen abziehen, eventuell mit leichten Schlägen (Gummihammer oder Hammerstiel) nachhelfen.
Die abgenommene Trommel wird von Belagstaub gereinigt. Da Druckluft nicht vorhanden sein wird, nehme man einen Staubpinsel oder einen sauberen, völlig fettfreien Lappen. Der Staub entsteht als Rückstand des Belagverschleißes. Wenn er sich mit Feuchtigkeit vermengt, wird die Bremswirkung ungleichmäßig. Feucht können die Trommeln durch Kondenswasser werden, das sich nach Abkühlung heißgefahrener Trommeln bilden kann. Sind Riefen in der Trommel, muß sie ausgedreht oder erneuert werden.
Geprüft wird ferner, ob die Beläge nicht zu stark verschlissen sind. Sie dürfen nicht bis auf das Metall abgenutzt sein. 1 mm Reststärke über den Nieten-

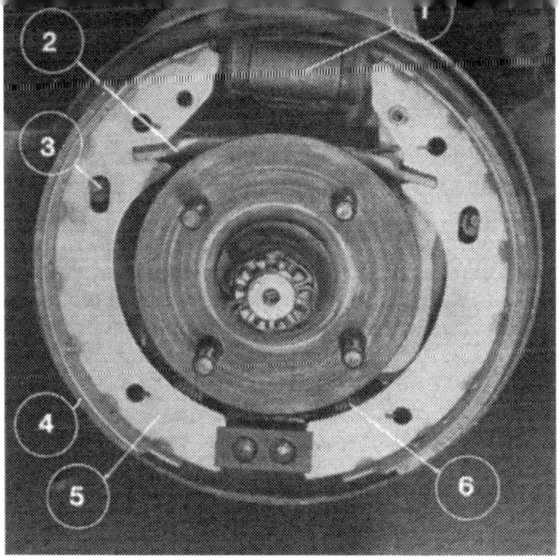

So sieht die Hinterradbremse bei abgenommener Bremstrommel aus. Die Zahlen bedeuten: 1 — **Radbremszylinder** (durch dessen heraustretende Kolben werden die Bremsbacken gespreizt), 2 – Druckstange der Handbremsbetätigung, 3 – Nachstell-Exzenter, 4 – Bremsbelag, 5 – vordere Bremsbacke, 6 – Rückzugfeder für beide Bremsbacken.

köpfen sollte mindestens vorhanden sein. Verschmierte (verölte oder fettige) Bremsbeläge müssen ausgewechselt werden. Reinigen mit Benzin oder Abschleifen ist wirkungslos. Bremsbeläge dürfen daher nicht mit öligen Fingern berührt werden. Das mindert die Bremswirkung, bzw. macht sie ungleichmäßig. Glatte Beläge aufrauhen, um bessere Wirkung zu erzielen, ist zwecklos. Glätte — auch wenn sie schwärzlich erscheint — bedeutet, daß die Oberfläche gut trägt. Nur Original BMW-Bremsbacken können verwendet werden, weil Belag und Backe eine Einheit darstellen.
Hinausschieben des Auswechselns von Bremsbacken ist gefährlich und teuer: Unkontrollierte ungleichmäßige Bremswirkung, wenn Beläge zu weit abgenützt sind. Wichtig ist, daß immer alle Beläge einer Achse – also jeweils immer vier — gemeinschaftlich ausgewechselt werden. Das ist keine Geldschneiderei, sondern besser für gleichmäßige Bremswirkung.

Fußbremse prüfen

Pflegearbeit Nr. 17

In der Werkstatt geschieht dies mit speziellen Druckprüfgeräten, wobei ein bestimmter hydraulischer Druck nach einer bestimmten Zeit nur um einen zulässigen Betrag absinken darf. Dies schließt aber nicht aus, daß auch die eigentliche Bremswirkung zu kontrollieren ist, was bei einer Probefahrt auf dem Rollenprüfstand oder der Straße geschehen muß. Bremsproben sollten damit beginnen, daß man zunächst aus mäßiger und dann aus höherer Geschwindigkeit abbremst. Das gleiche wiederholt man mit losgelassenem Lenkrad. Das gibt – auf ebener, nicht gewölbter Straße – Aufschluß, ob der Wagen beim Bremsen einseitig wegzieht. Entsprechende Beanstandungen: siehe Störungstabelle. (Bild Seite 10).
Versuchen Sie auch in regelmäßigen Zeitabständen – natürlich auf freier Straße – eine »Notbremsung« aus etwa 60 km/h und dann auch aus 80–100 km/h. Aber Vorsicht, wenn Sie es lange nicht gemacht haben. Probieren Sie es nach und nach mit höherer Fußkraft. Zieht der Wagen nach rechts, ist in der Regel eine der linken Radbremsen nicht in Ordnung und umgekehrt.
Die Bremsflüssigkeit muß jährlich erneuert werden, weil sich bei Wasseraufnahme der Siedepunkt um 60° bis 80° reduziert hat.

Fußbremse nachstellen

Wie schon im Abschnitt »Scheibenbremse« erwähnt, stellen sich die Vorderradbremsen selbsttätig nach – ein Fortschritt, der, ganz allgemein gesehen,

Zum Nachstellen der Bremsen — nur an den hinteren Trommelbremsen — braucht man einen gekröpften Ringschlüssel. Hier im Bild wird er auf die hintere Nachstellschraube gesetzt (für den hinteren Bremsbacken). Der Pfeil weist auf die schwerer zugängliche vordere Nachstellschraube hin.

lange auf sich warten ließ. Immerhin, die Hinterradbremsen müssen noch entsprechend dem Belagverschleiß nachgestellt werden. Die Nachstellschrauben liegen jeweils vorn und hinten an der Bremstrommel. Es sind Sechskantköpfe (SW 17), die im Innern der Trommel als Exzenter ausgeführt sind. Dreht man die Schrauben, schiebt der Exzenter die Bremsbacken schon in der Ruhestellung näher an die Trommel heran. So wird es gemacht:

- Wagen entsprechend hochbocken.
- Verstellschraube mit gekröpftem Ringschlüssel so weit verdrehen, bis der Bremsbelag beim Drehen des Rades hörbar schleift und es schließlich ganz festhält. Der Griff des Schraubenschlüssels ist an beiden Schrauben jeweils zum Nachstellen nach unten zu bewegen. Die vorderen Verstellschrauben sind etwas umständlicher zu erreichen (die Hinterradschwinge ist im Weg). Eventuell leicht gekröpften Ringschlüssel nehmen (siehe Bild oben).
- Jetzt Verstellschraube wieder soweit lockern, bis das Rad gerade frei ohne zu schleifen gedreht werden kann.
- Das gleiche wird an der anderen Verstellschraube der Trommel gemacht.
- Die Hinterradbremse des anderen Rades in der gleichen Weise nachstellen.

Gleich nach dem Einstellen muß eine Probefahrt unternommen werden, um die Bremsen auf Wirkung und gleichmäßiges Ansprechen zu prüfen. Man sollte das Nachstellen der Bremsen nicht aufschieben, anderfalls erfolgt das Abbremsen mehr und mehr mit den vorderen Scheibenbremsen, die entsprechend früher abgenutzt werden, abgesehen davon leidet die Sicherheit.

Handbremse prüfen

Pflegearbeit Nr. 18

Das fortschreitende Verschleißen der Hinterradbremsbeläge macht sich auch in der Wirkung der Feststellbremse bemerkbar. Hier kommt noch hinzu, daß sich die Seile mit der Zeit etwas längen. Muß der Handbremshebel um mehr als 5–6 Rasten angezogen werden, um den Wagen auch auf abschüssiger Straße zu halten, ist es Zeit fürs Nachstellen. Es ist übrigens nicht nötig, die Handbremse auf ebener Straße mit aller Gewalt anzuziehen. Das leiert nur den Seilzug aus.

Ein Vorschlag: Bremsen Sie einmal den Wagen versuchsweise nur mit der Handbremse ab. Aber Vorsicht, weil das Wagenheck – je nach Ausgangsgeschwindigkeit – wegschleudern kann. Immerhin wissen Sie dann, wie Sie sich zu benehmen haben, wenn die hydraulische Fußbremsanlage ausfällt.

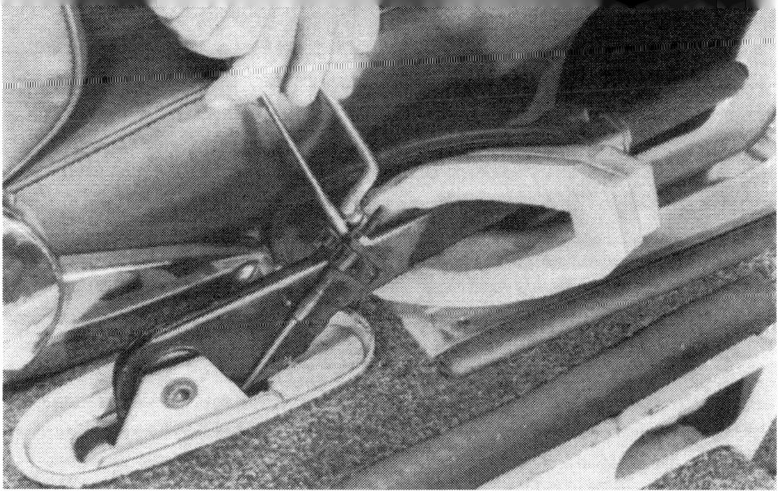

Nach Hochstreifen einer Gummiabdeckung und den geräuschdämpfenden Schaumgummieinlagen werden die Nachstellmuttern für die Handbremse am Fuß des Handbremshebels zugänglich. Hier wird die Nachstellmutter mit einem Gabelschlüssel (SW 10) und die Kontermutter mit einem gekröpften Ringschlüssel betätigt. Der Seilzug darf sich dabei nicht verdrehen.

Handbremse nachstellen

Der Wagen sollte beidseitig hinten hochgebockt sein. Da aber jeder der beiden zum Hinterrad führenden Seilzüge einzeln nachgestellt werden kann, kommt man auch mit wechselseitigem Hochbocken mit dem Wagenheber aus. Voraussetzung ist aber, daß zuvor die Fußbremse an den Exzenterschrauben der Bremstrommeln nachgestellt wurde.

Wenn man die Abdeckung am Handbremshebel hochstülpt, zeigen sich auf jeder Seite des Hebels zwei mit Gegenmuttern gesicherte Nachstellmuttern. Zuerst löst man auf der Seite des hochgebockten Rades die obere Mutter (Kontermutter). Das Nachstellen, also Anziehen, erfolgt dann an der unteren Mutter. Hierbei hält man mit einer Kombizange den Seilzug fest, damit er sich nicht verdreht.

Am Rad probiert man durch Drehen, ob es bei gelöstem Hebel völlig freigängig und bei angezogenem Hebel – 5. Raste – blockiert ist. Das gleiche wird auf der anderen Seite ausgeführt. Die eigentliche Handbremsprobe kann freilich erst mit dem Wagen auf geneigter Straße gemacht werden.

Die Zweikreisbremsanlage

Im Sommer 1968 erhielten die 69er Modelle des BMW 1800 und 2000 eine Zweikreisbremsanlage, die seit Februar 1969 auch in allen Zweitürern verwendet wird. Die Zweikreisbremsanlage garantiert auch bei völligem Ausfall eines Bremskreises eine Bremswirkung, allerdings etwas vermindert, weil je

Die Zweikreis-Bremsanlage ist an den beiden Schläuchen zu erkennen, die vom Bremsflüssigkeitsbehälter (3) zum Tandem-Hauptbremszylinder führen, und zwar vorne für den ersten Bremskreis (1) mit je einer Leitung zu den Hinterradbremsen, zur Scheibenbremse vorne links, zur Scheibenbremse vorne rechts, sowie zum zweiten Bremskreis (2) mit je einer Leitung zu den Scheibenbremsen vorne rechts und links. Weiter bedeuten: 4 – Deckel des Bremsflüssigkeitsbehälters; 5 – Bremskraftverstärker; 6 – Unterdruckschlauch zum Saugrohr am Motor; 7 – Bremslichtschalter.

nach Auslegung nur noch ein Teil der Räder gebremst wird. Da schon die kleinste Undichtheit zum Totalausfall einer hydraulischen Bremsanlage führt, war die Verdoppelung des Systems ein beträchtlicher Sicherheitsbeitrag. Mit dem Übergang auf einen Tandem-Hauptbremszylinder für die Zweikreisanlage, wurde auch beim BMW 1600-2 der Bremskraftverstärker in die Serie übernommen.

BMW hat die Bremskreise so aufgeteilt, daß einer der Kreise auf alle 4 Räder wirkt, während der andere nur auf die Vorderachse beschränkt ist. Das ist im Grunde kein großer Nachteil, weil die Vorderräder beim Bremsen ohnehin einen größeren Teil des Wagengewichts übernehmen – das Fahrzeug taucht vorne ein – und demzufolge auch einen größeren Teil der Gesamtbremskraft übernehmen müssen. Mit der Zweikreisanlage kommt man diesen fahrzeugtechnischen Problemen sogar entgegen. Die Bremszangen der Vorderräder wurden nämlich so umkonstruiert, daß in jeder Zange 4 Bremskolben enthalten waren, von denen je zwei gegenüberliegende einem Kreis angehören. Die vier Kolben wirken weiterhin auf zwei Bremsbeläge, die allerdings um etwa 37 % vergrößert sind, und an den 3 Staubnuten kenntlich sind.

Der große Kreis, der alle vier Räder umfaßt, ist nun so ausgelegt, daß er für die Hinterräder den genau richtigen Bremsdruck aufbaut, für die gesamte, an der Vorderachse übertragbare Bremskraft jedoch nicht genügend Druck auf seine Kolben leitet. Den notwendigen Rest liefert ja der zweite, nur auf die Kolben der vorderen Scheibenbremse wirkende Teil der Bremsanlage. In Zahlen bedeutet das etwa folgendes: Der große Kreis sichert über alle 4 Räder etwa 75 % der maximal möglichen Bremswirkung, während der kleine Kreis über die Vorderräder allein etwa 60 % der möglichen Bremswirkung aufbringen kann, allerdings mit höheren Drücken. Wirken beide Anlagen normal zusammen, so wird bei geringeren Drücken die volle Bremswirkung, die von den Reifen auf der Straße erreicht werden kann, ausgeschöpft.

Anhand der Druckerhöhung, die aus einem höheren Pedaldruck resultiert, wird der Fahrer vom Ausfall eines Kreises unterrichtet, wenn er nicht zufällig den Vorratsbehälter der USA-Ausführung in seinem Wagen hat, der über die Handbremskontrolleuchte den Ausfall eines Kreises signalisiert. Obwohl nur ein Vorratsbehälter vorhanden ist, kann mit dem Ausfall eines Kreises nicht die gesamte Bremsflüssigkeit auslaufen, weil eine Scheidewand den Behälter in zwei Kammern teilt. Ein langsameres Absinken signalisiert dafür die zusehends schwergängigere Kupplungsbetätigung, die ja ihren Vorrat aus demselben Behälter (mit Ausnahme einiger älterer Typen) bezieht, allerdings etwas höher angesetzt ist, so daß sie zuerst trockengelegt wird.

Das Entlüften der Bremsanlage an der Scheibenbremse des linken Vorderrades.
Vom Entlüftungsnippel wird zuerst Gummischutzkappe abgezogen, der Nippel gesäubert und der Entlüftungsschlauch aufgeschoben. Er wird in einen Behälter mit Bremsflüssigkeit getaucht. Wenn der Helfer auf das Bremspedal tritt, öffnet die Hand mit dem Schraubenschlüssel SW 7 das Entlüftungsventil ein wenig, so daß Luft und Bremsflüssigkeit austreten können. Steigen beim Betätigen der Bremse keine Luftblasen mehr auf, wird das Ventil wieder geschlossen.

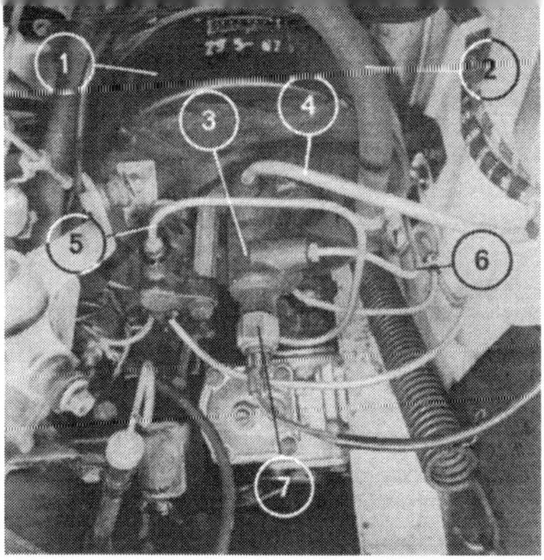

Blick auf den Hauptbremszylinder (Einkreisbremsanlage): 1 – Unterdruckbehälter des Bremskraftverstärkers (darin Membrane, durch welche die Betätigung des Bremspedals unterstützt wird), 2 – Unterdruckschlauch zum Saugrohr am Motor, 3 – Hauptbremszylinder (darin wird der hydraulische Druck für die Radbremszylinder erzeugt), 4 – Nachlaufleitung vom Reservebehälter, 5 – Druckleitung zum Bremskraftbegrenzer (von dort Weiterleitung des Druckes zu den Hinterrädern), 6 – Druckleitung zu den Vorderradbremsen, 7 — Bremslichtschalter.

Bremsanlage entlüften

Läßt sich das Bremspedal federnd tief durchtreten, ist Luft in die Leitungen oder Bremszylinder eingedrungen (oder die Beläge sind zu stark abgefahren). Entlüftung ist stets auch nach allen Arbeiten an der hydraulischen Anlage nötig, was aber, wie schon gesagt, Angelegenheit der Werkstatt ist. Erste Kontrolle vor dem Entlüften: Ist Bremsflüssigkeits-Behälter gefüllt? Möglicherweise war der Stand zu tief abgesunken, so daß von dort aus Luft eingedrungen ist. Beim Entlüften Behälter ständig ganz gefüllt halten.

Vor dem Entlüften sollte noch geprüft werden, ob das Bremspedal einen bestimmten Mindest-Leerweg (Bremspedalspiel) hat. Ist dieses Spiel nicht vorhanden, schleifen die Bremsbeläge ständig, was zu Hitzeentwicklung führt. Doch darf das Spiel auch nicht zu groß sein: Der zulässige Leerweg am Bremspedal beträgt ¼ bis ½ des Pedalgesamtweges von 165 bis 169 mm. Der Bremspedalleerweg liegt also bei etwa 45 mm.

Nun zum Entlüften: Ein zweiter Mann drückt mit dem Bremspedal pumpenderweise die Flüssigkeit aus den Leitungen, und zwar so lange, bis sie keine Luftbläschen mehr mit sich bringt. Wichtig ist die Reihenfolge für das Entlüften: Zuerst den Bremskraftverstärker (siehe nächste Seite), an dem sich ebenfalls eine Entlüftungsschraube befindet, dann die entferntere rechte Scheibenbremse, dann die linke, dann das rechte Hinterrad und zuletzt das linke. Zum Schluß Motor anlassen, Bremspedal durchtreten und Bremskraftverstärker noch einmal entlüften.

Dann sieht der Gang der Handlung folgendermaßen aus: Entfernen der Schutzkappe von den dafür vorgesehenen Entlüfter-Ventilen (es sitzen bis zu 3 an einer Scheibenbremse). – Schlauch über den Ventil-Nippel schieben. – Schlauchende in Glasgefäß (altes Marmeladenglas, kleinere Flasche) stecken. Das Gefäß muß schon mit Bremsflüssigkeit gefüllt sein, damit beim folgenden »Pedalpumpen« keine Luft in die Leitung zurückgesaugt wird. Das Schlauchende muß also in der Flüssigkeit liegen. – Mit Gabelschlüssel Entlüfter-Ventil etwa ½ Umdrehung lösen. – Auf Zuruf des Mannes am Rad fängt der Mann mit dem Bremspedal zu pumpen an (schnell treten, langsam zurückkommen lassen). – Beobachtet der erste Mann, daß mit der Flüssigkeit keine Luftblasen mehr herausgedrückt werden, ruft er »Halt«. – Der zweite Mann hält das Bremspedal in seiner tiefsten Stellung – der erste schließt das Entlüfterventil, zieht den Schlauch ab und setzt die (gesäuberte) Staubkappe wieder auf.

■ Nach jeder Radentlüftung ist der Bremsflüssigkeits-Vorratsbehälter wieder aufzufüllen. Luft gerät wieder in Leitungen, wenn das Niveau zu weit absinkt.

Der Bremskraftverstärker

Wie schon in diesem Kapitel im Abschnitt »Die Scheibenbremse« erwähnt, entsteht bei Scheibenbremsen kein selbstverstärkender Effekt, wenn flache Beläge gegen eine flache Bremsfläche gedrückt werden. Daher wurde ein gesonderter Bremskraftverstärker (Servobremse) erforderlich.
Woher stammt nun diese Hilfskraft? Man sehe sich dazu die dicke Schlauchleitung an, die vom Vergasersaugrohr zu dem großen, kreisförmigen Behälter an der hinteren Motorraumabschlußwand führt. In diesem Schlauch wird der Ansaug-Unterdruck des Motors wirksam und bewegt in dem Behälter eine große, elastische Membrane. Diese verstärkt die auf die Bremsdruckstange wirkende Pedalkraft.
Wissen muß man natürlich, daß die Anlage keine Bremskraft liefert, wenn der Motor steht. Beim Abschleppen wegen defekten Motors muß man also daran denken, daß die erforderliche Fußkraft wesentlich größer geworden ist. Bei einem Defekt am Bremskraftverstärker selbst bleibt die Bremsanlage voll funktionsfähig. Nur muß eben kräftiger auf das Pedal getreten werden.
Zur laufenden Wartung ist an der Anlage nichts vorgesehen. Im Gerät ist ein Schaumstoff-Filter vorhanden, das beim Ansaugen von Außenluft Staub festhalten soll, außerdem ein Filzschalldämpfer.
Prüfen auf Funktion: Motor abstellen und mehrmals das Bremspedal niedertreten (Unterdruck wird abgebaut). Dann Pedal in tiefster Stellung halten und Motor anlassen. Wenn sich jetzt das Pedal durch die erzeugte Hilfskraft noch weiter senkt, ist die Anlage in Ordnung. Ist dies nicht der Fall, kann zunächst auf Undichtigkeit im Schlauch oder Rückschlagventil geschlossen werden. Möglicherweise ist auch das im Gerät eingesetzte Filter verschmutzt. Letzteres auszuwechseln ist Sache der Werkstatt. Außer dieser Arbeit können keine Reparaturen ausgeführt werden, das Gerät muß ersetzt werden.

Bremskraftbegrenzer

Die Viertürer sind mit einem Bremskraftbegrenzer ausgerüstet. Dieser sitzt parallel rechts neben dem Hauptbremszylinder. Er soll den zu den Hinterradbremsen geleiteten Flüssigkeitsdruck auf eine bestimmte Höhe begrenzen, damit die Räder beim Bremsen nicht vorzeitig blockieren (beim Bremsen verlagert sich zusätzlich ein Teil des Wagengewichts auf die Vorderachse).

Fingerzeige: *Man sollte nicht direkt nach einer scharfen oder längeren Bremsung (Gefällefahrt) beim Anhalten die Handbremse anziehen. Sofern die Bremstrommeln sehr heiß geworden sind, entstehen in ihnen beim Abkühlen Spannungen. Dabei können sich die Bremstrommeln verziehen.*
Es empfiehlt sich, die Bremsflüssigkeit etwa alle ein bis zwei Jahre zu wechseln. Man vermeidet damit, daß bei einer längeren Bremsung mit starker Wärmeentwicklung — z. B. bei einer Paßabfahrt — die Flüssigkeit siedet und Dampfblasen entstehen. Letztere leiten beim Bremsen den Flüssigkeitdruck nicht weiter, die Bremse wird weich, ja sie kann dann ganz ausfallen. Je länger die Flüssigkeit in der Anlage ist, um so mehr nimmt sie Feuchtigkeit auf (sie ist stark hygroskopisch) und um so mehr sind Dampfblasen möglich. Bremsflüssigkeit wird seit Mitte 1975 nicht mehr in der gewohnten blauen Farbe angeboten, sondern ist hell bis bernsteinfarbig. Die richtige Bremsflüssigkeit muß die Spezifikation DOT 3 oder DOT 4 tragen.
Bei häufigem Sport- oder Anhängerbetrieb mit entsprechendem Bremsenverschleiß kann eine längere Lebensdauer der Scheibenbremsbeläge erzielt werden, wenn sogenannte Rennbeläge verwendet werden. Für den BMW 2002 kommen in Frage: Textar V 1431 G. Die Bremswirkung bei sanfter Betätigung wird allerdings schlechter.

Die Störung	ihre Ursache	ihre Abhilfe
A Wagen zieht nach rechts oder links beim Bremsen	1 Reifendruck ungleichmäßig 2 Bereifung ungleichmäßig abgenutzt 3 Beläge verschmiert oder ungleichmäßig abgenutzt 4 Verschmutzte Schächte im Bremssattel 5 Kolben in Bremssattelzylinder verdreht	Korrigieren bei kalten Reifen Reifen so untereinander auswechseln, daß auf jede Achse gleichmäßig abgenutzte Reifen kommen Beläge erneuern Reinigen Stellung der Kolben berichtigen
B Bremsen quietschen	1 Falscher Belagtyp 2 Kolben in Bremssattelzylinder verdreht 3 Bremsscheibe hat Schlag 4 Verklemmter Bremssattel 5 Belagträgerplatte der Scheibenbremse uneben 6 Staub und Schmutz in der Trommel 7 Beläge liegen nicht gleichmäßig an Trommeln an	Auswechseln Stellung der Kolben berichtigen Erneuern Richten Abziehen und LM-Paste auf Bremskolben auftragen, Trommeln mit Preßluft ausblasen und mit Schmirgelleinen säubern Bremsträgerplatte auf Verzug, Federn auf richtige Spannung prüfen.
C Pedalweg zu groß	1 Beläge abgenutzt 2 Bremsscheibe hat Schlag	Beläge erneuern Auswechseln
D Pedalweg zu groß, federndes oder völliges Durchtreten	1 Luft in Bremsanlage, evtl. Bremsflüssigkeit zu tief abgesunken 2 Dichtring in Bremssattelzylinder defekt 3 Undichtigkeit 4 Beschädigte Manschette in Haupt- oder Trommelbremszylinder 5 Ein Bremskreis ausgefallen	Bremsen entlüften. Evtl. Vorratsbehälter auffüllen Erneuern System kontrollieren Auswechseln System in Werkstatt kontrollieren
E Bremsscheibe oder Trommel wird zu heiß	1 Siehe D 2 2 Spreizfeder defekt 3 Erlahmte Rückzugfedern in der Trommel 4 Ausgleichsloch im Hauptbremszylinder verstopft 5 Spiel zwischen Bremspedal (Betätigungsstange) und Hauptzylinder-Kolben zu gering	Auswechseln Auswechseln Reinigen Spiel in Werkstatt einstellen lassen (0,5 mm)
F Schlechte Bremswirkung bei hohem Fußdruck	1 Belag verölt 2 Bremsbeläge (Scheibenbremse) abgenutzt 3 Bremsverstärker defekt	Beläge erneuern Undichtigkeit suchen Beläge erneuern Werkstatt
G Bremsen schütteln	1 Belag abgenutzt 2 Siehe B 3 3 Bremstrommeln unrund 4 Scheiben- und Sattelbefestigung fluchten nicht 5 Radlagerspiel (Scheibenbremsen) zu groß 6 Sattel der Scheiben am Achsschenkel lose	Auswechseln Trommeln ausdrehen oder auswechseln Richten Korrigieren Festziehen

Beachtenswerte Rundungen

BMW-Fahrer wissen es, denn kein einigermaßen fixer BMW-Verkäufer versäumt, darauf hinzuweisen: Zu der rühmenswert guten Straßenlage dieser Wagen trägt nicht zuletzt die sorgsame Abstimmung zwischen Fahrwerk und Reifen bei. Am BMW sind die Reifen also besonders wohlproportionierte »Beine Ihres Autos«. Das erklärt auch, warum die BMW der »Neuen Klasse« bei der Bandmontage aus einem Vorrat von vier verschiedenen Felgengrößen und neun unterschiedlichen Reifendimensionen bestückt wurden und werden, von denen einige speziell für die BMW »maßgeschneidert« wurden. Aus diesem Grund ist auch der Ersatz für abgefahrene Reifen sorgsam abzuwägen, doch darüber mehr im nachfolgenden Kapitel »Die Reifenwahl«.

Welche Größe für welchen Wagen?

Wenn Sie einen BMW kaufen, finden Sie ihn entsprechend nachfolgender Tabelle mit Reifen und Felgen ausgestattet:

BMW-Modell	Diagonal-Reifen	od. Radialreifen	Felge
1500, 1600, 1800, 1800 A (bis 68)	6.00 S 14	165 SR 14	$4^1/_2$ J x 14
1600-2	6.00 S 13	165 SR 13	$4^1/_2$ J x 13
1600 Cabr., TI, 2002, 2002 A	—	165 SR 13	$4^1/_2$ J x 13
2002 TI	—	165 HR 13	5 J x 13
1800 TI	6.00 S 14	165 SR 14	5 JK x 14
1800 (ab 69), 2000, 2000 A	6.45/165 S 14	165 SR 14	5 J x 14
2000 TI, tilux, tii	6.95/175 H 14	175 HR 14	$5^1/_2$ J x 14

Ab Frühsommer 70 werden serienmäßig nur noch Radialreifen montiert.

Was bedeutet die Reifenbezeichnung?

Die Größenangabe

Nach international gültigen Regeln wird die Reifengröße in englischen Zoll, in Millimetern oder gemischt in Zoll und Millimetern angegeben. Die erste Zahl der Größenangabe bezeichnet die Breite – oder besser gesagt, die Dicke des Reifens und läßt den Reifenexperten außerdem noch erkennen, um welchen Reifentyp es sich dabei handelt. Der Reifen 6.00 S 13 ist also 6 Zoll breit, was (1 Zoll = 25,4 mm) genau genommen 152,4 mm sind. Dementsprechend ist der in Millimeter und Zoll angegebene Reifen 165 SR 13 165 mm dick.

Die letzte Zahl der Größenangabe bezeichnet den Innendurchmesser des Reifens und zugleich den Durchmesser der dazu passenden Felge. Von wenigen Ausnahmen abgesehen, erfolgt diese Angabe in Zoll. Der Reifen 6.00–14 hat demnach einen Innendurchmesser von 14 Zoll (Kurzzeichen für Zoll: ″), was 355,6 mm entspricht, und die dazu passende 14″-Felge hat an der Auflage für den Reifenwulst ebenfalls 355 mm Durchmesser.

Zur Größenangabe genügen bereits die beiden erläuterten Zahlen, denn alle anderen Abmessungen jeder Reifengröße sind genormt, so daß alle Reifen mit gleicher Bezeichnung ohne Rücksicht auf die Marke darin, von erlaubten Toleranzen (und einigen ausländischen Reifenherstellern) abgesehen, gleich sind.

Unterschiedliche Reifentypen

Allerdings kann man die Reifenbreite nicht so ohne weiteres an seinen eigenen Reifen mit Zentimetermaß oder Abtastzirkel nachmessen, denn die jeweils zuständigen Norm-Blätter geben in Wirklichkeit zumeist etwas abweichende Maße an. Diese »Falschangaben« haben in den zahllosen Reifenkonstruktionen der zurückliegenden Jahre ihre Ursache. Da während dieser ganzen Zeit die Art der Bezeichnung gleich blieb, mußte man, um Verwechslungen zu vermeiden, vielfach von den wirklichen Reifenbreiten abweichende Angaben machen. Diese Reifenentwicklung ist durch die Namen »Ballon-Reifen«, »Super-Ballon-Reifen«, »Niederquerschnitt-Reifen«, »Super-Niederquerschnitt-Reifen« und zuletzt »70er Reifen« gekennzeichnet. Der praktisch vergessene Ballon-Reifen der Vorkriegszeit war, im Querschnitt betrachtet, so breit wie hoch, der nachfolgende Super-Ballon-Reifen lag schon etwas breiter auf der Straße. Der Niederquerschnitt-Reifen hatte nur noch etwa 88 Prozent seiner Querschnittsbreite als Querschnittshöhe. So kommt es z. B. daß der Niederquerschnitt-Reifen 6.00 S 13 trotz der größeren Bezeichnung im Gesamtdurchmesser kleiner ist (601 mm) als der »kleinere«, heute noch vielverbreitete Super-Ballon-Reifen 5.90–13 (613 mm Gesamtdurchmesser). Die weitere Entwicklungsstufe sind die noch »satter« auf der Fahrbahn aufliegenden Super-Niederquerschnitt-Reifen, wie zum Beispiel der Reifen 6.45/165 S 14. Bei diesem Reifentyp wird die Reifenbreite doppelt, in Zoll und in Millimetern, angegeben, woraus einmal in dem Zahlenwirrwarr erkennbar werden soll, daß es sich um einen Super-Niederquerschnitt-Reifen handelt und welche Gürtelreifen-Größe (die zumeist in Millimetern angegeben wird) statt diesem Reifen verwendet werden kann. Die letzte Entwicklung sind die »70er Reifen«, die nichts mit 1970 zu tun haben, sondern im Verhältnis 70:100 zwischen Querschnittshöhe und -breite stehen. »70er Reifen« gibt es an unseren BMW-Modellen nicht serienmäßig und sie dürfen nachträglich nur an den zweitürigen Modellen und am BMW 2000 tilux einer bestimmten Bauserie montiert werden.
Zu den Niederquerschnitt-Reifen zählen die Größen 6.00 S 13 und 6.00 S 14. Super-Niederquerschnitt-Reifen sind die Typen 6.45/165 S 14 und 6.95/175 H 14.

Diagonal- und Gürtelreifen

Die eben beschriebenen Reifen sind in ihrer Karkasse – das ist der Unterbau des Reifens – gleichartige »Diagonal-Reifen«, d. h., die Fäden der Gewebeeinlagen liegen diagonal zur Reifenachse übereinander. Man bezeichnet diese Reifen auch als »konventionelle Reifen«, denn sie entsprechen der althergebrachten Reifenbauweise.
Daneben haben im letzten Jahrzehnt die Radial- oder Gürtel-Reifen zunehmend Verbreitung gefunden, und nur noch diese werden ab Sommer 70 an BMW-Fahrzeugen montiert. Während im konventionellen Reifen verschiedene Gewebelagen mit schrägem Fadenlauf zueinander eingebettet sind, hat der Gürtel-Reifen unter seiner Lauffläche einen ziemlich stabilen »Gürtel« – daher sein Name – aus feinen Stahl- oder Texilfäden, die in Laufrichtung und quer zur Laufrichtung des Rades liegen.
Dieser Gürtel kann sich in seinem Durchmesser kaum verändern, so daß sich die Lauffläche nicht, wie bei den Normalreifen, mit wachsender Geschwindigkeit aufbaucht. Dadurch gibt es in der Lauffläche bei der Berührung der Fahrbahn keine Querbewegungen, wodurch eine besonders gute Bodenhaftung entsteht und der Abrieb sehr gering gehalten wird. Dieser Gürtelreifen gibt hauptsächlich in den weichen Reifenflanken nach, so daß die Reifen oft den Eindruck machen, es fehle am richtigen Luftdruck. Trotzdem ist der Rollwiderstand etwas geringer, wodurch der Gürtel-Reifen etwas Benzinersparnis bringt. Ferner ist er im Winter wesentlich wirkungsvoller als der Normal-Reifen, so

daß er in vielen Fällen die Anschaffung besonderer M+S-Reifen erspart. Vor allem zeichnet er sich durch sehr geringen Abrieb aus, da seine Lauffläche auf der Fahrbahn kaum walkt. So erreicht man mit Gürtel-Reifen wesentlich höhere Kilometer-Leistungen – sie liegen oft doppelt so hoch wie jene normaler Diagonal-Reifen. Aber einige dieser Reifen haben auch einen Nachteil, der manchen Autofahrer stört und der auch an den BMW der »Neuen Klasse« vor Baujahr 1966 bemerkbar wurde: Sie dröhnen bei mittleren und schnellen Geschwindigkeiten auf Kopfsteinpflaster und sind allgemein laut bei niedrigeren Geschwindigkeiten.
Im allgemeinen werden Gürtel-Reifen-Größen in Millimetern (und Zoll für die Felgengröße) angegeben. Aber inzwischen gibt es auch Gürtel-Reifen in Zoll-Größen. Um sie ganz eindeutig zu kennzeichnen, tragen sie in der Mitte der Größenangabe anstelle eines Bindestriches ein »*R*« (= Radial), also beispielsweise 165 SR 14 (die Erläuterung des »S« siehe nächster Abschnitt).

Die Geschwindigkeitsangabe

Nach den Norm-Tabellen sind normale Diagonal-Reifen in der 13-Zoll-Größe für Höchstgeschwindigkeiten bis zu 150 km/h zugelassen. Sie sind an dem Bindestrich zwischen den beiden Zahlen der Größenangabe erkennbar. Für den BMW 1500, der nur eine amtliche Höchstgeschwindigkeit von 150 km/h hat, sind also die Reifen 6.00–14 ohne weiteres ausreichend, auch wenn in unserer Tabelle auf S. 196 für ihn der 6.00 S 14 vorgesehen ist.
Für schnellere Fahrzeuge mit einer Spitzengeschwindigkeit bis zu 175 km/h sind »Sport-Reifen« vorgeschrieben, die zur besonderen Kennzeichnung ein »*S*« (= Sport) zwischen den Zahlen tragen. Dementsprechend sind die Reifen 6.00 *S* 14 für den 160 km/h schnellen BMW 1800 gerade richtig und sie reichen auch für den 170 km/h schnellen 1800 TI vollkommen aus.
Was noch schneller als 175 km/h laufen kann, braucht nach den Norm-Vorschriften »Hochgeschwindigkeits-Reifen«, die den Kennbuchstaben »*H*« tragen. Gebraucht wird dieser Reifentyp an den besonders schnellen 2000 TI in der Größe 6.95/175 *H* 14.
Radial- oder Gürtel-Reifen sind schon von Hause aus für höhere Geschwindigkeiten zugelassen. Sie tragen mit Sommerprofil deshalb in der Regel die Kennbuchstaben »*SR*« und sind bis zu 180 km/h erlaubt, wie z. B. in der Größe 165 *SR* 14. Radialreifen für Geschwindigkeiten über 180 km/h sind dementsprechend mit den Buchstaben »*HR*« gekennzeichnet. An den Spitzengeschwindigkeiten gemessen, müßte demnach für die Modelle 2000 TI und tilux ein Gürtel-Reifen 175 SR 14 ausreichen, aber es ist kein brauchbarer Reifen dieser Ausführung im Angebot. Auch der schnelle 2002 TI braucht einen »HR«-Reifen.

Die Felgen-Abmessungen

Entsprechend den Reifengrößen findet man 13-Zoll-Felgen an den 1600-2, 1600 TI und 2002 oder 14-Zoll-Felgen an den älteren 1500, 1600 und allen größeren Modellen. Die Größenbezeichnungen der Felgen bedeuten:

4½, 5, 5½	=	Felgenmaulweite in Zoll, an der Felgenhorn-Basis quer zur Laufrichtung des Rades gemessen
J, JK	=	Formung des Felgenhornes nach Norm-Vorschrift
x	=	Zeichen für Tiefbett-Felge
13, 14	=	Felgendurchmesser von Wulst zu Wulst, in Zoll gemessen.

Diese Größenbezeichnungen sind ebenfalls Normbezeichnungen, allerdings betrifft diese Normung nur die für die Reifengröße wichtigen Felgenabmessungen, jedoch nicht die Art der Felgenbefestigung, die Zahl der Radmuttern, die sogenannte »Schüsseltiefe« der Felge usw. Deshalb lassen sich Felgen mit gleicher Norm-Bezeichnung, aber von anderer Automarke (z. B. vom Opel Admiral, der auch eine Felge 5 J x 14 wie der BMW 2000 hat) nicht an den BMW-Modellen montieren.

Fingerzeig: *In allen Auto-Zeitschriften werden besonders gern für die sportlichen BMW-Fahrzeuge Leichtmetall-Felgen mit rasantem sportlichem Look angeboten. Vorsicht! Manche im Ausland sehr leichtfertig hergestellten Felgen dieser Art entsprechen keineswegs den Festigkeitsanforderungen. Und nur wenige sind, was nicht vergessen werden darf, vom TÜV geprüft und freigegeben! Lassen Sie sich beim Kauf solcher teurer Scheiben (meist über 130 DM pro Stück) vom Verkäufer beweisen (die Ablichtung eines TÜV-Freigabebescheides muß er besitzen), daß diese Felge speziell für Ihr BMW-Modell wirklich freigegeben ist. Mündliche Beteuerungen gelten nichts — vor allem nicht bei der nächsten TÜV-Prüfung.*

Reifenabmessungen nach Normvorschrift

Zu den Reifengrößen finden sich in den Norm-Vorschriften noch einige Angaben, die einer Erklärung bedürfen. Sie sind beispielsweise bei der Eichung des Tachometers und dergleichen von Bedeutung.

Reifengröße	Gesamtdurchmesser mm	Reifenbreite mm	Halbmesser statisch mm	Halbmesser dynamisch mm	Abrollumfang mm
6.00 S 13	598	164	282	288	1827
165 SR 13	600	167	270	286	1795
165 HR 13	600	172	270	287	1800
6.00 — 14	626	156	294	309	1885
6.00 S 14	624	169	294	303	1903
6.45/165 S 14	625	172	290	299	1878
165 SR 14	622	172	284	300	1885
6.95/175 H 14	635	194	295	305	1915
175 HR 14	638	183	288	307	1920

Der Gesamtdurchmesser wird am liegenden und voll aufgepumpten Reifen gemessen. Der statische Halbmesser der übernächsten Spalte ist jedoch geringer als die Hälfte des Gesamtdurchmessers, denn er entspricht dem Abstand der Felgenmitte vom Boden beim stillstehenden Fahrzeug, wobei der Reifen vorschriftsmäßigen Luftdruck hat und der Wagen mit der höchstzulässigen Zuladung belastet ist. Da sich bei dieser Belastung der Reifen eindrückt (besonders stark drücken sich die Gürtel-Reifen wegen ihrer weichen Seitenflanken ein), muß der statische Halbmesser natürlich kleiner als der eigentliche Reifenhalbmesser sein.

Während der Fahrt ist jedoch weder der statische Halbmesser noch der ursprüngliche Halbmesser wirksam, denn durch Rollwiderstand, Rollwulstbildung und Verformung ändert sich auf völlig glatter Fläche der Abstand von Felgenmitte zum Boden wieder etwas. Dieser Abstand ist etwas größer als der statische Halbmesser (weil sich der Reifen aufbaucht), aber kleiner als der konstruktive Halbmesser. Er nennt sich dynamischer Halbmesser und wird, damit eine gleichartige Messung möglich ist, nach der Normvorschrift für 60 km/h festgelegt, denn bei höheren oder niederen Geschwindigkeiten wölbt sich der Reifen natürlich mehr oder weniger auf.

Dieser dynamische Halbmesser ist die Grundlage der Tacho-Eichung, die eine gewisse Voreilung haben darf und zumeist auch in der Praxis hat (siehe Kapitel »Prüfen ohne Werkzeug«). Da die Abmessungen unserer Tabelle für die neuen

Reifen gelten, ändert sich die Tachoanzeige bei zunehmendem Abrieb der Reifenlauffläche auch etwas: Das Tachometer zeigt bei abgefahrenen Reifen etwas mehr an, denn eine Radumdrehung, die es registriert, bedeutet weniger zurückgelegte Wegstrecke als beim neuen Reifen. Das gute Auto wird also nicht mit der Zeit schneller – das Tacho schwindelt dies nur vor – sondern die Reifen werden dünner. Deshalb ist es gut, von Zeit zu Zeit das Tachometer neu zu »eichen« (siehe Schluß des Kapitels »Prüfen ohne Werkzeug«), damit kein Zweifel besteht, was die Tachonadel zeigen darf, wenn beispielsweise die Innerortsgeschwindigkeit von 50 km/h nicht überschritten werden soll.

Reifendruck-Vorschriften

Pflegedienst Nr. 29

Bei zu geringem Luftdruck sinkt die Tragfähigkeit. Auch wenn man dadurch nicht gleich auf den Felgenkanten fährt, so liegt doch der Wagen bei zu geringem Luftdruck »schwammig« und unsicher auf der Straße, und außerdem geht zu geringer Luftdruck erheblich zu Lasten der Reifen-Lebensdauer.

Diagonal-Reifen

Belastung (Druck in atü)	1500 1600 1800		1600-2		1800 TI		2000 2000 TI 2000 tilux	
	v	h	v	h	v	h	v	h
bis 4 Personen	1,7	1,7	1,7	1,7	1,9	1,9	1,7	1,7
Vollbelastung	1,7	1,9	1,7	1,9	1,9	2,1	1,7	1,9

Gürtel-Reifen

Belastung (Druck in atü)	1500 1600 1800		1600-2 1600 TI 2002		1800 TI		2000 2000 TI 2000 tilux	
	v	h	v	h	v	h	v	h
bis 4 Personen	1,8	1,8	1,8	1,8	1,8	1,8	1,8	1,8
Vollbelastung	1,8	2,0	1,8	2,0	1,8	2,0	1,8	2,0

Bei Autobahnfahrt um 0,2 atü erhöhter Luftdruck empfohlen.

Diese unterschiedlichen Luftdruckempfehlungen bedeuten nun nicht, daß man bei anderer Belastung stets zur nächsten Tankstelle fährt und den Luftdruck um 0,1 atü herauf- oder heruntersetzen läßt, sondern der Luftdruck wird nach der hauptsächlichsten Inanspruchnahme gewählt, wobei es kein Fehler ist, wenn der höhere Luftdruck stets gefahren wird. Das hilft ein wenig, die Lebensdauer des Reifens zu verlängern, auch wenn man damit eine Spur unkomfortabler fährt als mit »weichem« Reifen. Bei flotter Autobahnfahrt bewirkt außerdem der um 0,2 atü erhöhte Luftdruck, daß der Wagen richtungsstabiler auf der Fahrbahn »liegt«, die Straßenlage wird also damit verbessert.

Kalte Luft ist maßgebend

Der Reifendruck wird stets am kalten Reifen gemessen. Da der Druck schon nach wenigen Kilometern zügiger Fahrt um 0,2 oder sogar 0,4 atü ansteigen kann, wäre es falsch, beim nächsten Halt an einer Tankstelle den Luftdruck entsprechend zu erniedrigen. Denn diese Druckerhöhung durch Erwärmung ist von den Reifenkonstrukteuren bereits einkalkuliert.

Wenn kein besonderer Verdacht auf mangelnden Luftdruck besteht, ist es keinesfalls notwendig, täglich den Luftdruck zu prüfen. Alle 1 oder 2 Wochen genügt es, denn ein moderner Reifen darf in 6 bis 8 Wochen nur etwa 0,1 atü verlieren. Schnellerer Druckverlust bedeutet einen Defekt. Das zu häufige

Richtiger Reifendruck ist für die lange Lebensdauer der Reifen von entscheidender Bedeutung. Trotzdem sollte man den Reifendruck nicht bei jedem Tankstellenbesuch messen lassen, sondern mit dem eigenen Luftdruckprüfer alle 1 bis 2 Wochen selbst kontrollieren. Luftdruckprüfer der hier gezeigten Art sind genügend meßgenau. Man kann sie bei einer gelegentlichen Auslandfahrt an einem dort üblichen (und wirklich meßgenauen!) Quecksilberssäulengerät prüfen und »eichen«.

Luftdruckprüfen an den Tankstellen hat sogar auf die Dauer einen Nachteil. Bei dieser Tankstellenprüfung wird jedesmal zuerst ein kleiner Luftstoß in den Reifen gegeben. Dadurch wird zwangsläufig Kondenswasserdunst, Schmutznebel und Öldunst aus dem Gerät in das Reifenventil gepreßt, wodurch auf die Dauer die Ventilnadel eine Schmutzkruste erhält und ihre Dichtfähigkeit nachläßt. Ein zu oft kontrollierter Reifen wird schließlich dauernd etwas Luft verlieren, ohne schadhaft zu sein.

Reifenzustand prüfen

Kontrolldienst Nr. 28

Es kann nicht schaden, öfter als im Pflegeplan vorgeschrieben nach dem Zustand der Reifen zu sehen. Dabei bohrt man mit einem kleinen Schraubenzieher Fremdkörper aus der Reifendecke und prüft nach, ob sie ernsthaften Schaden gestiftet haben. Im Vordergrund der Reifenprüfung steht natürlich die Beobachtung der Reifenabnutzung. Sie können sehr zufrieden sein, wenn alle Reifen über den gesamten Reifenumfang und über die gesamte Profilbreite gleichmäßig abgenutzt sind. Zeigt sich jedoch eine einseitige Abnutzung oder hat das Profil wellige Vertiefungen in regelmäßigen Abständen, dann ist am Fahrgestell oder am Rad selbst etwas faul.
Nur der wirkliche Fachmann kann an der ungleichen Reifenabnutzung sehen, ob es sich um zuviel oder zuwenig Luftdruck, um unausgewuchtete Räder, um unwirksame Stoßdämpfer, um ausgeschlagene Gelenke, um Fehler in Vorspur oder Radsturz handelt. Alle diese zahlreichen Fehlerquellen hinterlassen nämlich ihre individuellen Spuren auf dem Reifenprofil. Der Weg sollte dann bald zur Vertragswerkstatt führen. Unter Umständen muß die betreffende Achse vermessen werden, und das ist mit eigenen Hilfsmitteln ja nicht möglich.

Hier wird der Wert des richtigen Reifendruckes durch den »Abdruck« gezeigt. Links fehlt es an Luft: Die Reifenmitte wölbt sich nach innen, walkt zu stark und die Reifenschultern werden vorzeitig verschlissen. In der Mitte stimmt der Luftdruck: Gleichmäßige Abnutzung über die ganze Reifenbreite. Rechts zu hoher Luftdruck: Der stark gewölbte Reifen berührt nur in der Mitte die Fahrbahn, das bewirkt vorzeitigen Verschleiß der Profilmitte.

Wenn aus einem Reifen Luft entweicht, muß nicht gleich ein Loch schuld daran sein. Es kann auch am Ventil liegen. Man versucht es deshalb zuerst mit Spucke auf dem Ventil. Treibt es, wie auf unserem Bild, eine kleine Blase, ist das Ventil undicht. Eine neue Ventilnadel muß eingesetzt werden.

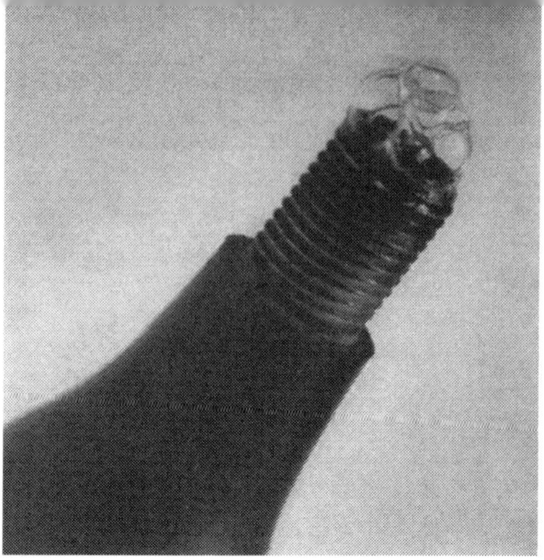

Räder nicht austauschen

Vom regelmäßigen Reihum-Austauschen der Räder, wie es BMW früher empfahl, halten wir nichts. Durch das Auswechseln der Räder bei jedem Wartungsdienst werden nämlich Fehler der Lenkung, Stoßdämpfer, Gelenke usw. verschleiert. Bestimmte Fehlerquellen haben dann nicht genügend Zeit, ihre Kennmarken auf dem Reifenprofil zu hinterlassen. Lassen sich solche »Kennmarken« feststellen, muß natürlich bald für Abhilfe gesorgt werden. Nach der Instandsetzung ist allerdings ein seitengleicher Wechsel der Räder zur Nachkontrolle empfehlenswert.

Der Radwechsel

Nicht mit einem Plattfuß weiterfahren, das ruiniert den vielleicht noch guten Reifen nach wenigen hundert Metern. Er ist dann im Gewebe so verwalkt, daß er sich nicht mehr reparieren läßt: Man muß also in den sauren Apfel beißen und das Rad sofort wechseln. – So geht es am besten:

- Handbremse festziehen.
- Räder der anderen Wagenseite mit Steinen oder Holz blockieren.
- Radkappe mit dem Winkelhebel der Radmutterkurbel abdrücken und mit der Hand auffangen. Radmuttern etwas lockern (siehe Bild rechts oben).
- Wagenheber in die Wagenheberpfanne neben dem betreffenden Rad unter der Wagenseite einsetzen (siehe Bild Seite 28).
- Ersatzrad bereitlegen.
- Fahrzeug hochkurbeln, bis sich das Rad vom Boden abhebt.
- Radmuttern abschrauben.
- Rad abnehmen und auswechseln.
- Radmuttern anschrauben (abgeschrägte Seite zum Rad), aber noch nicht festziehen. Wagen ablassen.
- Radmuttern über Kreuz fest anziehen und Radkappe aufsetzen.
- Defektes Rad und Wagenheber verstauen.

Nicht vergessen: Nach etwa 100 km Fahrt noch einmal die Radmuttern kontrollieren! Auch wenn Tankstelle oder Werkstatt das Rad montiert haben.

Die Reifenreparatur

Der defekte Reifen sollte schon an der nächsten Tankstelle repariert werden. Sonst hat man, wenn es der Teufel will, einen zweiten Platten und kein Ersatzrad. Die Reparatur eines schlauchlosen Diagonal- oder Textilgürtelreifens, an dem sich der Anlaß der Plattheit erkennen läßt – ein eingedrungener Nagel etwa –, ist eine Arbeit von nur wenigen Minuten: Das Einstichloch wird auf-

Reifenpannen kommen — Gott sei Dank! — recht selten vor und in den Werkstätten werden die Radmuttern gerne mit sogenannten Schlagschraubern festgedreht. Ergebnis: Die Radmuttern sitzen bombenfest, wenn man sie lösen will. Die Radmutterkurbel ist zu kurz zum wirkungsvollen Lösen. Da kann man sich mit dem BMW-Wagenheber als Hebelverlängerung helfen. Handbremse anziehen, sonst rollt das ganze Auto weg. Erstes Lockern der Radmuttern geht am besten mit wippendem Rucken des Wagenheberhebels.

gebohrt, gereinigt, mit Vulkanisierlösung eingerieben und ein Gummi-Pilz eingeführt, der sich im Reifen spreizt und das Loch dicht verschließt. Man kann eine solche Reparatur auch selbst machen. Den entsprechenden Reparatursatz gibt es beispielsweise von Tip-Top. Die eigenhändige Reparatur hat allerdings nur dann Sinn, wenn man eine Luftpumpe zur Hand hat.

Bei einem schlauchlosen Stahlgürtelreifen kann man leider keinen Reparaturstopfen einsetzen, denn die Cordfäden des Stahlgürtels würden den Stopfen anschließend beim Fahren zerscheuern.

Ist das Loch in der Lauffläche (Reparaturen der Seitenwand sind nicht zu empfehlen) nicht größer als 5 bis 6 mm, kann man sich mit einem einfachen Flickzeug zur Reparatur von Autoschläuchen behelfen (vor allem bei Auslandsreisen). Den beschädigten Reifen von der Felge abnehmen, eingedrungenen Fremdkörper entfernen und innen in den Reifen an der Schadensstelle einen Schlauchflicken einsetzen. Diese Reparatur hält tausende von Kilometern. Zu Hause muß man dann den Reifen vom Fachmann vulkanisieren lassen; entsprechende Reparatursätze zum Selbermachen gibt es leider nicht.

Und wenn der Reifen also montiert werden muß? Dann werden als Werkzeug zwei möglichst lange Montiereisen mit abgerundeten Kanten ohne jeden scharfen Grat benötigt. Der Reifen will sich oft nur schwer von der Felge trennen, wenn er nicht mit einigen Metern platter Fahrt heruntergewalkt wurde. Man legt ihn deshalb auf den möglichst sauberen Boden – sauber, damit kein Schmutz, Kies und Sand mit einmontiert wird! — und tritt mit den Absätzen möglichst dicht am Felgenhorn auf die Reifenwand. Bei lang montierten Reifen hilft nur festes Draufspringen oder die im obigen Bild gezeigte Roßkur, bis sich der Reifenwulst vom Felgenhorn löst.

Beim Montieren eines neuen Reifens muß der rote oder blaue Punkt auf der einen Reifenseite direkt an das Ventil zu liegen kommen. Der Punkt bezeichnet die leichteste Stelle des Reifens, die durch das Gewicht des Ventils wieder ausgeglichen werden soll. Der zu montierende Reifen rutscht leichter über das Felgenhorn, wenn er am Wulst eingeseift wird. Die Seife bewirkt allerdings mit der Zeit Rostansatz am Felgenhorn.

Einen frisch montierten schlauchlosen Reifen kann man mit einer Handpumpe nicht aufpumpen. Er braucht, um in die richtige Lage zu springen und dadurch abzudichten, einen Luftstoß von etwa 4 atü. Den hat nur die Tankstelle oder Werkstatt mit dem Kompressorkessel verfügbar. Man kann sich allerdings, wenn man eine kräftige Fuß-Luftpumpe und ein Seil zur Hand hat, so helfen: Das Seil (Abschleppseil!) wird mehrmals um den Reifen entlang der Lauf-

Läßt sich der Wulst eines defekten Reifens gar nicht vom Felgenhorn lösen, weil er dort in langer Fahrzeit festgeklebt oder durch Rostansatz »festgebacken« ist, bedarf es dieser Roßkur: Man fährt mit dem Hinterrad seines BMW »tangential« über die Reifendecke, aber erstens nicht dort, wo das Ventil sitzt und zweitens nur so knapp, daß die Außenkante des Hinterradreifens nicht die Felge berührt. Das Gewicht des Wagens wird den Reifen von der Felge zwingen.

fläche geschlungen, am Ende verknüpft und ein Montiereisen oder Holzknüppel als Knebel eingedreht. Wenn man damit das Seil sehr straff anspannt, drückt es die Reifenlauffläche zusammen und spreizt dadurch die Reifenwulste in die Felgenhörner. Dann kann der Reifen schon so dicht sitzen, daß er auch zu Anfang keine Luft mehr seitlich entweichen läßt.

Schlauchlose Reifen oder Reifen mit Schlauch?

Die herkömmlichen Diagonalreifen wurden bei BMW immer in schlauchloser Ausführung verwendet, aber mit schlauchlosen Gürtelreifen konnten sich die Münchener Techniker lange nicht anfreunden, da man deren Zuverlässigkeit anzweifelte. Für die schnellen BMW-Versionen sind daher auch weiterhin grundsätzlich Gürtelreifen mit Schlauch vorgeschrieben. Für schlauchlose Gürtelreifen sind spezielle Doppel-Hump-Felgen (siehe Zeichnung unten) erforderlich, die der 1800er erst ab August 1968 erhielt, während die Zweitürer und der 2000 seit Serienbeginn damit ausgerüstet waren.

Nach wie vor mit Schlauch montiert werden müssen die Gürtelreifen beim 1500, 1600 Viertürer, 1800 bis Baujahr Juli 1968, 1800 TI, 2000 TI, 2000 tilux und 2002 TI.

Schlauchlose Gürtelreifen sind zulässig am 1800 ab Baujahr August 1968 sowie bei allen 1600-2, 1600 TI, 2002 und 2000. Vor der Montage neuer Reifen sollten Sie den Monteur nochmals kontrollieren lassen, ob Ihr BMW tatsächlich die für schlauchlose Gürtelreifen notwendigen Doppel-Hump-Felgen besitzt. Es könnte ja sein, daß nach einem Unfall eine beschädigte Felge durch eine andere ohne »Hump« ausgetauscht wurde.

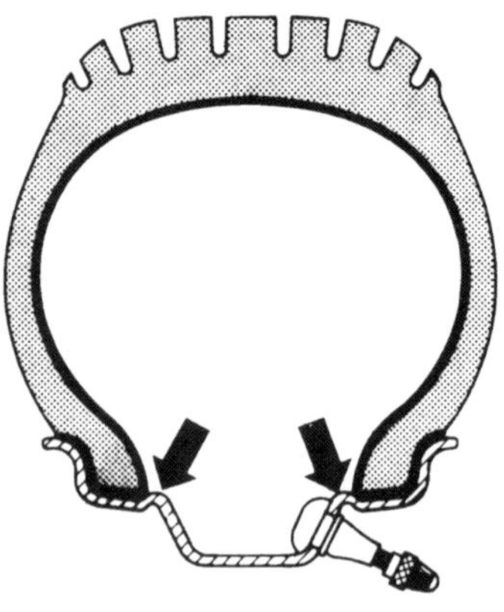

Für die Montage schlauchloser Gürtelreifen ist eine sogenannte Doppel-Hump-Felge erforderlich. Sie besitzt auf beiden Seiten einen kleinen Höcker (Pfeile), die verhindern, daß der Reifen bei starker Seitenbeanspruchung (etwa Kurvenfahrt mit geringem Luftdruck) in das Felgenbett gleiten kann. Die Eindrückung läßt sich von außen fühlen. Da es für unsere BMW-Modelle auch Felgen ohne »Hump« gibt, muß man vor der Montage schlauchloser Gürtelreifen erst nachsehen, ob die erforderlichen Höcker auch vorhanden sind.

Bei BMW ist man auch nicht mit jedem Schlauchventil einverstanden, das an Reifenschläuchen zu finden ist. Man lehnt nicht nur Gummiventile ab, weil diese eventuell ausreißen könnten, sondern fordert zu einem verschraubten Metallschlauchventil (Typ 40G DIN 7771) noch eine besondere Entlüftungsscheibe, die, auf das Ventil bis zu seinem Fuß aufgeschraubt, von der Felgeninnenseite her gegen das Ventilloch zu liegen kommt. Diese Entlüftungsscheibe hat dafür zu sorgen, daß Luft, die beim Aufpumpen des Reifens zwischen Schlauch und Reifendecke eingeklemmt wird, entweichen kann. Bleiben nämlich Luftkissen beim Aufpumpen zwischen Schlauch und Decke, wandern diese während der Fahrt, bringen Schlauch und Decke gegeneinander stark zum Walken und dadurch zu starker Erhitzung, die einen Reifenplatzer zur Folge haben kann. Das verhindert die Entlüftungsscheibe, die bei BMW zur serienmäßigen Ausstattung mit Gürtelreifen gehört und auf den nächsten Schlauch übernommen werden muß, wenn sie dort fehlt.

Fingerzeig: *Die bekannte Streitfrage, ob die besseren Reifen auf die Vorder- oder auf die Hinterachse montiert werden sollen, beantwortet BMW für seine Wagen mit der Empfehlung, die besseren Reifen vorne zu montieren. Beitrag zu diesem immergrünen Diskussionsthema: Es gibt keine für alle Autos gültige Antwort, es kommt auf die Antriebsart und die speziellen Fahreigenschaften der einzelnen Modelle an. Für BMW gilt jedenfalls obige Empfehlung.*

Räder auswuchten

Gelegentlich überholt man andere Fahrzeuge, an denen ein Rad oder mehrere ständig wackeln oder springen. Das kann seine Ursache an einem defekten Stoßdämpfer haben. Sehr oft liegt es jedoch an ungleicher Gewichtsverteilung am betreffenden Rad. Diese ungleichmäßige Gewichtsverteilung nennt man Unwucht, die unsere umseitige Skizze erläutert.
Um die Räder auszuwuchten, können sie vom Fahrzeug abmontiert und auf einer besonderen Auswuchtmaschine zu gleichmäßigem Lauf gebracht werden. Das empfiehlt sich beispielsweise für das Reserverad.
Um ein wirkliches Feinauswuchten zu erreichen, wie es bei schnellen Personenwagen durchaus wünschenswert ist, empfiehlt BMW das Auswuchten direkt am Fahrzeug mit elektronischen Auswuchtgeräten. Dadurch wird auch eine evtl. Unwucht der Radnabe, der Bremsscheibe bzw. der Bremstrommel ausgeglichen. Bei diesem elektronischen Auswuchtverfahren am Fahrzeug werden die Vorderräder durch einen Elektromotor mit Reibrad in die notwendig schnelle Drehung gebracht. Und zwar müssen bei diesem Auswuchten die Vorderräder je einmal vorwärts und einmal rückwärts beschleunigt werden. Erst aus diesen beiden Meßergebnissen ist die »Ausgleichrichtung« zu ermitteln.
Die Hinterräder dürfen zum Auswuchten am Fahrzeug jedoch nicht mit diesem Elektromotor angetrieben werden, da das Hinterachsgetriebe diese einseitige Beschleunigung nicht verträgt. Zum Auswuchten der Hinterräder muß deshalb der Motor in Gang gesetzt werden und dieser hat am hinten aufgebockten Fahrzeug die Räder im vierten Gang in einer Geschwindigkeit von 90 km/h anzutreiben.
Das elektronische Auswuchtverfahren am Fahrzeug hat allerdings den Nachteil, daß die solcherart ausgewuchteten Räder an einer anderen Achse oder Fahrzeugseite nach dem Auswechseln nicht mehr stimmen können und neu ausgewuchtet werden müssen. Auch dies ist ein Grund, weshalb wir den regelmäßigen Austausch der Räder nicht empfehlen möchten.

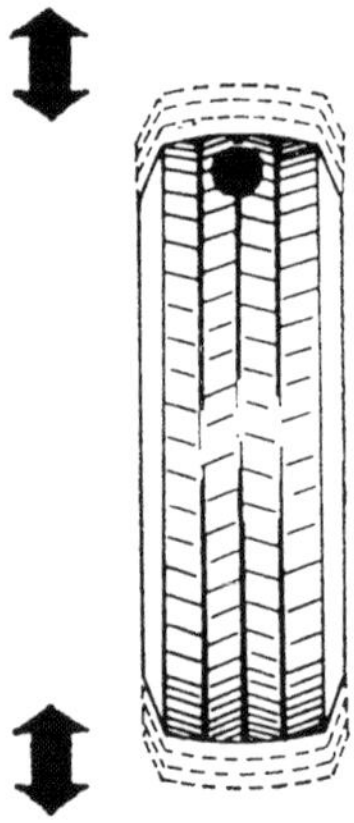

Unsere Skizze erläutert die Auswirkungen der Unwucht:
Die **statische** Unwucht erkennt man, wenn ein freihängendes, drehendes Rad immer mit der gleichen Stelle zu Boden sinkt und sich allmählich auspendelt. Folge: Das Rad hüpft während der Fahrt.

Die **dynamische** Unwucht ist durch Auspendeln des Rades nicht zu erkennen, denn sie liegt irgendwie schräg zur Radachse, so daß das schnellaufende Rad flattert und wackelt. Unausgewuchtete Räder führen zu schnellem Reifenverschleiß, unruhiger Lenkung und vorzeitiger Abnutzung der Radlager.

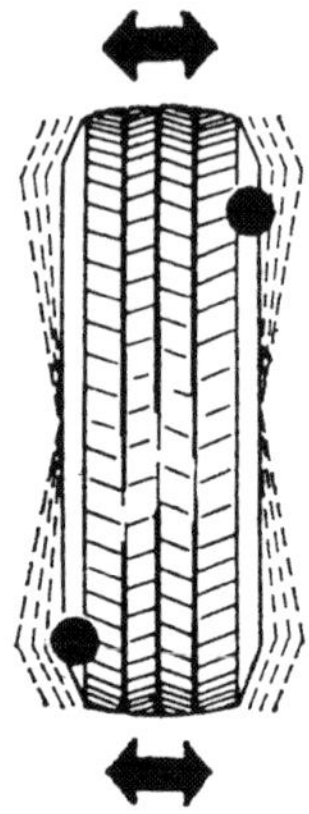

Auswuchtprobleme

Gelegentlich machen Gürtelreifen beim Auswuchten praktisch unüberwindbare Schwierigkeiten. Ihre Herstellung ist nicht so einfach, wie die der konventionellen Diagonal-Reifen, sondern sie erfordert besonders hohe handwerkliche Fähigkeiten der »Reifenbauer«. Trotzdem kann der Gürtelreifen durch ungleichmäßige Elastizität der Lauffläche oder Reifenseitenwände bei höherer Geschwindigkeit ungleichmäßig auf der Fahrbahn abrollen, was sich durch Auswuchten nicht beheben läßt. Falls ein solcher Gürtelreifen auch nach besten Bemühungen der Fachwerkstatt nicht zur Laufruhe zu bringen ist, sollten Sie ihn bei der Niederlassung des betreffenden Reifenherstellers reklamieren und Ersatzlieferung verlangen.

Die Notwendigkeit des Auswuchtens oder des Nachwuchtens läßt sich mit feinem Fingerspitzengefühl am Vibrieren des Lenkrades erkennen. Es hat übrigens keinen Sinn, dieses Vibrieren des Lenkrades durch einen Lenkungsdämpfer beseitigen zu wollen, denn dieser wirkt sich auf die kleinen Reifenvibrationen nicht aus, sondern er ist nur für die groben Ausschläge gedacht, die schlechte Fahrbahnen bewirken.

Das Vibrieren des Lenkrades wird übrigens nicht bei allen Geschwindigkeiten des Wagens auftreten, sondern nur in bestimmten Geschwindigkeitsbereichen, woraus sich überdies noch mit ziemlicher Sicherheit ermitteln läßt, ob es sich um eine Unwucht der Vorderräder oder der Hinterräder handelt. Bei unseren BMW-Modellen hat man jedenfalls die Erfahrung gemacht, daß bei einem Geschwindigkeitsbereich zwischen 70 und 90 km/h die feinen Schwingungen des Lenkrades auf die Vorderräder und bei einer Geschwindigkeit von 130 bis 150 km/h auf die Hinterräder hinweisen. Um welche Fahrzeugseite und um welches Rad es sich dann im einzelnen handelt, läßt sich allerdings nur mit Hilfe der Auswuchtmaschine ermitteln.

Wenn die Räder nachgewuchtet werden sollen, reißen manche Mechaniker gerne zuerst die angebrachten Ausgleichsgewichte ab und fangen dann von vorne mit dem Auswuchten an. Sie sollten verlangen, daß das Rad erst einmal zur Probe läuft. Vielleicht ist die Auswuchtung noch einwandfrei und kann sowohl in finanzieller wie in zeitlicher Hinsicht gespart werden.

Wenn ein Reifen geflickt und dabei neu montiert werden mußte, sind jedoch unbedingt sämtliche Auswuchtgewichte von der Felge abzunehmen, denn sie können ja nicht mehr stimmen. Das ist besonders wichtig, wenn das Rad nicht sofort nach der Reparatur neu ausgewuchtet werden kann. Es soll dadurch vermieden werden, daß sich unter ungünstigen Umständen zu einer schon im Reifen oder in der Felge vorhandenen Unwucht ein falsch angebrachtes Auswuchtgewicht noch hinzuaddiert und die Unwucht noch vermehrt.

Reifliche Überlegungen

Wenn es unter Autofahrern ausgesprochene »Reifenfans« gibt, dann sind sicherlich nicht wenige von ihnen BMW-Besitzer. Bei ihnen werden Reifen so lebhaft und ausführlich diskutiert, wie unter Landwirten die Schlachtviehpreise. Das ist auch weiter kein Wunder bei diesen Wagen, deren Straßenlage eine richtige Reifenwahl erst die letzte Feinheit gibt. Trotzdem – oder vielleicht gerade deshalb – müssen sich die Experten der BMW-Reifenversuchsabteilung nicht selten die Haare raufen, auf welchen Riesenschwarten BMW-Fahrer da einhergerollt kommen oder was sie alles zu montieren beabsichtigen. Das kann oft nicht dick und Gürtelreifen genug sein.
Nun ist aber BMW – neben Daimler-Benz und Porsche – eine der 3 deutschen Autofirmen, die eine wirklich allgemein anerkannte eigene Reifenversuchsabteilung mit reichem Erfahrungsschatz haben. Und diesen Erfahrungsschatz sollte man sich als BMW-Besitzer zu Nutze machen. Man ist da besser dran als manche Fahrer anderer Marken. Schließlich müssen ja Autoreifen nicht von heute auf morgen gekauft werden, wenn es nicht gerade einen Reifenplatzer oder sonst ein außergewöhnliches Ereignis mit den Reifen gegeben hat. In der Regel kann man nämlich von Monat zu Monat geruhsam beobachten, wie sich die Profiltiefe der Reifen der amtlich vorgeschriebenen 1-mm-Mindestgrenze nähert und dementsprechend überlegt seine Reifenwahl treffen. Die Auswahl ist nicht klein, denn außer den verschiedenen Reifenmarken gibt es eine Reihe unterschiedlicher Reifentypen, die für diese oder jene Beanspruchung besonders geeignet und daher näherer Betrachtung wert sind. Es sind dies:

- Diagonal-Sommerreifen
- Diagonal-M + S-Reifen
- Radial-Sommerreifen
- Radial-M + S-Reifen

Wie lange müssen Reifen halten?

Bei dieser Gelegenheit wollen Sie sicher wissen, ob die Reifen der Erstausstattung eigentlich lange genug gehalten haben. Diese Frage ist jedoch keineswegs einfach mit einer Kilometerstrecke zu beantworten, denn zu viele Einzelheiten wirken dabei mit. Bei Reifen gleichen Typs spielen übrigens die Unterschiede von Marke zu Marke längst keine so große Rolle, wie die Einwirkungen des Fahrwerks und vor allem die Sorgfalt des Fahrers. Wer mit allem Dampf um die Kurven fegt, Gas- und Bremspedal stets bis zum Bodenbrett durchtritt, braucht sich nicht zu wundern, wenn abgeriebene Gummikrümel seine Fahrspur markieren. Noch stärker wirkt sich erhöhter Reifenverschleiß durch zu niedrigen Luftdruck aus. Auch die Außentemperatur macht sich beim Reifenabrieb bemerkbar: Im Hochsommer können durch scharfe Fahrt heiß gefahrene Reifen viermal so schnell verschleißen als in gemächlicher Fahrt bei Frostwetter. Schließlich müssen, wie bereits im vorhergehenden Kapitel erwähnt, Lenkung, Stoßdämpfer, Sturz, Spur und Nachlauf der Räder in Ordnung sein. Fehler in dieser Beziehung sind am außergewöhnlichen und einseitigen Reifenverschleiß vom Fachmann zu erkennen.

Unterschiedliche Kilometerleistungen erbringen auch die verschiedenen Reifentypen. Am schnellsten verschlissen sind die M+S-Reifen, deren dicke und große Stollen verhältnismäßig bald verschlissen sind, trotz der abriebgünstigen Jahreszeit, in der sie gefahren werden. Die durchschnittlichsten Kilometerleistungen zeigen die serienmäßig montierten Diagonal-Reifen. Da gibt es, wie wir hören, BMW-Besitzer, die bereits nach 8000 km zu neuen Reifen greifen müssen, wogegen es andere mit den gleichen Reifen auf 35 000 km oder noch mehr bringen. Das ist also eine weite Spanne, die mehr im Fahrer als in der Marke ihre Ursache hat. An dieser Stelle muß aber unmißverständlich darauf hingewiesen werden, daß sich die Qualität eines Reifens nicht nur durch seine Kilometerleistung bemerkbar macht. Ein abriebfester Reifengummi ist oftmals »hart« und dadurch in seiner Straßenhaftfähigkeit geringer. Diese ist jedoch beim Kurvenfahren und beim Bremsen, vor allem auf nasser Fahrbahn, von ganz besonderer Bedeutung. Da ist ein »weicher« Gummi besser, der aber andererseits nicht so abriebfest ist.

Fingerzeig: *Auch Reifen müssen eingefahren werden! Neue Reifen haben vom Vulkanisieren her eine sehr glatte Profilfläche, die leicht zu einem Rutscher führen kann. Erst wenn neue Reifen von etwa 500 bis 1000 km Fahrt etwas aufgerauht wurden, sind sie wirklich rutschfest.*

Der Reifenverschleiß ist sehr temperaturabhängig und im kalten Winter wesentlich geringer als im Hochsommer. Deshalb werden für spezielle Winterreifen, wie z. B. die modernen Haftreifen, nicht so abriebfeste Gummimischungen genommen, die dafür aber wesentlich griffiger sind. Dieser unterschiedliche Reifenverschleiß ergibt aber auch die Empfehlung, neue Reifen am besten im Herbst zu montieren, denn die neuen Reifen mit dem noch sehr dicken Reifenprofil werden durch die Walkbewegungen der Reifen wärmer als abgefahrene und erhalten bei herbstlichen Temperaturen eine bessere und reifenschonendere Kühlung.

Umrüsten auf andere Reifengröße?

Da wegen der gleichartigen Befestigung alle unterschiedlich großen BMW-Felgen an allen BMW-Typen angeschraubt werden können – womit die Frage vollkommen offen bleibt, ob sie auch an das betreffende Fahrzeug passen –, könnte man versucht sein, beim Reifenersatz einen größeren Reifen zu montieren. Wir halten – von ausgesprochener Sportfahrerei vielleicht abgesehen – nicht viel davon. Einen breiteren Reifen auf die serienmäßige Felge zu montieren, zwängt diesen zusammen und vergrößert daher nur selten die erstrebte größere Auflagefläche auf der Fahrbahn. Dafür wird die stärker hochgewölbte Profilmitte schneller verschlissen. Außerdem erhebt sich die Frage, ob der dikkere Reifen – das gilt auch für die eventuell größer gewählte Felge – ohne Anscheuern in den Radkasten paßt. So kann beispielsweise die 5 Zoll breite 14-Zoll-Felge nicht am älteren 1500 montiert werden, da das Rad am Spurstangenkopf scheuert. Auch Bremsleitungen können durch dickere Reifen und größere Felgen gefährdet sein. Einzig BMW-offizielles Zugeständnis macht man der 5 Zoll breiten Felge, die anstelle der 4½ Zoll breiten auf den 1800 (beim 1800 TI ist sie serienmäßig) montiert werden kann. Schließlich ist auch noch der TÜV zu beachten, der größere Reifen nur selten mag, obgleich im Kraftfahrzeugschein das Wort »Mindestgröße« scheinbar Freiheit »nach oben« gibt. Dem ist nicht so. Denn der größere Reifen hat in der Regel auch einen größeren Abrollumfang, was die Tachoanzeige verändert, womit man beim TÜV — ebenso wie mit der möglichen Scheuergefahr — keinesfalls einverstanden sein kann.

Ohne jede Beanstandung und Rückfrage beim Werk läßt der TÜV lediglich jene Radialreifengrößen durch, die in unserer Tabelle auf Seite 196 anstelle der serienmäßigen Diagonalreifen aufgeführt sind.

Diagonal-Reifen

Die Standard-Reifen der Reifenhersteller sind noch die konventionellen Diagonal-Reifen (Erklärung S. 197), die auch bis Sommer 1970 zur Grundausstattung der meisten BMW-Modelle gehörten. Wer also seinen BMW schon vom Werk mit Gürtelreifen ausgerüstet erhielt (auch vor Sommer 1970), sollte beim Ersatzkauf nicht mehr an Diagonal-Reifen denken, denn die Stoßdämpferausstattung seines Fahrzeugs ist bevorzugt auf Gürtelreifen abgestimmt.
Welche Reifengröße der Diagonalbauweise jeweils an die älteren BMW-Modelle paßt, ist der Tabelle auf Seite 196 zu entnehmen. Wichtig ist dabei auch die Geschwindigkeitszulassung »S« oder »H« für die einzelnen Modelle. Einen Hochgeschwindigkeitsreifen (Kennzeichen: »H«) zu montieren, wenn er für das betreffende Fahrzeug nicht verlangt wird, hat keinen Sinn, denn der jeweils »schnellere« Reifen ist nicht nur teurer, sondern auch abrollhärter, was den Fahrkomfort keineswegs verbessert. Eine größere Geschwindigkeit bringt er trotzdem nicht.

Welche Reifen sind »freigegeben«?

Wenn wir zu Anfang des Kapitels sagten, man solle sich den Erfahrungsschatz der BMW-Reifenversuchsabteilung zunutze machen, so ist hier die erste Gelegenheit. Denn in München werden alle nur in Betracht kommenden Reifen erprobt und in Verlautbarungen an die Vertragswerkstätten »freigegeben«. Man muß sich nicht daran halten, aber man kann. Und sicherlich nicht zu seinem Schaden. Denn diese »Freigabe« erfolgt nicht nach kaufmännischen Beziehungen zwischen BMW und den verschiedenen Reifenherstellern – davon wird nur die Erstausrüstung beeinflußt –, sondern hierbei geht es allein nach fachlicher Erprobung auf Zuverlässigkeit. Die nachfolgende Aufstellung umfaßt nur die freigegebenen Diagonalreifen (Stand Sommer 1972) in der zum jeweils genannten BMW-Modell passenden Größe (Tabelle Seite 196). Die Reihenfolge der Fabrikate ist alphabetisch und stellt kein Bewertungsurteil dar.

Fahrzeugtyp	1600-2	1500, 1600-4, 1800, 1800 A, 1800 TI bis '69	1800/69, 1800 A/69, 2000, 2000A, 2000/69, 2000A/69	2000 TI, tilux
Reifenfabrikat	Continental Record Firestone-Phoenix Fulda Diadem Goodyear G 8 Metzeler Uniroyal 33 Vredestein V 83	Continental Record Dunlop B 7 Fulda Diadem Metzeler Semperit FAV Uniroyal 33 Veith-Pirelli Vredestein V 83	Continental Record Fulda Diadem Goodyear G 8 Metzeler PV 21 Uniroyal 33 Veith-Pirelli W 1	Continental Super Record Dunlop C 41 Fulda Diadem Goodyear G 8 Metzeler PV 21 Vredestein V 83

Gürtel-Reifen

Die Unterschiede der Gürtelreifen in Aufbau und Fahreigenschaften haben wir im Vergleich zu den Diagonal-Reifen bereits im Kapitel „Räder und Reifen“ auf Seite 197 erläutert. BMW-Fahrer bestellten diese besseren Radial-Reifen, wie die Gürtel-Reifen auch genannt werden, zunehmend zusammen mit dem neuen Wagen, so daß sie bei BMW seit Sommer 1970 ausschließlich montiert werden.

Welche Gürtelreifengröße jeweils montiert werden kann, ist aus der Tabelle auf Seite 196 ersichtlich. Fahrer, die auf besonders hohen Fahrkomfort Wert legen, sind allerdings nach einer Umrüstung auf Gürtelreifen bei den BMW bis zum Baujahr 1966 nicht immer ganz glücklich, denn stärkeres Abrollgeräusch und Poltern der Reifen bei niederen Geschwindigkeiten kann bei diesen Wagen noch auftreten. Durch entsprechende Abstimmungsfortschritte zwischen Fahrwerk und Gürtelreifen konnte ab Baujahr 1966 der Fahrkomfort verbessert werden.

Welche Gürtelreifen sind »freigegeben«?

Unter der nachfolgenden Aufstellung der von BMW freigegebenen Gürtelreifen wird man das eine oder andere bekannte Fabrikat vielleicht vermissen. Das spricht nicht ohne weiteres gegen den betreffenden Reifen, sondern bedeutet lediglich, daß er nicht recht zu den BMW-Wagen paßt. Das trifft beispielsweise für den bekannten Michelin-zX-Reifen zu. Dagegen ist der im Aufbau asymmetrische Michelin-XAS-Reifen bei BMW-Fahrern ganz besonders beliebt.

Fahrzeugtyp	1500, 1600, 1800, A, TI 2000, 2000 A	1600-2, 1600 TI, 2002 2002 A	2002 TI	2000 TI, tilux, tii
Reifenfabrikat (ohne Werturteil in alphabetischer Reihenfolge)	Continental TT 714 Dunlop CB 57 Goodyear G 800 Metzeler Monza Michelin XAS Phoenix P 110 Phoenix P 110 TI Uniroyal Rallye 180	Continental TT 714 Dunlop CB 57 Goodrich GT 100 Goodyear G 800 Metzeler Monza Michelin XAS Phoenix P 110 Phoenix P 110 Ti Uniroyal Rallye 180 Veith-Pirelli CF 67	Continental TT 714 Michelin XAS	Continental TT 714 Dunlop CB 57 F Phoenix Senator Metzeler Monza Michelin XAS

M + S-Reifen

Im Winterkapitel ab Seite 228 finden Sie erläutert, weshalb die M+S-Diagonal-Reifen für heutige mitteleuropäische Straßenverhältnisse wenig Sinn haben. Da hier der Schnee zumeist festgefahren oder vereist ist, schaden sie durch ihren längeren Bremsweg und ihre sogar den Sommer-Reifen unterlegene Fahrbahnhaftung mehr als sie nützen. Wir können sie deshalb nicht mehr empfehlen, zumal der Preisunterschied zu den wesentlich wirkungsvolleren M+S-Gürtelreifen nicht sehr groß ist.

Geschwindigkeitsbegrenzung für Winterreifen

M+S-Reifen dürfen — wie alle Winterreifen — wegen ihrer schlechteren Fahreigenschaften auf nasser und trockener Straße nicht so schnell wie Normalreifen gefahren werden. Für M+S-Reifen in der 13"- und 14"-Größe gelten 150 km/h Höchstgeschwindigkeit. Diese Geschwindigkeitsbegrenzung ist auch der Grund, weshalb es keine M+S-Reifen in »S«- oder »H«-Ausführung gibt. Es hat sich bewährt, M+S-Reifen mit einem um 0,2 atü erhöhten Luftdruck zu fahren. Wie bei Diagonal-Reifen sind die Preise der M+S-Reifen einheitlich: Diese M+S-Reifen in konventioneller Bauweise sind ebenfalls schlauchlos wie die Diagonal-Reifen. Da die M+S-Reifen nicht mit hohen Geschwindigkeiten belastet werden dürfen, hat BMW auf die Freigabe bestimmter Winterreifen-Fabrikate verzichtet. Man kann also in diesem Falle unbesorgt kaufen, was in der richtigen Reifengröße angeboten wird.

M + S-Gürtelreifen

M+S-Reifen mit grobstolligem Blockprofil gibt es auch in der Gürtel-Reifenbauweise für alle an den BMW-Modellen gängigen Größen. Sie sind wegen ihrer nichtwalkenden Lauffläche wirkungsvoller als die M+S-Reifen in der Diagonal-Bauweise.

M+S-Gürtelreifen sollen möglichst an allen 4 Rädern montiert sein. Werden als Behelfslösung nur die Hinterräder damit ausgestattet, müssen auch die Vorderräder unbedingt mit Gürtelreifen, wenn auch nur mit Sommerprofil, bestückt sein: Bei den M+S-Reifen in Gürtelbauweise gibt es nur die Bezeichnung »SR«, obgleich sie nicht schneller als 160 km/h gefahren werden dürfen.

M+S-Haftreifen

Die sogenannten Haftreifen unterscheiden sich von den herkömmlichen Wintergürtelreifen nicht nur durch eine spezielle Laufflächenmischung, sondern oft auch durch ihre Profilgestaltung. Sie sind als Nachfolger der in Verruf geratenen Spikes-Reifen anzusehen, aber unter bestimmten Bedingungen können sie die Nagelreifen nicht ersetzen: Bei Temperaturen um den Gefrierpunkt bildet sich auf dem Eis beim Darüberrollen ein Wasserfilm, der die Haftfähigkeit der Reifen stark herabsetzt. Dagegen sind nur Spikes-Reifen eine wirksame Waffe. Mit sinkenden Temperaturen erhöht sich die Haftfähigkeit der Haftreifen und übertrifft unter etwa —5° C sogar die Eisreifen. Das Angebot an Haftreifen wird laufend erweitert, hierzu zählen z. B. der Conti TS M+S Contact, der Dunlop SP Icegrip, der Firestone T+C AS-1, der Fulda Kristall Winter, der Goodyear G 800 S Ultra Grip, der Metzeler Magnet und der Uniroyal Rallye MS Plus.
Zusammenfassend kann man sagen, daß die Haftreifen zur Zeit die sicherste Lösung darstellen, wenn sich der Fahrer bei Temperaturen um 0° und Regen oder hoher Luftfeuchtigkeit auf die stark verringerte Bodenhaftung einstellt.
Die Anschaffung eines solchen Reifensatzes reißt allerdings ein ganz schönes Loch in den Geldbeutel: rund 600 DM. Keinesfalls darf man diese Reifen nur an den Hinterrädern montieren, das könnte auf schneeglatter Straße schnell zu einer Karussellfahrt führen.

Besondere Felgen für den Winter

Wer sich besondere Winterreifen zulegt, sollte sich auch gleich die dazu notwendigen zusätzlichen Felgen besorgen. Diese Anschaffung rentiert sich sehr schnell. Sie erspart nicht nur das »kostenpflichtige« Ummontieren der Reifen auf den Felgen vor und nach dem Winter, sondern ohne besondere Schwierigkeit lassen sich während des Winters auch die ganzen Räder am Wagen austauschen, wenn wochenlang weit und breit von Schnee und Eis nichts zu sehen ist. Das erspart den sinnlosen Abrieb der teuren Winterreifen auf eis- und schneefreien Straßen. Die Anschaffung von 3 zusätzlichen Felgen genügt bereits, denn als 4. Winterreifenfelge kann ohne weiteres die Felge des Ersatzrades benutzt werden. Da Reifenpannen heutzutage ja sowieso selten sind, genügt es im Sommer vollkommen, als Ersatzreifen einen Winterreifen mit sich zu führen, der den kurzen Weg bis zur nächsten Tankstelle dann auch einmal im Hochsommer auf der Vorder- oder Hinterachse laufen kann.

Vorsicht bei Mischbereifung

Da sich Diagonal- und Gürtelreifen in ihren Fahreigenschaften erheblich unterscheiden, sollen sie nicht kombiniert am Fahrzeug montiert werden. Wer bei Ersatzbeschaffung Gürtelreifen wählen möchte, sollte möglichst nicht damit beginnen, zwei Reifen dieser Art auf die Hinterachse zu montieren – das ist sowieso die einzige ungefährliche Kombination mit Normalreifen –, sondern er sollte die seither gefahrenen Reifen in diesem Falle so lange untereinander austauschen, bis alle gleichzeitig abgenutzt sind und zugleich durch vier Gürtelreifen ersetzt werden können.
Auch Stahl- und Textil-Gürtelreifen möglichst nicht gemischt montieren. Wenn

sich eine Kombination nicht umgehen läßt, gehören die Gürtelreifen auf Stahlkarkasse auf die Hinterachse. Auf der Vorderachse würden sie – bei Textil-Gürtelreifen hinten – die Neigung zum Übersteuern des Wagens (das Fahrzeugheck drängt in den Kurven nach außen) fördern.
Im Winter ist eine gleichartige Bereifung an allen Rädern noch viel wichtiger, wobei die Kombination Gürtelreifen vorn und Diagonal-M+S-Reifen hinten sogar ausgesprochen lebensgefährlich ist, denn schon bei geringem Anlaß kommt ein derart bereifter Wagen ins Schleudern! Selbst die weniger gefährliche Kombination vorne Diagonal- und hinten Radialreifen ist für Winterreifen abzulehnen.

Runderneuerte Reifen?

Ganz zu Unrecht stehen runderneuerte Reifen bei vielen Autofahrern in schlechtem Ansehen. Es gibt jedoch namhafte Betriebe, die sich fabrikmäßig mit der Runderneuerung abgefahrener Diagonal- und Gürtelreifen befassen und auf diese Arbeit vertrauenswürdige Garantie geben. Die Fachleute guter Runderneuerungsbetriebe nehmen einen Reifen zur Runderneuerung erst nach gründlicher Inspektion an. Wenn Gewebebrüche, bis auf das Gewebe abgefahrene Profile, Durchschläge, größere Verletzungen und mürbe Seitenwände festgestellt werden, lehnen sie die Runderneuerung der Karkasse, so nennt sich der Unterbau des Reifens, ab.
Auch wenn mit einem runderneuerten Reifen nicht mehr ganz die Kilometerleistung wie zuvor erreicht wird, so rentiert sich das Runderneuern durch den verhältnismäßig niedrigen Preis doch noch. Diese runderneuerten Reifen lassen sich ohne weiteres auf die Vorder- oder Hinterachse montieren, wobei man sich lediglich nach den Auswuchtgewichten richtet, denn runderneuerte Reifen sind erfahrungsgemäß unwuchtiger als neue. Die Reifen mit den meisten Auswuchtgewichten montiert man deshalb auf die Hinterachse, wo sie weniger stören. Wie ein Test der Zeitschrift »Gute Fahrt« ergab, lassen sich runderneuerte SR-Gürtelreifen ohne Bedenken bis 170 km/h fahren.
Besonders wirtschaftlich ist es, sich auf einen Satz abgefahrener Gürtelreifen ein Winterprofil aufvulkanisieren zu lassen. Das geht ohne weiteres.

Reifenpreise

Für Autoreifen gelten, wie heutzutage überall üblich, »empfohlene Richtpreise«, an die sich aber niemand halten muß. So gibt vielleicht ein Händler 10 % Rabatt auf den empfohlenen Richtpreis und außerdem sind Montage, Auswuchten und die dazu notwendigen Bleigewichte im Preis inbegriffen. Ein anderer Händler bietet dagegen 30 % Rabatt, dafür muß man aber Montage und Auswuchten zusätzlich bezahlen. Lassen Sie sich von hohen Rabattprozenten nicht täuschen, das billigste Angebot kann hinterher teurer als gedacht ausfallen. Es lohnt sich daher in jedem Fall, erst einige Angebote einzuholen, ehe man die Reifen kauft.
Wer sich an die »Reifenfreigabe«-Liste von BMW nicht halten will, kann seine Reifen natürlich auch von einem großen Kaufhauskonzern oder sogenannte Importreifen kaufen. Importreifen sind meist die billigsten. Bevor Sie allerdings bei völlig unbekannten Reifen zugreifen, sollten Sie erst das Urteil eines Fahrers (nicht des Verkäufers) hören, der schon längere Zeit diese Reifen aufgezogen hat. Oder, noch besser, Sie besorgen sich einen Reifentestbericht einer unabhängigen Fachzeitschrift.

Reifen lagern

Beim Jahreszeitlichen Reifenwechsel sollten Sie nicht vergessen, an den Reifenflanken die entsprechende Radposition mit Ölkreide (normale Kreide wird zu leicht abgewischt) zu markieren, damit das Rad in der nächsten Saison wieder die gleiche Laufrichtung beibehält. Am besten gleich die Position angeben, wie das Rad anschließend wieder montiert werden soll. Dann schreibt man etwa »HR« auf den rechten Vorderreifen, der wegen stärkeren Abriebs das nächste Mal »hinten rechts« rollen soll. Auf den linken Hinterreifen kommt entsprechend »VL«, er kommt in der nächsten Saison nach »vorn links«.
Am besten lagert man die Reifen in einem kühlen, aber trockenen und dunklen Raum. Zwar sind die Gummimischungen der Reifen alterungsbeständig, aber etwas Vorsorge kann nicht schaden. Man kann die Reifen flach lagern (auf Felgen montiert) oder platzsparend an der Wand aufhängen. Man sollte sie jedoch nicht senkrecht stellen, da bei längerer Lagerung und zu niedrigem Luftdruck eventuell Abplattungen entstehen können, die die Laufruhe – für eine gewisse Zeit zumindest – beeinträchtigen. Benzin und Öl sollte an die gelagerten Reifen nicht herankommen, deshalb ist die Wandhalterung am vorteilhaftesten.

Wasserspiele

Wenn Autofahrer die ersten zaghaften Versuche machen, an ihrem Wagen handgreiflich zu werden, so beginnen sie zuerst mit der Wagenwäsche, weil, so meinen sie, nichts leichter ist als dieses. Werden doch überdies durch diese persönlichen Bemühungen die fünf, sechs oder sieben Mark gespart, die man der Tankstelle für einmal Wagenwäsche hinzulegen hat. Auch ist es naheliegend, sein Auto zuerst einmal von außen schön zu machen. Doch wollen wir nicht verhehlen, daß uns vielfach der Blick unters Blech, mit einem Schraubenschlüssel oder sonstigem Werkzeug in der Hand, viel nützlicher erscheint. Denn bei Wagenwäsche und Lackpflege, allzu eifrig und nicht fachgerecht betrieben, kann sich das Sprichwort durchaus bewahrheiten, daß allzuviel ungesund sei. Man kann nämlich den schönen Lack seines Wagens recht bald vor lauter Eifer zu Tode pflegen.
So stehen die nachfolgenden beiden Kapitel über Wagenwäsche und Lackpflege (ziemlich im Gegensatz zu den meisten anderen dieses Buches) unter der Tendenz, Ihnen vor allem zu sagen, wie man es nicht macht. Weil wir, wenn wir so am Wochenende den shampoo-bedeckten und wassertriefenden Autos am Straßenrand oder vor den Garagen begegnen, gar manchen Wagenlack vor Schmerzen wimmern zu hören glauben.

Viel Wasser

Wenn die entsprechenden Voraussetzungen bestehen, ist der Wagenwäsche mit fließendem Wasser aus dem Schlauch unbedingt der Vorzug zu geben. Auch der Tankwart wäscht den Wagen mit dem Wasserschlauch, damit das ununterbrochen fließende Wasser den Schmutz abschwemmt. Der Schmutz darf nämlich nicht abgerieben werden, sondern die Schlauchbürste oder der Schwamm darf ihn nur lockern, so daß ihn das strömende Wasser abschwemmen kann. Reibt man den Schmutz statt dessen mit wenig Wasser ab, dann schmirgeln feine Staub- und Sandkörnchen über den Lack und zerkratzen ihn unvermeidbar. Nach der ersten Mißhandlung dieser Art ist zwar noch nicht viel zu sehen, aber wenn der Lack auf diese Weise eine Zeitlang behandelt wurde, ist sein Glanz restlos hin. Deutlich ist vor allem im Sonnenlicht die streifig geschmirgelte Lackoberfläche zu sehen. Deshalb: Viel und noch mehr Wasser bei der Wagenwäsche.

Waschen mit dem Schlauch

Bei der Schlauchwäsche muß trotz der Forderung nach viel Wasser nicht die nächste Umgebung zum Teich werden. Wenn nicht gerade die Radkästen ausgespritzt oder Teile des Fahrgestells gereinigt werden, braucht der Wasserhahn gar nicht weit aufgedreht zu sein. Ein mäßig und ohne Druck aus dem

Schlauch fließender Wasserstrom ist gerade richtig. Damit wird zuerst die ganze Außenhaut des Wagens »eingeweicht«.
Ist dies geschehen, kommt als zweiter Arbeitsgang die eigentliche Wäsche mit der Schlauchbürste, dem Waschhandschuh oder dem Schwamm. Am einfachsten ist eine langborstige, weiche Schlauchbürste, die auf das Schlauchende aufgesteckt und die ständig von frischem Wasser durchflossen wird. Sie kostet etwa 15 DM und ihre Anschaffung lohnt sich, wenn man seinen Wagen in der Regel selbst wäscht. Aber wenn der Borstenbesatz nicht dicht genug ist, gibt es Streifen.
Sehr praktisch ist auch ein Waschhandschuh, den man sich selbst aus einem langhaarigen Stück Pelz schneidern kann, oder den es auch als langhaarigen Perlon-Waschhandschuh für etwa 14 DM zu kaufen gibt.
Natürlich geht diese Arbeit auch mit einem Schwamm, am besten mit einem großporigen Naturschwamm, der allerdings in der Regel über 10 DM kostet. Auch grobporige Viskoseschwämme sind nicht schlecht – sie kosten nur 2 bis 3 DM. Nicht geeignet sind feinporige Gummischwämme – sie schmirgeln bereits, weil sie den Schmutz stärker festhalten.

Wagen abledern

Den Abschluß der Wagenwäsche bildet das Trockenledern. Es ist unerläßlich, denn bei Luft- und Sonnentrocknung würde das Wasser je nach dem Zustand der Lackkonservierung graue Tropfen- oder Schmierflecken hinterlassen. Das trockene Leder wird zuerst angefeuchtet und dann wieder ausgewrungen. Sonst nimmt es kein Wasser auf. Das Waschleder Zug um Zug in breiter Bahn über den Lack ziehen. So nimmt man das meiste Wasser weg. Beim anschließenden Trockenpolieren kann man kräftiger drücken, denn Schmutzteilchen sind (hoffentlich) nicht mehr vorhanden. Und zudem wird das Leder ja – ebenfalls hoffentlich – mehrmals ausgewaschen.
Am Waschleder sollte man nicht sparen. Ein großflächiges Ziegen- oder Rehleder (ca. 15 Mark) erleichtert das Trockenledern der großflächigen Blechteile und hält am längsten. Dadurch lohnt sich die Anschaffung wieder. Ein billiger Fetzen aus Restbeständen taugt jedoch fürs Abreiben der Felgen oder Karosserie-Ecken, an denen das teure Leder zerrissen werden könnte. Auch von Kunst- oder Ersatzledern ist abzuraten. Mit Ausnahme des Vileda-Autotuchs, mit dem wir sowohl in der Wirkung wie in der Lebensdauer gute Erfahrungen gemacht haben. Dabei kostet es nur ein Drittel eines guten Leders.

Der Kühlergrill, oft von vielen toten Insekten geziert, läßt sich mit dem Schwamm oder einem Lappen nur schlecht reinigen. Man reißt sich an den scharfen Chromstangenkanten des Kühlergrills auch leicht blutende Wunden. Am besten hilft da eine schmale Bürste, mit der man gut zwischen die einzelnen Chromleisten gelangt. Solch ein Werkzeug kostet in einem Bürstengeschäft nicht einmal eine Mark.

Nach jeder Wagenwäsche muß der Wagen unbedingt »abgeledert« werden, sonst bilden die Kalkrückstände des Leitungswassers einen grauen Film auf dem Lack. An der Qualität des Waschleders sollten Sie nicht sparen. Es muß für gute Arbeit mindestens 50 cm auf 50 cm groß sein. Nehmen Sie diese Ausgabe auf die Haushaltskasse, denn die Hausfrau wird schnell dahinterkommen, daß sich mit solch einem Fensterleder auch die Wohnungsfenster viel leichter und besser putzen lassen. Freiwillig ledert sie dann auch, wie man sieht, das frischgewaschene Auto ab.

Fingerzeige: *Genau so wenig wie die erfahrene Hausfrau schafwollene Socken auf der Heizung trocknet – sie würden hoffnungslos einschnurren und verfilzen –, darf das Natur-Ziegenleder auf der Heizung getrocknet werden. Es würde hart und bald unbrauchbar. Deshalb nach Gebrauch das Fensterleder sorgsam auswaschen, auswringen und so aufhängen, daß es langsam trocknet. Dauernässe schadet natürlich ebenfalls: Das Naturleder würde faulen.*
Soll das Fensterleder gereinigt werden, darf es auf keinen Fall in Benzin ausgewaschen werden, auch Auskochen ist unmöglich. Genau wie wollene Sachen wird es in milder Seifenflockenlauge handwarm tüchtig ausgewaschen und einwandfrei ausgespült. Nur dann behält es seine Geschmeidigkeit.

Die Eimerwäsche

Nicht jeder Autobesitzer kann in Hof, Garten oder auf dem Platz vor der Garage einfach einen Schlauch an die Wasserleitung anschließen. Viele müssen, wenn sie ihren Wagen waschen wollen, zum Eimer greifen. Wenn, dann sollten Sie aber nach mindestens zwei Eimern greifen, denn mit einem Wascheimer ist das nichts. Für die Eimerwäsche gilt das gleiche wie für die Wäsche mit dem Wasserschlauch: viel Wasser! Da aber in einem Eimer die Waschbrühe schnell trübe ist, schmirgelt man bei falscher Wasser-Sparsamkeit immer wieder den darin schwebenden Sand und Staub über den Lack. Wie wenig gut dies dem Lack bekommt, haben wir schon beschrieben. So schwer es auch fällt, das Wasserschleppen ist in diesem Falle der wichtigste Teil der Arbeit.

Zur Wagenwäsche braucht man mindestens zwei Eimer. Im einen wird der schmutzige Schwamm ausgewaschen und im anderen danach der saubere Schwamm mit Wasser vollgesogen und frisches Wasser herbeigetragen. Von oben nach unten muß der Wagen Zug um Zug mit sehr nassem und ständig frisch ausgewaschenem Schwamm gereinigt werden. Und immer wieder frisches Wasser herbeischleppen. Die Mühe spart man später bei der Lackpflege an Zeit und Geld.

Zuerst wird der ganze Wagen mit Wasser aus dem Eimer übergossen, damit der Schmutz aufweicht. Also auf keinen Fall sofort mit dem nassen Schwamm auf dem trockenen Schmutz herumfummeln! Darum stehen zwei Eimer zur Verfügung – am besten Kunststoffeimer und keine Zinkeimer, damit es nicht sofort Kratzer gibt, wenn man einmal mit ihnen an den Wagen stößt.
Zum Abwaschen des gröberen Schmutzes an den Stoßstangen, den Felgen und in den Radkästen benutzt man eine Waschbürste oder eine ganz simple Wurzelbürste. Aber den Schwamm, mit dem Dach und Seitenteile der Karosserie gepflegt werden, sollte man dazu nicht nehmen. Das ruiniert ihn vorschnell und außerdem bleibt leicht grober Schmutz darin hängen, der dann später auf der Lackoberfläche herumgerieben wird.
Auch nach der Eimerwäsche wird der Wagen zum Schluß mit dem großen Waschleder getrocknet.

Sorgfalt bei der Windschutzscheibe

Natürlich müssen auch die Scheiben des Wagens getrocknet werden. Diesbezüglich wissen Tankwarte, daß man dazu nicht das Waschleder, das zum Trocknen der Karosserie dient, nehmen soll, weil sonst unweigerlich Spuren von Lackpflegemitteln auf die Windschutzscheibe übertragen werden. Das ist wichtig, denn bei Regen gibt es dadurch üble Schlierenbildung, die unter den Scheibenwischern alle Sicht nimmt. Aber Tankwarte haben mehrere Fensterleder und können dementsprechend ein neues nur für die Windschutzscheibe nehmen. Doch Sie besitzen nur eines, und außerdem sollen Sie sowieso ganz zum Schluß der Windschutzscheibe eine Abreibung geben, die alle eventuellen Pflegemittel- und Dieselqualm-Niederschläge wieder beseitigt. Dazu dient das schon von Großmutter gelobte Messingputzmittel Sidol – nicht zu verwechseln mit dem in diesem Falle nicht wirksamen Sidolin, das nur für Fensterscheiben bestimmt ist. Dieses Sidol, mit einem Lappen auf der Windschutzscheibe verrieben und dann blank poliert, ist das einfachste und wirksamste Mittel, selbst gegen die sogenannte »Silikonpest«.

Automatische Waschanlagen

Manchem BMW-Besitzer ist die Wagenwäsche mit Schlauch oder Eimer zu zeitraubend und er fährt deshalb lieber in eine Schnellwaschstraße, wo der Wagen in fünf Minuten wieder sauber ist. Dagegen ist grundsätzlich nichts einzuwenden. Wer seinen BMW aber ausschließlich auf diese Weise säubern läßt, sollte zwischendurch gezielt nach Lackschäden durch Steinschlag oder Korrosion suchen. Kleinere Schäden sind leichter auszubessern, wenn man nicht zu lange wartet. Nach fünf Schnellwäschen sollte der Lack wieder mit Hartwachs konserviert werden; es wirkt als Puffer gegen die schleudernden Borsten. Das in der Waschanlage versprühte Wachs genügt nicht, da es nur dem schnelleren Trocknen der Karosserie dient.
Wichtig ist beim Schnellwaschen weniger der geforderte Preis, als vielmehr der gebotene Service. Zwar werden pro Wagen rund 600 Liter Wasser verwendet, aber an unzugänglichen Stellen muß von Hand nachgewaschen werden. Ein stark verschmutztes Auto sollte zuerst mit weichem Wasserstrahl abgespritzt werden, damit die Schmutzschicht aufweichen kann; sonst wird der Lack durch die Schmutzpartikel zerkratzt. Ein nachlackierter Wagen sollte erst nach acht bis zehn Wochen Aushärtungszeit in einer Schnellwaschanlage gesäubert werden.

Nicht am Fluß waschen

Manche Leute gehen, damit sie das Wasser in dem Eimer nicht zu weit zu tragen brauchen, an einen Fluß oder Bach, um dort ihrem Wagen wieder Glanz zu verleihen. Aus Gründen des Gewässerschutzes ist das grundsätzlich verboten, und kann bis zu 500 DM Bußgeld kosten, wenn man von der Polizei erwischt wird. Vielfach befinden sich in Flüssen und Bächen Abwässer und Chemikalien, die den Lack unter Umständen angreifen können. Dann wird eine teure und zeitraubende Lackbehandlung notwendig. Also lieber dort nicht waschen!

Nicht in der Sonne waschen

Versuchen Sie nie, den Wagen in starker Sonne zu waschen und abzuledern. Wasserflecken auf dem Lack sind unvermeidbar. Ist's schon passiert, muß noch einmal – aber jetzt im Schatten! – Wasser darüber geschwemmt werden, und zwar soviel, daß sich auch das Blech dabei abkühlt. Das gilt vor allem für die Motorhaube, die zusätzlich vielleicht vom Motor beheizt wurde. Dann zügig abledern, damit der Lack wieder einwandfreien Glanz erhält. Wenn weit und breit nur Sonne ist, muß auf die Wagenwäsche verzichtet werden.

Vorsicht bei der Motorwäsche

Die Seitenwände des Motorraumes und die Teile des Motors verlocken einen auf Sauberkeit erpichten BMW-Besitzer, auch hier Wasser und Schwamm walten zu lassen. Vorsicht ist dabei am Platze, denn bei einer feuchten Überschwemmung des Motors sind Zündstörungen fast unvermeidbar. Am besten ist deshalb die Reinigung des Motors und des Motorraums mit einem Motor-Reiniger, wie er heute in den handlichen Spray-Dosen (z. B. von Aral, Teroson und Caramba) an vielen Tankstellen angeboten wird. Damit die verschmutzten Teile einsprühen und nach kurzer Wartezeit mit vorsichtigem Wasserstrahl abspritzen. Die gereinigten Teile haben hinterher einen sauberen Glanz. Versucht man statt dessen diese Reinigung mit Benzin oder Dieselöl, sieht nach dem Austrocknen alles grau und unansehnlich aus. Abgesehen davon vertragen Gummiteile diese Behandlung nicht und schließlich ist Fahrbenzin wegen der Bleitetraäthyl-Beimischung noch giftig, was bei Hautabschürfungen und offenen Wunden gefährlich werden kann.

Vor dieser Motorreinigung müssen Verteiler, Zündspule und Lichtmaschine mit Lappen oder Kunststoffbeuteln fest umwickelt werden, damit dort keine Feuchtigkeit einzieht. Andernfalls leitet beispielsweise die in den Zündverteiler gedrungene Feuchtigkeit den Zündfunken zur Masse ab, anstatt ihn zur Zündkerze zu lassen. Das bringt Startschwierigkeiten. Ist es doch passiert, hilft ein Aussprühen der Zündanlage-Teile, vor allem der Verteiler-Innenseite mit 4 X Silikonspray von Molykote oder »Intact« von Aral. Das Zeug kriecht nämlich unter die Feuchtigkeit und stellt die Isolierung wieder her.

Das beste Waschmittel klares Wasser

Vielleicht wundern Sie sich, daß bis jetzt noch gar nicht von einem der zahllosen Waschmittel und Auto-Shampoos die Rede war, die in allen Tankstellen einen großen Raum des Zubehörschrankes einnehmen. Das hat seinen Grund: Der allzu häufige Gebrauch der zahlreichen Wagenkosmetika hat das gleiche Ergebnis wie bei jungen Damen: Ihre jugendfrische Haut braucht's eigentlich noch nicht, aber wenn sie damit beginnen, geht's nicht mehr ohne. Das nächste Kapitel unterrichtet Sie darüber, wie und wann diese Mittel angewendet werden. Wenn Sie augenblicklich noch keine Zeit zum Weiterlesen haben, waschen Sie ruhig Ihren Wagen derweilen mit klarem Wasser – Sie haben noch nichts versäumt.

Glanzleistungen

Die Lackpflege beginnt schon mit der Wagenwäsche. Nicht umsonst empfehlen wir, daß bei der Wagenwäsche mit möglichst viel Wasser abgeschwemmt werden muß und nicht abgerieben werden darf. Sonst ergibt sich mit der Zeit unvermeidbar eine häßliche »Mattierung« des Lackes.
Die reine Wasserwäsche ist so lange gut, solange das Wasser in kleinen Tropren über den Lack perlt. Das ist nur ein Anhaltspunkt (siehe Bild).
Vor gar nicht langer Zeit galt übrigens noch die Spielregel, daß der Lack eines neuen Autos in den ersten Wochen nur mit klarem Wasser gewaschen werden dürfte, da er noch nicht restlos ausgehärtet sei. Das galt zweifellos noch bei Nitrolack. Die neuesten Kunstharzlacke sind aber so robust geworden, daß solche Rücksicht nicht mehr notwendig ist. Ein gutes Auto-Shampoo schadet ihm dann auch in den ersten Wochen nichts, wenn in der Nähe eines Industriewerkes oder einer Zementfabrik ätzender und intensiv haftender Staub auf den Lack gekommen ist, der mit blankem Wasser nicht zu entfernen ist.
Echte Vorsicht ist aber bei Nach- oder Neulackierungen geboten, denn in den Autolackierereien wird entweder lufttrocknender Lack oder solcher mit geringerer »Einbrenntemperatur« verwendet, der nicht so robust sein kann, wie der mit höherer Temperatur »eingebrannte« Lack der Autofabrik. Hier darf man in den ersten Wochen tatsächlich nur mit klarem Wasser waschen, wenn man den Lack nicht schädigen oder zerstören will.

Nicht zu Tode pflegen

Erst wenn die Wäsche mit klarem Wasser nichts mehr ausrichtet, wenn die Oberfläche stumpf bleibt, soll die eigentliche Lackpflege beginnen. Besorgte Heimpfleger tun da meist zuviel des Guten. Wer immer wieder mit einem Poliermittel an seinem Auto herumfummelt, wird sich immer öfter dazu veranlaßt sehen, und

Das ist eine einfache Kontrolle, ob der Lack ein Pflegemittel braucht: Perlt das Wasser, wie hier, in kleinen Tropfen über den Lack ist weiterhin reine Wasserwäsche ausreichend. Wenn jedoch das Wasser »teigig« und ohne Ränder verläuft, wird auf jeden Fall Lackpflege fällig. Irrtum ist bei dieser Probe möglich, denn auch bei Petroleum und Öl auf dem Lack »perlt« das Wasser. Trotzdem ist in diesem Fall Lackpflege dringend erforderlich.

eines Tages ist die hauchdünne Lackschicht durchpoliert. Deshalb gilt bei der Lackpflege der Grundsatz, daß man an seinem Lack um so länger Freude hat, je sparsamer man mit Pflegemitteln umgeht und stets nur jenes nimmt, das gerade noch die angestrebte Wirkung zeigt.

Keine Haushalts-Spülmittel nehmen

Die im Haushalt praktischen und bewährten, alles reinigenden Spülmittel sind zum Wagenwaschen grundverkehrt. Auch, wenn auf dem Etikett nebenbei etwas von Autopflege steht und auch, wenn Ihr Wagen im ersten Moment dadurch prachtvoll aussehen würde. Was nämlich zur Reinigung von Kacheln, Glas und Eßbestecken sehr wirkungsvoll ist, ist für den stets porösen Autolack Gift. Oberflächen von Glas und Porzellan sind härter als Lack.

Frage nach der Qualität ist wichtig

Es ist nicht leicht, die Auswahl unter den speziellen Autopflegemitteln zu treffen. Es gibt auch kleine, weniger bekannte, aber strebsame Betriebe, die ausgezeichnete Autopflegemittel herstellen, weil sie mit deren Qualität ins Geschäft kommen wollen. Aber wenn man sich in solchem Falle nicht auf den Rat eines fachkundigen Tankwarts oder eines routinierten Selbstpflegers stützen kann, sollte man sich besser an die bekannten Marken dieser Branche halten, die einen Namen zu verlieren hätten, wenn sie Schund verkaufen würden. Wir denken dabei an die Marken

■ 1-Z (lies: »eins-zett«) ■ Teroson ■ Pingo ■ Polifac

Auch die Aral-, Shell- und Esso-Tankstellen bieten unter ihren Benzinmarken ein reichhaltiges Programm von Pflegemitteln für Selbstpfleger an, wobei die Verkaufsprogramme von Esso und Aral praktisch alles umfassen, was man für sein Auto gebrauchen kann und die Gebrauchsanweisungen auf jeder Packung der Aral-Autopflegemittel wegen ihrer sachlichen und klaren Verständlichkeit hervorzuheben sind. Ebenfalls achten die führenden Kaufhäuser und Versandfirmen darauf, daß die von ihnen vertriebenen Autopflegemittel von guter Qualität sind.

Fingerzeige: *Kaufen Sie keine sogenannten Universal-Lackpflegemittel, mit denen sich angeblich sowohl neue wie alte Lacke gleichermaßen gut pflegen lassen sollen! Leider gibt es auch unter guten Markennamen solche abzulehnenden Universalmittel. Die können einfach nicht funktionieren, denn was für neuen Lack gut ist, taugt für alten nicht mehr, und umgekehrt sind Pflegemittel für verwitterten Lack auf jungem Lack viel zu scharf.*

Lassen Sie sich kein Autopflegemittel verkaufen, für das mit dem Hinweis »in USA millionenfach bewährt« geworben wird. Wir treiben da keinen antiamerikanischen Nationalismus, sondern es geht einfach darum, daß die USA-Autos heutzutage mit Acrylharzlacken lackiert sind, die wesentlich aggressivere Lackpflege vertragen, die für die hiesigen Kunstharzlacke meist schädlich ist.

Lackpflege von Stufe zu Stufe

Es kommt auf den Zustand und das Alter des Lackes an, mit welchen Lackpflegemitteln man seinem Auto zu Leibe rückt. Nicht allein die Qualität des Mittels ist von Ausschlag, die man beim Kauf an der Tankstelle oder im Autozubehörladen in dem Glauben hervorhebt, daß damit alle Probleme gelöst werden. Der fachkundige Verkäufer wird durch Fragen den tatsächlichen Bedarf einkreisen, aber ohne ihn sind Sie auf ziemlich verwirrende Begriffe angewiesen – die selbst von den Pflegemittelherstellern verwendet werden –, die wir in diesem Abschnitt versuchen zu erklären.

Auto-Shampoo

Schon zusammen mit der Wagenwäsche gibt es Mittel, die der Lackpflege dienen: Die Auto-Shampoos. Sie sollen Schmutz, der sich mit reinem Wasser nicht ohne weiteres entfernen läßt, lösen, dürfen aber nicht scharf fettlösend sein, sonst »magern« sie den Lack aus, der dadurch auf die Dauer spröde wird. Dagegen soll ein gutes Auto-Shampoo, das stets alkalifrei sein muß, dem Lack gewisse »Nährstoffe« zuführen, die ihn frisch und elastisch erhalten; es soll, wie die Experten sagen, »rückfettend« sein. Das geht so vor sich: Ein gutes Auto-Shampoo muß in die feinen Poren und Ritzen des Lackes eindringen, den darin sitzenden Schmutz herauslösen, der dann durch die rückfettenden Substanzen des Shampoos ersetzt wird. So werden die feinen Poren mit schmutzabweisenden Teilchen ausgefüllt und die einzelnen Farbpartikelchen stehen wieder elastisch zueinander.
Um die rückfettenden Wirkstoffe eines guten Auto-Shampoos nicht zu verschwenden, soll es nicht, wie oft von Herstellern empfohlen, im Eimer angerührt und auf dem Wagen verteilt werden. Es ist rationeller, das Mittel nur wenig verdünnt mit dem feuchten Schwamm direkt auf den nassen Wagen aufzutragen, nachdem dieser vom groben Schmutz gereinigt wurde. Am besten mit einem (preiswerten) kleinporigen Viskoseschwamm auftragen und nicht mit dem großporigen Naturschwamm für die Wagenwäsche. Schaumentwicklung ist dabei nicht nötig und für den Lack völlig uninteressant. Werbesprüche, daß die Schaumflocken Schmutzteilchen in der Schwebe halten, sind nicht zu beweisen. Oder kann man sich mit prachtvoll schäumender Rasiercreme etwa wirkungsvoll die Hände waschen?
Sehr viel Wasser ist anschließend zum Abschwemmen des Shampoos notwendig, um so mehr, je älter der Lack ist, damit auch wirklich alle fettlösenden Anteile aus den Ritzen und Poren herausgeschwemmt werden.
Auto-Shampoos benutzt man nicht zu jeder Wagenwäsche – der Lack soll nicht ständig entfettet und gefettet werden, auch das strapaziert ihn.

Wasch-Konservierer

Wasch-Konservierer ist bei manchen Fabrikaten mit Auto-Shampoo kombiniert, dient also sowohl zur Wäsche wie auch der Beschichtung des Lackes mit einem schützenden Wachsfilm, in der Regel wird jedoch der Waschkonservierer erst angewendet, nachdem der Wagen ganz normal mit klarem Wasser gewaschen wurde und sauber ist. Auf einen kleinen Eimer Wasser gibt man zumeist einen Meßbecher Waschkonservierer und überwäscht den Wagen noch einmal mit dem Schwamm – er wird »abgeschwammt«, sagt der Wagenpfleger. Danach wird der Wagen, je nach der Gebrauchsanweisung des einzelnen Präparates, im nassen Zustand abgeledert (z. B. bei »alwi«) oder man läßt ihn von der Luft trocknen (z. B. bei Polifac). Zuletzt mit Poliertuch oder Polierwatte nachreiben. Es bleibt eine feine Wachs-Schutzschicht auf dem Lack zurück. Diese Wasch-Konservierung ist bei gesundem Lack angebracht. Wird sie zu oft, etwa bei jeder Wagenwäsche, ohne andere Lackpflege wiederholt, zeigt sich der Lack nach unseren Erfahrungen nach einiger Zeit milchig-trübe. Dann ist die Wachsschicht mit der Zeit zusammen mit feinstem Staub »zu dick« geworden. Das schadet dem Lack darunter an sich nichts, aber die Schicht sollte zwischendurch mit einem milden Lackreiniger heruntergeputzt werden.

Spezial-Waschmittel

Es gibt Spezial-Waschmittel, die besonders hartnäckigen Schmutz auflösen, die Flugrost oder Zementstaub beseitigen und der Korrosion auf und unter dem Lack Einhalt gebieten. Sie sind im Gegensatz zum Auto-Shampoo säurehaltig.
Wir kennen »Bostik wie neu« (Bostik, Oberursel) und den Spezial-Autolackreiniger »abomar« (Fa. E. Artweger, 8415 Nittenau). Dieses Mittel sollte man nur

anwenden, wenn man sehr viel fließendes Wasser – also einen Schlauch – zur Verfügung hat. Mit Eimern kann man so viel Wasser gar nicht heranschleppen, wie zum Abschwemmen der Waschmittel benötigt wird, die etwa 10 Minuten einwirken müssen.
Selbstverständlich gilt hier ganz besonders: Auto-Kosmetik ohne Sonne! Es kann verheerende Lackverfleckungen geben, wenn das Karosserieblech nicht kühl bleibt. Praktisch sind das also Lackreinigungsmittel, die nur an regentrüben Tagen und nur bei wirklich hartnäckiger Lackverschmutzung angewendet werden sollten. Dann sind sie allerdings überraschend wirkungsvoll. Man nimmt zum Auftragen dieser Mittel am besten eine breite, weiche Bürste. Zum Schluß darf nicht versäumt werden, den sorgfältig abgelederten Lack mit einem Lackkonservierungsmittel (siehe folgenden Abschnitt) zu pflegen.

Lack-Konservierungs-mittel

Ist der Lack Ihres Autos noch einwandfrei und gesund und wollen Sie ihm zu einer schützenden Wachsschicht (und vielleicht zu etwas frischerem Glanz) verhelfen, dann greift man zweckmäßigerweise zu Lackkonservierungsmitteln, die zumeist unter den Bezeichnungen »Hartglanz«, »Autowachs« und »Sprühwachs« bekannt sind. Auch manche »Auto-Polish«, die dem Namen nach eigentlich zu den polierenden Pflegemitteln gehören, sind in Wirklichkeit Lackkonservierer. Die Wirkung ist ähnlich wie beim Waschkonservierer, jedoch ohne milchige Trübung nach mehrmaliger Anwendung. Es gibt die Lackkonservierer als Paste oder helle Flüssigkeit und (teuer, aber leicht zu handhaben) in Spraydosen. Nach dem Auftragen je nach Gebrauchsanweisung wird die Wachsschicht blankgerieben – wir sagen bewußt nicht »poliert«, denn das ist etwas anderes und eine Stufe weiter. Beim Blankreiben darf die Watte nichts von der Lackfarbe annehmen, sonst ist es kein echtes Konservierungsmittel, sondern es enthält schleifende oder lacklösende Bestandteile, die in einen Konservierer nicht hineingehören und bei gesundem Lack völlig fehl am Platze sind.
In den Lackkonservierern ist durchweg Silikon drin. An sich ist Silikon auf der Windschutzscheibe, wo es von dem Autoblech her unvermeidlich hingerät und bei Regen zur sichtstörenden Schlierenbildung führt, gar nicht erwünscht. Auch der Lackierer hat es auf dem Lack nicht gern, wenn ein Lackschaden ausgebessert werden muß.
Aber Silikon ist ein sehr wirkungsvolles Konservierungsmittel und die Pflegemittelhersteller wollen darauf nicht verzichten. Wegen des Silikons auf der Windschutzscheibe preisen sie daher spezielle Scheibenwascher-Zusatzmittel an, die sie natürlich auch selbst herstellen. Falls in einem Lackpflegemittel tatsächlich kein Silikon enthalten ist, findet sich der Hinweis »ohne Silikon« auf der Verpackung. Als bestimmt silikonfreien Lackkonservierer kennen wir derzeit nur das »Autowachs DS 70-10« von Dupli Color.

Lackpolitur und Schleifpolierpaste

Das sind die schwersten Geschütze, die nur bei stark verwitterten Lacken und nur sehr selten angewendet werden dürfen. Vor allem Schleifpolierpaste, die fast schon so »grob« wie Handwaschpaste aussieht und von den meisten Lackpflegemittelherstellern gar nicht für Selbstpfleger angeboten wird, sollte nur zum Auspolieren von Schrammen und nach einer Streifberührung mit einem fremden Fahrzeug zum Wegpolieren des fremden Lackes benutzt werden. An der starken Farbe, die in der Watte hängenbleibt, können Sie die schnelle und scharfe Wirkung erkennen, die manchen Autopfleger – auch die Wagenpfleger an manchen Tankstellen – verlockt, schon bei geringerem Anlaß zu dieser Brisanzgranate zu greifen. Das ist aber falsch, denn der Kunstharzlack hält dies nicht ewig aus. Vor allem nimmt er die härteste oberste Schicht des

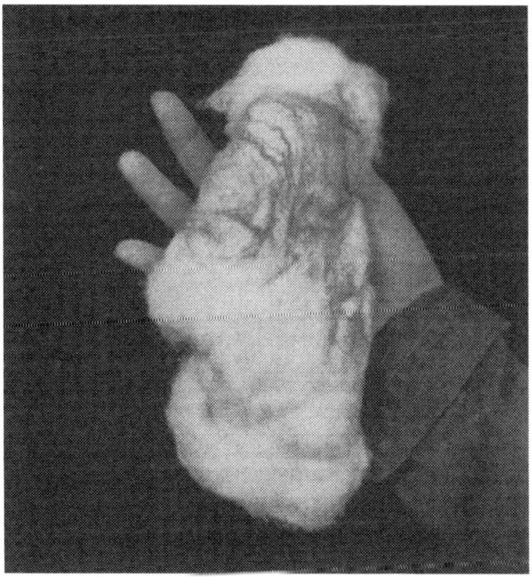

Bei den zahlreichen Lackpflegemitteln laufen die Bezeichnungen oft verwirrend durcheinander. Ihre schwersten Geschütze, die Poliermittel mit schleifender Wirkung, sollen nur sehr selten angewandt werden. Ob ein Lackpflegemittel den Lack schleifend angreift, läßt sich auf dem polierenden Wattebausch erkennen: Wenn der Lack auf ihm »abfärbt«, handelt es sich um ein Poliermittel mit schleifender Wirkung. Bei geringer Abfärbung ist es zumindestens ein intensiv wirkender Lackreiniger.

Lackes weg; darunter ist der Lack »weicher« und weniger widerstandsfähig, so daß er nach einigen Schleifpoliturbehandlungen immer wieder nach Politur »schreit«. Bis die Grundierung herausschaut.
Wenn es aber doch sein muß: Fachleute schätzen z. B. die Unus-Schleif-Polierpaste (grün) von Ferdinand Kuhn, 8033 Planegg. Auch Polifac bietet Polier-Schleifpaste (Dose mit 220 Gramm zu 3,30 DM) an. Sie sollten aber nicht vergessen, daß auch bei dieser Arbeit die Sonne auf keinen Fall zuschauen darf.

Fingerzeig: *Bei der Anpreisung von Lackpflegemitteln wird gerne das Wort »mühelos« verwendet. Glauben Sie bloß die Hälfte. Und das ist meist noch zu viel. Lackpflege kostet nämlich Schweiß, beim einen Mittel mehr, beim anderen weniger. Aber ganz ohne Mühe geht es nicht. Geht es doch, war eine Lackpflege noch gar nicht nötig.*

Chrom-Pflege

Die galvanisch aufgetragene Verchromung leidet genauso unter Witterungseinflüssen wie Lack. Zwar ist Chrom sehr hart, aber oft auch sehr dünn und auf qualitativ unterschiedlich vorbehandelten Grundflächen aufgetragen. Chromschutzmittel gibt es ebenfalls in Massen. Nach der Wäsche muß man sie auftragen und mit einem weichen Lappen oder mit Polierwatte blankreiben. Sind schon die ersten Rostpusteln vorhanden, nutzen diese Mittel auch nicht mehr viel. Die ersten Rostspuren müssen unbedingt bekämpft werden, sonst frißt der Rost weiter. Am besten eignet sich dazu Lackreiniger, wie der an den meisten Tankstellen erhältliche »1-Z« (grüne Dreieckflasche).

Teerspritzer

Bei der Fahrt über frisch asphaltierte Straßen hinterläßt der hochgespritzte Splitt kleine schwarze Teerflecke auf dem Lack. Völlig falsch ist es, sie mit dem Messer oder auch mit einem Holz abschaben zu wollen. Das gibt Kratzer im Lack, die nicht weniger schäbig als die Teerflecken aussehen. Sie müssen chemisch aufgelöst werden. Das geht mit Petroleum oder einem speziellen Teerflecken-Entferner. Billiger ist die Petroleumanwendung, jedoch muß nachher der Lack noch nachbehandelt werden. Bei den Spezial-Teerentfernern ist dies nicht immer notwendig, z. B. bei dem sehr vielseitig anwendbaren Pingo-Teerentferner (Sprayflasche zu 4,50 DM).

Ausbessern von Lackschäden

In Zeitungsanzeigen oder auf Plakaten in den Schaufenstern von Farbgeschäften sieht man gelegentlich adrette Damen oder Herren, die im Cocktailkleid oder Smoking mit einer Spraydose auf ihr Auto zielen. Sie bessern schnell noch einen Lackschaden aus, heißt es im Werbetext. Ganz so leicht, gewissermaßen auf dem Weg ins Kino oder Theater, geht es doch nicht, wenn es nach etwas aussehen soll. Obgleich die dort propagierten Farbsprühdosen auch nach unseren Erfahrungen sehr gut und brauchbar sind. Aber die Lackierung muß kunstgerecht »aufgebaut« werden, damit sie wirklich haltbar ist. Dazu

■ beschädigte Karosserieteile zuerst mit Gummihammer, »Handfaust« und Schlichthammer sorgfältig ausbeulen, leicht überfeilen, mit trockenem Schleifpapier alle Lack-, Grundierungs- und Spachtelreste von der schadhaften Stelle entfernen, mit Plastik-Füllmasse (aus kleinen Tuben zu 1,30 DM) spachteln, nach Trocknungszeit alle Unebenheiten abschleifen (mit Schleifpapier, das über ein handgroßes, völlig planes Brettstück gespannt ist), Grundierung aufpinseln oder aufsprühen, mit feinem Schleifpapier naß nachschleifen, angrenzende Karosserieteile sorgfältig abdecken und Lackfarbe aus Sprühdose aufsprühen. Übrigens: Die Grundierung darf auf keinen Fall gespart und die Lackfarbe direkt auf das blank geschliffene Metall gesprüht werden. Das »deckt« nicht und das Metall schimmert durch die wolkige Farbe.

■ Neue unlackierte Karosserieteile (etwa eine Motorhaube) gründlich entfetten mit reinem Benzin oder »Washprimer« (selbst Fingerspuren vom Transport würden sonst später durch die Lackierung schlagen), eventuelle Transportschäden (auch kleinste!) mit Spachtel und Grundierung beseitigen und erst dann Lackfarbe sprühen,

■ Roststellen (auch unter dem Lack) bis aufs blanke Blech abschleifen, mit Rostumwandler überziehen, eventuelle Unebenheiten spachteln, grundieren, naß schleifen und nach sorgfältiger Trocknung lackieren (nur sinnvoll, wenn das Blech noch nicht durchgerostet ist).

Sprühdosen im Orginal-Farbton

Alle Materialien, die man braucht, bekommt man in Farbgeschäften, von denen sich bereits viele auf »Selbst-ist-der-Mann«-Arbeiten eingestellt haben. Allen Versuchen mit Farbsprühpistolen (wenn nicht entsprechende Ausstattung mit Kompressor usw. zur Verfügung steht) sind die Farb-Sprühdosen vorzuziehen. Verlassen Sie sich bei der Farbwahl einer solchen Lacksprühdose auf keinen Fall auf Ihr Augenmaß. Grundsätzlich ist am BMW der Original-Farbton auf einem unübersehbaren Klebe-Etikett vermerkt, das unter der Motorhaube auf der rechtseitigen Radkastenabdeckung neben dem Typenschild zu finden ist.

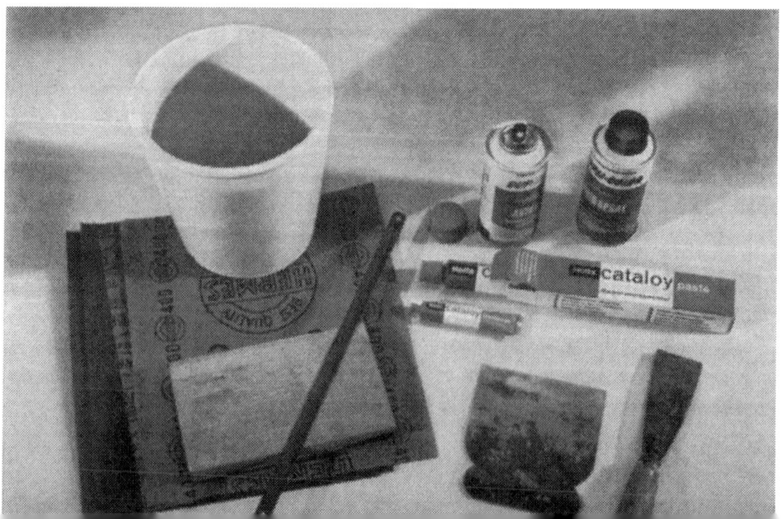

Das Arbeitsgerät zum Ausbessern von Lackschäden: Schleifpapier verschiedener Körnung zum Naß-Schleifen, Wassertopf zum Anfeuchten des Schleifpapiers, glatt gehobeltes Holzstück als Schleifunterlage, Metallsägeblatt zum Aufrauhen, Sprühdosen mit Haftgrund und Lackfarbe. Zwei-Komponenten-Plastik-Spachtel, Spachtelwerkzeuge.

Fehlt dieses Etikett »Außenlackierung–BMW«, müssen Sie einen erfahrenen BMW-Meister fragen, der Ihnen wahrscheinlich die offizielle Farbbezeichnung heraussuchen kann. Wurde der Wagen umlackiert oder sind Sie aus anderen Gründen wegen der Farbe nicht ganz sicher, hat es keinen großen Zweck, den Lack mit einem Farbmuster-Karton des Lackhändlers zu vergleichen. Einwandfreie Aufklärung gibt nur ein Farbsprüh-Versuch auf der Kofferraum-Innenseite Ihres BMW. Dort stört es nicht, wenn der Farbton doch nicht ganz genau gestimmt hat und Sie erst den richtigen suchen müssen.
Die Farbsprühdosen tragen neben einer entsprechend lackierten Schutzkappe die Aufschrift der werksoffiziellen Farbnamensgebung. Vier Firmen haben sich mit fünf Marken auf diese Autolack-Sprühdosen spezialisiert. Zwischen diesen Erzeugnissen bestehen einige Unterschiede:

	Auto-K-Lack	Belton	Dupli Color	Ducolux	Prestoflux
Preis etwa DM	5,55	3,75	6,95	6,60	5,50
Lackart	Nitrokombinationslack	Nitrokombinationslack	Acrylharzlack	Kunstharzlack	Kunstharzlack

Inhalt jetzt einheitlich 150 Gramm; zu höherem Preis auch größere Dosen

Wenn Sie sich zu einer dieser Marken entscheiden, lassen Sie sich keinesfalls vom Händler weitere Sprühdosen einer anderen Marke, auch nicht Haftgrund oder Klarlack für Metallicfarben, verkaufen, denn die verschiedenen Fabrikate vertragen sich nicht miteinander (Ausnahme: Belton und Auto-K-Lack, denn sie stammen aus dem gleichen Hause). Am besten arbeitet man nach unseren Erfahrungen mit Belton (auch des Preises wegen!) und Auto-K-Lack. Viel auszusetzen hatten wir an Prestoflux. Gut sind auch Dupli Color und Ducolux, doch hat letzteres so lange Trockenzeiten, daß der frische Lack viel Staub fängt.
Die Farbtongenauigkeiten werden nach unseren Beobachtungen sehr gut eingehalten.

Ausbessern kleiner Lackschäden

Kleinste Lackschäden, beispielsweise von Steinschlag, sollten nicht mit Lack ausgebessert werden. Auch nicht feine Kratzer, die nur bei der Lackpflege zu erkennen sind. Was nämlich in diesem Fall wie ein Spinnwebfaden oder ein Fliegenschmutz aussieht und daher unauffällig ist, wird besonders durch den sogenannten Tupflack oder den Ausbesserungs-Lackstift auffallend. Wir möchten daher von der Verwendung von Tupflack oder Lackstiften grundsätzlich abraten. Der darin enthaltene Lack ist notwendigerweise dick, stimmt daher zumeist im Farbton nicht genau und bildet einen warzenartigen, dicken Farbklecks, der unübersehbar ist. Soll ein punktförmiger Schaden ausgebessert werden, nimmt man statt dessen die vielleicht noch vorhandene Sprühdose mit dem Original-Farbton, sprüht etwas davon in den Sprühdosendeckel und tupft eine Spur dieses dünnen Lackes mit einem zugespitzten Streichholz auf die Schadensstelle. Kleine Steinschlagschäden schmiert man am besten mit Lackpflegemittel auf Wachsbasis aus, so daß das Blech darunter nicht rosten kann.

Selbsthilfe-Ganzlackierung bringt Enttäuschungen

Von einer Ganzlackierung sollte man als Heimwerker ganz die Finger lassen. Das gibt meistens nur eine Enttäuschung, wenn es an der fachmännischen Erfahrung fehlt. Auch fehlt es in der Regel am staubfreien Arbeitsplatz und am Luftkompressor mit Farbspritzpistole, die in diesem Fall unbedingt erforderlich sind. Die vielfach angebotenen elektrischen und sonstigen Farbspritzpistolen haben sich für anspruchsvolle Autolackierung nicht bewährt.

Ski und Rodel gut

Früher meldeten Autobesitzer – abgesehen von den ganz Unentwegten – im Spätherbst ihren Wagen ab, setzten ihn in der Garage kunstvoll auf Holzböcke – damit die Reifen entlastet waren – und schraubten die Nummernschilder erst kurz vor Ostern wieder an. Heute sind die Leute selten, die wegen des Winters zweimal zur Zulassungsstelle laufen, denn das Autofahren ist im Winter problemlos geworden – so scheint es. Gewiß, man stopft sich heute kein Bund Stroh in das Auto, damit die Füße über dem Gefrierpunkt bleiben; das macht man mit einer wirkungsvollen Wagenheizung. Aber die Wasserkühlung muß noch wie einst frostfest gemacht werden. Darüber hinaus sind mit dem Streusalz auf den Straßen neue Probleme aufgekommen, die man früher nicht kannte. Den Wert seines Wagens den Winter über zu erhalten, macht also einige Vorkehrungen erforderlich.

Dünneres Motoröl im Winter

BMW empfiehlt bei Temperaturen unter + 10 Grad C ein mit SAE 10 W beginnendes Mehrbereichsöl. Wir meinen, daß diese Ölsorte, die bei tiefer Außentemperatur wesentlich dünnflüssiger als »Sommeröl« SAE 30 ist, bereits in der Übergangszeit Vorteile hat, denn dem Anlasser wird es leichter gemacht, den kühlen Motor mit diesem dünnflüssigen Öl anzukurbeln. Auch braucht dieses für den Winter empfohlene Mehrbereichsöl nicht sofort im Frühling gewechselt zu werden, denn seine Eigenart ist es ja, daß es ebensogut Verwendung finden kann, wenn ein Motoröl nach SAE 30 vorgeschrieben ist. Wer viel und flott fährt, also nicht immer wieder im Kurzstreckenverkehr den kalten Motor starten muß, kommt mit dem Einbereichsöl SAE 20 W/20 im Winter billiger weg. Aber Sie müssen wissen: Das Motoröl wird im Winter – und in dieser Zeit ganz besonders im Kurzstrecken- und Stadtverkehr – weit höher beansprucht als im Hochsommer in noch so flotter Autobahnfahrt, bei deren günstiger Motortemperatur es sich gar nicht besonders »anstrengen« muß. Diesem Problem ist auf Seite 38 ein besonderer Abschnitt gewidmet.

Fingerzeige: *Zum guten Starten im Winter muß der Elektrodenabstand der Zündkerzen stimmen. Oft sind sie den Sommer über zu weit abgebrannt. Deshalb nachprüfen – 0,7 mm sind vorgeschrieben – und im Bedarfsfalle auf 0,6 mm nachbiegen.*
Zündleitungen, Zündspule und Verteiler müssen schmutz- und ölfrei sein. Bedenklich ist vor allem eine weißliche Schicht auf Kabeln und Teilen der Zündanlage. Es handelt sich dabei um Salzablagerungen vom Streusalz der Straßen, die leicht Feuchtigkeit aufnehmen und elektrisch leitend werden, also Kurzschlüsse bewirken können. Kabel und Teile gründlich reinigen – in letzterem Falle: Abwaschen, gut trocknen und mit Isolierspray einsprühen.

Kühlflüssigkeit frostfest

Pflegedienst Nr. 5

Rechtzeitig vor den ersten Nachtfrösten muß das Kühlwasser frostfest gemacht oder zumindestens geprüft werden, ob der Frostschutz des Kühlsystem-Inhalts ausreicht. Die ausführlichen Anweisungen für die Frostschutzmischung und das »Spindeln« finden Sie ab Seite 65.

Frostschutz für Scheibenwascher

Der Scheibenwascherbehälter im Motorraum wird von der Ausstrahlung des Motors während der Fahrt zwar warm gehalten, aber davon darf man sich nicht irritieren lassen, denn maßgebend ist der kalte Fahrwind, der die Außentemperatur um das Auto noch herabsetzt und es fertigbringt, daß nicht genügend frostfestes Wasser beim Versprühen auf der Windschutzscheibe sofort vereist. Für diesen Zweck gibt es an den Tankstellen eine Fülle von Spezialmitteln, die dem Scheibenwaschwasser beigemischt werden können. Sie zu kaufen hat aber nur dann Sinn, wenn sie gleichzeitig in der Lage sind, Öldunst und Silikonschleier von der Windschutzscheibe zu vertreiben. (Nicht jeder Waschwasserzusatz, der das verspricht, kann es auch. Ausprobieren!) Andernfalls geht es mit Brennspiritus weitaus billiger, den man im Verhältnis 1:1 mit klarem Wasser in den Wasserbehälter füllt. Sorgfältiges Vormischen ist bei Brennspiritus wie bei jedem Frostschutzzusatz sehr wichtig, sonst trennen sich die unterschiedlich schweren Flüssigkeiten und das Wasser friert unter dem Spiritus oder Waschwasserzusatz doch ein.

Reifen im Winter

Durch die stürmische Reifenentwicklung der letzten Jahre, die gerade in der Winterbereifung beträchtliche Fortschritte zu größerer Sicherheit und Fahr-Erleichterung gemacht hat, ist es gar nicht einfach, sich durch das derzeitige Angebot hindurchzufinden. Deshalb hierzu einige Empfehlungen. Weitere Hinweise finden Sie im Kapitel »Die Reifenwahl«.

Diagonal-Sommerreifen reichen kaum aus

Für Besitzer von BMWs, die nach dem Frühsommer 1970 ausgeliefert wurden, stellt sich dieses Problem nicht mehr. Wer seinen Wagen noch mit Diagonalreifen ausgerüstet hat, kann nur dann auf spezielle Winterreifen verzichten, wenn er bei winterlichen Straßenverhältnissen nicht fahren muß oder immer Schneeketten mit sich führt. Durch die geringe Hinterachsbelastung beim BMW stößt er sonst – vor allem, wenn der Wagen nur mit einer Person besetzt ist – bei Schnee und Glatteis an Steigungen auf Schwierigkeiten.

Gürtelreifen sind im Winter besser

Da die Gürtel- oder Radialreifen durch ihren stabilen Laufgürtel nicht in ihrer Aufstandsfläche auf der Fahrbahn walken, haben diese Reifen auf Schnee und Glatteis eine wesentlich bessere Haftfähigkeit als normale Diagonal-Sommerreifen. Als sogenannte »Ganzjahresreifen« haben sich der Michelin zX, der Phoenix P 2010 S, der Metzeler Perfect und der Continental TS 771 als besonders geeignet erwiesen. In nicht allzu tiefem Schnee sind diese Gürtelreifen den M+S-Diagonal-Reifen gleichzusetzen, auf vereister Fahrbahn sind sie diesen sogar überlegen. Aber auch bei Radialreifen sollten Sie immer Schneeketten dabei haben. Wegen der nachgiebigeren Reifenflanken empfiehlt es sich, bei aufgelegten Ketten verhalten zu fahren.

M+S-Reifen nur bedingt zu empfehlen

Noch vor wenigen Jahren galt ein Fahrer, der an seinem Fahrzeug auf der Antriebsachse zwei M+S-Reifen (M+S = Matsch und Schnee) montiert hatte, bestens für den Winter gerüstet. Inzwischen haben sich aber die winterlichen Straßenverhältnisse durch intensives Salzstreuen und die Reifen durch Neukon-

struktionen gewandelt. Die M+S-Diagonalreifen sind praktisch bereits überholt. Zwar sind sie im frischen, noch nicht hartgefahrenen Schnee und im Schneematsch sehr wirksam, aber sowohl auf nasser wie auf vereister Fahrbahn sind sie den Sommerreifen unterlegen.
Auf keinen Fall sollte man M + S-Reifen nur auf der Hinterachse aufziehen. Hat man an den Vorderrädern Diagonal-Sommerreifen, so ist die Lenk- und Bremswirkung vorn bei Schnee stark vermindert, sind auf der Vorderachse aber Gürtelreifen montiert, ist die Kombination lebensgefährlich, da die Eigenschaften dieser beiden Reifensorten extrem unterschiedlich sind. Will man seinen BMW mit M + S-Reifen ausrüsten, so empfehlen wir solche in Gürtel-Bauweise auf allen vier Rädern.

M+S-Haftreifen — gute Lösung

Da Sommer- oder M+S-Reifen ein Fahrzeug beim Bremsen auf Glatteis nicht sicher in der Spur halten können, wurden für diese gefährlichste winterliche Fahrsituation spezielle Eisreifen mit Stahlstiften in der Lauffläche entwickelt. Da sich die Stahlstifte aber nicht nur ins Eis krallten, sondern auch an den Fahrbahndecken kratzten, sind die Nagelreifen seit April 1975 verboten worden. Als Ersatz für diese Spikes-Reifen entwickelte die Reifenindustrie neue Eisreifen ohne Stahlstifte auf der an sich schon griffigen Radialkarkasse und mit erstaunlich griffigen »Haftgummi-Mischungen« auf der Lauffläche, die für den Schnee mehr oder weniger kräftiges M+S-Profil haben, auf nassen und trokkenen Fahrbahnen den Spikes-Reifen überlegen sind, aber bei sogenanntem »warmen« Glatteis (zwischen 0 ° und — 3 °C) sind sie kaum rutschfester als normale Sommergürtelreifen. Wenn also das Thermometer knapp unter die Frostgrenze sinkt und feuchte Witterung herrscht, ist auch mit Haftreifen Vorsicht angebracht.
Neue Haftreifen sind leider enorm teuer; wer sparen will und trotzdem gute Winterreifen auf seinem BMW haben möchte, kann auch runderneuerte nehmen. Wir haben mit den runderneuerten Haftreifen von Vergölst mit Gummimischung und Profil des Conti Contact recht gute Erfahrungen gemacht.

Reifendruck im Winter

Im Winter wird durch etwa 0,2 atü Luftdruckerhöhung der Reifen versteift, die Aufstandfläche verkleinert und somit die Last, die pro Quadratzentimeter auf den Boden, auf Schnee und Eis drückt, erhöht. Dadurch können die Profilstollen und Kanten besser greifen. Die für Autobahnfahrten auch im Sommer empfohlene Luftdruckerhöhung um 0,2 atü ist darin bereits inbegriffen.

Gleitschutzketten

Das schwerste Geschütz gegen Eis und Schnee sind »Schneeketten«, die bei Hochgebirgsfahrten und Alpenpässen auch dann noch weiterhelfen, wenn der griffigste M+S-Reifen schon versagt. Den Ausdruck »Schneeketten« mögen die Fachleute nicht, denn diese Ketten sind nicht nur für Schnee das letzte Mittel, sondern auch auf Glatteis und vereistem Schnee wirkungsvoller als die besten Eis-Reifen. Deshalb heißen sie offiziell Gleitschutzketten. Viele Leute schwören deshalb darauf, aber die meisten Autofahrer sind – geben wir es zu – einfach zu faul, die Gleitschutzketten mit frostklammen Fingern wieder auf- und abzumontieren. Denn das ist unvermeidbar. Schon nach wenigen Kilometern flotter Fahrt auf trockener Autobahn können auch an den besten Gleitschutzketten die ersten Fetzen davonfliegen. Und dazu sind sie zu teuer. Auch ist die Fahrgeschwindigkeit mit Gleitschutzketten sehr begrenzt. Mehr als 80 km/h »sind nicht drin«, sonst wird es gefährlich.

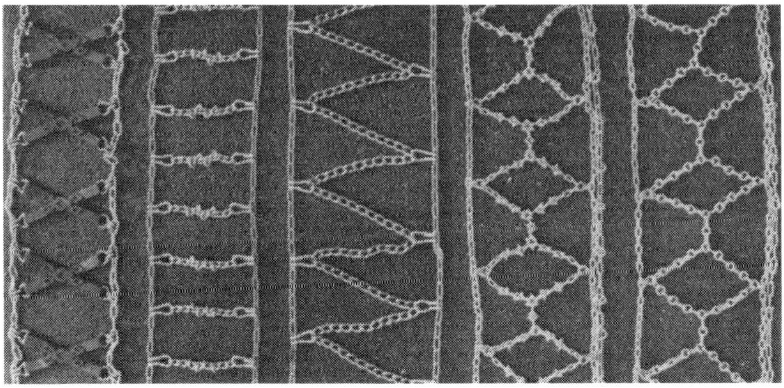

Von den hier gezeigten Schneeketten sind nur die beiden rechts außen gezeigten Spurkreuzketten echte Gleitschutzketten, die sowohl bei Schnee wie bei Glatteis echte Sicherheit bieten und Wirkung zeigen. Ganz rechts die Erlau-Europa-Kette mit senkrecht stehenden Flachstegen, die besonders gut im Schnee greifen. Die drei anderen Kettenarten — Gummikreuzkette, Leiterkette und Zickzack-Kette — sind abzulehnen, weil ihre ungleichmäßige Kettenauflage auf Glatteis bei einer Notbremsung den Wagen unkontrolliert rutschen läßt. Die Gummikreuzketten, deren Querstege aus Gummistreifen bestehen, haben nur M + S-Reifen-Effekt, aber kaum Wirkung auf Glatteis.

Das Montieren kann man sich jedoch, da der BMW für hohen Schnee nur ein Paar Gleitschutzketten für die Hinterräder braucht, durch eine 6. Felge einfacher machen. Im Kofferraum stecken dann zwei mit Sommerreifen und fertig montierten Ketten bestückte Räder, die bei Bedarf gegen die Hinterräder ausgetauscht werden.

Wenn der BMW-Kofferraum allerdings schon so reichlich mit Gepäck gefüllt ist, daß kein weiteres Rad mehr Platz hat, hilft bei der Kettenmontage das Hochbocken des betreffenden Rades – so hindert der Radausschnitt wenigstens nicht. In beiden Fällen müssen das Auto und der Wagenheber gut gegen Wegrutschen gesichert werden.

Wenn Sie an die Anschaffung von Gleitschutzketten denken, dann kommen nur die tatsächlich feingliedrigen »Spurkreuzketten« in Frage. Ein Paar für die an unsere BMW-Modelle passenden Reifengrößen kostet etwa 300 DM. Selbstverständlich muß man beim Kauf seine genaue Reifengröße angeben, denn beispielsweise sind die Gleitschutzketten für den Diagonal-Reifen 6.00 S 13 nicht genau die gleichen wie für den »gleich großen« Gürtel-Reifen 165 SR 13.

Alle anderen Ketten, wie »Leiter-«, »Zickzack«, oder »Gummikreuz-Ketten« sollten überhaupt nicht zur Diskussion stehen, weil sie veraltet und gefährlich sind. Bei diesen Ketten liegt nämlich nicht ununterbrochen ein Kettenteil auf dem Boden. So kann es beim plötzlichen Bremsen auf Glatteis oder vereistem Schnee vorkommen, daß das eine Rad ungebremst Schlitten fährt, während das andere mit gerade aufliegender Kette gehemmt wird. Das ist der Anfang zu einer blitzartigen Karussellfahrt auf dem Eis, von der man nicht weiß, ob sie noch auf der Straße endet. Genauso ist es bei den Zickzack-Ketten, deren aufliegende Kettenteile stets schräg zur Fahrtrichtung des Wagens auf dem Boden liegen und ihn beim Bremsen in die dementsprechende Richtung ziehen. Zu Gleitschutzketten gehören als inoffizielles, aber unvermeidbares Zubehör eine Kombizange und eine Rolle besonders zäher Draht, damit man unterwegs etwa losgerissene Kettenglieder wieder anhängen kann.

Praktische Hilfen unterwegs

Für Fahrten im Winter nimmt man als kluger Autofahrer noch einige Hilfsmittel mit, die unterwegs sehr nützlich sein können.

■ Eis-Schaber, um vereiste Scheiben zu reinigen. Er muß aus Kunststoff sein, damit die Scheiben nicht verkratzt werden. Man kann ihn auch als »Teig-Schaber« im Haushaltwarengeschäft kaufen.

■ Sandsäckchen, um an vereister Steigung eine Fahrbahn zum Anfahren streuen zu können. Am besten sind dichte Leinen- oder Kunststoffsäckchen.
■ Schneeschaufel, um sich bei Schneefall einen Weg bahnen zu können. Damit es auch ein wirklich brauchbares Gerät ist, kein kleines Handschäufelchen mitnehmen, sondern möglichst eine breite Kohlenschaufel mit kurzem Stiel.
■ Anti-Beschlagtuch, mit dem die von innen beschlagene Windschutzscheibe und Heckscheibe abgerieben werden kann. Die Imprägnierung, die das Beschlagen etwa für eine Woche verhindert, reicht in dem Tuch für eine Saison. Dann wird es ausgewaschen und als normales Staubtuch weiter verwendet. Zwischendurch die Scheiben mal reinigen, da das Antibeschlagmittel Staub bindet und so die Sicht nachts verschlechtert.
■ Zwei alte Teppichstreifen, jeweils etwa einen halben Meter breit und mindestens 1,5 m lang aus einem alten Teppich oder Kokosläufer. Diese Stücke kann man zum Anfahren unter die Hinterräder legen, wenn es auf Glatteis nicht mehr weitergeht. Was für diesen Zweck im Zubehörhandel an Gummimatten usw. angeboten wird, taugt dagegen nicht viel. Wichtig ist, daß an beiden Stücken jeweils eine starke Schnur befestigt ist. Damit wird der Teppichstreifen auf der für ihn zuständigen Wagenseite an die hintere Stoßstange angehängt, bevor man ihn vor den antreibenden Hinterrädern ausbreitet. Wenn der Wagen mit Hilfe der Teppichstreifen nämlich an der Steigung endlich ins Rollen gekommen ist, zieht er die Streifen an der Stoßstange einfach hinterher, bis die Steigung genommen ist. Erst dann anhalten und die Streifen abhängen.
■ Defrosterspray gegen vereiste Windschutzscheiben auf die obere Scheibenhälfte sprühen. Beim Abschaben läuft das Mittel ab und löst so das tieferliegende Eis auf. Wenn das Eis noch nicht ganz aufgetaut ist, nicht die Scheibenwischer als Eisschaber verwenden. Die Sprühdosen sind teuer; billiger und nahezu ebenso wirkungsvoll geht es mit einfachem Brennspiritus.

Glanzteile im Winter

Im Winter muß das Autoblech stärker als im Sommer gegen Rostfraß geschützt werden. Denn der salzige Matsch, der von den Reifen nach allen Seiten hin verspritzt wird, ist für Metall das reinste Gift. Wo sich das Zeug absetzt, beginnt

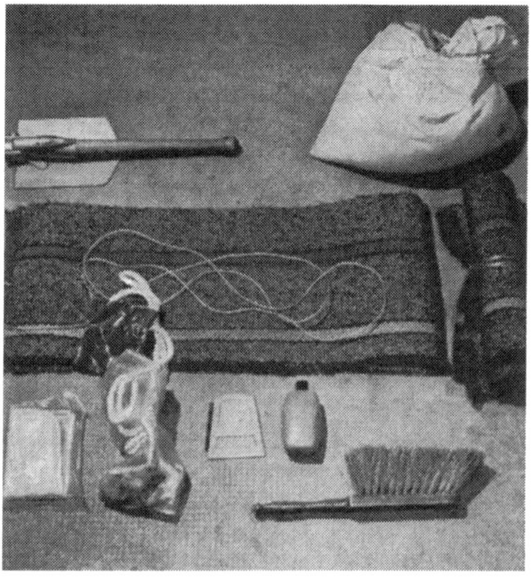

Für alle Winterfälle gerüstet und nicht kostspielig: zusammenklappbarer Grab-Spaten, Sandsack, Unterlegmatten aus alten Kokosläufern, Anti-Beschlagtuch, Abschleppseil, Eis-Schaber, Kunststoff-Flasche mit Brennspiritus und Handfeger Am besten verstaut man alles in einem festen Karton, damit es nicht im Kofferraum des Wagens umherpoltert.

Wenn das Türschloß im Winter doch einmal eingefroren ist, hilft kein Anhauchen und erst recht keine Gewalt. In letzterem Falle bricht der Türschlüssel ab, in ersterem wird die Eisschicht nur noch dicker. Einzige Hilfe ist ein Feuerzeug unter der Schlüsselspitze, bis man den Schlüssel kaum noch anfassen kann. Dann schnell ins Türschloß schieben und während der Auftauwirkung Schlüssel mit sanfter Gewalt drehen. Danach baldmöglichst Türschloß frostfest machen (siehe Seite 47).

bald der Rost zu blühen, wenn nicht eine Schutzschicht zwischen Salzwasser und Metall liegt.

Lack und vor allem Chrom sind in diesem Falle keine ausreichende Schutzschicht. Mit Leichtigkeit dringt das Salzwasser durch die feinsten Poren. Wichtig: Lack vor Winterbeginn gut konservieren, Wagen im Winter häufiger waschen, auch wenn der Wagen bald wieder schmutzig wird.

Das einfachste Schutzmittel für die Chrom- und Eloxalteile ist säurefreie Vaseline, aber sie wird durch hart anprallendes Spritzwasser mit der Zeit verdrängt und wirkungslos. Besser ist deshalb eine Sprühdose mit Chromschutzspray, den es von vielen Herstellern, z. B. Polifac, gibt. Weniger bewährt hat sich nach unserer Erfahrung der eifrig angepriesene Chromschutzlack, da vor dessen Aufsprühen das Metall auch in den Poren restlos trocken sein muß. Das ist es aber in der feuchten Herbst- und Winterluft praktisch nie, so daß der Rost unter dem luftabschließenden Lack weiterwirkt. Das gibt dann ein großes Wundern im nächsten Frühjahr.

Schutz für das Fahrwerk

Weniger auffällig, aber dafür sehr oft um so erschreckender rostet im Winter das Fahrgestell vor sich hin, wenn es ungeschützt dem Schneeschmelzwasser und den Auftausalzen ausgesetzt ist. Der mit Sand und Splitt durchsetzte Schneematsch arbeitet am Fahrgestell wie ein Sandstrahlgebläse, so daß das blanke Metall schutzlos allen Rostangriffen preisgegeben ist. Eine wirksame Konservierung des Fahrgestells (bzw. Nachkonservierung, wenn serienmäßig Unterbodenschutz geliefert wurde) ist deshalb vor dem Winter kein Luxus.

Um die richtige Entscheidung treffen zu können, muß man sich überlegen, wie lange man den Wagen behalten will. Sonst gibt man sein Geld womöglich für den Nachbesitzer aus. Zur Auswahl stehen drei Unterbodenschutz-Arten:

■ Saisonschutz ■ Langzeitschutz ■ Dauerschutz

Behalten Sie Ihren BMW nur zwei bis drei Jahre, kommt sowohl ein Saison- wie ein Langzeitschutz in Frage. Der Saisonschutz hält, wie der Name sagt, höchstens eine Saison, womit die Wintersaison gemeint ist. Aber der Schutz hält nicht an jeder Stelle des Unterbodens gleich lang vor. Unter Umständen genügt schon eine Fahrt auf frisch mit Splitt gestreuter Straße, um den Schutz in den Radkästen und an den Unterholmpartien, die im Abspritzwinkel der Räder liegen, zu durchlöchern.

So kann es vorkommen, daß man unter Umständen den Saisonschutz an den

hart strapazierten Stellen in kurzer Zeit nachbessern lassen muß, wenn man kein Risiko eingehen will. Und wenn man rechnet, daß der Saisonschutz-Erstauftrag etwa 40 bis 50 DM kostet, das Nachbessern jedesmal wieder mindestens 25 DM, kann man die Endsumme ausrechnen.
Der Langzeitschutz überdauert im Durchschnitt etwa zwei Winter, von gelegentlichen Nachbesserungen abgesehen, die sich bei ungünstigen Betriebsumständen ergeben können. Der Erstauftrag kostet mindestens 60 DM.
Wenn Sie Ihren BMW vier oder mehr Jahre behalten wollen, lohnt sich ein Dauerunterbodenschutz auf jeden Fall, denn er kostet zwischen 110 und 160 DM. Von regelmäßigen Kontrollen nach der Winterperiode und eventuellen Nachbesserungen abgesehen, haben Sie damit ausgesorgt.

Hohlraumversiegelung bedeutet Werterhalt

Aber auch die Hohlräume und unzugänglichen Karosserieinnenseiten sind ständig vom Rostfraß bedroht. Neben einigen Unternehmen wie Teroson entwickelte die Firma Pingo einen Hohlraumversiegeler, der sich durch hohe Kriechfähigkeit auszeichnet. Das Mittel dringt auch in versteckte Ritzen, in Naht- und Verbindungsstellen. Wesentlich ist es, daß auch Wasser unterwandert wird, denn Hohlräume kann man vor der Konservierung nicht trocknen. Rost wird bis zur Metalloberfläche durchdrungen und ein Weiterrosten wird verhindert.
Die Hohlraumkonservierung wird mit einer speziellen Sprühpistole, die mit besonders langen Düsen ausgestattet ist, gezielt in die Hohlräume des Autos gespritzt. Bereits vorhandene Löcher müssen eventuell erweitert werden, und unzugängliche Teile werden mit einem 8-mm-Bohrer angebohrt. Nach Beendigung des Konservierungsvorgangs schließt man die Bohrstellen mit einem Verschlußstopfen. Das ist eine Arbeit, die man kaum selber machen kann. Aber auch nicht jede Tankstelle oder Werkstatt, die sich zur Hohlraumversiegelung anbietet, ist für wirklich gute Arbeit geeignet. Da diese Arbeit an Ihrem Auto etwa 140 bis 170 Mark kostet, können Sie auch einige Bedingungen stellen:

■ Suchen Sie sich einen Spezialbetrieb, der für seine Hohlraumkonservierung einen guten Ruf hat. Oft sind es Lackierwerkstätten, wo Sie gut und sorgfältig bedient werden.

■ Lassen Sie sich bei der Vorbesprechung für diesen Auftrag (Beratung) einmal »so nebenbei« den genauen Hohlraumkonservierungsplan für Ihren BMW mit der Skizze des Fahrzeugs zeigen. Wenn man Ihnen einen solchen Spezialplan nicht vorführen kann, dann gehen Sie gleich ein Haus weiter, auch wenn man Ihnen eine vorzügliche Arbeit gelobt. Bei der Vielzahl der heutigen Personenwagen-Modelle ist es unmöglich, alle versteckten Hohlräume zu kennen. Es muß nach einem vorhandenen Plan gearbeitet werden.

■ Erforschen Sie bei dem Vorgespräch auch, bei welcher Firma der betreffende Spezialist der Werkstatt einen Fachlehrgang gemacht hat. Weiß man darauf keine Auskunft zu geben, ist hier nicht der richtige Ort für Sie. Sprühpistole und Bohrmaschine alleine genügen nicht zur Hohlraumkonservierung — diese muß in einem ordentlichen Kursus erlernt und geübt worden sein. Wenn diese Bedingungen für die Hohlraumkonservierung erfüllt sind und Sie bei der Arbeit möglichst noch ein wenig »interessiert« zugeschaut haben, dann ist Ihr Geld gut angelegt.

Fingerzeige: *Der Batterie muß man im Winter sein besonderes Augenmerk widmen. Sie wird beim Starten besonders stark beansprucht und kann nach völliger Entladung — weil über Nacht versehentlich eine Reihe Stromverbrau-*

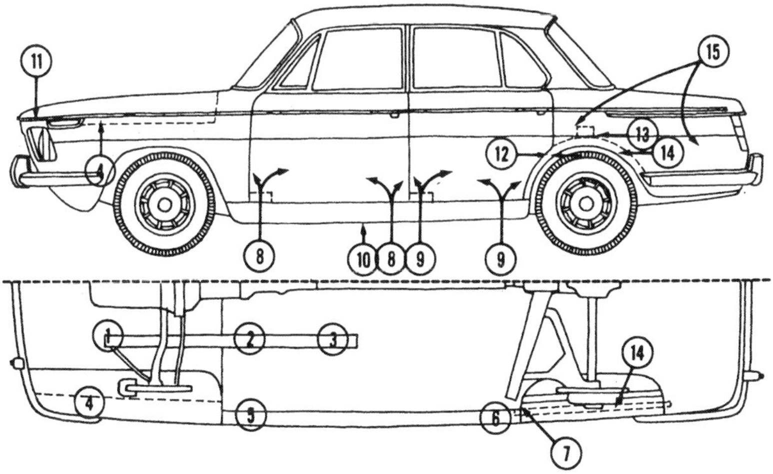

Als Beispiel hier der Arbeitsplan zur Hohlraumkonservierung der BMW 1500, 1600, 1800, 1800 TI von Valvoline (Tectyl). Zuerst sind alle Räder abzunehmen und die Scheinwerfereinfassungen zu demontieren. Danach sind mit einem 8-mm-Bohrer an den Punkten 1–7 sowie 12–14 vorhandene Löcher zu erweitern oder neue Einsprühlöcher zu bohren. Man sieht, das ist Spezialwerkstattarbeit und danach mangels geeigneter Sprüheinrichtungen keine Heimwerkerarbeit. Es bedeuten: 1, 2, 3 – Vordere Rahmenträger; 4 – Schottenträger; 5, 6 – Einstiegverkleidung; 7 – Innere Kotflügel-Versteifung; 8, 9 – Türen, sorgfältig durch die Entwässerungslöcher innen einsprühen; 10 – Unterboden; 11 – Frontverkleidung, vom Motorraum aus einsprühen; 12 – Hintere Türpfosten, innen besprühen; 13 – Kofferraumträger; 14 – Kotflügelversteifung; 15 – Heckverkleidung.

cher eingeschaltet war — bereits bei mittlerem Frost einfrieren. Das gibt Batterie-Totalschaden!

Die Gummileisten um die Türen reibt man intensiv mit Glyzerin ein. Dann können sie nicht einfrieren. Festgefrorene und aufgerissene Dichtleisten müssen in der Regel ersetzt werden.

Das eingefrorene Türschloß öffnet man mit dem erhitzten Schlüssel, dessen Spitze über die Flamme des Feuerzeugs gehalten wurde. Das Festfrieren der Türschlösser verhindert Frostschutzmittel, das man an einem dünnen Draht hineinlaufen läßt, wenn man keine alte Injektionsspritze vom Hausarzt hat. Gleiche Dienste leistet Knochenöl, das die Sperren des Schlosses nicht verklebt. Bei der winterlichen Wagenwäsche überdeckt man das Schloß mit einem Streifen Tesa-Film.

Bei Frostwetter soll man am abgestellten Wagen nicht die Handbremse anziehen, weil sich Spritzwasser angesammelt haben kann. Ein festgefrorenes Bremsseil kann man nur mit Wärme auftauen (heißes Wasser; in der Garage keinen Elektroofen mit offener Heizspirale benutzen!)

Eine mäßig geheizte Garage schadet im Winter mehr als eine solche ohne Heizung. Schmelzwasser und Luftfeuchtigkeit fördern die Korrosion; nutzen kann höchstens ein »überheizter« Abstellplatz.

Verpackungssorgen

Der Meinung, die Karosserie eines Autos habe vor allem den Zweck, diverse Chromleisten festzuhalten und das renommierte Markenzeichen herumzuzeigen, müssen wir entschieden widersprechen. Der Aufbau muß nicht nur sich selbst, sondern das ganze Auto zusammenhalten, auch wenn das dazu verwendete Blech so dünn ist, daß es sich unschwer mit nackter Hand einbeulen läßt – beispielsweise über dem Schloß der Kofferraumhaube, sehen Sie dort einmal genau hin nach einem Jahr. Nennt sich doch das Ganze »eine verwindungssteife selbsttragende Ganzstahl-Karosserie mit verschweißter Bodengruppe«. Das war bei BMW nicht immer so, und gerade in München hat man bis vor wenigen Jahren am handfesten Fahrgestellrahmen festgehalten. Aber diese konservative Bauweise kostete Kilogramm und schluckte PS.

Was ist demontierbar?

Da ist es bei der heutigen Bauweise immerhin zu loben, daß am BMW die Vorderkotflügel demontierbar sind. Das macht die Folgen des Zusammentreffens dieser Vorderkotflügel mit harten Gegenständen weniger kostspielig als bei fest mit der Karosserie verschweißten, denn beim BMW läßt sich der verbeulte Vorderkotflügel abschrauben und ersetzen, wenn keine weiteren Teile beschädigt sind.

Weiterhin lassen sich die Stoßstangen, die Türen, die Hauben, die Fenster und der Chromzierat an der BMW-Karosserie ohne Schweißapparat austauschen. Da diese demontierbaren Teile aber nur selten allein beschädigt werden, sondern bei einem Zusammenstoß zumeist auch die benachbarten Blechteile etwas abbekommen (was oft nicht ohne weiteres erkennbar, sondern erst nach genauem Vermessen festzustellen ist), lohnen sich Heimwerker-Klempnerarbeiten an der Karosserie zumeist nur nach leichten Schadensfällen. Der fachkundige Mann aus der Werkstatt muß sich dann mit seinen Spezial-Werkzeugen und Spezial-Meßgeräten der Sache annehmen.

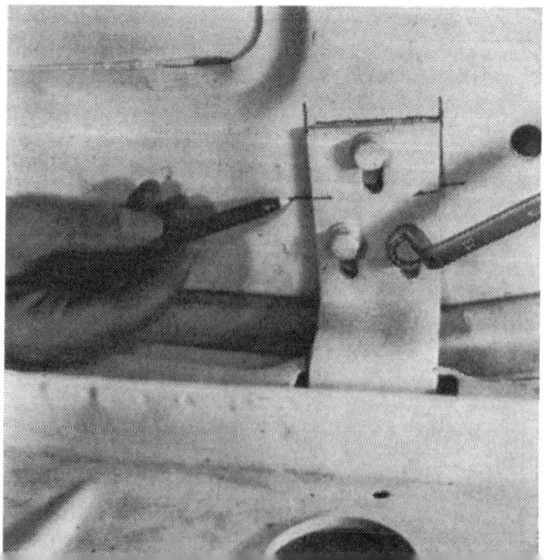

Soll die Motorraumhaube ausgebaut und später wieder eingebaut werden, spart man sich viele Mühe, wenn vor dem Lösen der Scharnierschrauben (SW 13 bzw. 14) mit scharfer Schraubenzieherkante oder Filzschreiber Markierungsstriche, wie auf dem Bild zu sehen, um und neben die Scharnierflansche gezogen werden. Nach diesen Markierungsstrichen wird die Haube beim Wiedereinbau ausgerichtet, wodurch alles umständliche Justieren der Haube nach gleichmäßigen Rundum-Abständen und Schloßpassung erspart bleibt.

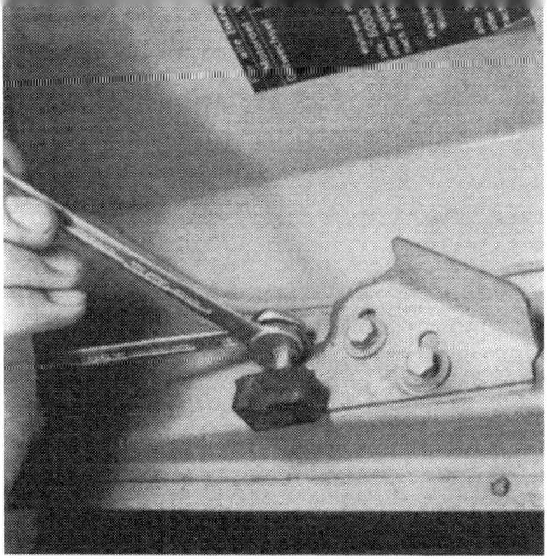

Wenn die geschlossene Motorhaube klappert oder sich kaum durch den Zugbügel unter dem Armaturenbrett schließen läßt, müssen diese Anschlagpuffer an beiden hinteren Enden der Motorhaube neu justiert werden. Die Grobeinstellung erlauben die Langlöcher im Pufferhaltebügel und die Feineinstellung des Gummipuffers ist durch **Verdrehen der beiden Kontermuttern** (SW 10; die beiden Schraubenschlüssel sind darauf angesetzt) möglich.

Die Motorhaube

Die geschlossene Motorhaube liegt richtig auf, wenn rundum der Abstand zu den beiden Kotflügeln, zur Windschutzscheibe und zur Oberkante der Frontwand annähernd gleich ist und dabei die seitlichen Zierleisten auf der Motorhaube (nicht bei allen Modellen) mit den anschließenden Türleisten genau in einer Richtung laufen. Liegt die Motorhaube zu locker auf, so daß sie bei schneller Fahrt stark vibriert oder gar flattert, sind die beiden Anschlagpuffer auf der Kotflügeloberseite (Bild oben) nachzustellen.

Stimmt die Richtung nicht, braucht man je einen Schraubenschlüssel SW 10, 13 (bzw. 14), einen Dorn und einen Kreuzschlitzschraubenzieher. Mit dem Schlüssel SW 13 (bzw. 14; am besten Ring- oder Steckschlüssel) zuerst die Scharniere an der Haubenvorderkante innen (Bild links unten) ein wenig lokkern. Ihre »Kastenschrauben« sitzen in Langlöchern und lassen sich seitlich sowie nach vorne oder hinten mit der Motorhaube verschieben. Hier läßt sich also bereits schiefer Haubensitz korrigieren. Unter Umständen müssen auch entsprechend die hinteren Schließbügel, die in die Haubenschlösser einrasten, etwas seitlich verschoben werden (beim 1600-2 ist das bei dem entsprechenden Stegblech nicht notwendig). Dabei dürfen sie nicht zu weit nach hinten versetzt werden, weil sie sonst bei einem Aufprall-Unfall die Motorhaube gegen die Windschutzscheibe (und damit in das Wageninnere) stoßen lassen. Das Schließbügelblech muß sich deshalb aus mindestens 3 mm Abstand zum Windlaufblech unterhalb der Windschutzscheibe unter dieses Windlaufblech schieben können (und damit die Haube festhalten). Sitzt hinten die Motorhaube zu tief oder zu hoch, muß das jeweilige Haubenschloß (siehe Bild unten) ent-

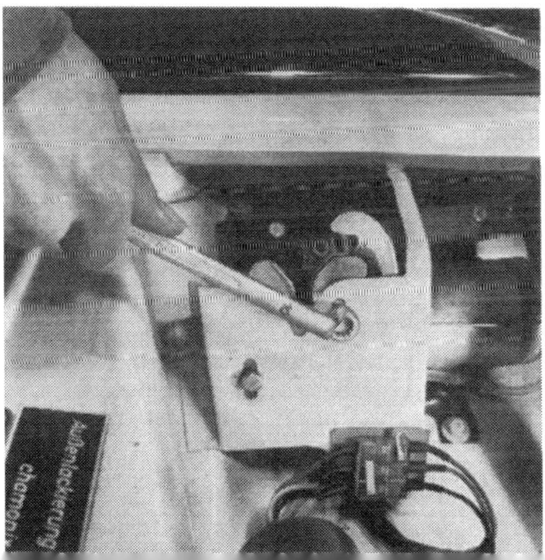

Liegt die Motorhaube hinten nicht »satt« auf, lassen sich die beiden Haubenschlösser nach Lösen der beiden Halteschrauben (SW 10) in den Schloßträgern durch die Langlöcher entsprechend tiefer stellen.

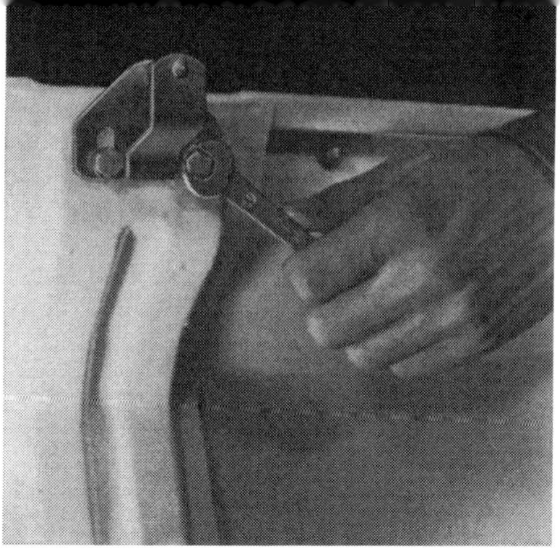

Wenn die Kofferraumhaube zu locker in ihrem Schloß sitzt oder sich nur mit sehr viel Kraft schließen läßt, kann das Versetzen des Schloßbügels auf der hinteren Kofferraumwand Abhilfe bringen. Der Schloßbügel sitzt in Langlöchern, so daß der Bügel nach oben oder unten verschiebbar ist, nachdem die beiden Sechskantschrauben (SW 10) gelockert wurden.

sprechend höher oder tiefer gestellt werden. Liegt die Haubenvorderkante zu hoch (erkennbar an seitlichen Zierleisten, die nicht genau in Richtung der anschließenden Zierleisten liegen) ist von der Wagenvorderseite her beidseitig das Kühlergrill mit dem Kreuzschlitzschraubenzieher auszubauen, die dahinter liegende Haubenscharnierbefestigung etwas zu lockern (Bild, Seite 144 unten) und bei geschlossener Haube entsprechend zu verstellen.

Haubenseilzug gerissen

Das ist, im Gegensatz zu anderen Wagen, beim BMW kein Drama, denn die Haubenschlösser werden nicht durch Zug geöffnet – wie z. B. bei Opel, Ford oder Audi –, sondern durch Zug geschlossen. Wenn also der Haubenseilzug reißt, öffnen sich die Haubenschlösser bzw. beim 1600-2 läßt sich durch Rütteln an der hinteren Haubenkante der quer über dem Motorraum liegende Schließbügel lösen. Man kann mit der nicht fest geschlossenen Motorhaube auch getrost zur nächsten Werkstatt fahren, denn der Wind drückt sie zu statt auf – einer der BMW-Sicherheitspunkte.
Ein neuer Seilzug wird zuerst in den Handzughebel im Fahrerraum eingehängt, dann durch das Zuführungsrohr geschoben, durch die Heizung hindurchgeführt, bei »Offen«-Stellung des Handzughebels in die Klemmschrauben der ebenfalls »offen« stehenden Schließhaken eingefädelt, worauf zuletzt diese Klemmschrauben fest angezogen werden.

Die Kofferraumhaube

Genau wie die Motorhaube muß die Kofferraumhaube rundum gleichmäßig aufliegen, die Visierrichtung der aneinander angrenzenden Zierleisten auf Kofferraumhaube und hinteren Türen (oder Wagenseite) muß stimmen, und die Haube darf nicht klappern. Andernfalls ähnlich wie bei der Motorhaube Scharnierschrauben lockern und Haube in den Langlöchern entsprechend verschieben. Das Klappern läßt sich durch Versetzen des Schloßbügels auf der Kofferraum-Rückwand innen (beim 1600-2 an der Haubenhinterkante) oder durch Justieren der seitlichen Hauben-Auflagepuffer abstellen.
Soll die Kofferraumhaube komplett ausgebaut werden, bei richtigem Sitz vorher Scharniere markieren, die Kabelsteckverbindung für die Kennzeichenleuchte im Kofferraum hinten links (unter Kunststoffverkleidung) auseinander ziehen, Scharnierschrauben und Heckklappenstützenschrauben lösen (wobei unbedingt ein Helfer zum Halten der Haube notwendig ist!) und Kofferraumhaube nach oben abheben. (Vorsicht beim Entspannen der Drehstabfedern!)

Hier die in ihre Einzelteile zerlegte vordere Stoßstange am 1600-2. Sie ist dreigeteilt, muß also bei Beschädigung nicht grundsätzlich komplett ausgetauscht werden. Wenn man nicht (zwecks »sportiver« Schau) ohne vordere Stoßstange umherfahren möchte, läßt man beim Ausbau die schwieriger demontierbaren Stoßstangenhalterungen (falls nicht beschädigt) am Wagen. Das notwendige Werkzeug liegt vorne rechts im Bild.

Bei abgeschlossenem Schloß (an der offenen Haube) läßt sich die BMW-Kofferraumhaube nicht schließen. Das vermeidet, daß man (etwa im Sommer beim Camping) den Wagen sorgfältig abschließt, Schlüssel in die Jackentasche steckt, diese Jacke in den Kofferraum legt und die Kofferraumhaube zuschmettert. Bei anderen Wagen ist der Schlüssel dann drin und der Fahrer draußen. Beim BMW kann das nicht passieren. Trotzdem kann der Kofferraumschlüssel nach versperrtem Schloß verlorengehen. Ist dann wenigstens der Wagen offen, kann man sich helfen: Hintere Sitzbank ausbauen (Bild, Seite 242), darunter befindliche Verkleidung beseitigen und durch den Kofferraum (der dann hoffentlich nicht bis oben hin gefüllt ist) mit einem Stock das Schloß von innen aufdrücken. Am besten an einem anderen BMW mit offener Kofferraumhaube sehen, wie man mit dem Stock stochern muß.

Vorderkotflügel austauschen

Einen Vorderkotflügel in Heimarbeit auszutauschen hat nur dann allenfalls Sinn, wenn keine angrenzenden Blechteile bei dem vorangegangenen Zusammenstoß mitbeschädigt und verbogen wurden. Leichtere Schäden werden direkt am Fahrzeug ausgebeult, verspachtelt und lackiert, wobei natürlich zwecks Bewegungsfreiheit das betreffende Rad demontiert ist. Wer sich doch an den Ausbau machen möchte: Je nach Modell sind die Vorderkotflügel von 12 bis 17 Blechschrauben am Radhaus gehalten. Vor deren Demontage müssen die Blinker und die zugehörigen Kabel ausgebaut werden.

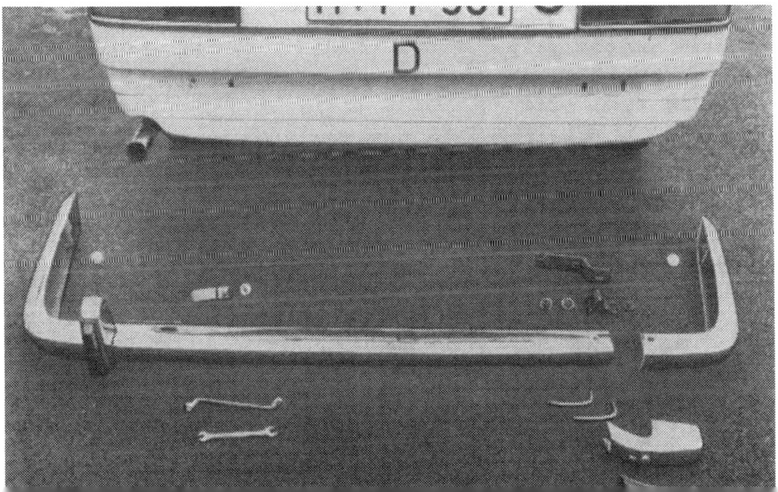

Die demontierte hintere Stoßstange des 2000, auf der rechten Seite in ihre Einzelteile zerlegt. Beim Ausbau darauf achten, daß die verschiedenen Unterlegscheiben, Distanzstopfen (beidseitig am Stoßstangen-Ende) und Unterlegstreifen (unter den Stoßstangenhörnern) nicht verlorengehen und wieder richtig mit eingebaut werden.

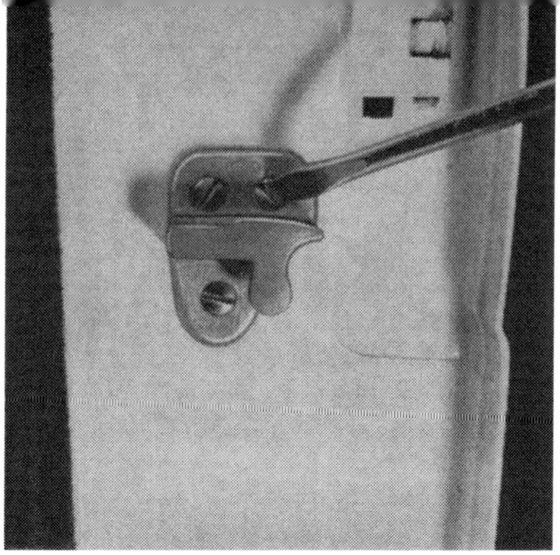

Wenn die Tür klappert oder ihre Außenseite nicht völlig flächenglatt mit den anschließenden Karosserieteilen liegt, läßt sich dies für die hintere Türkante durch Versetzen der Schließplatte auf dem hinteren Türholm beheben. Dazu ist ein kräftiger Schraubenzieher zum Lockern der 3 Halteschrauben der Schließplatte notwendig. Die Schließplatte kann nur seitlich versetzt werden, was am besten bei gelockerten Halteschrauben durch leichte Hammerschläge mit zwischengelegtem Holzstück geschieht.

Die Stoßstangen

Die BMW-Stoßstangen sind dreigeteilt. Es kostet also nicht immer gleich eine komplette Stoßstange, wenn diese Chromverzierung Schaden gelitten hat. Das Auswechseln der Stoßstangen ist einfach und in den Bildern der vorhergehenden Seiten gezeigt.

Die Türen

Je nach Typ sind bei den BMW zwei oder vier Türen eingebaut. Wenn auch in der Ausführung unterschiedlich, so sind die vorderen und hinteren Türen im Prinzip doch gleich. Beim Ausbau der Tür macht das Lösen der beiden Scharniere (je drei Kreuzschlitzschrauben) keinerlei Schwierigkeiten. Nicht ganz so einfach ist das vorhergehende Lösen des stählernen Türhalte-»Bandes«, der »Türbremse«. Bei älteren BMW ist dort nur der senkrechte Befestigungsbolzen neben dem Türrahmen mit Schraubenzieher und Gabelschlüssel SW 9 auszubauen. Neuerdings sitzt dort jedoch ein Nietbolzen, der mit Hammer und scharfem Meißel zuerst unten geköpft und dann nach oben mit einem Dorn herausgeschlagen werden muß.

Türen justieren

Wenn eine Tür nicht einwandfrei in den Rahmenholmen sitzt, weil sie z. B. beim Öffnen des schräg stehenden Wagens hart auf den Bürgersteig aufgeschlagen ist, muß je nach Korrektur-Notwendigkeit unterschiedlich justiert werden. Sitzt die Tür an der schloßseitigen Kante nicht flächenglatt zum anschließenden Karosserieteil, kann dies durch seitliches Verschieben der Tür-

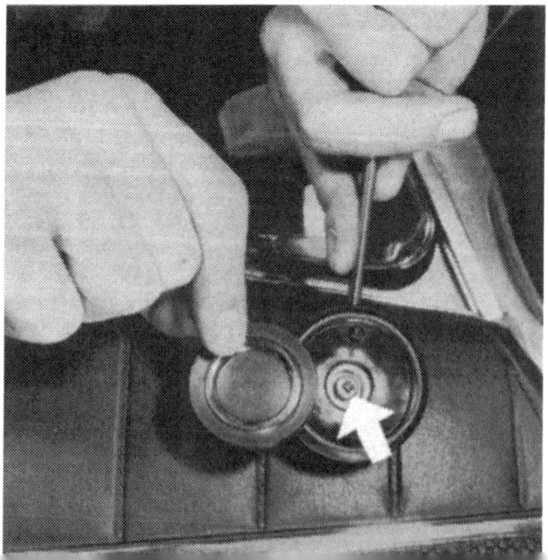

Der Drehgriff des vorderen Ausstellfensters ist in seiner Mitte von einer Kreuzschlitzschraube (weißer Pfeil) gehalten, die ihrerseits unter einem Lederdeckelchen versteckt ist. Diese Abdeckscheibe muß von der Drehgriff-Rückseite her durch eine Bohrung mit einem abgewinkelten Draht oder einem schmalen Winkelschraubenzieher (wie hier) herausgedrückt werden, um die Schraube lösen zu können.

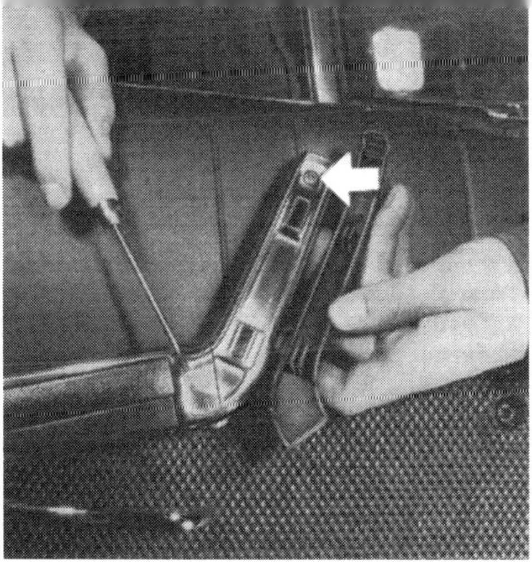

Die Fensterkurbeln und Haltebügel an den Tür-Innenseiten der verschiedenen BMW-Modelle haben zumeist kleine Abdeckleisten, unter denen die Halteschrauben der betreffenden Teile versteckt liegen. Diese Abdeckleisten lassen sich mit feinem Schraubenzieher, wie hier am Haltebügel des 2000 gezeigt, von einer Seite her abhebeln und dabei seitlich aus ihren Halteöffnungen schieben. An den Armstützen sind es unverdeckte, aber tief liegende Kreuzschlitzschrauben, die zur Demontage zu lösen sind.

raste behoben werden (Bild links oben). Liegt die Tür auf der Scharnierseite nicht flächenglatt an, sind diese Scharniere wie zum Ausbau der Tür an den Türholmen leicht zu lockern, die Tür ist entsprechend nach außen oder innen zu versetzen.

Türverkleidung ausbauen

Obwohl die Türen der verschiedenen BMW-Modelle unterschiedlich verkleidet (»aufgerüstet«) sind, ist das Lösen der einzelnen Teile im Prinzip doch überall (bei BMW) gleich. Das »Abrüsten« der Tür kann zum Justieren oder Instandsetzen des Fensterhebermechanismus, zum Einsetzen eines neuen Fensters oder zum Beseitigen von Innenrost notwendig werden.
Zuerst Knopf der Türsicherung abdrehen, Kreuzschlitzschrauben an den Rändern der Türverkleidung losschrauben, dann Ausstellfensterdrehgriff, Fensterkurbel, Türinnengriff und Armstütze lösen (siehe Bilder). Zuletzt seitlich mit Hand unter rundum losgeschraubte Innenverkleidung fassen und diese mit kurzen Rucken aus ihren Federklammern ziehen. Unter Türinnengriff, Fensterkurbel und Drehgriff sitzen Kegelfedern, die beim Wiedereinbau mit dem kleineren Durchmesser zur Tür zeigen müssen. Unter der Türverkleidung ist auf den Türkasten eine Kunststoff-Folie geklebt. Sie muß zu Instandsetzungen am Fensterhebermechanismus, Türschloß usw. vorsichtig abgezogen und vor dem Wiedereinbau der Türverkleidung sorgfältig wieder angeklebt werden. Wird das versäumt, kann Tropfwasser, das von oben durch den Fensterspalt in den Türkasten eindringt, die Türverkleidung von innen verschimmeln und verderben lassen.

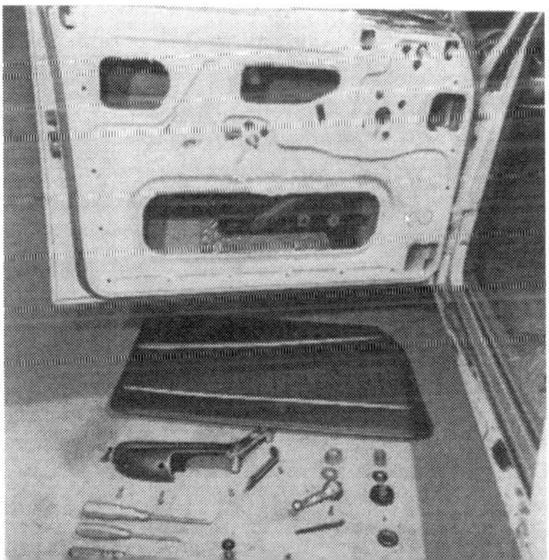

Eine »abgerüstete« Tür des 2000 mit ihren Einzelteilen. Es fehlt lediglich die Abdeckfolie, welche unter der Innenverkleidung auf den Türkasten geklebt ist und beim Zusammenbau nicht vergessen werden darf. Sie schützt die Rückseite der Innenverkleidung vor der Feuchtigkeit, die von oben durch den Türfensterschlitz eindringt. Ist die serienmäßige Folie beim Abbau zerrissen, kann man sich aus Meter-Ware (am billigsten im Gärtnereibedarf) ein neues passendes Stück zuschneiden und mit jedem beliebigen Kleber einkleben. Allerdings ist dann bei der nächsten Demontage wieder ein neues Stück fällig.

Die Türscheiben

Um den Fensterhebermechanismus wieder gängig zu machen, die Fensterrahmen zu justieren (bzw. bei den rahmenlosen Türen, z. b. 1600-2, die Fensterführung einzustellen) oder eine neue Scheibe einzusetzen, muß, wie eben beschrieben, zuerst die Türverkleidung ausgebaut werden. Wer sich aufgrund genügender Sachkenntnis an diese Arbeiten wagt, kann an den verschiedenen Schrauben am und im freigelegten Türkasten erkennen, wo der Hebel angesetzt werden muß, denn die Vielfalt der BMW-Modelle läßt im Rahmen eines solchen Handbuches nicht die Beschreibung aller dieser unterschiedlichen Konstruktionen zu. Jedoch einige Fingerzeige dazu:

Fingerzeige: *Wenn starke Windgeräusche und Zugluft beim Fahren erkennen lassen, daß der Fensterrahmen oder die rahmenlose Scheibe am oberen Türholm nicht dicht genug anliegt (Stelle ermitteln: Verdächtige Zwischenräume Zug um Zug mit Tesakrepp abkleben – Fahrprobe – pfeift es noch?), dann muß die Fensterführung justiert werden. Dazu sind die Befestigungsschrauben des Fensterrahmens unten im Radkasten und vor allem die unteren Haltewinkel ganz unten im Türkasten innen zu lösen und bei geschlossener Tür so zu verschieben und wieder anzuziehen, daß der Fensterrahmen oben dicht anliegt.*
Läßt sich eine Fensterscheibe in ihrem Fensterrahmen nur schwer auf- und abwärts drehen, kann es – muß aber nicht – am Kurbelmechanismus im Türkasten liegen. Zuerst sollte man jedoch prüfen, ob sich die Scheibe in ihrer Führung verkantet und dadurch schwer geht. Dann hat sie in der Fensterführung zu viel Spiel. Der Fehler ist durch einen schmalen Kunststoffstreifen (schmal geschnittener Streifen Resopal; jedenfalls wasserunempfindliches Material) zu beheben, der bei heruntergekurbeltem Fenster innen in die Führung eingelegt wird und zwischen dieser und der Scheibe bleibt.
Sitzt eine Scheibe zu stramm beim neuen Wagen, kann man die Fensterführung mit etwas Vaseline einreiben und die Scheibe läuft »wie geschmiert«.
Läßt sich das Ausstellfenster zu leicht oder zu schwer drehen, ist vom Türkasten aus die Ausstellfensterachse nachzustellen. Die Drehhemmung bewirkt eine Schraubenfeder um diese Achse, die von zwei Kontermuttern gehalten wird. Je nachdem ist diese Schraubenfeder fester anzuziehen oder zu lockern. Bei einigen Modellen sitzt dort jedoch ein Schneckengetriebe, das bei Schwergängigkeit demontiert, gereinigt und neu eingefettet werden muß.

Fenster austauschen

Allenfalls, vom Einsetzen neuer Türscheiben abgesehen, möchten wir vor dem Heimwerker-Einsetzen neuer Scheiben, also Windschutzscheibe und Rückscheibe, warnen. Erstens brechen bei ungeschickter Handhabung die Scheiben leicht. Dann hat man nur noch höhere Kosten, denn die Scheiben sind teurer als die Einbauarbeit. Wenn dagegen dem Mann in der Werkstatt beim Einsetzen eine Windschutzscheibe bricht, war es seine Schuld. Zweitens muß nach dem Einbau jeder Scheibe mit einer besonderen Druckpresse Dichtungsmasse zwischen die Gummifassung der Scheibe und den Karosserierand gedrückt werden. Da diese Dichtungsmasse nicht eintrocknet, kann man sich bereits beim Ausbau einer Scheibe empfindlich das Wageninnere verschmieren. Diese Dichtungsmasse ist übrigens werkseitig vergessen oder nicht in genügender Menge eingepreßt, wenn bei starkem Regen Wasser in den Wagen eindringt. Das kommt gelegentlich vor und sollte bald behoben werden.

Die gute Stube

Wer viel im Auto unterwegs ist, möchte darin so sauber und angenehm wie zu Hause im Wohnzimmer sitzen. Manche Leute machen es sich darin ganz besonders gemütlich, wie sie meinen, hängen einen Hampelmann oder derartiges an den Rückspiegel und kleben das Heckfenster mit Erinnerungsplaketten an Rimini und Aßmannshausen zu. Wenn Sie uns fragen, also wir finden ein gesticktes Sofakissen auf der hinteren Sitzbank – aber nicht vor dem Heckfenster! – weitaus gemütlicher, weil fahrtechnisch weniger fragwürdig.

Reinlichkeit an erster Stelle

Vor allem gehört es zu jeder Wagenwäsche, daß der Bodenteppich abgebürstet oder – noch besser – mit dem Staubsauger gereinigt wird. Der Bodenteppich ist in der Regel zusammen mit einer darunter befindlichen Dämmplatte aufgeklebt. Bis zum eigentlichen Blechboden kann man also nicht vordringen. So läßt es sich besonders im Winter nach vielem Einsteigen mit schneenassen Schuhen nicht vermeiden, daß sich der Bodenteppich allmählich intensiv einfeuchtet. Bleibt bei anschließendem trockenem Wetter der Wagen dann immer geschlossen – wegen Laternengarage beispielsweise –, riecht es über diesem Boden bald wie in einem ungelüfteten Kartoffelkeller. Deshalb in der Garage im Winter über Nacht alle Fenster – und wenn vorhanden, auch das Schiebedach – stets offen halten und an einem sonnigen Tag den Wagen sperrangelweit geöffnet in's Freie stellen, damit die Bodenmatten gründlich austrocknen können. Vermeiden Sie vor allem, im Winter Streusalz mit den Schuhen ins Auto zu schleppen – der Teppich wird nie mehr trocken, denn das Salz zieht immer wieder Wasser an.

Den Kunststoff-Himmel, mit dem die Dachunterseite bespannt ist, reinigt man wie die Sitzbezüge auf keinen Fall mit Benzin oder Fleckenwasser, denn damit lassen sich viele Kunststoffarten auflösen, so daß es nicht mehr reparierbare Flecken und Schäden gibt. Statt dessen versucht man es erst einmal mit einem feuchten Schwamm und etwas Seifenschaum. Noch schneller und intensiver geht es mit einem Plastik-Reiniger, den es von verschiedenen guten Pflegemittelfirmen gibt, beispielsweise Pyrmofix Plastoclean (kleine Blechflasche mit 250 Gramm Inhalt kostet mit kleinem Spezialschwamm 4,50 DM) oder Pingo-Plastikreiniger in gleicher Menge zu gleichem Preis.

Die Sitzpolster, soweit sie aus Textilien sind, müssen regelmäßig ausgebürstet oder mit einem Staubsauger gereinigt werden. Trotzdem wird es dort, ebenso wie auf dem Teppichboden, gelegentlich Schmutzflecken geben. Wir haben besonders gute Erfahrungen mit dem dicken weißen Reinigungsschaum des Aral-Polsterschaumreinigers (Spraydose mit Spezial-Aufsteckbürste etwa 5,50 DM, auch im Haushalt sehr brauchbar) gemacht. Öl-, Fett- oder Teerflecken in den Polstern haben sich recht gut mit Teer-Entferner von Pingo (Spraydose

Zum Ausbauen der Vordersitze werden diese jeweils einmal so weit wie möglich nach vorne und dann nach hinten gerückt und dabei die jeweils freiliegenden Halteschrauben der Sitzschienen (SW 10, weiße Pfeile) gelöst. Vorne wird ein Gabel- oder Ringschlüssel, hinten ein Steckschlüssel benötigt. Zur besseren Veranschaulichung haben wir hier die mittlere Sitzschiene ohne Sitz (man muß sich ihn dazudenken) fotografiert.

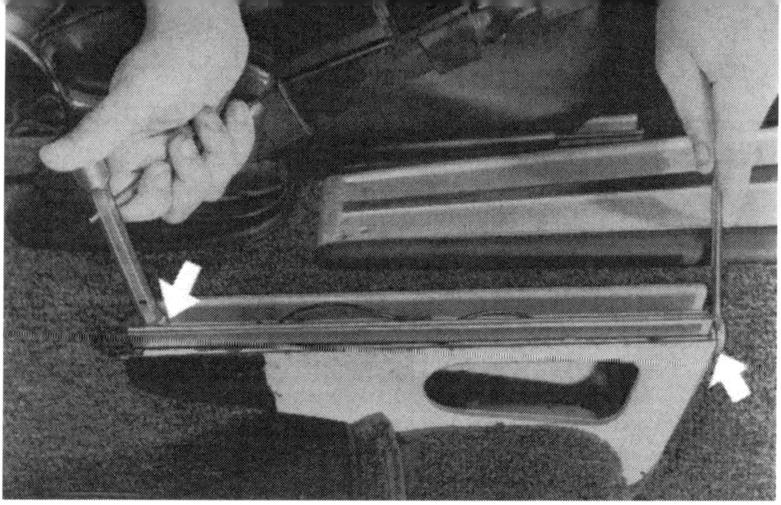

4,50 DM) und »alwi« (Spraydose 5,90 DM) beseitigen lassen. Beide Mittel verdunsten rückstandslos (deshalb sind nicht alle Teerentferner an Polstern brauchbar) und sind »wasserlöslich«, so daß man auch noch nachwaschen kann.

Seitenverkleidungen ausbauen

Wie die Innenverkleidungen der Türen ausgebaut werden können, ist bereits im vorhergehenden Kapitel auf Seite 239 beschrieben. Bei den zweitürigen Limousinen lassen sich die hinteren Seitenverkleidungen auf gleiche Art lösen. Armstützen und sonstige Beschläge sind in der Regel mit verdeckten Kreuzschlitzschrauben befestigt, die Seitenverkleidungen selbst werden von äußerlich erkennbaren Kreuzschlitzschrauben und verdeckten, auf der Innenseite sitzenden Federklammern im Karosserieblech gehalten. Die Federklammern lassen sich mit leichtem Ruck (seitlich unter Verkleidung greifen) abziehen und müssen beim Anbau genau auf die Löcher im Karosserieblech angesetzt werden, sonst gehen sie beim notwendigen Handballenschlag, der sie hineintreiben soll, verbogen und sind damit unbrauchbar.

Dachverkleidung instandsetzen

Die innere Dachverkleidung wird als »Himmel« bezeichnet. Daß dieser himmlische Plastikstoff nicht mit Benzin gereinigt werden darf, sagten wir schon. Aber auch sonst sollte dieser irdische Himmel einem Heimwerker heilig sein. Es gelingt nämlich nach unseren Erfahrungen nur dem versierten Fachmann, einen neuen Himmel so einzubauen, daß er weder Falten schlägt, noch eines Tages den Insassen auf die Köpfe fällt. Also: Werkstatt-Sache oder Autopolsterei aufsuchen.

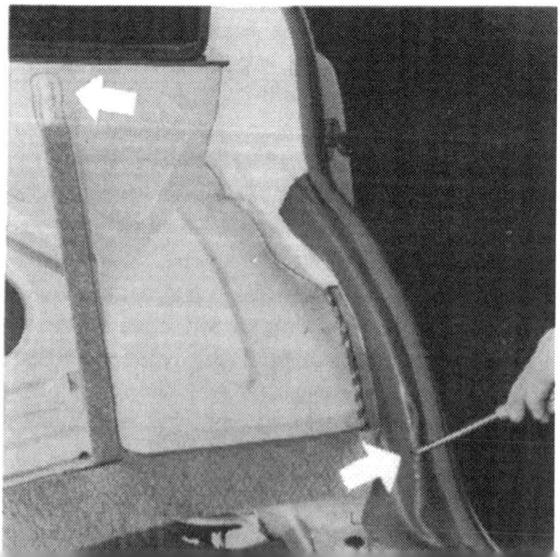

Die hintere Sitzbank ist zum Ausbau lediglich an der Vorderkante etwas anzurucken und herauszuheben. Für die Rückenlehne ist unten beidseitig je eine Kreuzschlitzschraube (unterer, weißer Pfeil weist auf die Bohrung) zu lösen und dann die Rückenlehne nach oben aus zwei Blechzungen (oberer, weißer Pfeil) auszuhängen.

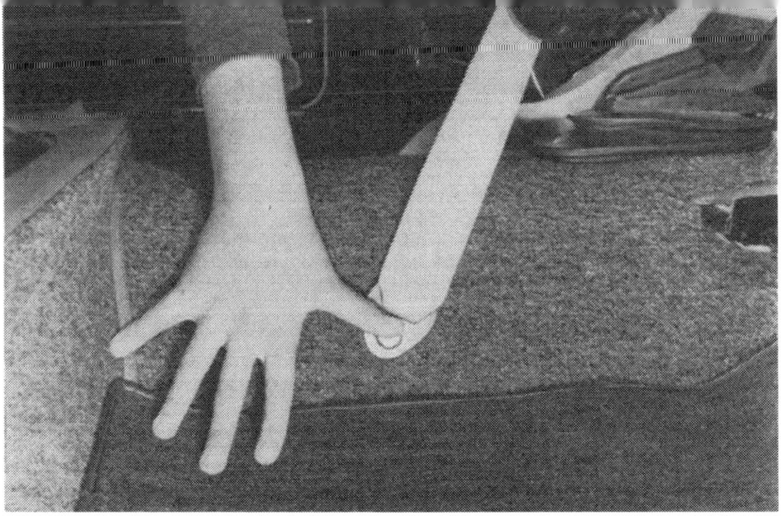

Für den Einbau von Sicherheitsgurten sind von BMW bereits stabile Befestigungspunkte vorgearbeitet. Die unter der Verkleidung des Kardantunnels liegende Mittelbefestigung muß man durch Daumendruck ertasten (sie liegt eine knappe Handspanne vor dem Fersenblech der hinteren Sitzbank) und an dieser Stelle mit scharfem Messer durch kreisrunden Schnitt freilegen.

Einbau von Sicherheitsgurten

Wenn Sie sich Sicherheitsgurte für Ihr Auto anschaffen, sollten es möglichst »Dreipunkt-Gurte« sein. Sie allein geben wirkliche Sicherheit bei einem Zusammenprall, indem sie sowohl den Oberkörper wie auch das Becken – und mit ihm die Beine – festhalten. Schrägschultergurte halten dagegen nur den Oberkörper, während die Knie ungehemmt vorprallen können. Vor der dritten Art, den Beckengurten, möchten wir sogar ausgesprochen warnen. Bei diesen geht nur ein Gurt über den Unterleib. Bei einem Zusammenstoß fliegt dann der nicht gehaltene Oberkörper im sogenannten »Taschenmesser-Effekt« mit erhöhter Wucht nach vorne – es gibt schwere Kopfverletzungen. Den besten Schutz bietet also die Kombination, der Dreipunktgurt.

Ein Paar Automatik-Sicherheitsgurte — also für Fahrer und Beifahrer, der nach der Unfallstatistik besonders gefährdet ist – kostet von der für ihre guten Gurte bekannten Firma Römer, Ulm, rund 200 DM. Dabei ist zu beachten, daß Sicherheitsgurte für jedes Personenwagen-Modell besonders ausgestattet werden müssen, um den speziellen Befestigungsmöglichkeiten an der Karosserie, den vorgearbeiteten Einbaugewinden, dem Sitzbau und anderen konstruktiven Einzelheiten zu entsprechen. Man muß also bei der Bestellung von Sicherheitsgurten eindeutig sagen, für welches BMW-Modell man die Sicherheitsgurte haben will.

Wo die Befestigungslöcher beispielsweise beim BMW 2000 zu finden sind, zeigen unsere Bilder. Selbsteinbau ist, da keine Befestigungslöcher zu bohren sind (sonst würden wir vom Selbsteinbau abraten), durchaus möglich, vorausgesetzt, man hat den wirklich passenden Gurt-Typ gekauft.

Zur außenseitigen Befestigung der Sicherheitsgurte sitzt oben ein vorgearbeiteter Befestigungspunkt im Türholm (oberer, weißer Pfeil) und dasselbe noch einmal senkrecht darunter im Bodenrahmen (weißer Pfeil unten) unter der Innenverkleidung. An diesem 2000 ist nur ein Zweipunktgurt eingebaut (unterer Befestigungspunkt ungenutzt), wir möchten Dreipunktgurte empfehlen.

Anzügliches

So gut Sie Ihren BMW auch kennen und so oft Sie sich vielleicht schon zu helfen wußten – eines Tages kann es doch einmal passieren, daß Sie hilflos am Straßenrand stehen, weil irgendetwas am Wagen streikt. Ihr Wagen müßte abgeschleppt werden. Natürlich können Sie sich einen Abschleppdienst herbeirufen lassen. Aber das wird in der Regel eine sehr saftige Rechnung geben – auch bei verhältnismäßig kurzen Strecken kann der Mann vom Abschleppdienst die Hand für 100 DM aufhalten. Billiger ist es, wenn Sie ein mildtätiger Zeitgenosse mit seinem Wagen ins Schlepptau nimmt. Sie können ihn nachher zu einem fürstlichen Essen einladen und haben doch noch Geld gespart.

Eigenes Seil empfehlenswert

Unter der Kofferraumhaube Ihres BMW sollte ein eigenes Abschleppseil liegen. Man hat nur selten Glück, wenn man sich bei dieser Gelegenheit auf die Abschleppseile anderer Leute verlassen muß. Wenn Sie jedoch Ihr eigenes Abschleppseil am Wagen befestigen und mit dem anderen Ende hilfeheischend winken, weiß jeder Autofahrer auf hundert Meter, was Sie wollen. Schneller als Sie es zu hoffen wagen, wird jemand anhalten und Ihr Seil anhängen, weil Sie ja schon alles vorbereitet haben.

Mit seinem zulässigen Gesamtgewicht von 1320 kg des BMW 1600-2 bis 1550 kg des BMW 2000 sind die BMW-Modelle schon ansehnliche Brocken. Das allerleichteste Seilchen wird also nur selten ausreichen. Es muß schon etwas Stabiles, wenn auch nicht gleich ein Schiffstau sein.

Es bieten sich drei Seiltypen an: Perlon oder Nylon, Hanfseil und Stahltrosse. Jeder Typ hat seine Vor- und seine Nachteile. Perlon- und Nylonseile dehnen sich beim Anschleppen, vermeiden also am leichtesten, daß beim Anrucken an den beiden Fahrzeugen etwas verbogen wird. Dafür sind Perlonseile scheuer- und hitzeempfindlich: Wenn sie an einer Karosseriekante oder Stoßstange schaben oder an den heißen Auspuff kommen, sind sie schnell hin. Deshalb muß ein Perlonseil unbedingt verschiebbare Ledermanschetten haben, die es vor scharfen Kanten und heißem Auspuff schützen.

Hanfseile als andere Lösung sind besonders preiswert, aber dick, so daß sie sich nicht überall einfädeln lassen. Außerdem läßt sich ein naß geregneter Hanfseilknoten kaum noch lösen, wenn es nicht ein kunstgerechter Seemannsknoten ist. Und schließlich sind Hanfseile wenig elastisch, so daß man sie niemals an einer Stoßstange zum Schleppen befestigen darf.

Stahlseile sind ziemlich spröde zu handhaben und überhaupt nicht nachgiebig. Wenn man diese Sorte ins Auge faßt, dann unbedingt mit »Ruckdämpfer«. Das ist ein Gummistück, das aus der Seilmitte eine dehnfähige Schlinge bildet. Stahlseile haben andererseits den Vorteil, daß man mit ihnen auch einen Wagen aus dem Graben zerren kann.

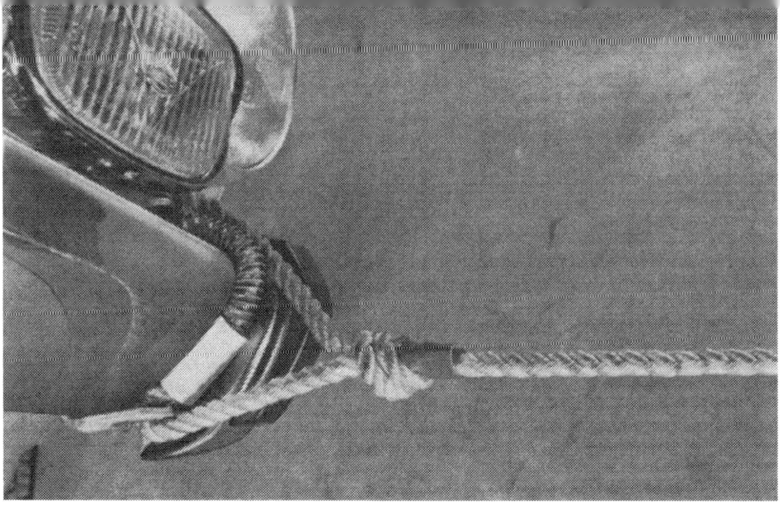

Nur wer sich auf das Abschleppen mit Gefühl versteht, kann ein Perlonseil mit Befestigungskrallen für die Stoßstangen benutzen (beispielsweise von Apa), aber auch nur dort, wo die Stoßstangenhalterung direkt dahinter sitzt und halten hilft. Man braucht zum Anhängen sich nicht unter den Wagen zu bücken, sondern die Halteklammern werden einfach über die Stoßstange geschoben.

Im Schlepptau

Jeder BMW hat hinten eine Abschleppöse (Bild nächste Seite). Auch vorne ist – abgesehen von den ersten 1500, 1600 und 1800 – am rechtsseitigen Vorderachsträger eine Abschleppöse zu finden.

Beide serienmäßigen Schleppösen sind, wie leider bei den meisten Fahrzeugen, für viele handelsübliche Abschleppseilverschlüsse zu klein. Was tun? Eine doppelte Seilschlinge hindurchzufädeln, ist recht mißlich, weil das dadurch verkürzte Seil sowieso schon zumeist kürzer als vernünftig ist. Die beste Lösung ist ein kurzes, kräftiges Drahtseil mit 2 eingeflochtenen Ösen (wie man es zum Absperren des Fahrrades benutzt), das mit einem »Schäkel« (so nennen das die Bootsfahrer) verschlossen ist. Da läßt sich jedes Abschleppseil durchziehen.

Fehlt es aber an solchem Hilfsmittel oder sind die BMW-Haken unbrauchbar, muß vorne das Seil um den stabilen Vorderachsträger geschlungen werden (wozu man leider unter den Wagen kriechen muß). Auf keinen Fall darf der Querlenker eines Rades (der Teil, mit dem das Rad am Vorderachsträger beweglich befestigt ist) oder der Drehstab-Stabilisator (die dünne Stange quer vor dem Vorderachsträger) zur Seilbefestigung benutzt werden. Das kann ärgerliche Fahrwerkschäden geben.

Schlepp-Probleme mit der Automatik

Besondere Probleme haben allerdings die Besitzer eines BMW mit Automatik-Getriebe. Das läuft ja mit (Schaltstellung »0«), verträgt diesen Fremdantrieb aber nur eine kurze Strecke. BMW nennt eine Entfernung von 45 bis 50 Kilometer und eine Abschlepphöchstgeschwindigkeit von 50 km/h. Vor einer

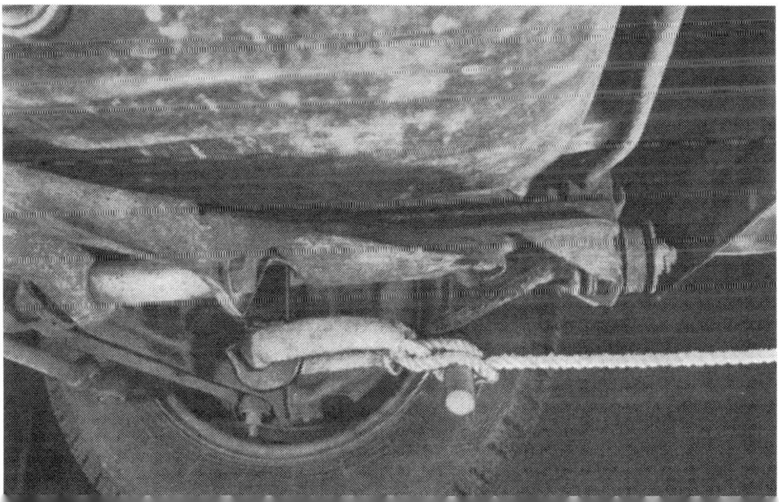

Zum Abschleppenlassen haben alle BMW der »Neuen Klasse« vorne am rechten Vorderachsträger eine Abschleppöse, die unter der vorderen Karosserieblechkante gut zu erreichen ist. Für die älteren BMW 1500/1600 und 1800 gibt es einen leicht montierbaren Abschlepphaken von der Firma Porohaus (wie hier auf dem Bild gezeigt), der »fahrgeometrisch« günstiger links angebracht wird, aber etwas weiter zurück als die serienmäßige Abschleppöse liegt.

BMW-Fahrer sind Menschenfreunde, zumal ihnen die Hilfsbereitschaft durch eine leichtzugänglich angebrachte Abschleppöse unten hinten am Reserveradgehäuse liebenswürdig vom Werk erleichtert wird. Zur Benutzung zugunsten bedauernswerter Liegengebliebener freundlichst empfohlen. BMW-Motoren sind kräftig, ihnen macht das Abschleppen nichts aus.

längeren Abschleppfahrt muß die »Kardanwelle« ausgebaut werden, was unterwegs nicht so einfach ist. Auch Abschleppdienste müssen zur Befolgung dieser BMW-Vorschrift gezwungen werden, falls sie nicht den BMW mit dem Heck an den Kran ihres Abschleppwagens hängen und rückwärts abschleppen können. Beim normalen Abschleppen »vergessen« Abschleppfahrer gerne die speziellen Automatik-Vorschriften – den Getriebeschaden haben sie ja nicht zu zahlen.

Einen anderen abschleppen

Als guter Mensch, der man ist, wird man sich unterwegs nicht lange bitten lassen, wenn ein anderer Autofahrer mit Kummermiene neben seinem Wagen steht. Für die kräftigen BMW-Motore (auch die Automatik-Getriebe) ist das kein Problem, sie werden bei etwas »Gewußt wie« mit jedem Straßenkreuzer fertig. Zumal sich in Wagenmitte hinten eine gut zugängliche Abschleppöse an jedem BMW findet.

Schleppfahrt mit Gefühl

Abschleppseile bringt man in der Regel in Fahrtrichtung links an, sowohl vorne wie hinten. Dadurch hat der Fahrer des abgeschleppten Fahrzeuges das Seil unmittelbar vor Augen. Denn er muß ja wachsam darauf achten, daß es immer straff gespannt ist. Die Fußspitze hat er stets am – nicht auf! – dem Bremspedal, damit er sofort ganz sanft bremsen kann, falls das Seil einmal durchhängt. Bei hartem Bremsen würde es entweder reißen oder an einem der Wagen geht etwas verbogen. (Deshalb Zündung wegen Bremslicht einschalten).
Die Linksanbringung des Abschleppseiles ist auch wegen der Gewichtsverteilung in den beiden Wagen – links sitzen die mehr oder weniger gewichtigen Fahrer – günstiger. (Deshalb auch unsere Kritik an der rechtseitigen vorderen BMW-Abschleppöse). Die Beifahrer steigen zur Erleichterung des Schleppgewichtes möglichst in das abschleppende Fahrzeug um.
Das Abschleppen ist nach den Gesetzen eine Notmaßnahme. Es darf nur dazu dienen, einen aus eigener Kraft nicht fahrfähigen Wagen in die nächste zumutbare Werkstatt oder an seinen nahegelegenen Heimatort zu bringen. Der Fahrer des abgeschleppten Fahrzeuges braucht nicht einmal einen Führerschein zu besitzen. Führerschein Klasse 2 ist für den Fahrer des schleppenden Wagens nicht erforderlich. Lassen Sie sich durch eine anderslautende, irrige Meinung nicht verwirren!

Zahlen, die zählen

Als »Technische Daten« bezeichnet man an Autos nicht nur das, was sich wiegen, messen oder sonstwie in Zahlen festlegen läßt. Auch die Kurzbeschreibung der einzelnen Teile des Motors und des Wagens zählt dazu. Diese Angaben, die eines Tages vielleicht für Sie von Interesse sein werden, finden Sie nachstehend aufgeführt, wobei wegen der Fülle der BMW-Typen gelegentliche kleine Änderungen während der Bauserie nicht immer miterfaßt werden konnten. Aus ähnlichem Grunde sind auch die an sich sehr ausführlichen Zusammenstellungen der »Technischen Daten« in den BMW-Betriebsanleitungen nicht immer ganz zutreffend.

Motor

Bauart	4 Zylinder in Reihe stehend mit obenliegender Nockenwelle und Kugel-Wirbelwannen-Brennraum
Einbaulage	Motor um 30° geneigt, an 3 Punkten gummigelagert
Kurbelwelle	5fach gelagert in Vierschichtlagern, mit 4 bzw. 8 Gegengewichten
Kolben	Leichtmetall-Kolben (Mahle/KS), 2 Verdichtungs-, 1 Ölabstreifring (1800 TISA: Vierring-Kolben)
Nockenwelle	obenliegend, durch Doppel-Rollenkette gesteuert
Ventile	je Zylinder 1 Einlaß-, 1 Auslaßventil, schräg hängend unter 45°, Steuerung von Nockenwelle über Leichtmetall-Kipphebel
Zylinderkopf	Leichtmetall mit eingeschrumpften Ventilsitzringen
Schmiersystem	Druckumlaufschmierung durch Zahnradpumpe mit Ölfilter im Hauptstrom

		1500	1600	1600-2 1600 Cabrio	1600 TI	1800 1800/69	1800 TI	1800 TISA	2000 2002	2002 ti 2000 TI 2000 tilux
Motorbezeichnung		BMW 115	BMW 116	BMW 114	BMW 114.2	BMW 118	BMW 118.2	BMW 118 SA	BMW 121	BMW 121.2
Hubraum	ccm	1499	1573	1573	1573/1766	1773/1766	1773	1773	1990	1990
Leistung DIN-PS		80	83	85	105	90	110	130	100	120
bei U/min		5700	5500	5700	6000	5250	5800	6100	5500	5500
Leistung SAE-PS		90	93	96	112	102	124	146	113	135
bei U/min		5900	5800	5800	6200	5800	6000	6300	5800	5800
Größtes Drehmoment in	mkg	12,0	12,6	12,6	13,4	14,6	15,1	16,0	16,0	17,0
bei U/min		3000	3000	3000	4500	3000	4000	5100	3000	3600
Hub	mm	71	71	71	71	80/71	80	80	80	80
Bohrung	mm	82	84	84	84	84/89	84	84	89	89
Verdichtung		8,8 : 1	8,6 : 1	8,6 : 1	9,5 : 1	8,6 : 1	9,5 : 1	10,2 : 1	8,5 : 1	9,3 : 1
Leistung PS/Ltr		53,3	52,7	54,0	66,7	50,7	62,1	73,3	50,3	60,3
Mittlere Kolbengeschw. in	m/sec	13,5	13,0	13,5	14,2	14,0/12,7	15,5	16,5	14,7	14,7
bei U/min		5700	5500	5700	6000	5250	5800	6100	5500	5500
Motorgewicht	kg	135	135	135	138	137,5	138	138	138	145

Ventilspiel	bis Motor-Nr. 908 500 (BMW 1500)	ab Motor-Nr. 908 501 (BMW 1500 bis BMW 2000)
Einlaß	0,10 mm	0,15—0,20 mm
Auslaß	0,15 mm	0,15—0,20 mm

am kalten Motor gemessen

Ventilsteuerzeiten an der Kurbelwelle gemessen		
Einlaß öffnet	13° vor OT	4° vor OT
Einlaß schließt	44° nach UT	52° nach UT
Auslaß öffnet	44° vor UT	52° vor UT
Auslaß schließt	13° nach OT	4° nach OT

Ventilteller Durchmesser		1500 1600	1600-2 1800 1800 TI	2002 2000 2000 TI, tilux
Einlaß	mm	39	42	44
Auslaß	mm	35	35	38

Kompressionsdruck 9,5—11,5 atü

Kühlung Wasserkühlung mit 7 Liter Inhalt, 6900 Liter Fördermenge pro Stunde bei 5700 U/min; Thermostat öffnet bei 74—75° C

Kraftstoffanlage		1500	1600	1600-2 1600 Cabrio	1600 TI	1800	1800 TI	1800 TISA	2000 2002	2000 TI 2000 tilux
Kraftstoffpumpe, Membranpumpe, mechanisch angetrieben (Ausnahme: 1800 TISA)										
Solex	Typ	PE 15059	PE 15059	PE 15520		PE 15059	PE 15059	elektr.	PE 15517	PE 15517
Fördermenge bis		50 Ltr/h	50 Ltr/h	50 Ltr/h		50 Ltr/h	50 Ltr/h	Weber	70 Ltr/h	100 Ltr/h
Vergaser Solex Typ		36 PDSI	36 PDSI	38 PDSI	40 PHH	38 PDSI	40 PHH	45 DCOE	40 PDSI	40 PHH
Hauptdüse		135	140	130	120	160	145	125	155	130
Luftkorrekturdüse		110	100	110	155	155	240	170	130	155
Lufttrichter		26	26	26	30	30	32	38	30	34
Leerlaufdüse		45	45	47,5	50	45	57,5	45 F 0	45	52,5
Leerlauf-Luftdüse		1,0	1,0	100	—	100	—	—	100	—
Einspritzmenge pro Hub	ccm	1,4—1,7	1,5—1,8	1,55±0,15	0,6—0,8	1,9±0,15	0,7—0,9		2,0±0,15	0,85—1,15
Schwimmerventil		2,0	2,0	2,0	2,0	2,0	2,0	2,25	2,0	2,0
Schwimmergew.	gr	8,5	8,5	8,5	10	8,5	10,0	2,6	8,5	10,0

Elektr. Anlage

	1500, 1600, 1600-2 bis Sept. 1967, 1800 bis Juli 1968	1800 TI, 1800 TISA	2000 alle Modelle 2002, ab 1967: 1600 TI, 1600-2, Cabrio, ab 1968: 1800
	6 Volt	6 Volt	12 Volt
Batterie Kapazität	77 Ah	66 Ah	44 Ah
Lichtmaschine	Gleichstrom	Drehstrom	Drehstrom
Bosch Typ	LJ/GEG/200/6/2400 oder EG(R)7V50A25	K1-7V50A17	K1-14V35A20
Antriebverhältnis Kurbelwelle/Lichtmaschine	1 : 1,65	1 : 1,82	1 : 1,82
Ladebeginn bei U/min	1600	900	900
Leistung	300 Watt	350 Watt	490 Watt
bei U/min	3100	1500	2000
Höchststromstärke Ampère	50	50	35
Reglerschalter	RS/VA/200/6A oder VA7V50A	ADN 1/7V	ADN 1/14V
Regelspannung Volt	6,2—7	6,3—7,6	12,6—14,6
Zündspule Bosch	TE 6 B 4 oder E 6 V	K 6 V	K 12 V
Mittlerer Verbrauch	13 Watt	13 Watt	19 Watt
Zündverteiler	VJUR 4BR 48 oder JFUR 4	VJUR 4BR 48	JFUR 4 oder JFR 4 (R)

Unterbrecherkontaktabstand 0,35 mm bei allen Modellen

Schließwinkel 60° bei allen Modellen

Zündverteilerantrieb durch Nockenwelle über Schraubentrieb 2 : 1

Zündzeitpunkt 3° vor OT | 3° vor OT | 3° vor OT (2000 TI, tilux, 2000 CS, 1600 TI: 0° im OT)

Zündfolge 1 — 3 — 4 — 2 bei allen Modellen

Zündverstellung gemessen an der Kurbelwelle
- durch Fliehkraft je nach Modell bis 34°, 37° oder 41°
- durch Unterdruck bis 10° (1800 TI, TISA, 2000 TI, tilux, CS und 1600 TI nicht an Unterdruckverstellung angeschlossen)

Zündkerzen Einsetzbare Typen und Elektrodenabstand siehe Seite 139

Gewinde M 14 x 1,25, Gewindelänge 19 mm

Anlasser Bosch	GF(R) 6V 0,6	GF(R) 6V 0,6	GF(R) 12V 1
Leistung	0,6 PS	0,6 PS	1 PS
Stromaufnahme bis	552 A	527 A	390 A
Scheibenwischermotor	HA 6	HA 6	HA 12
Gebläsemotor	CRH 6V	CRH 6V	CRH 12V

Kraftübertragung

	1500, 1600, 1800, 1800 TI	1800 TISA, 2002 ti	1600-2, 1600 TI	2000, 2002, 1800/69

Kupplung Einscheiben-Trockenkupplung mit Drehschwingungsdämpfer

Typ	KFS 200 K	KFS 200 K	HB 225 Sph
Mitnehmerscheibe Außendurchm. mm	200	200	228
Innendurchm. mm	130	130	150
Spiel am Kupplungspedal mm	20—25	20—25	35—40

Getriebe-Unters.	4-Gang	5-Gang	4-Gang	4-Gang
1. Gang	3,816	3,185	3,835	3,835
2. Gang	2,07	1,947	2,053	2,053
3. Gang	1,33	1,397	1,345	1,345
4. Gang	1,0	1,135	1,0	1,0
5. Gang	—	1,0	—	—
Rückwärtsgang	4,153	2,36	4,18	4,18

Getriebe-Automatik Hydrodynamischer Drehmomentwandler mit nachgeschaltetem Planetengetriebe mit 3 Gängen, verfügbar für Motoren mit 90 PS (1800) und 100 PS (2000, 2002)

Untersetzung Wandler 1—2,2 : 1
1. Gang 2,56   3. Gang 1,0
2. Gang 1,52   Rückwärtsgang 2,0

Fahrwerk

		1500, 1600, 1800, 1800 TI	1600-2 TI, 2002	2000, 2000 TI, tilux

Vorderachse Einzelradaufhängung an Querlenker und Federbein mit hydraulischer Stoßdämpfung und Schraubenfeder

Vorspur	mm	1,0±1,0	1,0±1,0	1,5±1,5
Sturz		0°30'±30' *0°15'±30'	0°30'±30'	0°15'±30'
Nachlauf		3°±30'	4°±30'	3°±30'
Spreizung		8°±30' *8°40'±30'	8°±30'	8°40'±30'

*bei 1800 ab Baujahr 1966

Federlänge	mm	307,5	321,8	288,5
Stoßdämpfer		Hydraulische Zweirohr-Ausführung		
Hub	mm	164	176	174
Einbaulänge	mm	590	570	534
Hinterachse		Unabhängig gefederte Räder an schräg geführten Längslenkern		
Federung		Schraubenfedern mit Gummi-Zusatzfedern		
Federlänge	mm	289	328,5	345
Stoßdämpfer		Doppelwirkende hydraulische Teleskop-Stoßdämpfer		
Hub	mm	188	195	209
Einbaulänge	mm	368	418	
Größte Länge	mm	523	524	550
Kleinste Länge	mm	337	334	351
Sturz, negativ		2°±20'	2°±20'	2°±20'
Vorspur	mm	0±2 1,5±1,5 (1800)	1,5±1,5	1,5±1,5

Hinterachsgetriebe Hypoid-Kegelräder

	Übersetzung	Zähnezahl
1500, 1600	4,375 : 1	35 : 8
1800	4,22 : 1	38 : 9
1800 TI, 1600-2, 2000 C, 1800/69	4,11 : 1	37 : 9
1600 TI, 2000 CS, TI, tilux	3,9 : 1	39 : 10
2002, 2002 ti	3,64 : 1	40 : 11

Lenkung ZF-Gemmer-Lenkung mit Schnecke und Rolle

Lenkradumdrehungen 3,5

Lenkgetriebe-Übersetzung 15,5 : 1/17,58 : 1

Spiel am Lenkrad 20 mm

Radeinschlag innen bis 42°, außen bis 34°

Bremsen Hydr. Vierradbremse, vorne ATE-Festsattel-Scheibenbremse mit aut. Nachstellung, hinten Innenbackenbremse m. Simplex-Gleitbacken, ab 6/68 bzw. 2/69 2-Kreis-Bremsanlage, doppelt auf Vorderräder, einfach auf Hinterräder wirkend

Bremspedal-Leerweg höchstens ¼—⅓ des Pedalweges

Handbremse Mechanische Feststellbremse auf Hinterräder wirkend, Seilzüge einzeln nachstellbar

Bremsscheibe vorne		1500, 1600, 1800, 1800 TI	1600-2, 1600 TI, 2002/ti	1800/69, 2000, 2000 TI, tilux
Durchmesser	mm	268	240/256	272
Mindeststärke	mm			
Bremsbeläge		8,5	9,5	11,7
Mindeststärke	mm			
Bremstrommel		2	2	2
Durchmesser	mm	250	200/230	250
Bremsbackenbreite	mm	40	40	40

Räder Stahlscheibenräder, Tiefbettfelgen. Größenangaben über Felgen, Reifen und Reifendruck im Reifen-Kapitel ab Seite 196

Maße und Gewichte

Maße und Gewichte		1500, 1600	1600-2	1600 TI	2002 ti	1800, 1800 TI	2000	2000 TI, tilux
Gesamtlänge	mm	4500	4230	4230	4230	4500	4500	4500
Gesamtbreite	mm	1710	1590	1590	1590	1710	1710	1710
Höhe	mm	1450, 1400	1410	1410	1410	1450	1445	1450
Überhang vorne	mm	840	720	720	720	840	900	840
hinten	mm	1050	1010	1010	1010	1050	1050	1050
Radstand	mm	2550	2500	2500	2500	2550	2550	2550
Spurweite	mm							
vorne		1320	1330	1330	1330/1346	1320, 1330	1330	1330
hinten		1366	1330	1330	1330/1346	1366, 1376	1376	1376
Spurkreis		mindestens 9,6 m						
Wendekreis		mindestens 10,5 m						
Bodenfreiheit	mm	150	160	160	160	150	140	150
Karosserie		Ganzstahlkarosserie in Leichtbauweise, mit Bodengruppe verschweißt						
Türen		4	2	2	2	4	4	4
Leergewicht	kg	1050	920	935	940	1070, 1040	1150	1130, 1140
Zul. Gesamtgew.	kg	1450		1335	1340/1350	1470, 1440	1550	1540
Zul. Achslast vorne		760	650	650	650	760	760	760
hinten		760	700	700	720	760	810	810

Zulässige Anhängelast für alle Modelle: gebremst 1200 kg, bei Automatic 800 kg, ungebremst 500 kg

Füllmengen

Kraftstofftank	Ltr.	53	46	46	46	53	55	55
Motor:		4,0 Liter + 0,25 Liter im Filtergehäuse						
Ölverbrauch		pro 1000 km 0,5—1,0 Liter						
Getriebe	Ltr.	1,25	1,0	1,0	1,0	1,25	1,0	1,0
Getriebeautomatik	Ltr.	—	—	—	—	5,2	5,2	—

Hinterachsgetriebe	alle Modelle: 0,9 Ltr.
Schiebegelenk	alle Modelle: 180 ccm
Lenkgetriebe	alle Modelle: 300 ccm
Lenkhebellager	alle Modelle: 25 ccm
Kühlsystem	alle Modelle: 7 Liter

Fahrwerte (Werksangaben)

Fahrwerte (Werksangaben)	1500	1600	1600-2 1600 Cabrio	1600 TI	2002 2002 ti	1800 1800/69	1800 TI	2000	2000 TI tilux
Höchstgeschwindigkeit km/h	150	150	160	175	170/185	160	170	168	180
100 km/h in Sek.	16,0		13,3	11,5	10,9/9,4	13,2/13,0	11,8	12,4	10,8
1 km bei stehendem Start in Sek.		36,2	35,0	32,5	32,4/30,8	35,2	33,5	34,2	32,1
Kraftstoff-Normverbrauch nach DIN Ltr./100 km	9,9	10,5	9,9	10,3	10,0	11,0/10,5	11,0	10,7	11,0

Entwicklungsjahre

Die nachfolgende Übersicht ist nicht nur aus chronologischen Gründen interessant. Sie kann auch für den Gebrauchtwagenkauf Anhaltspunkte geben. Darüber hinaus zeigt diese Aufzählung, wie sehr man seitens des Münchner Werkes bemüht war – und auch sein mußte –, aus dem BMW das zu machen, was er heute ist. Die genauen technischen Daten der einzelnen Modelle sind dem vorhergehenden Kapitel zu entnehmen.

1961

Die »neue BMW-Klasse« erstmals in der Version des BMW 1500 vorgestellt (Automobilausstellung Frankfurt). Erste Daten: 75 PS bei 5500 U/min, Drehmoment 12,0 mkg bei 3000 U/min, Verdichtung 8,2:1. Vergaser Solex 34 PICB.

1962

Spätsommer: Produktionsaufnahme des BMW 1500. Geänderte Daten: 80 PS bei 5700 U/min, Verdichtung 8,8:1.
Hinterachswellen statt mit doppelten Gummigelenken (Giubo-Gelenke) mit je zwei Kreuzgelenken und einem äußeren Schiebegelenk.
Hinterachsgehäuse mit größerem Gummilager. Zusätzliche Schubstrebe zwischen Hinterachsträger und Karosserieboden.
Manschette für Achswellen-Schiebegelenke zur besseren Wartung auswechselbar.
Die ursprünglich wartungsfreien Kreuzgelenke mit Abschmiernippeln. Flansche an den Antriebswellen verstärkt. Achsantriebsgehäuse zusätzlich versteift und mit niedrigeren Zahn- und Lagerspielen zur Senkung des Geräuschpegels.
1737 BMW 1500 produziert.

1963

April: Arbeitstägliche Produktion 120 BMW 1500.
September: Auf der Frankfurter Ausstellung die neuen Modelle BMW 1800 und BMW 1800 TI vorgestellt. Größere Motoren (1773 ccm), mehr Leistung, (1800: 90 PS bei 5250 U/min, 1800 TI: 110 PS bei 5800 U/min), Bremskraftverstärker, neue Getriebeabstufung. Der 1800 mit 1 Vergaser Solex 38 PDSI, das TI-Modell mit 2 Doppelvergasern (Solex 40 PHH), Drehstrom-Lichtmaschine und vorderem Querstabilisator. Zahlreiche Änderungen an der Auspuffanlage, u. a. Hosenrohr mit verstärkten Flanschen, Klemmverbindung für Austrittsrohr am hinteren Schalldämpfer, zusätzliche Befestigung des Vorschalldämpfers, Nachschalldämpfer höher, verbesserte Schweißungen, Befestigung am Getriebegehäuse.
Bremsscheiben besser ausgewuchtet, Hydraulische Kupplungsübertragung verbessert, gegen Folgeschäden im Getriebe durch nichttrennende Kupplung.
Änderungen am Hinterachsantrieb, um Heulen und Lastwechselschlag zu beseitigen (Achsgehäuse mit einer oberen und zwei seitlichen Rippen).
1963 wurden 27 987 Modelle der »Neuen Klasse« produziert.

1964

Februar: Produktionsaufnahme BMW 1800 TI.
März: BMW 1500 läuft aus (insgesamt 23 800 Stück gebaut), an seine Stelle tritt der BMW 1600 mit etwas aufgebohrten Zylindern, mehr Leistung und längeren Übersetzungsstufen für den 2. und 3. Gang. Anderer Vergaser: Solex 36 PDSI.
BMW 1800 TI: Änderung am Doppelvergaser Solex 40 PHH Drosselklappenwelle aus Stahl, Messing und wieder aus Stahl (Klappe streifte am Gehäuse. (Welle verdrehte sich). Mitnehmerkupplung zwischen den Wellen. Einspritzmenge verkleinert, um »Schlag« beim Beschleunigen zu beseitigen, Mischrohr geändert.
Änderung der Verzahnung der Ausgleichsräder im Hinterachsantrieb, gegen Bruch beim scharfen Anfahren.
Ende 1964 bis Herbst 1965: Fertigung einer kleinen Serie (ca. 100) BMW 1800 TI/SA (TI-»Sport-Ausführung«), 130 PS bei 6100 U/min, Verdichtung 10,5:1, zwei Doppelflachstromvergaser Weber 45 DCOE, 5-Ganggetriebe, Sperrdifferential, 192 km/h.
Produktion 1964: 37 823 Modelle.

1965

Juni: Vorstellung des BMW 2000 CS und 2000 C, reicher ausgestattete Coupé-Version, Karosserie von Karmann, Osnabrück. Vierscheinwerfersystem. Modell CS mit 2 Liter, 120 PS, 2 Doppelvergaser Solex 40 PHH. Modell C mit 2 Liter, 100 PS, 1 Vergaser Solex 40 PDSI, automatisches Getriebe (ZF). Motor völlig überarbeitet (Änderungen siehe BMW 2000 1966).
August: Mehrbereichsöl 20W-40 und 10W-40 für über 0° C freigegeben.
September: Auf der Frankfurter Ausstellung BMW 1800 mit automatischem Getriebe.
Produktion 1965: 58 524 Modelle.

1966

Januar: Erweiterung des Programms durch die neuen Modelle BMW 2000 mit 100 PS bei 5500 U/min und BMW 2000 TI mit 120 PS bei 5500 U/min. Ersteres mit Rechteckscheinwerfern, neuen Doppelband-Vierkammerleuchten am Heck und mittlerer Türpfosten außen mit Chromblende.
Motor für die neuen Modelle größer in Bohrung und Hub (1990 ccm) und völlig überarbeitet. Typ 2000: 1 Vergaser Solex 40 PDSI, Typ 2000 TI: 2 Solex 40 PHH. Änderungen im einzelnen:
Brennraum – für alle Motoren – anders geformt (Kugelwirbelwanne statt Wirbelwanne), Kurbelwelle mit 8 Gegengewichten, Nockenwelle mit Spritzdüsenschmierung (alle Modelle), größere Ventile: 44 mm Durchmesser für Einlaß und 38 mm für Auslaß (wie TI/SA), Auslaßventile besser gepanzert, einfache statt doppelte Ventilfedern (zur Verringerung der Massenkräfte), Kettenspanner für Nockenwellenantriebswelle mit öldruckbelasteter Gleitschiene statt mit Spannrolle zur Verringerung von Geräusch und Kettenpeitschen (ab Mai 66 auch BMW 1600/1800), Kurbelwellenende mit verbessertem Silicon-Dichtring, obere Kolbenringe verchromt, Ölpumpenansaugrohr aus Magnesiumdruckguß statt aus hartgelötetem Blech zur Vermeidung des Abbrechens (alle Modelle), Zylinderkopfdichtung verbessert, Anzugsmoment für Zylinderkopfschrauben erhöht. Thermostat vom Kühlwasser-Aus-

tritt zum Kühlwasser-Eintritt verlegt (alle Modelle). Wasserpumpenlagerung verbessert.
12-Volt-Anlage mit frühladender Wechselstrom-Lichtmaschine, Anlasserleistung auf 1 PS erhöht, Flachstecker für Kabelverbindungen.
Durchmesser der Kupplungsscheibe auf 225 mm vergrößert, Kupplungspedalkraft durch andere Übersetzung verkleinert, Geber- und Nehmerzylinder der hydraulischen Kupplungsübertragung vergrößert, um Defekte und Reibungsdruck zu verringern.
Zahnbreite der Getrieberäder breiter und größerer Abstand zwischen Getriebewellen, Porsche-Synchronisierung weiter entwickelt (Änderungen an Synchronringen), statt »Langhals«-Getriebe »Kurzhals«-Getriebe und zweiteilige Kardanwelle, letztere mit elastischer Zwischenlagerung, Modell 2000 auf Wunsch mit Getriebe-Automatik.
Gehäuse für Hinterachsantrieb in »Kurzhalsausführung« (zur Montage der Innenteile seitlich zu öffnen, früher hinten). Kühlrippen unten und Aufhängung am Wagenboden geändert.
Vorderachse mit verstärkten Radlagern, Querlenkern und Spurstangenhebel, Änderungen an den Federbeinen, u. a. Abdeckkappen für Kolbenstangen, um Wassereintritt, Vereisung und Federungsausfall zu verhindern.
Stärkere Bremssattel für Scheibenbremsen, größere Bremsscheibe mit 272 mm ∅, Radbremszylinder vorn von 48 auf 54 mm ∅, hinten von 15,87 auf 17,46 mm ∅ und Hauptbremszylinder von 19,05 auf 23,1 mm ∅ vergrößert, zusätzlicher Unterdruck-Bremskraftverstärker.
An der Hinterachse Federn mehr nach hinten zur Radmitte versetzt, alle Stoßdämpfer neu abgestimmt, größere Längsnachgiebigkeit der Gummilager für Hinterachsgehäuse.
Felgengröße 5 JK × 14 mit breiteren Reifen 6,45 S 14. Spur vorn und hinten um 10 mm breiter (später auch beim BMW 1800).
Reichere Ausstattung (nur Modell 2000): u. a. neu gestaltete Sitze, Mittelarmstütze für Rücksitze, Ablagefach auf dem Getriebetunnel, heizbare Heckscheibe, Türblenden aus Edelholz und Armaturenbrett mit Holzfurnier.
März: Neues Modell BMW 1600-2, erstmals auf Genfer Salon vorgestellt, zweitürig, kleinere Karosserie, kleinere Räder (Reifen 6,00 S 13), Motor 1573 ccm, 85 PS, 1 Vergaser Solex 38 PDSI. Zylinderblock, Kurbel- und Nockenwelle und Hinterachse wie BMW 1800/2000, Zylinderkopf wie 1000, Getriebe wie 2000. Einzelne Teile u. a. für Kolben, Bremsscheiben, Radlager und Längslenker. Achswellen und Querlenker anderer Modelle austauschbar.
1966 insgesamt 74 076 BMW-Modelle produziert, davon 56 828 BMW 1800/2000 und 13 248 BMW 1600-2.
Im Inland rund 44 100 Modelle zugelassen.

1967

Januar: Der 200 000. BMW (seit Produktionsaufnahme »Neue Klasse«) vom Band gelaufen, davon ca. 100 000 1,8-Liter-Modelle.
März: Erweiterung des Programms durch das Modell BMW 2000 tilux, das die Ausstattung (u. a. mit Rechteckscheinwerfern) des BMW 2000 mit dem stärkeren Motor des 2000 TI vereint.
Auf Wunsch niedrigere Vordersitze.
BMW 1600 (viertürig) wird nicht mehr produziert.
Mai: BMW 1800 TI ausgelaufen.
Juni: Der 1000. BMW-Händler in Deutschland unter Vertrag genommen.
September: Zur IAA Frankfurt neues Modell BMW 1600 TI.
BMW 1600-2 auf 12-Volt-Anlage und Drehstrom-Lichtmaschine umgestellt und verriegelbare Klapplehnen.
1967 wurden insgesamt 87 560 Modelle produziert. Davon im Inland rund 49 000 Modelle zugelassen.

1968

Januar: Das Programm durch BMW 2002 ergänzt. Er besitzt den 2-Liter-100-PS-Motor (Einvergasermotor) des BMW 2000 in der Karosserie des zweitürigen BMW 1600-2. Äußerlich erkennbar: schwarzes Kühlergrill, anderer Schriftzug am Heck. Serienmäßige Bremskraftverstärker, hydraulische Kupplungsübertragung u. Gürtelreifen.
April: Antriebswellen mit Gleichlaufgelenken (homokinetische Gelenke) zum Teil in der Serie.
Juli: BMW 1800 auf 12-Volt-Anlage mit Drehstrom-Lichtmaschine, Motor auf extremen Kurzhub von 71 mm (wie 1600-Modelle) bei 89 mm Bohrung abgewandelt: geringe Hubraumverkleinerung von 1773 ccm auf 1766 ccm.
Doppel-Zweikreisbremse für neues 1800-Modell sowie alle Modelle der 2000-Serie und 2002. Beide Bremskreise wirken auf beide vordere Scheibenbremsen, ein Bremskreis wirkt auf die Hinterräder.
September: BMW 2002 TI vorgestellt, 120 PS. 1968 wurden insgesamt 108 805 Autos hergestellt.
Der 1 076. BMW-Händler in der BRD unter Vertrag.

1969

Februar: Zweikreisbremse auch für 1600, alle zweitürigen Modelle mit größeren Bremsscheiben (wie 2002 TI). Bremskraftverstärker bei 1600 serienmäßig. Alle Modelle mit Warnblinkanlage.
März: Kupplung mit Tellerfedern beim BMW 2002 ab Motor-Nummer 1626 694, BMW 2002 ti ab 1681 796, BMW 2000 ab 1962 745, BMW 2000 C ab 1200 444, BMW 2000 CS ab 1109 294.
Juni: ZF-Getriebeautomatik a. W. für 2002 erhältlich.
September: BMW 2000 tii mit Kugelfischer-Benzin-Einspritzung vorgestellt (IAA), 130 PS/5800 U/min.

1970

Sonderzubehör: Spritzdüsen-Scheinwerferwaschanlage, vom Armaturenbrett aus bedienbar; aufblasbare Ersatz-Windschutzscheibe.
Millionster BMW der Nachkriegsproduktion.
Ausrüstung aller Typen nur noch mit Gürtelreifen mit Schlauch.
September: Alle Typen mit homokinetischen Antriebswellen, Ölauffüllen und Abschmieren entfällt. Tastbohrungen an Felgen für Spur- und Sturzprüfung. Selbstnachstellende Kupplungshydraulik (außer BMW 1600). Einführung des BMW electronic-center als Programmtester für Volldiagnose.
Produktion 1970: 161 165 Modelle.

1971

(In Band 52 dieser Handbuchreihe berücksichtigt).

Januar: Auf dem Brüsseler Automobilsalon BMW Touring 2000 tii, BMW Touring 1600 und BMW Touring 2000 vorgestellt, die im April zur Auslieferung kommen. Alle mit kurzem Schrägheck und mit 37 ° (statt 42 ° bei den Zweitürern) flacher gestellten Frontscheibe. Durch Gasdruckfeder ausbalancierte Hecktür. Tankinhalt von 46 auf 52 Liter vergrößert. Entlüftung verbessert. Technik und Ausstattung wie bei den zweitürigen Modellen, Gasdruck-Stoßdämpfer an der Hinterachse. BMW Touring 2000 tii mit heizbarer Heckscheibe.
BMW 2002 ti aus dem Programm genommen, neu: BMW 1802. Zweitürige Limousinen an „2" als letzte Zahl der Typenbezeichnung gekennzeichnet, mit verbesserter Innenausstattung. Bedienungsgriffe am Armaturenbrett versenkt, Leuchtkontrollen für Choke, Handbremse und Kraftstoffreserve. Vordersitze mit Ruhesitzbeschlägen, seitliche Stoßleisten an der Karosserie.
Februar: Premiere des BMW 2002 Cabriolet mit Überrollbügel in Amsterdam.
BMW 1800 im Kleide des BMW 2000.
April: Kupplungsbetätigung mit Ablösung des BMW 1600-2 durch den BMW 1602 bei allen Modellen hydraulisch.
Neue Getriebeübersetzungen, BMW 2002 tii auf Wunsch mit Fünfgang-Getriebe, Übersetzungen: 1. Gang = 3,368, 2. Gang = 2,216, 3. Gang = 1,570, 4. Gang = 1,241, 5. Gang = 1.
Sperrdifferential auf Wunsch, nachträglicher Einbau (teurer) möglich.
BMW 1602 und 1802 serienmäßig ohne Stabilisator, ebenso BMW Touring 1600, BMW 1800 und BMW 2000.
September: Auf Wunsch nachträgliche Umrüstung der zweitürigen Modelle mit seitlichen Stoßleisten.
Produktion 1971: 164 701 Pkw.

Stichwortverzeichnis

Erläuterungen zum Schaltplan in der hinteren Buchklappe

Lassen Sie sich von dem bunten Kabelgewirr unserer Zeichnung nicht erschrecken. Die Farben und die jeweiligen Breiten der Linien entsprechen den Kabelfarben und -stärken im Wagen. Die Buchstaben und Ziffern der nachfolgenden Tabellen sollen Ihnen außerdem im Schaltplan zu weiterer Übersicht verhelfen. Als Vorlage diente für unseren Schaltplan der BMW 1600 TI. Er entspricht damit im Prinzip allen Schaltplänen der in diesem Buch behandelten BMW-Typen.

A — Anlasser
B — Batterie
C — Reglerschalter
C_1 — Ladekontrollampe
D — Drehstrom-Lichtmaschine
E_1 — Blinker vorne rechts
E_2 — Blinker vorne links
E_3 — Blinker hinten rechts
E_4 — Blinker hinten links
E_5 — Blinker-Relais
E_6 — Blink- und Parklichtschalter
E_7 — Blinker-Kontrollampe
F — Fanfaren
F_1 — Fanfaren-Relais
F_2 — Signalschalter
G — Gebläsemotor
G_1 — Gebläsemotorschalter
H — Bremslichtschalter
H_1 — Bremslicht rechts
H_2 — Bremslicht links
J_1 — Instrumentenbeleuchtung
J_2 — Instrumentenkabelstecker
J_3 — Innenraumleuchte
J_4 — Türkontaktschalter rechts
J_5 — Türkontaktschalter links
K_1 — Kraftstoffanzeige
K_2 — Geber der Kraftstoffanzeige
L_1 — Fern-, Abblendlicht rechts
L_2 — Fern-, Abblendlicht links
L_3 — Lichtschalter
L_4 — Abblendschalter, Lichthupe
L_5 — Standlicht vorne rechts
L_6 — Standlicht vorne links
L_7 — Schlußlicht rechts
L_8 — Schlußlicht links
L_9 — Fernlichtkontrolle
M — Kennzeichenleuchten
N_1 — Nebellampe rechts
N_2 — Nebellampe links
N_3 — Nebellampen-Relais
N_4 — Nebellampenschalter
O_1 — Öldruckanzeige
O_2 — Öldruckschalter
P — Tachometer
Q — Drehzahlmesser
R_1 — Rückfahrscheinwerfer rechts
R_2 — Rückfahrscheinwerfer links
R_3 — Rückfahrscheinwerfer-schalter
S — Sicherungskasten
T_1 — Temperaturanzeige Kühlwasser
T_2 — Thermofühler Kühlung
U — Zeituhr
V — Zigarrenanzünder, Steckdose
W_1 — Wischermotor
W_2 — Scheibenwischerschalter
W_3 — Scheibenwascherpumpe
W_4 — Wascherpumpenschalter
W_5 — Verzögerungs-Relais Wascherpumpe
X — Flachsteckverbinder
Z_1 — Zünd-Anlaß-Schloß
Z_2 — Zündspule
Z_3 — Zündverteiler
Z_4 — Zündkerzen

Folgende, im Schaltplan schwarz gedruckte Leitungen sind in Wirklichkeit braun isoliert (es handelt sich um „Minus-Leitungen" und Kabel zur „Masse"): Klemme D— des Reglerschalters (C) zur Klemme D— der Drehstromlichtmaschine (D). Scheibenwascherpumpe (W_3) über Verzögerungs-Relais (W_5) der Wascherpumpe zum Wascherpumpenschalter (W_4). Klemmen 31 der Scheinwerfer und Fanfaren (F) zur Masse. Zeituhr (U) zur Instrumentenbeleuchtung (J_1) Drehzahlmesser (Q) zur Instrumentenbeleuchtung (J_1). Heckleuchten zur Masse. Geber der Kraftstoffanzeige (K_2) zur Masse. Klemme 31 Wischermotor (W_1) über Gebläsemotor (G), Zigarrenanzünder (V) und Instrumentenkabelstecker (J_2) zur Masse. Ferner braun-gelb: Kraftstoffanzeige (K_1) zum Geber der Kraftstoffanzeige (K_2). Klemme 85 Fanfaren-Relais (F_1) zum Signalschalter (F_2). Braun-grün: Öldruck-Kontrolle (O_1) zum Öldruckschalter (O_2). Braun-weiß: Temperaturanzeige der Kühlung (T_1) zum Thermofühler (T_2). Braun-schwarz: Innenraumleuchte (J_3) zu den Türkontaktschaltern (J_4, J_5).

Genormte Klemmenbezeichnungen im Schaltplan

Die nachstehenden Klemmenbezeichnungen sind sowohl im Schaltplan in der hinteren Buchklappe an den betreffenden Stellen eingedruckt als auch auf den meisten Bauteilen im Auto eingeprägt. Diese Klemmenbezeichnungen sind allgemeinverbindlich für alle Kraftfahrzeuge genormt.

Klemme	Kabel von — zu
1	Primärstrom Zündspule — Verteiler (Unterbrecher)
1	Zündspule — Drehzahlmesser
4	Sekundärstrom Hauptzündkabel Zündspule — Verteiler
15	Stromführend bei eingeschalteter Zündung: Zündschloß — Zündspule Zündschloß — Ladekontrolle Zündschloß — Sicherungen Nr. 5 und 6 mit dort angeschlossenen Stromverbrauchern (Tabelle, Seite 124)
30	Stets stromführende Leitungen: Batterie + — Anlasser Batterie + — Drehstromlichtmaschine Klemme Klemme B + /30 Batterie + — Zünd-Anlaß-Schloß — Lichtschalter — Abblendschalter Batterie + — Fanfaren-Relais — Sicherung Nr. 4 mit daran angeschlossenen Stromverbrauchern (Tabelle, Seite 124)
31	Massenanschluß-Leitungen: Scheinwerfer-, Standlichtlampen — Masse Wischermotor, Gebläsemotor, Zigarrenanzünder — Masse

Klemme	Kabel von — zu
31 b	Wascherpumpe — Verzögerungs-Relais — Wascherpumpenschalter
50	Anlasser-Schaltstrom Zündschloß — Anlasser
53	Wischerschalter — Wischermotor (2. Stufe)
53 a	Sicherung Nr. 6 — Wischermotorschalter (Betriebsstrom) Sicherung Nr. 6 — Wischermotor (Endabstellung)
53 b	Wischerschalter — Wischermotor (1. Stufe)
54	Blinker-Relais — Blinkerschalter
56	Stromführend bei gedrücktem Lichtschalter: Lichtschalter — Abblendschalter
56 a	Abblendschalter — Fernlicht — Fernlichtkontrolle
56 b	Abblendschalter — Abblendlicht
57	Freie Klemme an Lichtschalter
58	Klemme K Lichtschubschalter — Sicherung Nr. 2 — Kennzeichenleuchten, Nebellampenschalter, Instrumentenlichtschalter
58 L	Lichtschalter — Sicherung Nr. 1 — Stand- und Schlußlicht links

Klemme	Kabel von — zu
58 R	Lichtschalter — Sicherung Nr. 3 — Stand- und Schlußlicht rechts
85	Nebellampen-Relais — Klemme 56a — Lichtschalter (Ausschaltstrom)
85	Fanfaren-Relais — Signalhornring (Relaisbetätigung)
86	Sicherung Nr. 2 — Nebellampenschalter — Nebellampen-Relais (Schaltstrom)
86	Sicherung Nr. 6 — Fanfaren-Relais (Schaltstrom)
87	Nebellampen-Relais — Nebellampen
87	Fanfaren-Relais — Fanfaren
B +	Batterie + — Drehstromlichtmaschine Klemme B + /30
D +	Lichtmaschine — Reglerschalter — Ladekontrolle
D +	Lichtmaschine — Reglerschalter

Klemme	Kabel von — zu
DF	Reglerschalter — Lichtmaschine
G	Geberanschlüsse Kraftstoff, Temperatur (nicht genormt)
K	Blinker-Relais — Blinker-Kontrolle
K	Lichtschalter Standlicht — Sicherung Nr. 2
P	Stromführend nur bei ausgeschalteter Zündung: Zündschloß — Parklichtschalter
PL	Parklichtschalter — Lichtschalter — Parklicht links
PR	Parklichtschalter — Lichtschalter — Parklicht rechts
H	Wascherpumpe — Wascherpumpenschalter
L	Blinkerschalter — Blinker links
R	Blinkerschalter — Blinker rechts
R	Klemme an Zündschloß für Radio-Anschluß

Erläuterungen zum Schaltplan siehe Seite 254/255

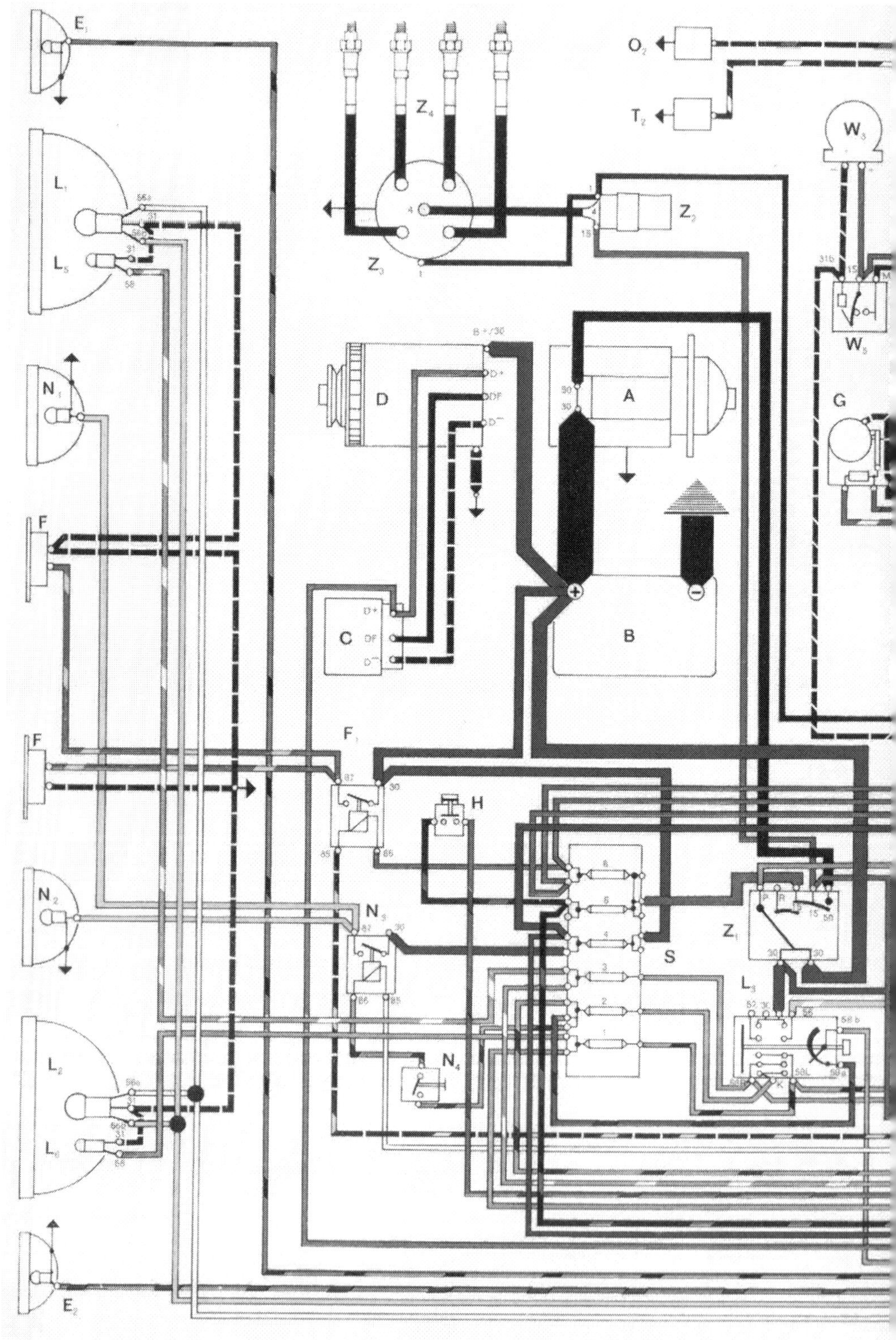

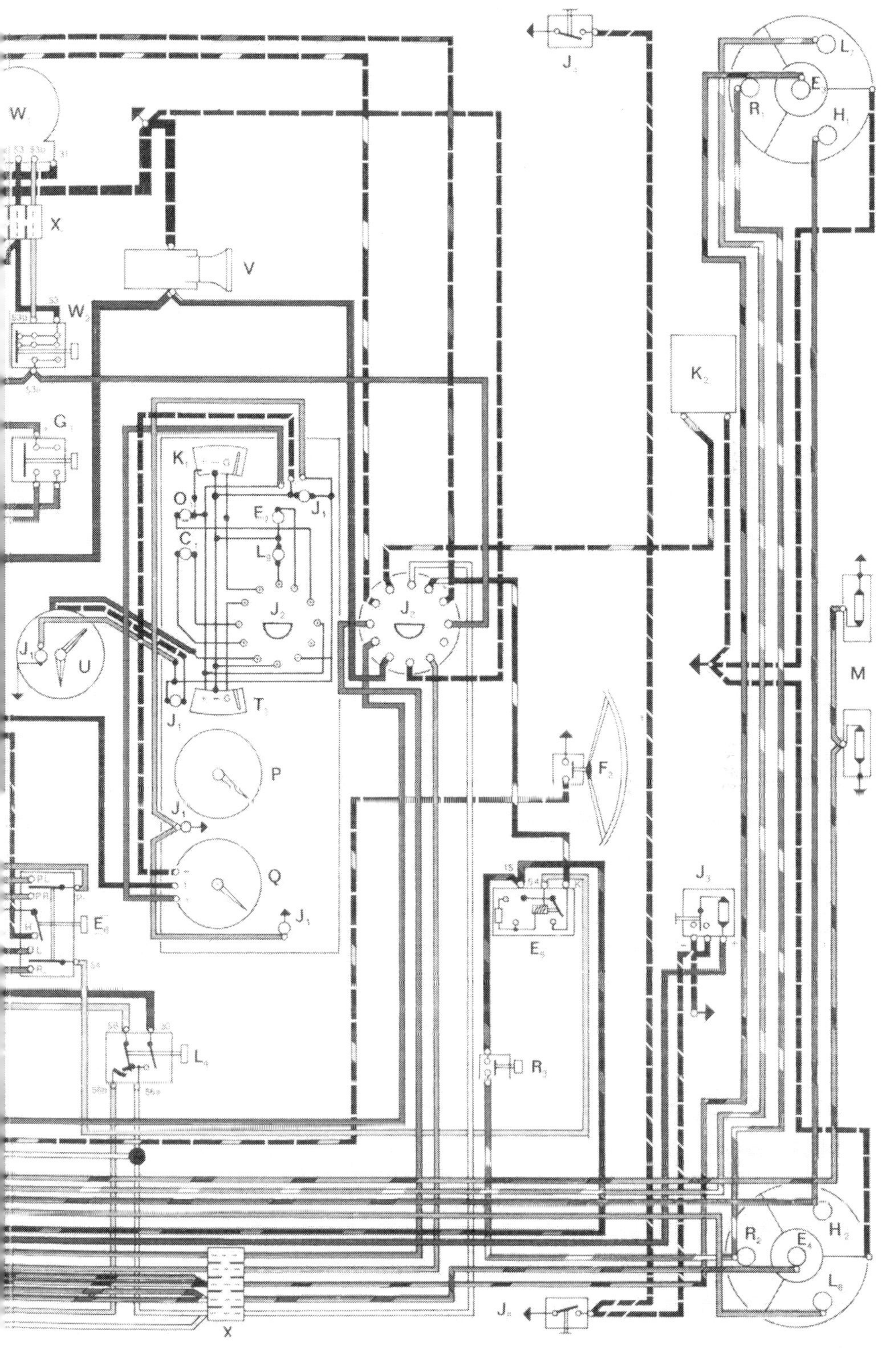

J3
L7
E3
R1
H1
W1
53
53b
31
X
V
W2
53b
K2
G1
K1
O
E10
J1
C1
L8
J2
J2
J1
U
T1
J1
M
P
F2
J1
Q
J1
J3
E5
E6
54
56b
56a
L4
R3
R2
E4
H2
L8
J3
X

Kolibri 360 GmbH
Ferdinand-Jühlke-Straße 7
99095 Erfurt, Deutschland
produktsicherheit@kolibri360.de

Druck:
CPI Druckdienstleistungen GmbH
im Auftrag der
Kolibri 360 GmbH
Ferdinand-Jühlke-Str. 7
99095 Erfurt